高等学校石油与天然气工程类系列教材

LNG储运基础

王国付　主编
钱有　赵春立　副主编

化学工业出版社
·北京·

内容简介

《LNG储运基础》以理论知识为基础，结合生产实践，系统介绍了LNG的工厂生产、运输与管道设计、接收终端、汽车加注站、安全管理以及能量系统的㶲分析。本书在编写过程中充分参考了国内外最新的研究成果和实践经验，力求反映LNG储运领域的最新发展动态和技术趋势。

该书可作为普通高等学校石油工程专业、油气储运工程专业、海洋油气工程专业等的本科生教材，也可供从事LNG设计、科研和管理的工程技术人员参考。

图书在版编目（CIP）数据

LNG储运基础／王国付主编；钱有，赵春立副主编. 北京：化学工业出版社，2024.11. —（高等学校石油与天然气工程类系列教材）. — ISBN 978-7-122-46375-3

Ⅰ. TE83

中国国家版本馆CIP数据核字第2024J4L298号

责任编辑：王淑燕　　装帧设计：韩　飞
责任校对：宋　玮

出版发行：化学工业出版社
（北京市东城区青年湖南街13号　邮政编码100011）
印　　装：河北鑫兆源印刷有限公司
787mm×1092mm　1/16　印张16¾　字数414千字
2024年10月北京第1版第1次印刷

购书咨询：010-64518888　　售后服务：010-64518899
网　　址：http://www.cip.com.cn
凡购买本书，如有缺损质量问题，本社销售中心负责调换。

定　　价：68.00元

前言

为了深入贯彻党的二十大精神，响应“加快规划建设新型能源体系”的号召，满足普通高等院校和职业教育在LNG储运领域的教学需求，辽宁石油化工大学与中国石化销售股份有限公司河北石油分公司共同编写了《LNG储运基础》。

本书以理论知识为基础，结合生产实践，系统介绍了LNG储运的基本理论、技术和应用。在编写过程中充分参考了国内外最新的研究成果和实践经验，力求反映LNG储运领域的最新发展动态和技术趋势。期望通过这本书，为相关油气储运工程、海洋油气工程等专业的学生和从业人员提供一个系统、全面、深入的LNG储运知识体系，帮助他们更好地理解和掌握LNG储运的核心技术和管理要求。

王国付（辽宁石油化工大学）为本书主编，钱有（中国石化销售股份有限公司河北石油分公司）、赵春立（辽宁石油化工大学）为本书副主编。

本书由王国付统稿，潘一（辽宁石油化工大学）担任主审。

在本书编写过程中，赵鹏越、范志昊、董颖、孔令新、高绅淇、刘智猛等研究生在文字编辑与图纸绘制过程中做了大量的工作在此表示感谢。

鉴于编者的水平有限，本书在内容选择、叙述方式以及文字表达等方面可能仍然存在不妥之处。我们真诚地希望广大读者能够不吝赐教，提出宝贵的意见，帮助我们不断完善和提高。

本书的顺利出版，得益于化学工业出版社有限公司的大力支持和专业策划。他们的精心指导与协助，使得本书的内容更为丰富，结构更加合理。在此，我们对化学工业出版社有限公司的鼎力相助表示衷心的感谢和崇高的敬意！

编者

2024年4月

目录

第1章

LNG理论基础

1.1 LNG化学性质

液化天然气（liquefied natural gas，LNG）的性质随其组成不同而变化，这主要取决于气源及其处理方式或分馏方式。常压下LNG是一种无味、无色、无腐蚀性的低温液体。将LNG气化成天然气作为燃料时与其他烃类燃料相比，其颗粒排放浓度非常低，且能够大大减少碳排放。LNG燃烧产物几乎不含硫氧化物，且氮氧化物很少，这使得LNG成为清洁的能源。

LNG本身无毒，但是在密闭空间里，LNG气化后的天然气会引起缺氧窒息，且在与空气以适当比例混合时能够发生爆炸。

LNG在空气中的燃烧极限为5%～15%体积浓度，在这个浓度范围之外，甲烷与空气的混合物不易燃烧。当燃料浓度超过其燃烧上限值，会由于氧气含量过少而不能燃烧。例如在一个封闭的、安全的储罐内，甲烷蒸气浓度约为100%。燃料浓度低于燃烧下限时，会由于甲烷含量太少而无法燃烧，例如通风良好的区域发生少量LNG泄漏，这时，LNG蒸气会迅速与空气混合并稀释至小于5%的体积浓度。

气化后的LNG与天然气具有相同的热力学特性。在通风良好的区域，相对于其他烃类燃料，天然气具有低层流燃烧速度和高点火能量。LNG蒸气在开阔地带不会产生非受限蒸气云爆炸（UVCE），这种现象更为普遍地存在于高碳燃料中。易燃蒸气云是仅仅溯源燃烧还是发生爆炸取决于许多因素：蒸气分子的化学结构、蒸气云的大小和浓度、点火源的强度、蒸气云的空间密闭程度。在LNG设施中产生非受限蒸气云爆炸所需的条件通常是不存在的，因此这种爆炸不应被认为是潜在的危险。

掌握LNG相态特性和热力学性质的知识是成功设计和操作LNG工厂及其处理设施所必需的。因此，采用基于热力学建模架构的适当模型来预测描述和验证LNG混合物的复合相态特性十分重要。在这种情况下，通常选择状态方程，既可以定性，也可以定量预测实际系统中复合的相态特性。

虽然只有少量的二元不互溶体系（较突出的如甲烷-正己烷，甲烷-正庚烷）与天然气加工相关，在三组分与更多组分的 LNG 体系中，液-液-气相行为在特定的条件下也会发生，即使组分两两间并没有表现出这些行为。目前已知将氮气添加到互溶的 LNG 体系中可以导致不互溶，这必然会影响这些体系的工艺设计。

1.1.1 LNG 一般组分

LNG 主要成分是甲烷约 83%～90%（摩尔分数），其成分还包括其他高碳烃，通常包括有 C_2～C_4 及 C_{4+}、氮气、微量的硫（少于 $4cm^3/m^3$）和二氧化碳（$50cm^3/m^3$），见表 1-1。

表 1-1 不同液化厂典型 LNG 组分

组分含量 /%(摩尔分数)	尼日利亚 LNG	利比亚 LNG	文莱 LNG	苏丹国 LNG	马来西亚 LNG	印度尼西亚 LNG
甲烷	87.9	83.00	89.4	90	91.1	90.0
乙烷	5.5	11.55	6.3	6.35	6.65	5.40
丙烷	4	3.90	2.8	0.15	1.25	3.15
丁烷	2.5	0.40	1.3	2.5	0.54	1.35
氮气	0.1	0.80	0.2	1	0.45	0.05

1.1.2 LNG 热值

标准状态下单位体积燃料完全燃烧、燃烧产物又冷却至标准状态所释放的热量称为热值。对于天然气来说，单位体积天然气完全燃烧后，烟气被冷却到原来的天然气温度，燃烧生成的水蒸气完全冷凝所释放的热量，称作高热值或总热值；单位体积天然气完全燃烧后，烟气被冷却到原来的天然气温度，但燃烧生成的水蒸气不冷凝所释放的热量，称作低热值或净热值。同一天然气高、低热值之差即为其燃烧生成水的汽化潜热。天然气的热值常以 MJ/m^3 为单位。

天然气热值可用连续计量的热值仪测量。热值仪利用天然气燃烧产生的热量，加热空气气流，测量空气的温升，即可求得天然气热值。测量热值的另一种方法是利用气体色谱仪测量气体组成，按各组分气体的摩尔（或体积）分数及纯组分气体热值加权求得，即

$$HV=\sum y_i HV_i \tag{1-1}$$

式中 HV——热值；

y_i——组分的摩尔分数；

HV_i——组分 i 热值，由附录 A 查得。

对于这类组分的热值可取分子量接近的烷烃的热值。由于色谱仪测量气体组分简便、并具有较高准确性，因而分析气体组成、计算气体热值的方法得到较广泛的使用。

若不加特殊说明，热值一般指干气的热值。若为湿气应根据干气分压和热值、水的分压和热值加权平均求得，对总热值还应计入水蒸气冷凝成液态释放的汽化潜热。热值还分理想气体热值和真实气体热值，两者关系为：理想气体热值＝真实气体热值/标准状态下气体压缩因子。

由附录 A（天然气成分性质）可知，碳原子数愈多的烷烃其热值愈高。若天然气热值比合同规定热值高许多，则应控制天然气热值适应燃具的设计值，或从高热值天然气中回收组分或与低热值气体掺混后供应用户。

1.2　LNG 物理性质

1.2.1　黏度、密度、温度

1.2.1.1　天然气黏度

纯气体的黏度取决于气体的压力和温度，而气体混合物的黏度和其组成有关。学者对各种纯烃气体和烃类混合气体的黏度进行过大量的研究工作，可利用相关学者提供的图表和经验公式计算天然气黏度。

（1）按气体组成求黏度

在低压下可用 Herning-Zipperer 方程估算气体混合物黏度，即

$$\mu=\frac{\sum(\mu_i y_i M_i^{0.5})}{\sum(y_i M_i^{0.5})} \tag{1-2}$$

式中　μ_i——i 组分气体的黏度；

y_i——i 组分气体的摩尔分数；

M_i——i 组分气体的分子量。

μ 与 μ_i 的单位相同。

大气压下，天然气各组分气体黏度 μ_i 与温度 t 的关系见图 1-1。

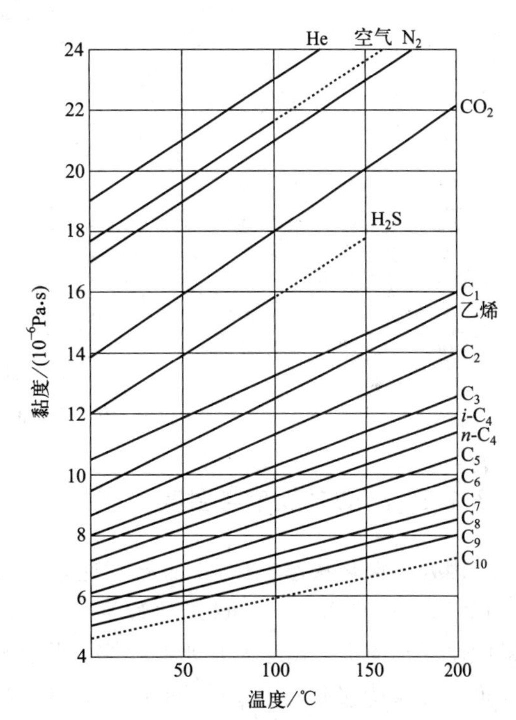

图 1-1　天然气各组分气体黏度与温度关系

（2）由相对密度求黏度

已知天然气相对密度或平均分子量和温度，可按 Carr 图求常压下天然气黏度。天然气内含有 N_2、CO_2、H_2S 等非烃气体都会增加气体黏度，可用图 1-2 内插图进行修正。Carr 图的回归方程为

$$\mu=\mu_1+N_2(修正)+CO_2(修正)+H_2S(修正) \tag{1-3}$$

$$\mu_1=(1.709\times10^{-5}-2.062\times10^{-6}\Delta_g)(1.8t+32)+8.188\times10^{-3}-6.15\times10^{-3}\lg\Delta_g$$

$$N_2(修正)=y_{N_2}(8.48\times10^{-3}\lg\Delta_g+9.59\times10^{-3})$$

$$CO_2(修正)=y_{CO_2}(9.08\times10^{-3}\lg\Delta_g+6.24\times10^{-3})$$

$$H_2S(修正)=y_{H_2S}(8.49\times10^{-3}\lg\Delta_g+3.73\times10^{-3})$$

式中　μ_1——未考虑非烃气体时的气体黏度，mPa·s；

y——非烃气体的摩尔分数；

t——温度，℃；

Δ_g——天然气相对密度；

lg——对数函数。

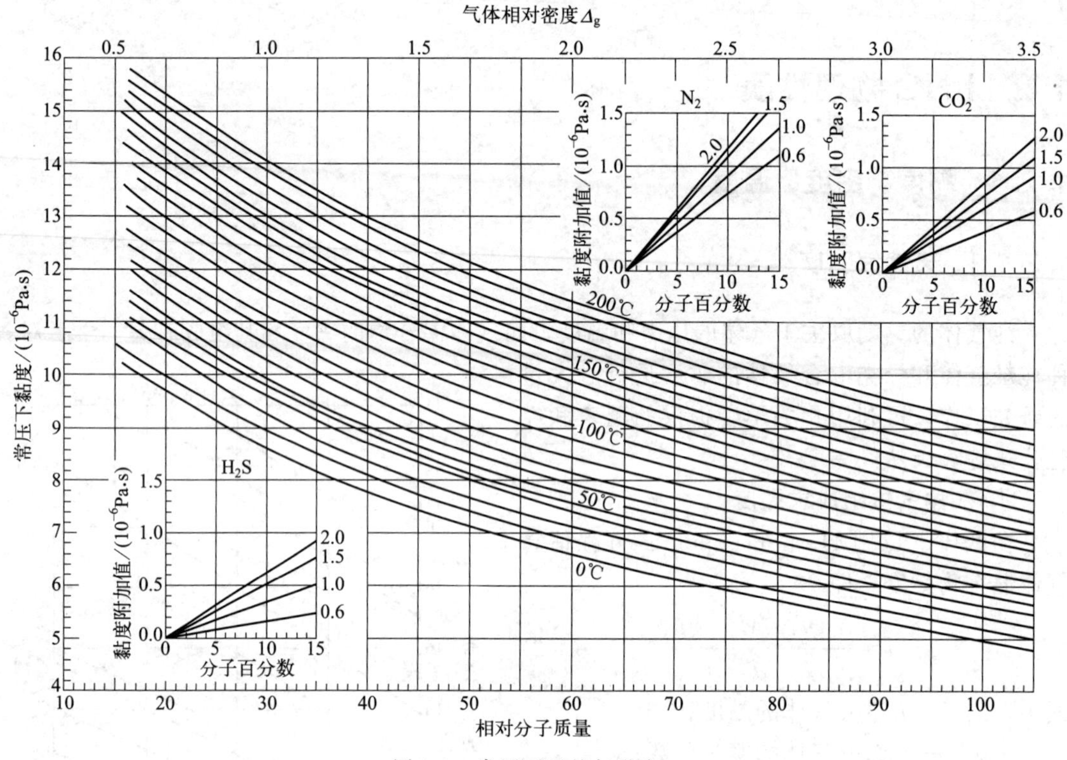

图 1-2 常压下天然气黏度

1.2.1.2 LNG 的密度与温度

因处于液化状态，LNG 的温度通常较低，LNG 的沸点随其组成不同而变化，通常为−162℃（−259℉）。LNG 的密度通常为 430～470kg/m^3，其密度不及水的 1/2。LNG 如果倾注到水面上，由于其比水轻很多，将会浮于水面且发生急剧气化。最初 LNG 蒸气比空气重，会保持接近地面，然而随着 LNG 蒸气被周围环境逐渐加热，达到约−110℃时，LNG 蒸气的密度将会比空气轻，然后开始上升。冷态 LNG 蒸气（低于−110℃）更容易集聚在较低的地区，直到蒸气被不断加热。在密闭空间或低处 LNG 释放将置换空气，使该区域存在窒息的危险。

1.2.2 热导率

液体的热导率测定由于液体对流的存在而非常困难，实验数据更显缺乏。目前理论研究虽然很多，但尚难以直接预测热导率，一般还是采用估算法。液体热导率较为重要的几种计算方法为 Sato-Reidel 法、Latini 法、Sheffy-Johnson 法和 Jamieson 双参数方程。相比较而言，Jamieson 双参数方程适用的物质类别和温度范围较广。由于实验数据的缺乏，多元液体混合物热导率的研究还很不成熟。目前，液体混合物热导率的估算方法有指数方程、Li方程等。

1.2.3 焓和熵

对于焓和熵的计算，国内外通常采用LKP方程。LKP方程不仅仅适用于液相，在烃类体系的物性计算中也有较好的精度，同时LKP方程在国内外多数文献和工具书上也被认为是计算压缩因子、焓和熵的最佳方法。

1.2.3.1 计算焓熵的表达式

（1）LKP方程

$$Z=Z^{(0)}+\frac{\omega}{\omega^{R}}\left(Z^{(R)}-Z^{(0)}\right)$$

$$Z=\left(\frac{p_r V_r}{T_r}\right)=1+\frac{B}{V_r}+\frac{C}{V_r^2}+\frac{D}{V_r^5}+\frac{c_4}{T_r^3 V_r^2}\left(\beta+\frac{\gamma}{V_r^2}\right)\exp\left(-\frac{\gamma}{V_r^2}\right)$$

$$B=b_1-\frac{b_2}{T_r}-\frac{b_3}{T_r^2}-\frac{b_4}{T_r^3} \tag{1-4}$$

$$C=c_1-\frac{c_2}{T_r}+\frac{c_3}{T_r^3}$$

$$C=d_1+\frac{d_2}{T_r}$$

式中 Z——压缩因子；

ω——偏心因子；

p_r——对比压力；

V_r——对比摩尔体积；

T_r——对比温度。

上标0表示简单流体的相应参数；上标 R 表示参考流体的相应参数；其余参数为常数。

LKP方程中分别用氩和正辛烷的实验数据来拟合方程中简单流体和参考流体的12个常数，见表1-2。

表1-2 LKP方程中的常数

常数	简单流体	参考流体	常数	简单流体	参考流体
b_1	0.1181193	0.2026579	c_3	0	0.016901
b_2	0.265728	0.331511	c_4	0.042724	0.041577
b_3	0.154790	0.027655	d_1	0.155488×10^{-4}	0.48736×10^{-4}
b_4	0.030323	0.203488	d_2	0.623689×10^{-4}	0.0740336×10^{-4}
c_1	0.0236744	0.0313385	β	0.65392	1.226
c_2	0.0186984	0.0503618	γ	0.060167	0.03754

（2）理想焓熵的表达式

$$H_m^{id}=\sum\nolimits_i Z_i H_{m,i}^{id}=\sum\nolimits_i Z_i\int_{T_0}^{T} C_{p,m}^{id}\,\mathrm{d}T+H_{m,0} \tag{1-5}$$

$$S_m^{id}=\sum_i Z_i S_{m,i}^{id}=\sum_i Z_i\left[\int_{T_0}^{T}\frac{C_{p,m}^{id}}{T}\mathrm{d}T-R\ln\frac{p}{p_0}\right]+S_{m,0} \tag{1-6}$$

式中　H_m^{id}——摩尔理想焓；

$H_{m,0}$——焓值基准点（p_0，T_0）下的摩尔焓；

S_m^{id}——摩尔理想熵；

$S_{m,0}$——熵值基准点（p_0，T_0）下的摩尔熵；

$C_{p,m}^{id}$——理想气体的摩尔定压热容；

R——摩尔气体常数；

Z_i——组分 i 的摩尔分数。

其中，上标 id 表示理想值，下标 i 表示组分 i。

（3）用 LKP 方程计算简单流体和参考流体余焓的方程

$$\frac{H_m-H_m^{id}}{RT_c}=T_r\left\{Z-1-\frac{b_2+2b_3/T_r+3b_4/T_r^2}{T_rV_r}-\frac{c_2-3c_4/T_r^2}{2T_rV_r^2}+\frac{d_2}{5T_rV_r^5}+3E\right\}$$

$$E=\frac{c_4}{2T_r^3\gamma}\left[\beta+1-\left(\beta+1+\frac{\gamma}{V_r^2}\right)\exp\left(-\frac{\gamma}{V_r^2}\right)\right] \tag{1-7}$$

式中　H_m——摩尔焓。

（4）用 LKP 方程计算简单流体和参考流体余熵的方程

$$\frac{S_m-S_m^{id}}{R}=\ln Z-\frac{b_1+b_3/T_r^2+2b_4/T_r^3}{T_rV_r}-\frac{c_1-2c_3/T_r^3}{2V_r^2}-\frac{d_1}{5V_r^5}+2E$$

$$E=\frac{c_4}{2T_r^3\gamma}\left[\beta+1-\left(\beta+1+\frac{\gamma}{V_r^2}\right)\exp\left(-\frac{\gamma}{V_r^2}\right)\right] \tag{1-8}$$

式中　S_m——摩尔熵。

（5）工质的余焓表达式

$$\frac{H_m-H_m^{id}}{RT_c}=\left(\frac{H_m-H_m^{id}}{RT_c}\right)^{(0)}+\frac{\omega}{\omega^{(R)}}\left[\left(\frac{H_m-H_m^{id}}{RT_c}\right)^{(R)}-\left(\frac{H_m-H_m^{id}}{RT_c}\right)^{(0)}\right] \tag{1-9}$$

（6）工质的余熵表达式

$$\frac{S_m-S_m^{id}}{R}=\left(\frac{S_m-S_m^{id}}{R}\right)^{(0)}+\frac{\omega}{\omega^{(R)}}\left[\left(\frac{S_m-S_m^{id}}{R}\right)^{(R)}-\left(\frac{S_m-S_m^{id}}{R}\right)^{(0)}\right] \tag{1-10}$$

1.2.3.2　计算焓和熵的方法

焓熵计算已知条件为：压力 p、温度 T、各组成的摩尔分数 Z_i、总流量 q_n 及各组分的临界参数。以下用 LKP 方程求取焓为例进行说明。

计算步骤如下：

① 计算（p，T，Z_i，q_n）条件下的气液相平衡，得到（x_i、y_i、$q_{n,V}$、$q_{n,L}$）。

② 调用计算气相部分理想焓的函数，得到 $H_{m,V}^{id}$。

③ 调用计算液相部分理想焓的函数，得到 $H_{m,L}^{id}$。

④ 计算气相部分的余焓 $H_{m,V}^{res}$。

⑤ 计算液相部分的余焓 $H_{m,L}^{res}$。

⑥ 总焓值 $H=q_{n,V}(H_{m,V}^{id}+H_{m,V}^{res})+q_{n,L}(H_{m,L}^{id}+H_{m,L}^{res})$。

熵的计算方法与此相仿。

1.3　LNG 设备特性

LNG 设备的材料，包括生产、储存、运输、气化过程所涉及的所有材料。按材料特性分为金属、合金和非金属材料。金属材料主要包括奥氏体不锈钢、质量分数为 9%的 Ni 钢、质量分数为 36%的 Ni 钢，铝合金、有色金属（如铜等）；非金属材料包括玻璃钢、珠光砂、吸附剂、橡胶、聚合物等。按是否直接接触可分为直接接触 LNG 的材料和非直接接触 LNG 的材料。由于 LNG 温度很低（－162℃），因此用于与 LNG 接触的材料应当验证其抵抗低温脆性断裂性能。

与 LNG 直接接触的主要材料及其一般应用列于表 1-3。其中，石棉不宜用于新装置中。斯太立特硬质合金（Stellite）的主要成分是 $W_{(Co)}=55\%$，$W_{(Cr)}=33\%$，$W_{(w)}=10\%$，$W_{(C)}=2\%$。用于低温状态但不与 LNG 直接接触的主要材料及其一般应用列于表 1-4。

表 1-3　与 LNG 直接接触的主要材料及其一般应用

材料	一般应用
不锈钢	储罐、卸料臂、螺母与螺栓、管道和附件、泵、换热器
镍合金、镍铁合金	储罐、螺母与螺栓
铝合金	储罐、换热器
混凝土(预应力)	储罐
铜和铜合金	密封件、磨损面料
石棉、弹性材料	密封件、垫片
环氧树脂	泵套管
Epoxy(silerite)、氟乙烯丙烯(FEP)	电绝缘
玻璃钢	泵套管
石墨、聚四氟乙烯(PTFE)	密封件、填料盒、磨损面
聚三氟氯乙烯(KelF)、斯太立特硬质合金	磨损面

表 1-4　用于低温状态但不与 LNG 直接接触的主要材料及其一般应用

材料	一般应用
低合金不锈钢	滚珠轴承
预应力钢筋混凝土	储罐
胶体混凝土、砂、泡沫玻璃	围堰
木材(轻木、胶合板、软木)	热绝缘
合成橡胶	涂料、胶黏剂
玻璃棉、玻璃纤维、分层云母、聚氯乙烯、聚苯乙烯、聚氨酯、聚异氰脲酸酯、硅酸钙、硅酸玻璃、泡沫玻璃、珍珠岩	热绝缘

一般材料的应用情况如下：

① 由于铜、黄铜和铝的熔点低，且遇到溢出的 LNG 着火时将失效，所以倾向于使用不锈钢或镍的质量分数为 9%的钢材。铝材常用于换热器，液化装置的管式、板式换热器使用冷箱（钢制）加以保护；铝材还可用于内罐的吊顶。经过特别设计用于液态氧或液态氮的设

备，通常也适用于 LNG 处于较高的压力和温度条件下正常操作的设备，能够承受降压情况下液体温度的下降。用于 LNG 设施的大多数低温深冷装置，将承受从周围环境温度到 LNG 温度的快速冷却。在此冷却过程中产生的温度梯度将产生热应力，该热应力是瞬态的、周期性的，而且其值在与 LNG 直接接触的容器壁为最大。这种应力随着材料厚度的增加而增加，当其厚度超过约 10mm 时，应力值将很大。对于一些特殊的临界点，临界应力或冲击应力可以应用公认的方法进行计算，并用于脆性断裂的检验。

② 低温容器内胆的结构材料必须保证在低温下具有足够的力学性能，即必须强度高、抗冲击性能好。因此，往往选用奥氏体不锈钢（如 0Cr18Ni9Ti）、铝合金（如防锈铝）、铜合金（如纯铜）等。LNG 的内容器还可用质量分数为 9% 的镍钢。液氟容器的内胆则用蒙乃尔合金或不锈钢。由于内胆材料价格较贵，因而在内胆设计时，应在强度及安全性允许的条件下，尽可能采用薄的壳体，以减少容器成本及降低预冷损耗。

③ 内罐用于储存低温液体，按使用温度、介质性质及经济合理性，选用相应低温钢。考虑到该罐一旦泄漏造成的危害极大，选用钢材时可参考《低温压力容器用钢板》（GB 3531—2014）。

④ 外罐用材料根据罐的特性而定，普通型外罐用碳钢即可。特殊型外罐一旦泄漏，难以及时将液体排出，造成极大的损失或重大事故，必须采用与内罐同等的材料。低温容器的外壳一般可选用价廉的碳钢（如 16MnR 等）。

⑤ 连接内外壳体的管道等构件，常用热导率低的不锈钢、蒙乃尔合金等。低温储槽设计中常遇到管道问题。管道用于连接内胆与外界环境，用于储槽的液体充注、排液或排气等。因而设计的管道应采用薄壁且尽量长些，以减少沿管道从外界导入内胆的热量；此外，管道从内胆穿过绝热夹套从外壳引出，由于使用中内胆的冷收缩，因而管道内必须设置挠性连接；若管子在真空夹套中设置成盘管，则既可增加管道长度，又可起到伸缩补偿作用。

思考题

1. 简述空气中 LNG 燃烧极限的浓度范围及原因。
2. 简述 LNG 的主要成分。
3. 简述天然气热值的两种测量方式。
4. 简述天然气黏度在低压和常压下的求法。
5. 简述计算焓的方法。
6. 简述计算熵的方法。
7. 简述 LNG 设备各部分材料要求。

第 2 章

LNG 工厂生产

2.1 工厂设计

从井口出来的原料气通常含有各种杂质，酸性气体不能够直接被输送到液化单元。必须通过不同的处理单元脱除掉不需要的成分。一个典型的天然气液化工厂的处理单元如图 2-1 所示。

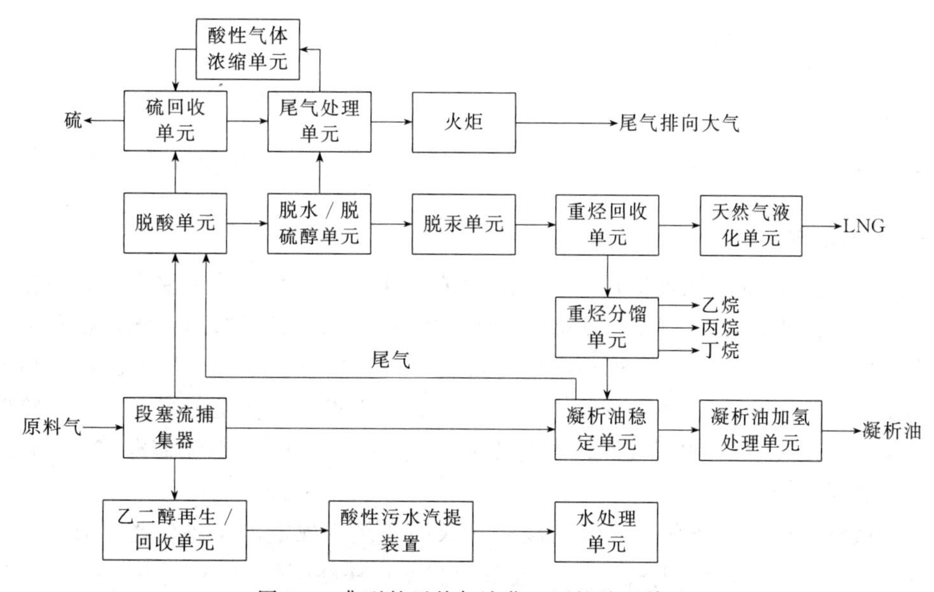

图 2-1　典型的天然气液化工厂的处理单元

这些单元共同工作，提供满足表 2-1 规格的 LNG 产品。可以看到，有两种 LNG 产品规格：一种针对出自液化工厂的 LNG，另一种针对客户卸货港口的 LNG。区别在于在储存、装料、卸料及船的航行过程中热泄漏引起的挥发性组分的蒸发性不同。

需要注意的是，实际的 LNG 工厂结构可能会不同，取决于原料气的组分、产品的分布和规格、环境法规和排放限制。工厂的复杂程度和工艺单元的功能同样与工厂的规模、酸性气体成分、含硫成分、杂质含量有关，这些都要深入地研究以达到可行的工厂结构要求。

表 2-1　原料气性质

参数		液化厂 LNG 产品	卸货港口的 LNG 产品
性质	高热值/(MJ/m^3)	42～44	42～45
	沃泊指数/(MJ/m^3)	51～53	51～54
组分	甲烷/%(摩尔分数)	84～96	84～96
	C_4^+ 最大值/%(摩尔分数)	2.4	2.5
	C_5^+ 最大值/%(摩尔分数)	0.1	0.1
	氮气/%(摩尔分数)	1.4	1.0

2.1.1 厂址选择

（1）厂址选择原则

① 符合当地规划政策，符合国家相关规范要求。

② 交通、通信、电力、水源等配套设施比较齐全。

③ 临近资源地。

④ 对于基本负荷型天然气液化厂，厂址附近应具备接纳与 LNG 工厂规模匹配的 LNG 运输船的良好的港湾条件。

⑤ 对于调峰型天然气液化工厂，离目标市场的距离在可允许范围内。

⑥ 当地安全、环境、水文、地质、气象符合厂址要求。

⑦ 满足安全、畅通、可持续发展的要求。

⑧ 满足建设工期要求。

⑨ 节省工程投资。

⑩ 具有良好的社会依托条件。

一般来说，工厂厂址选择需要对区域条件、自然条件、地域条件等进行综合比较后确定。

（2）区域条件

① 地理位置。厂址的地理位置必须满足相关工程设计防火规范的要求，如根据《石油天然气工程设计防火规范》（GB 50183—2015）规定，LNG 工厂内的油气设备和装置，距离相邻企业的安全间距不得小于 90m，距离园区道路不得小于 30m。厂区围墙距离架空电力安全间距不得小于 60m。LNG 储罐的围堰外 80m，不得有即使是能耐火且提供热辐射保护的在构筑物。LNG 储罐的围堰距离相邻企业不得小于 200m。LNG 储罐壁外 500m 范围内的民房均需要搬迁。

根据《道路安全保护条例》和《铁路安全保护条例》规定，高速公路、国道、省道的 100m 范围内，不得有易燃、易爆等油气设备和装置；铁路两侧 200m 范围内，不得有易燃易爆等油气设备和装置。

工厂内设置有火炬区，火炬区与相邻企业间距不得小于 120m，与电力线不得小于 80m 的间距。

② 土地性质。拟选厂址土地性质是否已经为建设用地，不受指标限制。

③ 交通情况。拟选厂址区域内公路、铁路、水路交通情况。

④ 依托条件。拟选厂址距离城镇的情况，是否具有社会依托条件。

（3）自然条件

① 地形地貌。拟选厂址位置要考虑地形起伏情况对总图布置、厂区排水以及土石方挖填平衡的影响，避免建于地形复杂和低于洪水线或采取措施后仍不能确保不受水淹的地区。宜选择地形平坦且开阔，便于地面水能自然排出的地带。同时，也应避开易形成窝风的地段。

② 气象。拟选厂址的气候情况，包括全年太阳辐射量，年均日照时数、年平均气温、最高气温、最低气温；年平均相对湿度、年平均气压、全年无霜期；年平均降雨量、年降水总量；常年主导风向及频率、次主导风向及频率、常年平均风速等。

③ 工程地质。拟选厂址位置的地质构造稳定，岩土性质、地基承载力等满足要求。避免易受洪水、泥石流、滑坡、土崩等危害的山区和有流沙、淤泥、古河道等不良地质区域。

④ 水文地质。了解拟选厂址位置的水系情况、地表径流对厂区排水的影响。应尽量选择在地下水位较低的地区和地下水对钢筋和混凝土无侵蚀性的地区。

⑤ 地震。拟选厂址应避免处于地震断层带地区和抗震设防烈度为 9°以上的地震区。

（4）地域条件

① 交通运输。拟选厂址周边公路、铁路、水路情况。对于考虑 LNG 产品通过海上运输销售的，应按照 LNG 码头建设规范要求考察码头建设条件。

② 供电。拟选厂址周边外电源的供应能力和外围供电线路、变电站的建设情况及规划情况。电源的可靠性直接关系到生产装置的安全性。

③ 通信。拟选厂址周边电信公网和有线电视网的覆盖情况。

④ 供水。拟选厂址周边供水管网的布局和供应能力。所供水量必须满足建设和生产所需的水量和水质。

⑤ 排水。厂址应具有雨水、生产和生活用水的排出条件。

从相关规范满足情况、实施工程量大小、长期稳定安全生产、环境保护等方面进行优缺点综合比较后，择优选定。

2.1.2　工厂布置

LNG 工厂主要包括四个部分：天然气处理设施、液化设施、LNG 储罐、公用工程和辅助设施。对于非内陆的 LNG 工厂，还包括港口和 LNG 外输码头、蒸气处理系统和其他辅助系统。工厂的功能就是天然气处理、液化和通过 LNG 船将 LNG 外运。

天然气处理设施包含原料气计量、脱酸性气体、脱水及脱硫醇、脱汞、硫回收、液化石油气脱硫单元。液化设施包含液化、制冷、分馏、脱氮、制冷剂储存单元。LNG 储罐、公用工程和辅助设施包含蒸气及凝液系统、燃料气系统、新鲜水系统、压缩空气系统、氮气系统、海水系统、LNG 输送和储存及装载装置、凝析油输送装置、火炬系统、消防系统、硫黄固化、储运和装载装置、污水处理系统、液化石油气输送、储运和装载装置、海水提取、栈桥及其他设施。当然因为具体工艺流程的差异，具体的处理设施可能不同。

2.1.3 车间布置

装置布置是设计工作中重要的一环，布置应符合工艺要求，使得操作条件良好、维护检修方便，并使建设投资最小。在基础设计阶段，装置布置的主导专业是工艺，详细设计阶段则以配管为主导专业，并需各种专业设计配合协作完成。

布置时需具备的基础资料有：工艺管道及仪表流程图（PAID）、物料平衡表、设备一览表、公用系统耗用量、车间定员表、站场或全厂的总平面布置图，以及布置场地的地形等资料。

装置（车间）组成一般包括生产、辅助与生活三个部分。由于 LNG 工程与石油化工生产不同，原料与产品比较单一，因此这里所说的装置或车间主要是指工艺生产装置。LNG 的工艺生产装置（车间）中一般不再专门设置辅助与生活部门，除特别情况外，它们的辅助、生活与公用工程可以纳入工厂或站场的总体布置一并考虑。

（1）工艺装置组成

1）基地生产型液化工艺装置

工艺装置可以划分成若干工段或单元，小型装置为了紧凑性一般可布置在一个区域内。工段或单元划分随原料气进入界区压力与采用的液化工艺而不同。以低压原料气与混合制冷工艺为例，其工段或单元组成有：原料气净化、气体压缩（包括原料气压缩、冷剂循环压缩与 BOG 压缩）、液化与储存四个工段。

2）输入型 LNG 接收站

由于它的大型化，所组成各工艺工段布置一般可在总平面图布置时完成。作为工艺装置布置的一块区域，可以有 LNG 高压泵加压、LNG 气化（包括主气化器与应急备用气化器）、BOG 压缩与再冷凝四个单元。

（2）布置原则

① 布置应经济且符合不同介质、不同状态及其不同的位置（例如泵前或泵后）的压降规定，并符合工艺流程。当与安全、维修和施工有矛盾时，应予以调整。

② 根据地形、主导风向等条件进行设备布置时，要有效利用车间的占地面积与空间。

③ 明火设备必须布置在处理可燃气体或液体设备的全年最大频率风向的下侧，并布置在装置的边缘，当有多个明火设备时，一般应集中布置。

④ 控制室和配电室应靠近生产区域布置，并布置在危险区域之外。

⑤ 需考虑与其他部门在总平面布置上的位置力求紧凑、联系方便和缩短输送管线。

⑥ 留有发展余地。

⑦ 采取的劳动保护、防火与防腐措施符合有关规范规定。

⑧ 设备安全通道、人流、物流方向错开。

⑨ 设备布置应整齐，尽量使主要管架布置与管道走向一致。

（3）布置工作内容

1）平面布置

① 平面布置外形。有长方形、L 形、T 形等。一般采用长方形居多，长方形便于总平面图的布置，节约用地，有利于设备排列，缩短管线，易于安排交通出入口。

② 厂房柱网布置。依厂房结构确定柱网布置，生产类别为甲、乙类生产，宜采用框架

结构，例如液化装置内的气体压缩机厂房。柱网结构一般可为 6m 或 7.5m，同一幢厂房中不宜采用多种柱距，柱距要尽量符合建筑模数要求。

③ 厂房宽度。单层厂房宽度不宜超过 30m，厂房常用宽度有 9m、12m、15m、18m、21m 和 24m。厂房内柱子的间距设定与梁的跨度及尺寸有关，一般控制在 6m 左右，如因设备布置必要，柱子间距可以加大。

④ 一般厂房的短边（即宽度）常为 2～3 跨，长边（即长度）则可按工艺布置需要而定。例如某液化装置的压缩机厂房，短边单跨 15m，长边 9 跨 54m。该压缩机厂房内由于需布置燃气轮机驱动机、冷剂循环压缩机、原料气气体压缩机及 BOG 压缩机，中间不设柱子。

⑤ LNG 装置的压缩机厂房可仅设置顶棚，小型压缩机机组也可采用露天方式布置，这是基于经济性及有利于可燃气体散发的考虑。其余设备一般均可采用露天化布置。

2）立面布置

厂房高度一般取决于工艺设备布置要求，布置时应充分利用空间，需考虑设备的高度、安装位置、检修的可能性及安全卫生等条件。

（4）设备布置

1）生产工艺对设备布置要求

① 需满足工艺流程顺序，适合水平方向与垂直方向的连续性。

② 同类型设备，尽可能布置在一起。例如 LNG 接收站的 LNG 高压泵组、LNG 气化器等。

③ 除设备本身所占位置外，尚需考虑操作、检修和通行所需要的空间。

④ 尽可能缩短设备之间的管线。

⑤ 根据发展规划，预留扩建余地。例如分两期建设的 LNG 接收站，LNG 高压泵组和 LNG 气化器组的布置上，两期的设备均布置在同一块区域内，不宜对第二期工程的设备另设地块布置。

2）设备安装对布置要求

① 根据设备类型、尺寸及结构，考虑设备安装检修与拆卸所需要的空间与面积。例如 LNG 接收站中间介质 LNG 气化器换热器组的检修，需考虑管程列管的抽出空间所需的间距。

② 考虑设备能够顺利进出场地。

③ 考虑起重运输设备的工作场地。

2.2 天然气液化

天然气液化技术是在制冷循环的基础上，将热的、预处理过的原料气冷却至低温，进而生成液体产品。制冷剂可能是天然气原料的一部分（开式循环工艺），也可能通过冷箱或者换热器进行独立的流体循环（闭式循环工艺）。为了达到产生 LNG 所需的制冷温度，必须通过冷剂压缩机建立制冷循环，热量通过水冷器或空冷器传递到外界。基于这一基本原则，在过去的半个多世纪里大量的天然气液化工艺流程获得开发。

除了致力于减少单位投资和运行成本，这些技术创新的主要目标还在于增加 LNG 产能和优化制冷过程的效率。理论上，热力学意义上最有效的液化工艺流程是单一制冷剂或混合制冷剂系统，可以在操作压力下重复天然气的冷却曲线，观察典型的天然气液化工艺流程中的天然气冷却曲线可以发现，气体液化过程可以分为 3 个区域，首先是预冷段，接着是液化段，最后是过冷段。所有这些区域的特点是沿冷却过程拥有不同的曲线斜率和比热。

一个特定的天然气液化工艺的换热曲线可以用来作为设计优化工具，通过这种方法，液化设备组成的设计关键是尽可能地匹配被液化气体在不同液化工艺区的冷却曲线，以此来实现较高的制冷效率并降低能量消耗。图 2-2 描述了典型的天然气系统的冷却曲线，丙烷预冷混合制冷剂系统和经典的三级级联式制冷系统的冷剂换热曲线。从热力学角度讲，混合制冷剂可以使两股流体（例如在换热器中被冷却的气体和被加热的制冷剂）的温差最小化，因此也最接近于可逆过程。工艺气体与制冷剂的温差越小，相同负荷下所需要的换热面积就越大。因此，LNG 的工艺设计是一项基于冷剂选取和配比、换热器和换热面积设计以及匹配压缩机和驱动负载的制冷剂能量消耗等因素综合考虑的优化过程。经典的级联式天然气液化工艺流程尝试通过一系列独立制冷剂循环（通常是 3 种）来逼近天然气的冷却曲线。通过使用超过 3 种制冷剂可以更加接近天然气的冷却曲线，但同时也带来附属设备的增加、工艺流程复杂以及较高的操作成本和较大的占地面积。

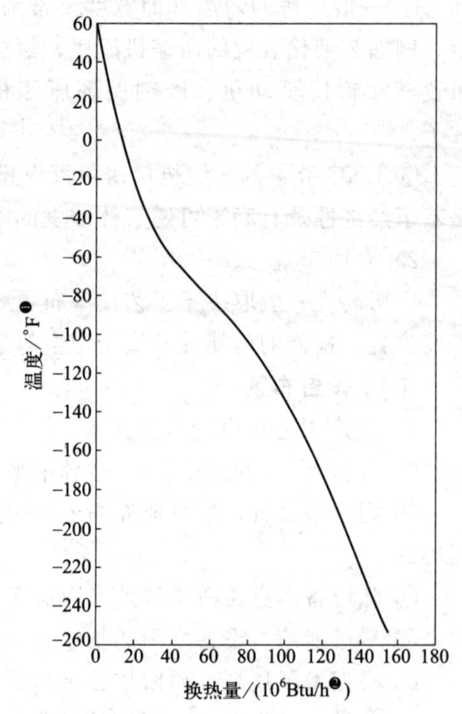

图 2-2　天然气系统冷却曲线

天然气液化工艺流程的区别主要在于制冷循环类型的选取，这些工艺流程大体上可以分为 3 组：级联式天然气液化工艺流程、混合制冷剂天然气液化工艺流程、带膨胀机的天然气液化工业流程。

2.2.1　天然气液化前处理工艺流程

作为液化装置的原料气，首先必须对天然气进行预处理。天然气的预处理是指脱除天然气中的硫化氢、二氧化碳、水分、重烃和汞等杂质，以免这些杂质腐蚀设备及在低温下冻结而堵塞设备和管道。

液化装置对原料气杂质的要求见表 2-2。表 2-2 是按 LNG 的溶解度考虑时，LNG 中允许的原料气杂质含量。

---

❶ $C=(F-32)\div 1.8$，F 的单位是℉，C 的单位是℃。

❷ 1Btu/h=1055.06J。

表 2-2　原料气杂质在 LNG 中的溶解度

组分	在 LNG 中的溶解度①	组分	在 LNG 中的溶解度①
CO_2	4×10^{-5}(体积分数)	壬烷	10^{-7}(体积分数)
H_2S	7.35×10^{-4}(体积分数)	癸烷	5×10^{-12}(体积分数)
甲硫醇	4.7×10^{-5}(体积分数)	环己烷	1.15×10^{-4}(体积分数)
乙硫醇	1.34×10^{-4}(体积分数)	甲基环戊烷	0.575%(摩尔分数)
COS	3.2%(摩尔分数②)	甲基环己烷	0.335%(摩尔分数)
异丁烷	62.6%(摩尔分数②)	苯	1.53×10^{-6}(体积分数)
正丁烷	15.3%(摩尔分数②)	甲苯	2.49×10^{-5}(体积分数)
异戊烷	2.3%(摩尔分数)	邻二甲苯	2.2×10^{-7}(体积分数)
正戊烷	0.89%(摩尔分数)	间二甲苯	154×10^{-6}(体积分数)
己烷	217×10^{-4}(体积分数)	对二甲苯	0.012(摩尔分数)
庚烷	7×10^{-5}(体积分数)	H_2O	10^{-11}(体积分数③)
辛烷	5×10^{-7}(体积分数)	汞	—④

① 按在储罐中纯 LNG 的溶解度为基准，再校正为原料气杂质含量。考虑数据误差则乘以 1.2 的系数。

② 如果含量达到表中数值，这样高的摩尔百分数会改变溶剂（LNG）的性质，故应重新计算其他组分的溶解度。这样做并非十分合理，因此表中列出的全部溶解度是将纯净 LNG 当作溶剂来计算的。

③ 根据经验，水的体积百分数达到 0.5×10^{-6} 时不会出现水的冷凝析出问题。

④ 由于汞对铝有害，原料气中不允许有任何汞存在。

2.2.2　天然气液化工艺流程

2.2.2.1　级联式天然气液化工艺流程

经典的级联式天然气液化工艺流程通过利用数个制冷剂循环来降低不可逆的能量损失，这些制冷剂拥有不同但固定的沸点。级联式天然气液化工艺流程操作比较灵活，这是由于每种制冷剂回路都可以进行单独调节。级联式天然气液化工艺流程在单位处理量下所需的换热面积较小。规模经济性显示级联式天然气液化工艺流程最适合大型生产线，这是由于该流程所需较低的换热面积以及较低的能耗，弥补了该流程所需大量机组而带来的投资成本。该流程的其他优点还在于较低的技术风险以及标准化设备的使用可以降低工厂的建设周期。然而，级联式天然气液化工艺流程的缺点在于相对较高的投资成本，对不同的天然气组成的操作弹性和适应性不足，以及生产线产能的限制。

在实际运行的天然气液化工厂中产生了两种改进的级联式液化工艺流程：优化级联式天然气液化工艺流程（Conoco-Phillips 公司开发）和混合级联式天然气液化工艺流程（Linde 和 Statoil 公司开发）。

2.2.2.2　混合制冷剂天然气液化工艺流程

混合制冷剂天然气液化工艺流程（MR）通过使用特定组分的混合制冷剂（通常是轻烃和氮气的混合物）对天然气物流进行连续冷却，使制冷剂换热曲线逼近天然气从环境温度到制冷温度的冷却曲线，进而优化能量消耗和换热器面积。

与级联式天然气液化工艺流程相比，混合制冷剂天然气液化工艺流程的优势在于更好地接近换热器的操作温度，较少的压缩机和换热器数量，以及通过调整制冷剂组成来适应天然气组分、原料气供应以及操作压力变化的能力。另外，单循环混合制冷剂制冷工艺相比更复杂的级联式制冷循环的效率较低，这是因为单循环混合制冷剂组分难以很好地满足天然气液化过程较宽的冷却温度分布范围。为了获得精准的混合制冷剂组分配比，这种工艺也需要消耗更长的时间进行开停车。当系统处于频繁开停车环境以至于需要频繁调整制冷剂组成的情况下，这个问题需要着重考虑。混合制冷剂天然气液化工艺流程已经被应用在许多天然气液化工厂的设计中。

2.2.2.3 单循环混合制冷剂液化流程

单循环混合制冷剂液化流程包含逆朗肯循环，该循环中天然气在单一的换热器内被冷却液化。朗肯循环通常是指将蒸汽或者烃类工质的热能转化为功的循环。逆朗肯循环则使用功进行排热而产生冷量，在天然气液化工厂中，丙烷或者混合制冷剂可以被用来作为循环工质。

混合制冷剂是几种化合物的混合（主要是低沸点的碳氢化合物和氮气），混合物的最佳配比取决于原料气的组成和压力、液化装置的压力以及周围环境的温度。制冷过程遵循如下的一个逆朗肯循环：压缩—冷却—冷凝—膨胀—蒸发。制冷剂由环境温度进行冷却，而制冷剂在较低温度下的蒸发过程则用来进行天然气的液化。由于其热效率较低，单循环混合制冷剂液化流程主要适合中型和小型的液化工厂，较低的成本和简单的工艺是这类工厂具有经济性的决定因素。

2.2.2.4 双循环混合制冷剂液化流程

双循环混合制冷剂液化流程通过两个独立的混合制冷剂循环实现原料气的液化。在第一个循环里通过使用重组分制冷剂实现天然气的预冷，随后经过预冷的天然气在另一个使用轻组分制冷剂的换热器里被冷凝。由于将制冷负荷分成两个独立的循环，因此双循环混合制冷剂液化流程的换热器高度和体积通常只有单循环混合制冷剂液化流程的一半。

大量使用一个或两个混合制冷剂的双循环制冷液化工艺被开发出来，丙烷预冷的混合制冷剂循环工艺应用最广泛（例如第一级制冷循环使用单一丙烷制冷剂，第二级制冷循环使用混合制冷剂）。丙烷预冷混合制冷剂液化流程使用闭式丙烷制冷循环来预冷天然气，剩下的液化环节则只用混合制冷剂。与单循环制冷剂循环工艺相比，预冷工艺使得液化工厂的设计效率更高，能耗更低。而该工艺的不利因素则在于较高的工艺复杂性和较多的设备数量。

2.2.2.5 带膨胀机的液化流程

带膨胀机的天然气液化流程利用透平式膨胀机为天然气液化提供冷量。透平式膨胀机制冷循环的工作原理是通过对流体的压缩和膨胀产生冷量。由于膨胀机效率（一般超过 85%）的提高，带膨胀机的天然气液化流程取得了巨大进步。

带膨胀机的液化流程可以配置单循环、双循环或者多循环的透平式膨胀机，驱动可以采用电动机驱动或燃气发动机驱动。膨胀机液化工艺的制冷剂和冷却气体的热曲线具有较大的温度差，尤其是在天然气冷却曲线的热端。无论是氮气还是甲烷，都属于易挥发的制冷剂组分。由于天然气一开始冷却时的温度范围较高，它们更适合做低温冷却时的制冷剂，尤其是当原料气中含有大量的 C_{3+} 组分时（表 2-3）。

表 2-3 不同制冷剂循环的效率比较

制冷循环	相对于级联式液化流程的功耗	制冷循环	相对于级联式液化流程的功耗
级联式液化流程	1.00	带膨胀机液化流程	2.00
单循环混合制冷剂液化流程	1.25	丙烷预冷带膨胀机液化流程	1.70
丙烷预冷混合制冷剂液化流程	1.15	双循环带膨胀机液化流程	1.70
多级混合制冷剂液化流程	1.05		

制冷剂在膨胀循环过程中保持气体状态。制冷剂为单一组分，不用对制冷剂组分进行调整，因此工艺操作比较简单。同时，由于换热器在相对较大的传热温差下运行，所以工艺对原料气组分变化的敏感性低。鉴于以上原因，精确的温度控制相对于膨胀循环就没有混合制冷剂循环显得那么重要。膨胀循环被认为在不同的液化条件下具有较高的稳定性。然而，膨胀循环的效率相对于级联式液化流程和混合制冷剂液化流程较低，比较适合小型的天然气液化工厂（比如 BOG 再液化）而不适合规模较大的基荷型液化工厂。

氮气膨胀液化流程的效率可以在添加辅助设备后获得一定程度的提高，例如多循环膨胀流程和丙烷预冷的膨胀循环，但是这些都很少适合小型工厂。然而，由于没有液态碳氢化合物的存储，这种设计本身比较安全。作为一个气相循环，系统性能受船舶运动的影响较小，并且更适合船载的浮式天然气液化工厂。

2.3 LNG 工厂主要工艺设备

2.3.1 天然气前处理设备

LNG 工厂的脱酸处理，主要指将天然气中的 H_2S 和 CO_2 脱除至满足低温处理要求的含量。目前生产实践中主要采用的方法从大的类上可以分为化学反应、物理吸收及吸附。结合我国的 LNG 装置建设的实践，净化工艺选择时主要考虑的因素实际上可以简化为原料天然气（可以为煤制气、煤矿瓦斯气、焦炉气等各种富含甲烷的非常规天然气）的组分和操作条件。通常比较典型的做法是对于高酸气分压（3.4bar[1] 及以上）可以选用物理吸收，但是倘若重烃含量高则需要慎重考虑吸收的工艺。酸气分压较低而处理后的含量要求会降至很低，则通常选用醇胺溶液来保证处理达标。目前我国绝大多数常规气源的 LNG 工厂都属于这一类。

需要指出的一点是，虽然该处理单元因在国内已建的 LNG 装置中得到了广泛应用而积累了丰富的设计及操作经验，且相比较于 LNG 项目的整体投资，醇胺脱酸装置投资仅仅占到了很小的比例，而且主体设备、物料均可国产化。但是从国内已建成投产的工厂实际运行的情况来看，多数工厂（四川的几座 100 万方/天的装置，如达州、广安等，也许是个例外，这在一定程度上主要是由于原料天然气远低于设计的酸气负荷造成的）都曾经历或是长期遭遇提高处理负荷时发生的诸如频繁发泡、提前液泛、CO_2 突破等操作限制带来的装置产能的瓶颈，使得工厂产能受限、单位产品能耗增加、经济效益恶化；有些工厂由于发泡、液泛而造成下游装置严重受损，不得已停产整改，严重影响了工厂的正常生产。因此，对于 LNG 工厂脱酸装置除瓶颈的设计及操作进行研究以指导生产实践具有重要的现实意义。

---

[1] $1bar=10^5Pa$。

2.3.1.1 天然气脱酸的醇胺法工艺

（1）醇胺法的工艺选择

LNG 工业的天然气脱酸净化处理与天然气管输、轻烃回收及精馏或硫黄回收气体处理行业的净化处理有相似之处，但又具有其自身的鲜明特点，这些特点直接影响了其工艺选择及装置设计。概括起来，需要考虑以下主要因素：

① 原料天然气的组分。

② 处理后天然气需要达到的规格。

③ 酸气的规格及项目建设地的含硫气体排放的法规（是否需要上尾气净化 TGCU 单元）。

④ 酸气脱除的选择性要求。

⑤ 脱酸处理单元的温度、压力条件。

⑥ 需要处理的天然气的体积。

⑦ 设备初步投资及操作成本。

⑧ 是否涉及专利技术。

⑨ 是否产生危险化学品废弃物。

⑩ LNG 产品规格。

⑪ 所含杂质气体的种类及浓度。

对于 LNG 的工厂设计，设计中不出现操作瓶颈的非常重要的基础条件就是比较准确、具有统计学可靠性的天然气原料气组分检测，包括原料中杂质的含量。其中需要特别强调的两点是重烃露点控制和氧气污染。天然气中的重烃组分（C_{6+}）会被醇胺溶液所吸收，这一过程可导致系统发泡，从而造成严重的操作问题，到了冬季尤为突出，这一点已经在国内多套 LNG 工厂中被印证。此外，烃类中混入氧气也会给下游处理带来一些问题。倘若有液态水存在，则可能会引发较为严重的腐蚀问题；倘若伴随有硫化氢，则又会由于不同的机理产生更为严重的腐蚀问题。如果样品中检测出氧气，还需要认真排查是否有采样环节中的污染问题（是否混入空气）。倘若对气源的深入研究（包括对上游从采气到净化各个环节的调查）表明原料天然气中确实含氧，且已经影响到脱酸等处理的工艺设计，甚至影响到更下游如干燥和 BOG 单元，则需要考虑上脱氧单元。

目前，在气体处理行业上成熟应用的脱氧技术主要有以下几种：

① 化学反应。诸如胺液或其他的有机或无机化合物都可用来通过反应脱除游离氧。国外工程公司常用的脱氧剂供应商主要有 Lubchem 及 Baker-Petrolite 等。

② 加热氧化反应。通过催化条件下的有限燃烧技术来脱除氧气。目前我国已经有境外燃气公司与国内院所合作应用该技术来进行煤矿瓦斯气体的脱氧处理，之后再进行液化。

③ 通过脱除水、H_2S 等可能由于氧的存在会产生反应而生成一些化合物，以提高系统对残余氧气的耐受力；该技术在我国部分煤制合成气生产 LNG 的项目中有所尝试。

④ 通过添加腐蚀抑制剂、系统过滤、更换备件等“治标”的手段来缓解或阻断氧污染造成的不利影响，该方式主要在已经发生氧污染的项目中采用（当时设计中未考虑脱氧环节）。在生产中，可以通过增加富胺过滤，以及安装腐蚀挂片进行检测等手段，在一定程度上减轻“症状”。但是国内数十个工厂运行的实践表明，这些改造项目都往往伴随着系统运行的不稳定和严重的发泡。

除氧气和重烃等会对工艺设计产生影响外，诸如COS、CS_2和硫醇（甚至是微量）也会对净化工艺和装置设计产生重要影响。表2-4为醇胺法对各种不纯杂质的适用性描述。

表2-4 胺法脱酸工艺的气体适用性

胺液种类	H_2S能否处理至4×10^{-4}(体积分数)	能否处理COS和硫醇	H_2S的选择性	溶液是否降解
一元醇胺	可以	部分	无	是(COS,CS_2,CO_2)
二元醇胺	可以	部分	无	部分(COS,CS_2,CO_2)
三元醇胺	可以	部分	有	否
组合	可以	可以	有	部分(CS_2,CO_2)

(2)醇胺法的化学机理

在此以一元醇胺为例来简要地介绍一下一元及二元的胺液与H_2S和CO_2的平衡反应，并给出反应速度的一个估计

$$RNH_2+H_2S \Longleftrightarrow RNH_3^++HS^- \quad \text{反应快} \tag{2-1}$$

$$RNH_2+HS^- \Longleftrightarrow RNH_3^++S^- \quad \text{反应快} \tag{2-2}$$

胺和H_2S的总反应相对简单，即H_2S与胺直接快速的反应生成二硫化物及硫化物。对于脱除二氧化碳的反应而言，基于以下的反应机理

$$2RNH_2+CO_2 \Longleftrightarrow RNH_3^++RNHCOO^- \quad \text{反应快} \tag{2-3}$$

$$RNH_2+CO_2+H_2O \Longleftrightarrow RNH_3^++HCO_3^- \quad \text{反应慢} \tag{2-4}$$

$$RNH_2+HCO_3^- \Longleftrightarrow RNH_3^++CO_3^{2-} \quad \text{反应慢} \tag{2-5}$$

关于与二氧化碳的化学反应，一元醇胺（RNH_2，如MEA、DGA等）和二元醇胺（RR′NH，如DEA、DIPA）是与三元醇胺（RR′R″N，如TEA和MDEA）完全不同的。表2-5为胺法脱酸工艺的基本参数推荐值。

表2-5 胺法脱酸工艺的基本参数推荐值①

工艺项目	MEA	DEA	DGA	Sulfinol	MDEA
酸气脱除率/(ft^3/gal)(100℉,一般范围)②	3.1～4.3	6.7～7.5	4.7～7.3	4～17	3～7.5
酸气脱除率/(mol/mol胺)(一般范围)③	0.33～0.40	0.20～0.80	0.25～0.38	N/A	0.20～0.80
贫胺残留酸气负荷/(mol/mol胺)④(一般范围)	1±0.12	1±0.01	1±0.06	N/A	0.005～0.01
富胺酸气负荷/(mol/mol胺)(一般范围)③	0.45～0.52	0.21～0.81	0.35～0.44	N/A	0.20～0.81
溶液重量浓度(一般范围)	15～25	30～40	50～60	3组分,可变	40～50
再沸器热负荷⑤/(Btu/GAL贫胺溶液)	1000～1200	840～1000	1100～1300	350～750	800～900
再沸器加热管束平均热流(近似)⑥(Q/A)/(Btu/h·ft^2)	9000～10000	6300～7400	9000～10000	9000～10000	6300～7400
直燃式再沸器火管平均热流(近似)⑥(Q/A)/(Btu/h·ft^2)	8000～10000	6300～7400	8000～10000	8000～10000	6300～7400
再生器,蒸汽或是火管平均热流⑥(Q/A)/(Btu/h·ft^2)	6～9	不适用⑦	6～8	不适用	不适用
再沸器温度(正常操作范围)/℉⑧	225～260	230～260	250～270	230～280	230～270
反应热(近似)⑨/(Btu①/1bH_2S)或(Btu/lbCO_2)	610或660	720或945	674或850	不适用	690或790

注：1ft=0.3048m；1Btu/h=1055.06J；1lb=0.45kg；1gal=4.546dm^3。

① 实际的工厂设计数据需要根据原料气的组分及所用胺液具体情况确定。

② 取决于酸气分压和溶液浓度。

③ 取决于酸气分压和溶液的腐蚀性，对于腐蚀性系统可能仅为所列的60%或更低。

④ 随着塔顶回流比改变。低的残余酸气载荷需要更多的气提塔塔盘和（或）高回流比，导致更大的再沸器负荷。

⑤ 随着塔顶回流比、富液进料温度和再沸器温度不同而改变。

⑥ 在直燃式火管的最高火焰温度下的最大点热流可达63000～78750W/m^2分区设计火管加热单元是目前防止热解的最令人满意的设计计算方法。

⑦ DEA系统无胺液复活装置。

⑧ 再沸器温度取决于溶液浓度、酸气放空管线背压和需要的残余含量。生产上通常再沸器温度希望尽可能的低。

⑨ 研究显示反应热会随酸气的载荷及溶液浓度而改变。

（3）醇胺法的基本工艺描述

LNG工厂中典型的醇胺法酸气脱除工艺可以参见相关流程及其工艺描述。该工艺及做出局部改动的流程在国内LNG装置的脱酸单元得到大范围的应用。其中除少量工厂使用MEA溶液外，又以基于MDEA的三元醇胺溶液应用最为广泛。

2.3.1.2 LNG工厂吸附法天然气预处理的操作理论及实践

LNG项目中的天然气预处理主要是指在天然气进入冷箱等深冷环节之前，需要预先脱除CO_2、H_2S、COS、水、重烃及汞等，它们是会对低温设备、管道本身及正常操作带来一系列不利影响的杂质。该处理过程涉及综合溶解度、产品规格及设备要求等各种因素，通常要求基本负荷天然气液化工厂中原料天然气的净化和干燥所应达到的标准（体积分数）是：$H_2O<0.1\times10^{-6}$、$CO_2<50\times10^{-6}$、$H_2S<4\times10^{-6}$、$COS<0.5\times10^{-6}$、芳香烃为$(1\sim10)\times10^{-6}$、总硫标准状态下为$10\sim50mg/m^3$及$Hg<0.01\mu g/m^3$。

按照Keller的划分，基于吸附法的天然气预处理亦属于气体吸附分离的范畴，即纯化。按其分类法，被吸附气体体积分数超过混合气体10%时为大吸附量分离；而小于2%时则属于脱除杂质的气体纯化。结合常规的天然气液化工厂吸附法处理原料气的实践，很难有体积分数超出2%的应用案例，因此天然气预处理适用于纯化处理的基本方法，其根基仍然是近五六十年得到很大发展的吸附法气体分离。

以下是气体分离的物理吸附法气体分离的基本原理。

1）概述

物理吸附是指两相界面层上一种或多种组分的富集。

人们很早就注意到了吸附现象，到18世纪时有学者开始了多孔固体对气体吸附的早期实验研究，但是直到1881年才由Kayser提出了吸附的概念，即固体表面气体的聚集，以区别于吸收的概念；而对于这一过程的实践中的应用，直到20世纪60年代初还仅限于空气及工业废气的净化。促使吸附法气体分离真正成规模进入工业化应用的根源是两个重要的发明：人工合成沸石和变压吸附（PSA）工艺的发明。工程应用的迅速发展又反过来推动了吸附分离理论研究的进展：基于纯气体吸附等温线来预测混合气体平衡吸附的几个重要理论得到了很大的发展；到20世纪70年代，具有非线性等温线的混合气体吸附动力学在理论方面取得了重要的进展，这些研究工作构成了气体吸附分离的理论基础。

生产上分子筛运用于LNG工厂中天然气的干燥始于20世纪60年代，由于深冷环节要求极低露点的天然气，所以虽然投资及操作费用高于传统的乙二醇单元，但分子筛脱水干燥仍然成为LNG或是NG回收工厂首选的脱水方法。

2）基本原理

① 吸附分离基本机理。吸附分离是借助于三种基本机理来实现的，即位阻效应、动力学效应和平衡效应。位阻效应是由分子筛的特性而衍生出的，它指的是仅有那些小的且形状合适的分子才能扩散进入吸附剂，而其他的分子则被阻挡。位阻效应工业上最典型的应用是运用3A分子筛干燥裂解气：仅分子有效直径小于0.3nm的，如水可被吸附，而其他分子则均被排除在外，表2-6为各种分子筛的性能及应用。动力学分离机理是基于不同分子的扩散速率的差异来实现的。而实际工程中的大多数吸附分离应用的基础是基于对混合气体平衡

吸附机理深入了解的，以下对此作一些简要介绍。

表 2-6 各种分子筛性能

型号	孔直径/A	堆积密度/(g/L)	湿容量(175mmHg，25℃)	SiO_2/Al_2O_3	吸附质分子	排出的分子	应用范围
3A	3	640	20	2	直径＜0.3nm的分子如H_2O、NH_3、He等	CH_4、CO_2、$C_2H_2O_2$、C_2H_5OH、H_2S等，直径＞0.3nm的分子	裂解气、乙烯、丁二烯及乙醇脱水
4A	4	660	22	2	直径＜0.4nm的分子，包括以上各分子及乙醇、H_2S、CO_2、SO_2、C_2H_4、C_2H_6及C_3H_6	直径＞0.4nm的分子，如丙烷、压缩机油等	饱和烃脱水、冷冻系统干燥剂、天然气脱CO_2
5A	5	690	21.5	2	直径＜0.5nm包括以上各分子及C_4H_{10}、C_3H_8至$C_{22}H_{46}$	直径＞0.5nm的分子，如异构化合物及4碳环化合物	从支链烃及环烷烃中分离正烷烃
10X	8	576	28	2.5	直径＜0.8nm的分子，包括以上各分子及异构烷烃、烯烃及苯	2-正丁基胺及更大分子	芳烃分离
13X	10	610	28.5	2.5	直径＜1.0nm的分子包括以上各分子及2-正丁胺	(C_4H_9)-N和有效直径＞1.0nm的分子以及更大分子	一般程度脱水，同时脱水和CO_2等，天然气脱H_2S及硫醇

② 平衡吸附的吸附等温线及其分类。由于传质阻力的存在，实际的生产中是无法达到平衡吸附容量的；但是为了更准确地得到动态吸附容量的信息，首先需要研究平衡吸附的问题。对此最重要的描述工具是吸附等温线。按照 Brunauer 等人的分类，吸附等温线可以分为五类，如图 2-3 所示。对于真正的多微孔吸附剂材料而言，如所重点关注的天然气纯化处理的分子筛而言，由于微孔尺寸与被吸附分子直径接近，因此通常都是Ⅰ型吸附等温线，即存在一个明确的微孔完全填充后的饱和极限吸附量；个别时候分子间的引力作用较大时可能会形成Ⅴ型吸附等温线；Ⅳ型吸附等温线对应着在平的表面或是与被吸附分子直径相比大得多的微孔表面形成了两层表面吸附；Ⅱ型和Ⅲ型的吸附等温线通常仅发生在具有很广的微孔尺寸分布的吸附剂上，在该类吸附材料上会发生随载荷增加而出现由单层吸附到多层吸附，再到毛细管凝聚的连续发展过程，且随压力增加发生毛细管凝聚作用的孔径也不断增加，因而会出现吸附量随压力增加而不断上升的情况。

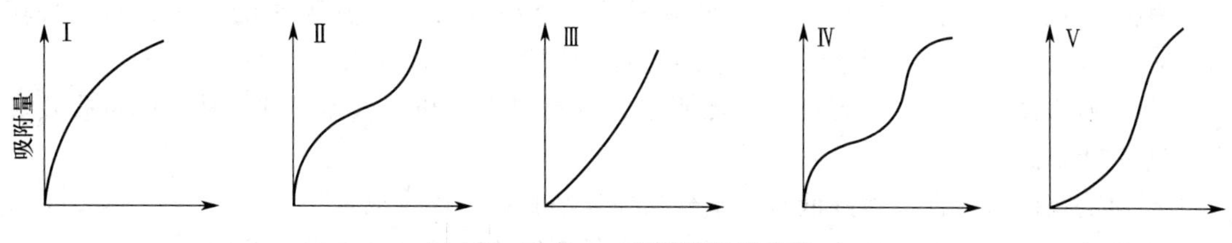

图 2-3 Brunauer 吸附等温线分类

③ 平衡吸附的理论工具。通过热力学理论上的简化及假设条件推演出合理的数学模型来拟合实验所得到的特定体系吸附等温线，或是对特定实践应用体系做出平衡吸附的理论预

测是进行吸附分离工程应用的最基础工作。因此，几十年来各国学者对此开展了大量的研究工作，得到了一系列理论的、经验或半经验的吸附等温线方程。从其研究的基本手段来看，理论方法主要是传统热力学理论；经验的方法是统计热力学方法，半经验主要是基于Polanyi吸附位能理论的Dubinin方程及其一系列针对特定体系及适用范围的修正形式。平衡吸附的理论在描述气体及蒸汽在多孔吸附剂，尤其是在活性炭上的吸附方面十分有效，因而直到目前仍得到了广泛的应用。近年来的一些新的研究工作使得该理论又取得了一些新的进展。尽管如此，对于特定的应用，例如天然气纯化处理，Polanyi-Dubinin等温线仍然存在一些不利的因素：

a. 热力学推导表明，任何等温线模型在低浓度的极限条件下应简化为Henry定律；而Dubinin理论的特征曲线表达式在低浓度条件下不能简化为该形式。这意味着该模型只能用于高浓度区间，这一点对于纯化处理显然是很不利的。

b. 吸附相的摩尔体积的计算方法具有较大的不确定性；在特定条件下，如超临界温度下，吸附相饱和蒸汽压力的物理意义不明确。

c. 与温度无关的特征曲线假定与许多实际系统有较大偏差，尤其当吸附质分子为极性分子时，这对以脱除 H_2O 及 CO_2 为主的天然气纯化处理显然是不利的。

综上所述，在实际工程设计中得到大量应用的Polanyi-Dubinin模型对于分子筛气体吸附却未必是最有效的理论工具；而基于最基本的Langmuir模型及之后由其他一些学者研究的更接近实际情况的修正形式（Fowler和Guggenheim）使得Langmuir模型在吸附工程的实践中得到了很广的应用。

2.3.1.3 天然气脱水的吸附干燥法

（1）概述

原料天然气脱水的方法有溶液吸收法（如乙二醇、甘醇类化合物）脱水和固体吸附法（硅胶、分子筛等）脱水。通常情况下，固体吸附法投资及操作费用都高于溶液吸收法，因此该方法多用于如有很高要求的水露点控制、天然气中有高 H_2S 含量、同时控制水露点和烃露点或原料气中含氧等特定的应用场合。对于会进入深冷温度的处理工艺如LNG的干燥及脱硫，也通常会优先选用固体吸附法以防止水合物或是低温冻堵。由于天然气液化要求天然气水含量小于 0.1×10^{-6}（体积分数），通常都是采用固体吸附法脱水，对于大型装置也有先采用乙二醇等吸收法先脱除气体中的大量水分［如含水量降至 6×10^{-5}（体积分数）左右］，然后再用固体吸附法来深度脱水以减小固体干燥器尺寸及干燥剂用量。

（2）天然气吸附干燥剂的特性及选择

根据特定的工艺要求选取合适的吸附剂是一个综合考虑各种因素的复杂过程。按照Campbell等人的经验，适用于天然气干燥的固体吸附剂应该具有以下的特点。

① 具有很高的平衡吸附容量以降低所用的吸附剂体积和干燥器尺寸，从而降低投资和再生热量的需求。

② 具有高的选择性从而降低有效组分的损失和整体的操作成本。

③ 便于再生，相对较低的再生温度可以降低整体的能量需求和操作费用。

④ 较低的床层压降。

⑤ 良好的力学性能：抗碎强度高、低磨损、不易粉化及高的抗劣化稳定性。这些特性可以保证更少的更换频率，从而降低停车维护时间。

⑥ 价格便宜，无腐蚀性，无毒，化学反应不活泼，高的堆密度，吸水及脱水过程中体积变化不明显。

目前市场上可以用于天然气脱水净化过程中的固体吸附剂主要有活性氧化铝、硅胶、分子筛等。水分在分子筛、硅胶和活性氧化铝上的平衡吸附等温线如图 2-4 所示。研究表明，所有分子筛吸附水的吸附等温线都是十分相似的，即有一个十分明确的饱和吸附平台，该平台对应着晶间微孔体积被完全填充。而与分子筛吸附剂不同，硅胶和活性氧化铝显示出饱和吸附量随着水蒸气压力升高有连续增加的趋势。这是由其微孔分布特性所决定的：压力的增加会使得多层表面吸附相合并成毛细管凝聚，且发生这一过程的微孔孔径会随压力升高而增加。这一原理也运用在利用平衡吸附量来推断吸附剂特性测量的工程实践上。

硅胶是由碱金属硅酸盐酸化生成的硅酸经分子间缩合而成硅溶胶在一定条件下胶凝后经老化、洗涤、预处理、干燥、活化等一系列步骤而成的无定型结构的硅酸干凝胶的总称，其基本结构为硅氧四面体。如图 2-4 所示，硅胶在特定条件下具有很高的吸水率，因而被广泛应用于天然气干燥及天然气轻烃回收（气体组分 iC_{5+}），重烃脱除单元（HRU）等。其静态吸收率可达 45%（质量比），价格低于分子筛且比分子筛易于再生，因此适用于天然气常规脱水。但其脱水深度仅能达到约－51℃的露点温度，因而无法用于 LNG 等需要深冷处理的场合。

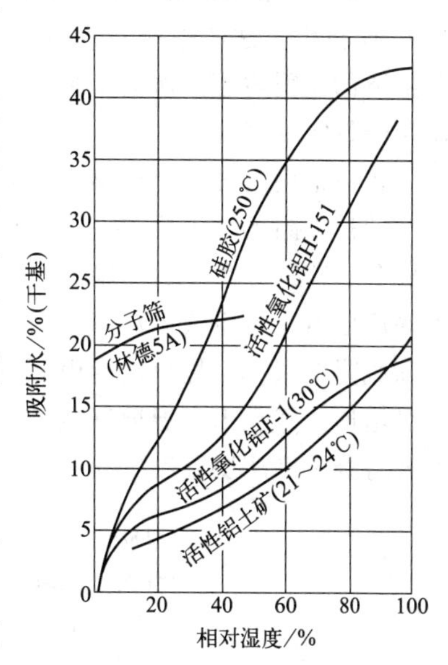

图 2-4 水分在分子筛、硅胶和活性氧化铝的平衡吸附等温线

活性氧化铝是由水合氧化铝煅烧脱水而形成的吸附剂材料。Al_2O_3 化合物有 9 种不同的晶型，作为吸附剂材料的通常是由 γ-Al_2O_3 或是 χ-Al_2O_3、η-Al_2O_3、γ-Al_2O_3 混合物组成，其具有较大的比表面积和丰富的孔结构及较好的热稳定性。活性氧化铝表面具有较高的羟基浓度，可与水分子形成氢键，使其具有很好的吸水能力，且其再生所需的热量也小于分子筛，但其深度脱水约为－67℃的露点温度，仍不能达到分子筛的脱水深度。

对于 LNG 工业上的天然气干燥，分子筛是绝对的首选，这主要是由其特点所决定的，即脱水深度可达 0.1×10^{-6}（体积分数），对 H_2S、CO_2、水有极好的吸附选择性、极佳的高温脱水性能等。相比较于硅胶和活性氧化铝，分子筛价格更贵，再生温度更高，因此操作费用更高。表 2-7 为天然气处理行业常用的各类固体干燥剂性质，其数据来源于美国行业协会的工程数据手册。

表 2-7 部分天然气处理用各类固体干燥剂性质

干燥剂	形状	体积密度/(kg/m³)	粒子尺寸	比热容/[kJ/(kg·℃)]	最低含水近似值
活性氧化铝 AlcoaF200	球型	769	1.2～2.36mm，3.2mm/4.8mm/6.4mm	1.005	－67℃
活性氧化铝 UOPA-201	球型	737	3.35～6.7mm 或 2.3～4.0mm	0.921	$(5\sim10)\times10^{-6}$(体积分数)
Davison4A 分子筛	球型	673～721	2.3～4.75mm 或 1.7～2.36mm	0.963	1×10^{-7}(体积分数)

续表

干燥剂	形状	体积密度/(kg/m^3)	粒子尺寸	比热容/[kJ/(kg·℃)]	最低含水近似值
UOP4A-DG 分子筛	条型	641～705	3.2mm 或 4.8mm 柱状	1.005	1×10^{-7}(体积分数)
Zeochem4A 分子筛	球型	721～737	2.3～4.75mm 或 1.7～2.36mm	1.005	1×10^{-7}(体积分数)
Sorbead@-R 硅胶	球型	785	2.3～4.0mm	1.047	−50℃
Sorbead@ · H 硅胶	球型	721	2.3～4.0mm	1.047	−50℃
Sorbead@ · WS 硅胶	球型	721	2.3～4.0mm	1.047	−50℃

(3)天然气吸附法干燥工艺设计的基本理论

① 再生方法的选择各循环型吸附装置的最主要区别体现在再生方法的选择。工业上四种主要的脱附再生方法为变温、变压、惰性气体吹扫及置换解吸。这四种方法也可以组合以适用于特定的场合。

目前常用的方法是温度转化再生法，即被加热的再生气进入分子筛床层，升高床层温度，使被吸附的分子脱附，同时再生气将它们携带出吸附塔，然后对床层进行降温冷却，以完成分子筛的再生。分子筛的典型再生温度曲线如图 2-5 所示，温度为 t_h 的再生气进入分子筛床层后，再生气出口温度由 t_1 升至 t_2 的过程为床层、壳体和吸附物质的加热阶段，分子筛脱附率很低；出口温度由 t_2 升至 t_3 的过程为分子筛床层加热阶段，此时分子筛脱附率明显增加；直至出口温度升至 t_4 时，认为分子筛被完全再生；随后停止加热，继续通入再生气将分子筛床层温度冷却至 t_5，分子筛再生完毕。

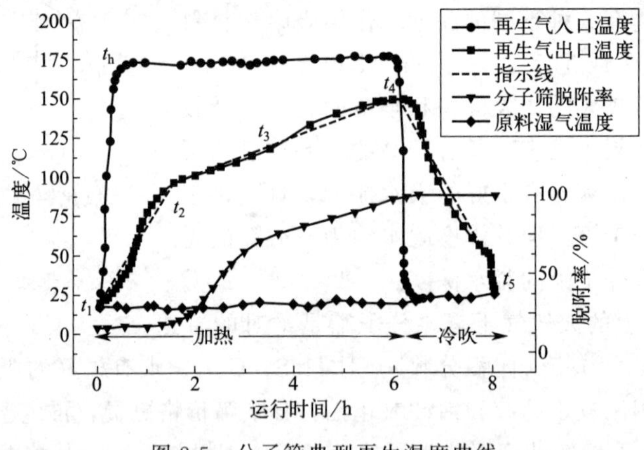

图 2-5 分子筛典型再生温度曲线

② 再生加热气流方向的选择工程中实际应用的吸附干燥装置需要在床层穿透之前切换床来保证气体干燥的规格，因而会在床层出口处形成一个未吸附饱和区间；同样，由于实际的工程应用中脱附解析的时间也是受实际工艺设计条件限制的，因而被吸附的分子也不可能完全脱附干净。倘若床层按照顺流方向解吸，则残余的未脱附水分将会在床层出口处聚集从而在下一个在线周期污染处理的天然气。因而对于顺流在线吸附的干燥器，如选择顺流解吸，需要很高的再生温度或是非常大的再生气流量来实现较为彻底的再生，这样不但不经济，也会带来吸附剂提前劣化等很多问题。为防止床层出口污染，通常的设计采用逆流再生，这样残余的未脱附水分将会在床层入口处聚集而不会影响新的吸附周期的干燥气规格。

同样的原因，当冷吹的气体含有水分等少量污染物时多选择顺流以保证干燥器出口的规格。

当吸附装置的设计是用于同时脱除水分和重烃的时候，情况会复杂一些。这时重烃的吸附前沿（亦有文献称之为吸附锋面，是指真实的过程中由于吸附平衡等温线、床内及吸附剂颗粒内传质阻力的影响而在沿床层方向形成的被吸附组分浓度的类似S形的曲线）会先于水分的吸附前沿在床层中推进，因而在吸附周期结束时，在床层出口处会形成一个重烃聚集区；倘若床层按逆流方向加热再生，在加热周期初期与高温再生气的接触会造成吸附剂结焦及开裂。在这种情况下，通常选择顺流加热再生，入口处相对较低的重烃含量可以避免发生结焦及开裂，且顺流动方向，床层中残余的重烃会被相对温度较低的气体及水蒸气所置换，从而避免了开裂的可能。

③ 最低再生吹扫温度或特征温度是由 Basmadjian 等人基于平衡吸附理论推导出的一个概念，对于其的准确理解需要分析吸附器平衡吸附模型及其传热传质和吸附速率方程等偏微分方程的数值解。简单地说，特征温度 T_0 是指当其吸附等温线起始斜率等于 C_{ps}/C_{pb}，即固相（包括吸附剂和被吸附组分）热容与吹扫气热容之比时所对应的温度。当吹扫气温度达到该温度时可以达到最高效的解吸再生，而继续增加再生温度则对解吸并没有什么帮助却会增加加热的能耗；此外，对吸附剂也会带来不利的影响，因此特征温度即为最低再生温度，在大多实际应用中也作为优选的床层再生加热温度。

由上节谈到的 Langmuir 等温线方程为平衡吸附模型，即

$$q=\frac{K(T)p}{1+b(T)p} \tag{2-6}$$

其对应的特征温度可由式(2-7) 确定：

$$K(T_0)=\frac{C_{ps}}{C_{pb}} \tag{2-7}$$

表 2-8 为一些天然气处理工厂常用的体系的特征温度，其中 H_2O/空气/5A 分子筛的体系采用空气作为惰性介质，其所得到的吸附特性与天然气介质是很相近的。

表 2-8　各体系在 1101325Pa 下的特征温度

体系	特征温度/℃	体系	特征温度/℃
CO_2/CH_4/5A 分子筛	≈110	H_2O/空气/硅胶	≈120
H_2O/空气/5A 分子筛	>315	H_2S/CH_4/5A 分子筛	205

注：由于 K、C_{ps} 及 C_{pb} 的不确定性，数据有±10%的偏差。

此外，在选择再生温度时还需要考虑吸附剂的材料问题。如当有重烃存在时，甚至在温度低至 100℃时也可能因为催化分解造成分子筛结焦，这取决于重烃的组分、分压及其他各种因素；而在温度仅稍高于 100℃时，哪怕仅是非常少量（痕量范围）的氧也会造成活性炭吸附剂的严重氧化。

④ 三塔的设计理念。通常的天然气吸附干燥系统设计均采用两塔的布置，即一塔在线吸附，另一塔处于再生或是投用之前的某一准备阶段；之后交替轮换，周期性工作。但是对于具有很长的 LUB（未有效使用的床长度）的系统，三塔的设计则成为一个可选的方案。为了更透彻理解这一理念，需要对 LUB 这一为简化实际吸附分离系统设计而提出的概念进行阐述。

LUB 可以通过式(2-8) 来定义：

$$\mathrm{LUB}=\left(1-\frac{\overline{q}'}{q_0}\right)L=\left(1-\frac{t'}{\overline{t}}\right)L \tag{2-8}$$

式中　t'——突破时间，即干燥器出口气体杂质浓度达到允许的最大值时的时间；

$\overline{t}$——吸附的化学计算时间；

$\overline{q}'$——突破时对应的吸附量；

q^0——与初始进塔浓度 C_0 相平衡的平衡吸附量；

L——床层长度。

突破时间 t'的计算需要计算吸附器内浓度锋面的速度，这可以通过对真实吸附过程的一些近似简化而由守恒方程推导得出，即假定干燥器内无轴向分散影响（活塞流）、干燥器内隙间流动速度 u 为常数、干燥器内为等温且平衡型吸附，即床内主体流和吸附相之间无传递阻力而瞬间达到平衡。在这些简化假设下，可得到以下质量平衡方程

$$\frac{\partial c}{\partial t}+u\ \frac{\partial c}{\partial z}+\frac{1-\varepsilon}{\varepsilon}\frac{\partial q}{\partial t}=0 \tag{2-9}$$

式中　c——主体流中的气相浓度；

z——至床入口的轴向距离；

ε——吸附剂颗粒之间的空隙率。

而根据平衡吸附条件，吸附量 q 可由吸附等温线得出：

$$q=q^*(c) \tag{2-10}$$

式中　q^*——平衡吸附量。

联立式(2-9) 和式(2-10)，且将 $\partial q^*/\partial t=(\partial q^*/\partial c)(\partial c/\partial t)$ 代入可得

$$\frac{\partial c}{\partial t}+\frac{u}{1+\frac{1-\varepsilon}{\varepsilon}\left(\frac{\mathrm{d}q^*}{\mathrm{d}c}\right)}\frac{\partial c}{\partial z}=0 \tag{2-11}$$

令 u_c 为浓度锋面在床内的推移速度，则

$$u_c=\left(\frac{\partial z}{\partial t}\right)_c=\frac{u}{1+\frac{1-\varepsilon}{\varepsilon}\left(\frac{\mathrm{d}q^*}{\mathrm{d}c}\right)} \tag{2-12}$$

实际工程中可以将脱除极少量杂质的系统作为真实吸附过程的一个最简化的例子：该类装置设计的主要要求在于比较准确地估算干燥床的动态（即发生穿透时）的吸附容量。该类系统中由于吸附剂-被吸附的杂质之间的强相互作用且“有利”型的吸附等温线特性使得浓度剖面可迅速达到恒定模式型，这就为简化设计及可靠的由实验室向工程应用放大提供了理论工具，即理论吸附时间 t 可以通过实验手段得出的突破曲线由式(2-13)、式(2-14) 确定：

$$\overline{t}=\frac{L}{u}\left[1+\left(\frac{1-\varepsilon}{\varepsilon}\right)\left(\frac{q_0}{c_0}\right)\right]=\int_0^{\infty}\left(1-\frac{c}{c_0}\right)\mathrm{d}t \tag{2-13}$$

$$t'=\frac{L}{u}\left[1+\left(\frac{1-\varepsilon}{\varepsilon}\right)\left(\frac{\mathrm{d}q^*}{\mathrm{d}c}\right)\right]=\int_0^{t'}\left(1-\frac{c}{c_0}\right)\mathrm{d}t \tag{2-14}$$

式(2-13)、式(2-14) 与式(2-8) 联立即可以求得 LUB。

由以上的方法计算出的 LUB 与吸附相及流体速度相关，但是与干燥器的实际长度是无关的。这样就可以通过在实验室设计的流速下对相关的吸附剂进行实验，之后将实验所得的 LUB 长度加到设计的实际干燥器长度上来获得需要的化学计算吸附量。

天然气干燥的三塔设计通常在吸附床和再生床之间增加一个保护床，即当在线的吸附床

完全突破时（需要脱除组分在床出口接近入口处的组分）切床至再生；之前的保护床进行在线吸附，而新再生的“干净”床变为保护床。三床如此轮替可以保证 LUB 段始终位于保护床，而第一吸附床再生前已接近彻底饱和。这样，在保证了产品气纯度的基础上亦实现了比较经济的再生，当然这一优点可能会被第三个床新增的额外投资所抵消，这需要设计阶段进行更加细致的穿透特性研究，如图 2-6 所示。

⑤ 双塔天然气干燥工艺的基本流程图如图 2-7 所示，它为一典型的 LNG 工厂的双塔天然气干燥系统流程图。经脱除二氧化碳、硫化氢的原料天然气进入分子筛进气分离器，以收集滤除凝结的水分及气体中携带的胺液等（该部分液体通常都集中排放到胺闪蒸罐中以维持水分平衡），原料气进入分子筛脱水器在线吸附床进行脱水处理，干燥后的原料气体中水含量小于 0.1×10^{-6}（体积分数）。达到指标后的原料气，离开分子筛床层后进入粉尘过滤器，除去气流中分子筛和其他可能通过分子筛的粉尘，之后继续进入脱汞、脱尘系统进行后续处理后进入液化单元。高温干燥的气体逆流而上进入再生的分子筛脱水器，除去里面的水分，带水的再生气经过再生气冷却器冷却，凝聚的水分在再生气分离器中收集后再经过活性炭过滤器处理后返回胺系统回用，气体进再生气压缩机处理后返回工厂入口或是进入下游管网。对于工厂主冷剂压缩机使用燃气涡轮机驱动的工厂，该部分气体可作为燃气涡轮机燃料，则其再生气流量除需要考虑床层再生外还需平衡燃料气的消耗量。

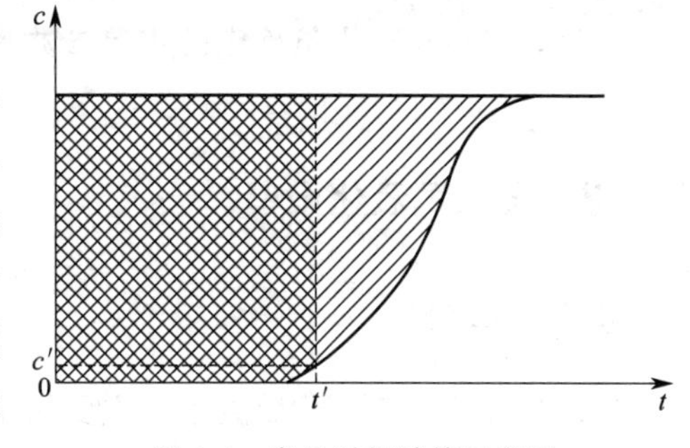

图 2-6　穿透时间计算示意图

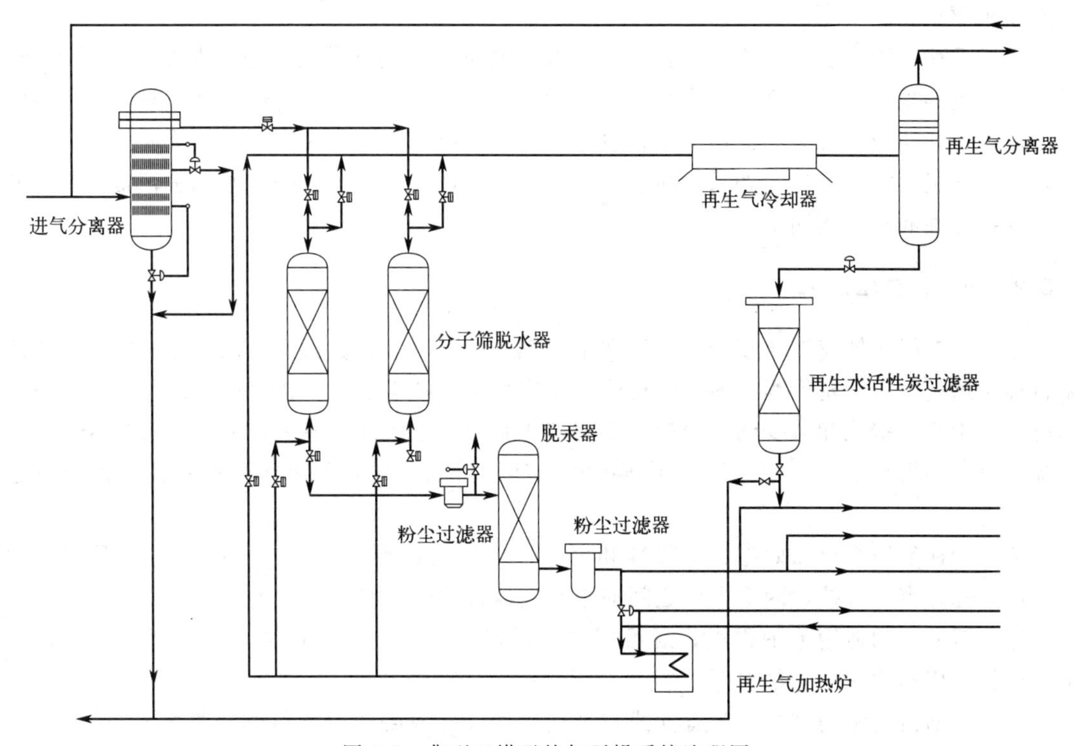

图 2-7　典型双塔天然气干燥系统流程图

⑥ 基本操作参数的确定原则对于常规的两塔天然气干燥工艺，由于主要的工艺参数如循环时间、床的长度、吸附及再生温度、再生气量等之间都是互相关联的，优化的操作条件需要综合考虑，通过一些不太复杂的理论分析可以为这些工艺参数的优化提供一些基本的原则。

对于给定进料温度、压力、流量及组分的天然气常规的两塔干燥工艺，使用的分子筛型号确定后，可由设计人员确定的主要参数为再生气流量、再生温度、循环周期及床的高度。

2.3.2 天然气液化设备

2.3.2.1 压缩机

压缩机在天然气液化装置中，主要用于增压和气体输送。对于逐级式液化装置，还有不同温区的制冷压缩机，是天然气液化流程中的关键设备之一。

在天然气液化流程中采用压缩机形式，主要有往复压缩机、离心压缩机和轴流压缩机。往复压缩机通常用于天然气处理量比较小（$100m^3/min$ 以下）的液化装置。轴流压缩机从 20 世纪 80 年代开始用于天然气液化装置，主要用于混合制冷剂冷循环装置。离心压缩机早已在液化装置中广为采用，主要用于大型液化装置。大型离心压缩机的功率可高达 41000kW。大型离心压缩机的驱动方式除电力驱动以外，还有汽轮机和燃气轮机两种驱动方式，各有优缺点。

目前正在发展中的撬装式小型天然气液化装置，则采用小体积的螺杆压缩机，并可用燃气发动机驱动。

用于天然气液化装置的压缩机，应充分考虑到所压缩的气体是易燃、易爆的危险介质，要求压缩机的轴封具有良好的气密性，电气设施和驱动电动机具有防爆装置。对于深低温的制冷压缩机，还应充分考虑低温对压缩机构件材料的影响，因为很多材料在低温下会失去韧性，发生冷脆损坏。另外，如果压缩机进气温度很低，润滑油也会冻结而无法正常工作，此时应选择无油润滑的压缩机。

2.3.2.1.1 往复压缩机

往复压缩机运转速度比较慢，一般在中、低速情况下运转。新型的往复压缩机可改变活塞行程。通过改变活塞行程，使压缩机既可适应满负荷状态运行，也可适应部分负荷状态下运行，减少运行费用和减少动力消耗，提高液化系统的经济性，使运转平稳、磨损减少，不仅提高设备的可靠性，也相应延长了压缩机的使用寿命，这种往复压缩机的使用寿命可达 20 年以上。

新型的往复压缩机以效率、可靠性和可维性作为设计重点。效率超过 95%；具有非常高的可靠性；容易维护，两次大修之间的不间断运行的时间在 3 年以上。

往复压缩机的适用范围很大，既可用在海洋也可用于内陆。在全负荷和部分负荷情况下，运行费用和功率消耗都很低。

往复压缩机的结构型式分为有立式和卧式两种。一般卧式压缩机的排量相对比立式大，大排量的往复压缩机设计成卧式结构，使运转平稳，安装和维护方便。一般无油润滑的往复压缩机为立式结构，可减少活塞环的单边磨损。

新型的往复压缩机具有排量控制功能和一定的超负荷能力，当处理气体数量超出设计范围时，在比较大的范围内都能保证压缩机运行的经济性和可靠性。表 2-9 列出一种新型往复压缩机的技术参数。图 2-8 示出卧式安装的往复压缩机结构。

表 2-9 一种新型往复压缩机的技术参数

结构型式	M	A	B	D	E	F
曲柄数量	1～4	1～6	1～6	2～6	2～6	2～6
最大轴功率/kW	1800	3500	6500	11500	20000	34000
最小行程/mm	130	180	240	300	360	420
最大行程/mm	170	220	280	340	400	460
有油润滑最大转速/(Mmin)	1000	750	560	450	375	327
无油润滑最大转速(min)	800	600	450	360	300	260
最大连杆载荷/kN	100	180	290	420	570	700
最大气体载荷/kN	110	200	320	470	630	770

注：M、A、B、D、E、F 为压缩机的型号，制造商为 PeterBrotherhoodLtd。

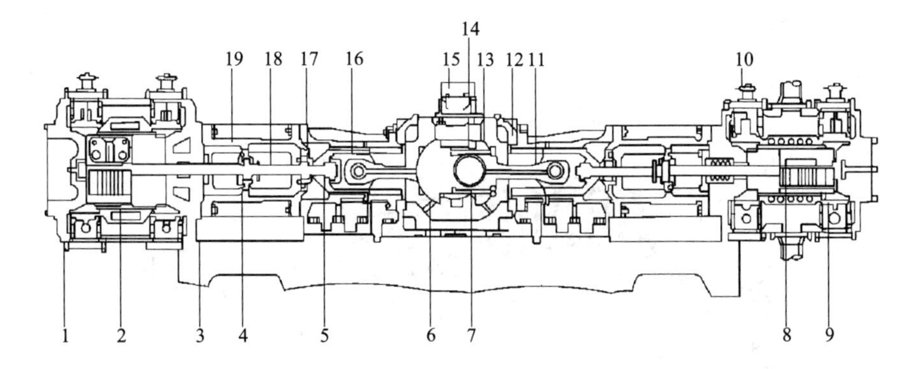

1—气缸；2—活塞环；3—填料函；4—延伸段的中间填料；5—螺母；6—平衡块；7—曲轴；8—活塞；9—气阀；10—吸入阀卸载器；11—连杆；12—曲轴箱；13—轴承；14—连杆螺栓；15—防爆安全阀；16—十字头；17—活塞杆刮油填料；18—活塞杆；19—延伸段（用于无油润滑和危险气体）

图 2-8 卧式安装的往复压缩机结构

2.3.2.1.2 离心压缩机

离心压缩机转速高、排量大、体积小，是大型天然气液化装置中的气体增压设备。流线型设计的叶轮（亦称转子）具有很高的精度，能确保气体流道的平滑，使设备运转平稳，提高了设备的可靠性。空气动力特性的弹性设计，使动力学特性可以调节，使之适合用户的工作要求。效率达到 80%～90%。

离心压缩机的壳体有整体型和分开型。整体型离心压缩机的壳体实际上是圆柱形的壳体，转子安装时是竖起来安装的。分开型的壳体是水平剖分，上下两半组合起来的，转子安装时可水平安装，转子安装好后，将上半部分壳体再连接上。

离心压缩机有单级和多级之分。图 2-9 示出单级离心压缩机结构。图 2-10 为多级离心压缩机结构。单级压缩机用于压力比较小的场合，如 LNG 蒸发气体的处理系统。也就是蒸发气体压缩机，LNG 接收终端用于给 BOG 增压，这种特殊场合使用的压缩机进气温度可以低至－150℃。

离心压缩机主轴的密封装置是非常重要的部件，能防止被压缩的气体向外漏泄，或使漏

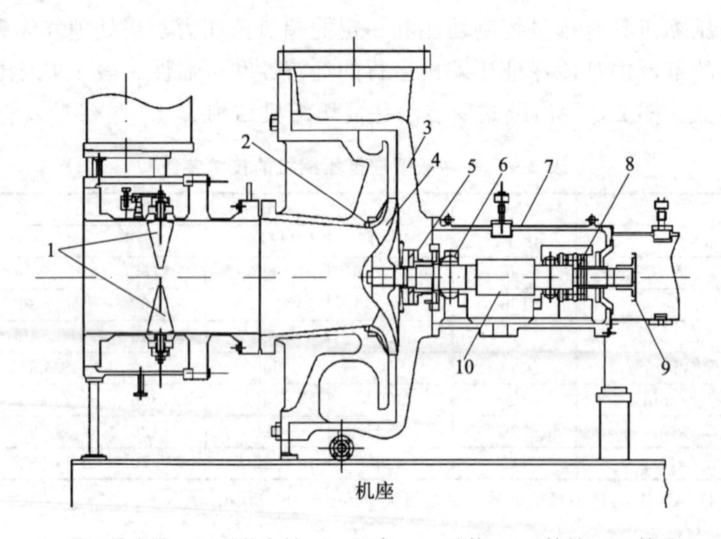

1—进口导流器；2—叶轮密封；3—机壳；4—叶轮；5 —轴封；6—轴承；
7—轴承盒；8—推力轴承；9—联轴器；10—主轴

图 2-9　单级离心压缩机结构

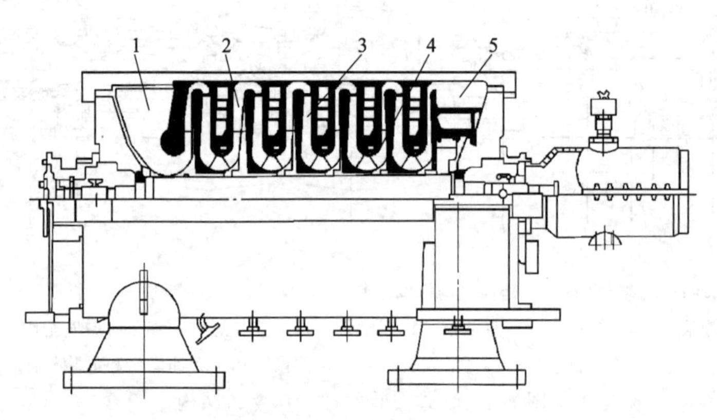

1—进气口；2—扩压器；3—气体流道；4—叶轮；5—排气口

图 2-10　多级离心压缩机结构

泄的量控制在允许的范围内。轴封主要有三种形式：机械接触密封、气体密封和浮动碳环密封。机械接触密封经过不断的改进，能确保在运转和停机期间绝对不漏，当压缩机在空转或油泵不工作时，密封结构在停机状态也应不漏泄。对于用惰性气体来做密封材料时，惰性气体向内漏泄的可能性也应尽可能消除。密封的结构型式是可以变化的，取决于处理过程的要求。气体密封结构采用干燥气体作为密封材料，密封结构能控制密封气体只允许漏泄到环境中，而不能向机内漏泄。密封用的气体通常是一前一后地布置。气体供给系统应具有性能良好过滤器，防止外来的物体进入密封装置。在轴承盒和密封盒之间，有一个附加的隔离密封，防止润滑油进入密封盒。

浮动碳环密封主要用于排出压力较低的压缩机，允许有少量气体漏泄。这种密封可以干式运转。

由于叶轮和扩压器的标准化设计，使离心压缩机可以在很宽的范围内工作。对不同的使用场合，需要对排量进行控制，压缩机的特性也会产生变化。排量控制主要有四种方法：吸入口节流、排出口节流、调整进口导叶及改变转速。选择何种控制方法，需要根据装置的运行要求和准备考虑的压缩机运行点及其他的运行点的效率仔细选择。

改变压缩机的排量可以通过调整进口导叶来实现，使压缩机的工作范围得到扩展，改进压缩机在部分负载下的特性，调节进口导叶也可以和速度控制结合起来。

控制方法需要根据装置的运行要求，压缩机在相关点及其他状态点的效率仔细地选择。调节进口导法扩展了压缩机的运行范围，对部分载荷时，能改善压缩机的效率。

正确选择符合使用要求的压缩机，需要考虑多方面的因素，包括要求的进口流量和排出压力，根据压力和流量的图线，确定压缩机的结构尺寸，然后根据纵坐标上的速度，求出名义工作速度。对于摩尔质量低的气体，使用立式安装型（筒式外壳）的压缩机是比较合适的，因为筒装式结构具有优异的密封性能，这种形式也可适用于工作压力比较高的场合。图 2-11 示出 EBARA 公司生产的 M 型离心压缩机流量与转速的关系。

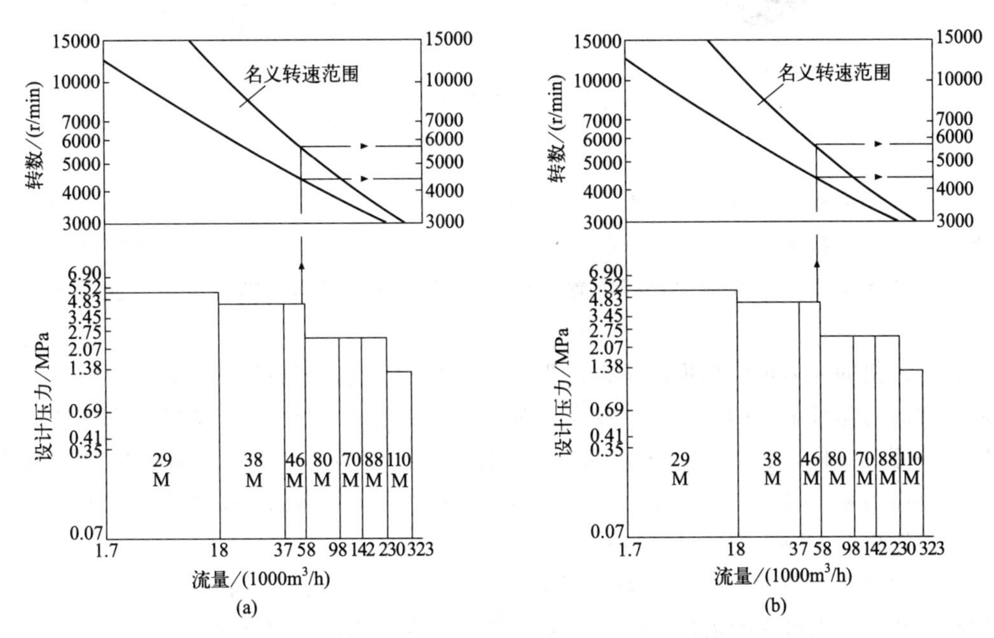

图 2-11　M 型离心压缩机流量与转速的关系

(a) 卧式；(b) 立式

2.3.2.1.3　螺杆压缩机

螺杆压缩机具有体积小、效率高的特点，且流量范围宽，可以连续运行。螺杆压缩机的容量范围特别适合于小型的天然气液化装置和天然气液化装置中的 BOG 压缩机，特别是对于标准状态下 $5\times10^4\,m^3$/天以下的撬装型天然气液化装置，由于空间小，采用螺杆压缩机尤为合适。

螺杆压缩机也属于容积式压缩机，有单螺杆和双螺杆之分，如图 2-12 所示。由于单螺杆压缩机的装配精度要求比较高，而双螺杆则装配方便，因此得到更广泛的应用。单螺杆压缩机由一个圆柱螺杆和两个对称布置的平面星轮组成啮合副，其运动部件是一个螺杆转子和两个星轮。双螺杆压缩机的主要运动部件为两个相互啮合在一起螺杆转子，称为阳转子和阴转子，以及调节气体流量的能量调节装置。阳转子和阴转子以一定的齿数比相互啮合，并在啮合的过程中形成封闭的腔体，在压缩的过程中不断减小腔体的内容积，从而完成工质增压的过程。双螺杆压缩机通常是由阳转子驱动，但也有采用阴转子进行驱动的。根据有无润滑，螺杆压缩机也分喷油和无油螺杆，分别应用于不同的场合。由于润滑油不仅起润滑的作用，而且还在啮合面起密封的作用，因此，喷油螺杆应用更为广泛。

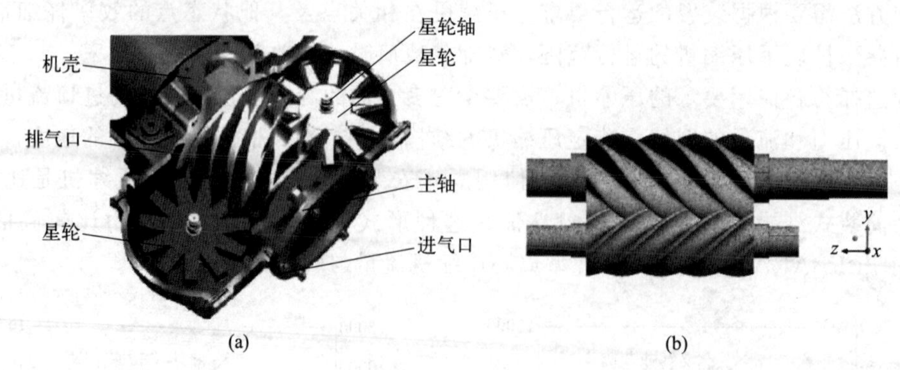

图 2-12　螺杆压缩机结构示意

（a）单螺杆；（b）双蝶杆

由于螺杆压缩机的运动部件相对较少，同时其部件设计通常考虑到长周期运行的需要，所以螺杆压缩机运行平稳、故障率也低，对于一些经过实践验证具有良好可靠性的螺杆压缩机，可以按照无备用机组的情况进行配置。制造精良、操作得当的螺杆压缩机通常可以使用 20 年以上。

螺杆压缩机的壳体可以根据应用工艺要求，采用灰铸铁、球墨铸铁或铸钢等材料。铸钢和球墨铸铁的壳体可承受的压力等级较高。对于压缩易燃易爆介质时，通常应选择铸钢或球墨铸铁的外壳。如根据美国石油学会 API-619 标准，压缩易燃易爆的危险气体时，螺杆压缩机的壳体需要采用铸钢材料。压缩机转子的材料通常有球墨铸铁和锻钢等，压缩机转子的齿形和齿数比根据不同厂家的产品也有所不同。

① 螺杆压缩机的工作过程。螺杆压缩机的工作原理是利用一个阳转子、一个阴转子在与之紧密相邻的压缩机机壳内的旋转运动完成吸气、压缩和排气的过程，这是一个连续的挤压和排出的过程，没有余隙容积的影响。

压缩机吸入过程：当压缩机转子转动时，相邻的阳转子和阴转子两齿之间的齿槽容积随着旋转而逐渐扩大并在此过程中保持和压缩机吸入口的连通，这样压缩机上游的低压气体通过压缩机进气通道进入齿槽容积并进行气体的吸入过程。当转子继续旋转到一定角度之后，齿间容积沿轴向越过吸入孔口位置与吸入孔口断开，此时这一对齿槽间的气体吸入过程结束，如图 2-13 所示。

图 2-13　螺杆压缩机气体吸入过程

压缩机增压过程：在转子继续转动的过程中，被压缩机转子、机壳、吸气排气端座所封闭的齿槽间的气体，由于压缩机阳、阴转子的相互啮合而被压向排气口，同时气体压力也逐步升高，进行气体的压缩过程，如图 2-14 所示。

压缩机排气过程：当压缩机转子转到使齿槽间与压缩机排气口相连通时，被压缩后的气体就通过压缩机排气口排出，实现排气过程，如图 2-15 所示。

(a) 气体压缩即将开始

(b) 气体压缩过程中

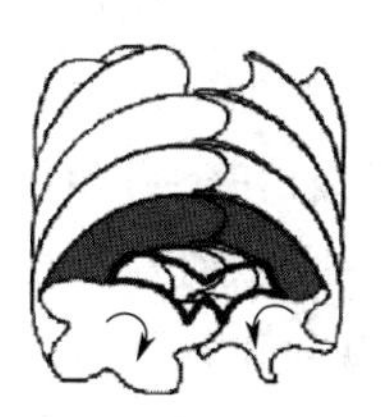
(c) 气体压缩结束

图 2-14 螺杆压缩机气体增压过程

在上述压缩机的吸气、压缩、排气过程中，每一对相互啮合的阳、阴转子之间，不断地进行同样的过程，从而形成被压缩气体的连续增压和输送。

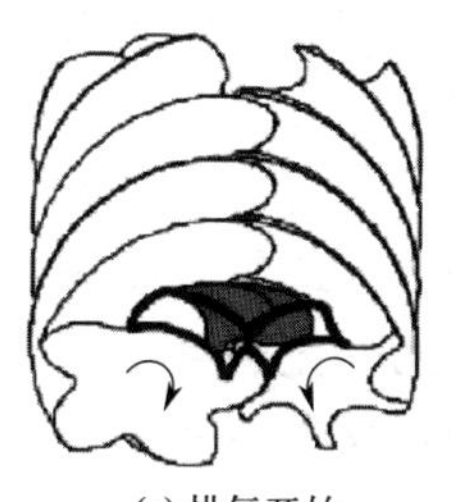
(a) 排气开始

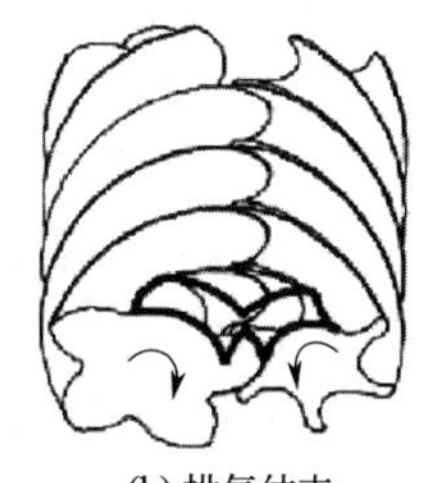
(b) 排气结束

图 2-15 螺杆压缩机气体排出过程

② 螺杆压缩机的分类螺杆压缩机最早出现于 20 世纪 30 年代，经过约 80 年的不断应用和发展，目前已经比较完善。螺杆压缩机有许多的分类方法，如按照双螺杆和单螺杆进行压缩机的分类，而单螺杆压缩机只有一个转子，依靠转子在转动时带动在转子轴相垂直布置的两个行星齿轮从而实现对气体的压缩过程。

在气体压缩行业内螺杆压缩机的应用而言，最为常见的分类方法是按照压缩机转子腔内是否喷入润滑油将螺杆压缩机分为无油螺杆压缩机和喷油螺杆压缩机。

无油螺杆压缩机的阳、阴转子之间保持一个非常小的间隙并依靠同步齿轮进行驱动，而同步齿轮本身和轴承处于润滑油的环境当中，在转子腔和润滑油环境之间，安装有密封装置进行隔离。由于阳、阴转子和被压缩气体在压缩过程中和润滑油没有接触，因而可以实现工艺气体的无油压缩过程，在一些特定的应用中，无油压缩机可以应用于含有粉尘和聚合物气体的压缩。

由于气体在压缩过程中压缩热的产生，无油螺杆压缩机的排气温度较高，为了避免过度的热变形，在一些应用中，直接把与压缩介质相溶的液体（如润滑油）注入转子腔，以对被压缩气体进行冷却。

由于润滑油密封区域的存在、阴阳转子间隙的始终存在、压缩机转子跨度较大及压缩机排气温度的限制，无油螺杆压缩机的压缩比通常被限制在 7∶1 以内。

对于喷油螺杆压缩机而言，润滑油在压缩机转子腔体内存在的作用在于润滑、密封和冷却。润滑油的作用之一在于向压缩机的转子轴承提供可靠的润滑，同时润滑油具有有效降低被压缩气体温度的冷却作用，从而降低压缩机的排气温度，而这一部分的热量被润滑油从压缩机壳体内带出到油冷却器中向外部排出，更为重要的是润滑油向压缩机的阳、阴转子之间的间隙提供了一层油膜，既大大减少了被压缩气体的回流和泄漏，同时也通过油膜实现主动转子对被动转子的驱动过程而无须使用同步齿轮，当然，此时螺杆压缩机的噪声水平也得到了有效的控制。

喷油螺杆压缩机的显著优点在于可以提供较高的压缩比，对于通常的应用而言，喷油螺杆压缩机的单级压缩比可以达到 10～20 并实现经济性的运行，这一特点对于某些工艺应用是非常重要的，因为采用单级压缩可以实现较少占地面积及设备投资和运行费用降低的目的。同时，螺杆压缩机因运转部件较少，运行安全可靠。

尽管喷油螺杆压缩机的压缩比理论上可以达到 20 以上，但就长期运行的经济性考虑而言，同样可以采用双级压缩的形式以实现高于 20 的压缩比。由于喷油螺杆压缩机可以通过调节喷油量实现对于被压缩气体排出温度的控制，所以在双级喷油螺杆的低压级排气和高压级吸气之间，可以不采用通常会使用的级间气体冷却器。

③ 螺杆压缩机的容量调节方式。螺杆压缩机的容量调节方式通常有速度调节方式和滑阀控制方式，对于无油螺杆压缩机，由于压缩机转子腔体内不存在润滑油，所以通过转动速度调节方式比较合理。而对于喷油螺杆压缩机，也可以采用速度调节方式，但更为普遍的是采用由润滑油系统控制的滑阀控制方式实现对于容量的控制，滑阀的位置可以通过电动或液压控制，一般根据压力或温度信号的变化由压缩机的控制中心实现压缩机容量的自动调节。

螺杆压缩机容量的滑阀调节方式的实质是通过控制滑阀的移动打开或关闭被压缩气体在压缩过程中通过中间回流通道的回流到压缩机吸入口的气体流量从而实现对最终压缩机实际排出气体的流量的控制，当回流通道完全关闭时，压缩机的容量为 100%，而当回流通道逐步打开时，压缩机的实际排气量则不断减小，通常对于喷油螺杆压缩机而言，这一容量的调节范围为 15%～100%无级调节。

在一些应用场合中，出于工艺的需要，要求螺杆压缩机在负荷低于 15%，甚至接近于 0% 的情况下，压缩机保持运转状态，在这种情况下，可以采取排气口部分热气旁通至压缩机吸入口的配管方式，保持压缩机有一个“虚拟”的负荷，以维持压缩机的运转状态。一些设计更为先进的喷油螺杆压缩机，采用滑阀和滑块组合的方式，可以实现对于压缩机容积比（压缩比的另一种表述方式）的控制，从而避免了螺杆压缩机的欠压缩和过压缩，实现节能运行，这一调节方式通常是自动的。某系列螺杆压缩机（TDSH 系列）主要技术参数见表 2-10。

表 2-10　某系列螺杆压缩机（TDSH 系列）主要技术参数

压缩机型号	163S	193S	193L	233S	233XL	283S	283SX	355S	355L	355XL	355U	408L	408XL
转子直径/mm	163	193		233		283		355				408	
最大转速/(r/min)	4500					3600							
最大输入轴功率/kW	186	336		559		1044		2609				4474	
2950r/min 下理论排气量/(m³/h)	505	835	1113	1468	2284	2631	3987	4122	5621	7155	9037	9798	11594
排气量调节范围	10%				23%	15%	26%	15%		21%	25%	12%	15%
容积比调节范围	2.5～5.0												
最高进口压力/MPa	1.03												
最高出口压力/MPa	4.14												
最低进口温度/℃	−60												
最高进口温度/℃	93.3												
最高出口温度/℃	121.1												
压缩机转子材料	锻钢												
压缩机壳体材料	灰铸铁、球墨铸铁或铸钢												

④ 喷油螺杆压缩机床除油技术。对于无油螺杆压缩机而言，由于在其压缩过程中被压缩气体和润滑油不接触，所以不存在除油的问题。

而对于喷油螺杆压缩机而言，通常会在压缩机的排气口安装一个油分离器以达到去除压缩机排气中的大部分润滑油滴和润滑油雾的作用，通常喷油螺杆压缩机的油分离器在采用了高效的积聚式滤芯之后的油分离效果可以达到 1×10^{-5} 左右。油分离器可以为卧式或立式，其工作原理相同，即通常采用离心分离、重力分离和积聚分离相组合的方式实现油分离目的。

对于喷油螺杆压缩机而言，通常还需要配置油冷却器和油温恒定调节装置，以确保润滑油系统工作的稳定和可靠。

对于一些要求排出气体中含油量进一步降低的压缩机而言，可以采用外置的积聚式滤芯，或组合活性炭吸附式除油器的方式达到降低排出气体中含油量的目的，通常在采用了这样的组合除油方式之后，压缩机排气中的含油量可以降低到小于 1×10^{-6} 的程度。

综上所述，无油螺杆压缩机的优点是使被压缩的介质中不会有油，但由于没有油膜的密封作用，可获得的压缩比较喷油润滑的要低。喷油螺杆压缩机具有可靠性高、单级压缩比高、高效节能、容量自动调节、无须备机、投资节省、维护费用低、变工况适应性强等很多优点。用户可以根据工艺流程需要和压缩机特点进行选择和应用。

2.3.2.2　换热器

在天然气液化装置中，无论是液化工艺过程或是液-气转换过程，都要使用各种不同的换热器。在工艺流程中，主要有绕管式和板翅式换热器两种形式，另外还有壳管式和套管式。大多数基本负荷型的液化装置都采用绕管式换热器。板翅式换热器则主要应用于调峰型的 LNG 装置，但基本负荷型的 LNG 装置中也有使用这种换热器的情况。LNG 装置换热器有关特性的比较见表 2-11。

表 2-11　不同型式 LNG 换热器的比较

型式	等级				
	投资	维护	阻塞	承压	紧凑性
壳管式	4	1	1	3	5
板翅式	3	4	4	2	1
套管式	5	5	5	1	3
绕管式	3	3	3	1	2

注：最好的等级为 1，最差的等级为 5。

这两种换热器在低温液化和空气分离装置中，早已得到成功的应用。绕管式换热器的特点是效率较高、维修方便；如果有个别管道发生泄漏，可将其堵住，设备仍然可以使用，而且很适合于工作压力很高的工作条件。板翅式换热器的成本比较低，结构紧凑，应用也非常普遍。

在 LNG 系统中，还有一类专门用于液态天然气转变为气态的换热器，称为气化器，应用尤为广泛。根据使用的性质、加热方式和气化量规模等因素的不同，气化器也有各种不同的形式。按加热方式分，主要可以分为空气加热、海水加热、燃烧加热等形式。

2.3.2.2.1　绕管式换热器

绕管式或螺旋管式换热器在空分设备中应用广泛，并在 LNG 工业发展的初期就已经广泛使用了这种换热器。这是因为大多数的 LNG 液化装置是在空气产品公司的混合制冷剂循环的基础上发展起来的，而且混合制冷剂循环液化流程就是采用绕管式换热器。

在绕管式换热器中，铝管被绕成螺旋形，从一根芯轴或内管开始绕，一层接一层，且每一层的卷绕方向与前面一层相反，管路在壳体的顶部或底部连接到管板。高压气体在管内流动，制冷剂在壳体内流动。传统的绕管式换热器的换热面积达 9000～28000m^2。绕管式换热器的制造方式各有不同，缠绕时要拉紧，并保证均匀。管的端部插入管板的孔中，然后进行涨管，管板起到固定管子的作用，涨管起到密封的作用。在壳体内部，还需要设置一些挡板，减小一些流通面积，以增加流体的流速和扰动，提高传热效率。然后管束置于壳体内，壳体与管板焊接成一个封闭的容器。此后要进行压力试验，如果其中的任何一根管道有漏泄，可在管路的两端堵死管口，防止高压侧流体串通到低压侧。堵管的方法在现场也可以应用，如美国某 LNG 装置总共 4 个换热器，共有 77540 根管路，有 2 根管路因漏泄采用堵的方法，使换热器仍然正常运行。

由于在天然气液化流程中，换热器中通常存在多股流体，每股流体可能还是气液两相混合的状态，使换热器的结构更为复杂。换热器的设计计算通常要采用计算机程序来进行。确定了换热器的大小（表面积、管数与管长、总长、螺旋角及管间间距）就可以计算压降。如果压降满足要求，可将管内侧和管外侧的边界条件作为独立变量，通过反复计算来进行优化。作为制造商的惯例，在 LNG 装置调试或运行时，要对产品进行综合测试，以证实设计的正确性。确保液化处理过程能实现全负荷的运行要求。

换热器的效率和压缩机的效率关系如下：

$$\eta=\frac{W_{LNG}}{W_C}=\frac{W_{LNC}}{W_R}\cdot\frac{W_R}{W_C}=\eta_L\eta_C \tag{2-15}$$

式中　W_{LNG}——液化所消耗的功；

W_R——制冷剂消耗的功；

W_C——压缩机的压缩功。

W_R 是 W_{LNG} 和所有换热器系统中不可逆损失之和，如温差、压降、控制阀和混合制冷剂的相互影响。

换热系统最大的不可逆损失是因温差引起，尤其是在低温部分。应尽量对换热器进行优化设计，以提高换热效率。对一些大型的压缩机：离心压缩机效率约为 78%；轴流压缩机效率约为 85%。

压缩机和冷却系统合在一起的效率 η_C 为

$$\eta_C=\frac{W_C}{W_R}=(60\sim70)\% \tag{2-16}$$

换热系统的效率 η_L 为

$$\eta_L=\frac{W_R}{W_{LNG}}=(50\sim79)\% \tag{2-17}$$

总的液化效率为 $\eta=(30\sim45)\%$。

2.3.2.2.2　板翅式换热器

大多数板翅式换热器都是铜铝结构，初始的应用也是在空气分离装置中。由于它结构紧凑、质量轻，所以在低温流程中应用很广。20 世纪 70 年代末期，由于真空钎焊技术的发展，真空钎焊工艺代替了最初的盐浴式铜焊工艺，使换热器核心部分的尺寸更加紧凑，工作压力达到 8MPa 以上。

铜铝型的板翅式换热器广泛用于 LNG 工业，尤其是调峰型的 LNG 装置。当然，有些基本负荷型的 LNG 装置也有应用。板翅式换热器可以制成多通道的形式，并且成为各自独立的单元，也可以并联增大流量范围。翅片的厚度一般为 0.15～0.41mm，焊接在板上，板的厚度为 1.0～2.0mm。翅片的高度和密度取决于传热和工作压力的要求。普通的翅片高度为 6.3～19mm，翅片的间距约为 1.6mm，一个大型的板翅式换热器的传热面积率达 $1300m^2/m^3$。

板翅式换热器按流动形式，分为图 2-16 所示的交叉流、相间流及多股流。翅片有很多种形式，如平板型、打孔型、间断型及鱼叉型等。打孔的翅片是为了使通道内的流量均匀，尤其是在两相流情况下是很重要的，这在空气分离和 LNG 装置中很常见。

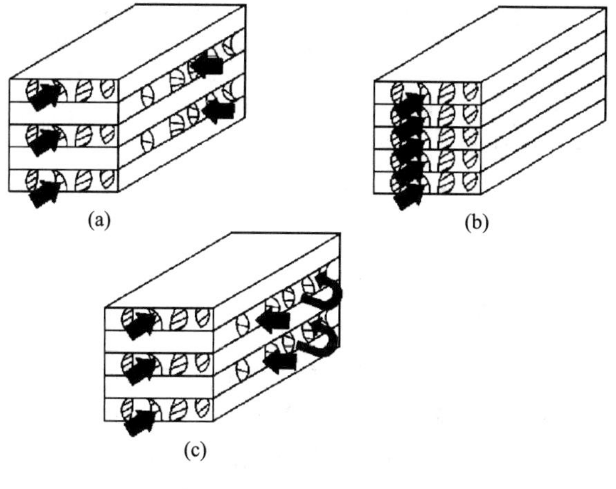

图 2-16　板翅式换热器

(a) 交叉流；(b) 相间流；(c) 多股流

波纹状的翅片和板焊接在一起，制造成矩形的板翅换热器的核心部件，在流体的进出口处采用流量分配器，分配器内的翅片确保流量分配均匀。

应该注意的是：很多实验结果是以曲线的形式给出的，与雷诺数对应的 Colburn J 因子代替了努塞尔数和普朗特数的功率关系，它有明显的优点，J 因子能够覆盖所有的应用范围，而努塞尔数作为功率的函数，只能在 J 曲线的直段部分应用。Colburn J 因子定义如下：

$$J=StPr^{\frac{2}{3}} \tag{2-18}$$

$$St=\frac{Nu}{Re}Pr=\frac{h}{CW} \tag{2-19}$$

文献中的数据作为雷诺数的函数曲线给出：

$$J=f(Re)$$

相互间的关系为

$$Nu=CRe^nPr^m \tag{2-20}$$

在双对数坐标中，当努塞尔数为直线时，在有限的雷诺数范围内是有效的。

$$StPr^{\frac{2}{3}}=f(Re) \tag{2-21}$$

这些计算公式是基于空气对流换热的情况，因此有一定的局限性，对于 LNG 的应用需要作适当的修正。

2.3.3　膨胀机

膨胀机是天然气液化装置中获取冷量的关键设备。大型的天然气液化装置的气体处理量很大，一般都采用透平膨胀机。透平膨胀机具有体积小、质量轻、结构简单、气体处理量大、运行效率高、操作维护方便和使用寿命长等特点。比容积型（活塞式或螺杆式）膨胀机具有更广泛的应用。目前，国产的用于天然气的透平膨胀机，日处理量已达 $2\times10^6 m^3$/天。膨胀机的等熵效率可达到87%～88%，进口压力可达10MPa。

2.3.3.1 透平膨胀机工作原理与结构

透平膨胀机是一种高速旋转的热力机械。根据能量转换和守恒定律，气体在透平膨胀机中进行绝热膨胀时，对外做功，能量降低，产生一定的焓降，使气体本身的温度下降。为气体的液化创造条件。透平膨胀机结构如图 2-17 所示。

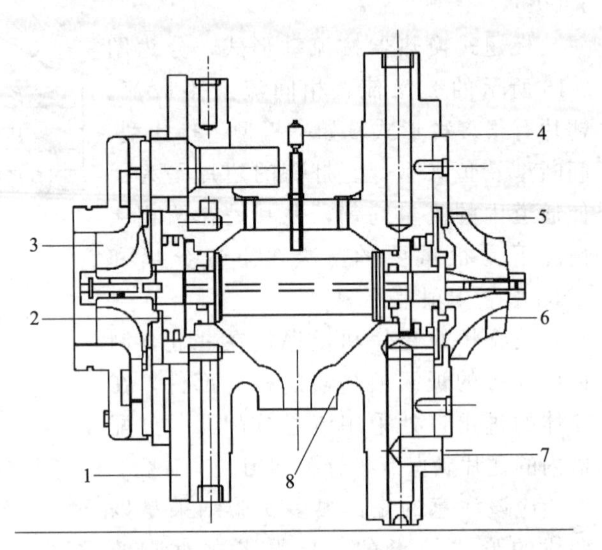

1—隔热材料；2—轴封；3—膨胀轮；
4—转速探头；5—迷宫密封；6—压缩机叶轮；
7—密封气体和推力平衡；8—排油口
图 2-17 透平膨胀机结构

透平膨胀机实际上是离心压缩机的反向作用，离心压缩机是由电动机驱动，使气体的压力上升，需要消耗动力。透平膨胀机是利用高压气体膨胀时产生的高速气流，冲击透平膨胀机的工作叶轮，叶轮产生高速旋转。高速旋转的叶轮可产生一定的动力，能对外做功。与此同时，膨胀后的气体温度和压力下降。这是膨胀机工作时产生的两个重要现象。换言之，透平膨胀机就是利用介质流动时速度的变化来进行能量的转换。透平膨胀机不仅可以为液化装置提供冷量，膨胀产生的功还可以用于驱动压缩机或发电机等设备，降低 LNG 单位体积液化需要的能耗。

2.3.3.2 透平膨胀机在天然气工业中的应用

在天然气工业中，透平膨胀机有着广泛的应用，不仅用于天然气液化装置中的制冷，也广泛用于石油伴生气轻烃回收。另外，在 LNG 冷量利用方面也大有可为，LNG 气化后可直接膨胀做功，可以利用透平膨胀机回收功率进行发电。在天然气管网中，一些局部压降较大的地方（如城市门站），气体在输送管路中的压力较高，通常为 4～8MPa，但气体在进入城市管网分配之前，其压力必须降低到 0.7MPa 以下。城市门站是应用透平膨胀机进行天然气液化的理想地点，其利用压降进行制冷非常有效，制冷产生的冷量可用于高压气体的液化，膨胀以后成为低温的气体，经过冷量回收后被恢复到常温，然后送到输配管网。

某些具有高压气源的天然气液化装置采用天然气透平膨胀机，利用天然气自身压力进行膨胀制冷，将部分天然气液化，不消耗电能就能液化一定量的天然气，适合于高压管网调峰的节能。

在 LNG 工业中，采用轴流透平膨胀机比较多。膨胀功常用于直接压缩工艺流程中的气体，以减少气体压缩时的能量消耗。

2.3.3.3 透平膨胀机的工作特点与类型

压缩气体通过喷嘴和工作叶轮进行等熵膨胀，产生制冷效应。低温透平膨胀机通常采用向心式，即从喷嘴射出的高速气体是向着叶轮中心方向流动的。从压缩机或输气管线来的高压气体，经蜗壳均匀地进入喷嘴，在叶轮流道中进行膨胀，形成具有一定方向的高速气流，然后把能量传给工作叶轮，并继续膨胀（反动式），通过叶轮轴将膨胀功输出。由于能量的转变，工质温度降低来维持透平膨胀机的稳定运转。透平膨胀机运转时，工质温度降低并获得冷量的同时，对外做功是通过克服阻力来实现的，产生阻力的构件称为制动器，制动的方式有两种类型：功率回收型制动器和功率消耗型制动器。功率回收型制动器主要用于大功率的透平膨胀机；功率消耗型制动器则用于小功率的透平膨胀机。

气体流通部分没有机械摩擦部件，因此无须润滑，有利于装置的可靠运转。气体可以充分膨胀到给定的背压，因此，理论上全部理想焓降都可用来产生机械功，致使气体强烈地冷却，透平膨胀机的效率高达80%以上。

因为流通部分没有机械摩擦部件，透平膨胀机在运转时，气体泄漏的间隙实际上是不变的。故它的效率与机器的工作年限几乎无关。而活塞式膨胀机则相反，由于密封磨损，它的效率随机器的工作年限而降低。另外，透平膨胀机可直接安装在冷箱内，它可以缩短连接的低温管道，减少冷损，也无须建造设备的安装基础。

透平膨胀机主要由工作轮蜗壳、喷嘴、工作轮、主轴、制动轮、制动轮蜗壳等组成。工质膨胀过程是在喷嘴中全部完成的，称为冲动式透平膨胀机；工质在工作轮中继续膨胀的，称为反动式透平膨胀机。工质在工作轮中继续膨胀的程度，则称为反动度。

根据工质在工作轮中的流动方式，分为径流、径轴流和轴流。根据工作压力范围不同，透平膨胀机有单级和多级之分。另外，按照工质在膨胀过程中的状态，膨胀过程有气相膨胀和气液两相膨胀的区别。按工作压力，透平膨胀机可分为低压、中压和高压。其工作压力范围分别为：低压0.5～0.6MPa膨胀到0.13～0.14MPa；中压1.5～1.6MPa膨胀到0.1MPa或0.5～0.6MPa；高压≥1.6MPa。

有些高压透平膨胀机工作压力高达9.85MPa，等熵效率达到91.5%。适用于流量范围大、压比范围宽的液化系统。

按膨胀机处理气体的体积流量，可分为大、中、小及微型四种：大型≥10000m^3/h；中型1000～10000m^3/h；小型≤1000m^3/h；微型≤250m^3/h。

按工作转速可分为高速、中速、低速：高速15000r/min；中速3000～15000r/min；低速1500～3000r/min。

2.3.3.4 透平膨胀机的主要参数

透平膨胀机的主要参数见表2-12～表2-17。

表2-12 国产气体透平膨胀机的主要参数

型号	处理量/(×$10^4 m^3$/天)①	进口压力/MPa	出口压力/MPa	制冷温度/℃	效率	工作介质
MW301	10.0	0.8	0.2	<−60	0.80	油田气
MW302A	25.0	2.01	0.41	<−70	0.76	油田气

续表

型号	处理量/(×$10^4 m^3$/天)[①]	进口压力/MPa	出口压力/MPa	制冷温度/℃	效率	工作介质
MW302B	7.5	0.98	0.2	−140	0.78	油田气
MW303	15.0	2.0	0.4	−80	0.72	油田气
MW309	5.0	2.0	0.44	−80	0.70	油田气
MW313	2.0	2.5	0.5	<−70	0.75	油田气

① 是指标准状态下的体积，下同。

表 2-13　部分国产的透平膨胀机参数

型号	工作压力/MPa	气体处理量/(×$10^4 m^3$/天)	润滑油			尺寸(长/mm×宽/mm×高/mm)	质量/kg
			牌号	流量/(L/min)	压力/MPa		
PZ07	≤2.5	10～50	N32汽轮机油	≤100	≤1.6	4×2×2.3	4000
PZ07A	≤3.0	5～50		≤60	≤1,6	4×2×2.3	3500
PZ08	≤3.5	5～10		≤40	≤2.5	4×1.5×2.3	3000
PZ09	≤2.5	3～10		≤40	≤1.6	3×2×2	3000

注：表中为航华航空技术应用有限公司产品的数据。

表 2-14　用于天然气和油田气的国产透平膨胀机主要参数

参数	907	907A	904	909A	912
气体处理量/(×$10^4 m^3$/天)	3.5～7.5	3.5～7.5	5～7	20	50
进口压力/MPa	2.1	2.1	0.385	2.0	2.034
出口压力/MPa	0.4	0.4	0.15	0.5	0.47
进口温度/K	237	237	253	214	262
转速/(r/min)	70000	50000	36000	35000	28000
功率/kW	—	—	—	—	—
膨胀轮直径/mm	70	97.5	140	160	240
等熵效率/%	65	65	80	80	80
调节方法	节流				
制动方式	增压				
轴承形式	滚动轴承				

注：表中为中国航空工业第 609 研究所产品的数据。

表 2-15　用于天然气和油田气的国产透平膨胀机主要参数

参数	PLPT—317.2—1.7	PLPT—63.519—1.5	PLPT—85/17.5—3.6	PLPT—175/19.6—7	PLPT—300/39—14
气体处理量/(×$10^4 m^3$/天)	5	10	15	30	50
进口压力/MPa	0.82	1.0	1.82	3.06	4.0
出口压力/MPa	0.27	0.25	0.46	0.765	1.5
进口温度/K	218	213	241	218	225
转速/(r/min)	52000	55100	43200	37700	34000
功率/kW	—	—	90	167	220
膨胀轮直径/mm	100	105	135	150	140
等熵效率/%	72	70	68	76	78
制动方式	增压				
轴承形式	圆柱轴承或油轴				

注：表中为四川空分设备集团公司产品的数据。

表 2-16 国外部分用于天然气和油田气的透平膨胀机参数

参数	50—12MC	40—10MsC	239—8E—60	CC602	CC603
气体处理量	$13.1\times10^4m^3/h$	$10.096\times10^4m^3/h$	$6.37\times10^4m^3/h$	47774kg/h	38054kg/h
进口压力/MPa	4.2	5.6	4.43	1.24	2.84
出口压力/MPa	1.62	3.2	1.51	0.71	1.41
进口温度/K	221	208	208	162	183
转速/(r/min)	15700	13000	28600	—	—
功率/kW	1540	560	726	358	357
轮径比	0.492	0.327	0.525	0.68	0.61
等熵效率/%	—	—	—	83	84
排气含液量/%	9.3	11.5	9.8	12	—
调节方法	转动叶片				
制动方式	压缩机				

表 2-17 美国 ACD 公司生产的透平膨胀机参数

型号	T—2000	T—3000	T—4000	T—6000	T—12000
工作轮直径/mm	54～62	76～88	108～125	152～176	305～348
最大流量/(m^3/min)	12.7	25.5	56.6	113.2	452.8
功率/kW	186.5	373	746	1492	4252
最大转速/(r/min)	100000	73000	55000	39000	22000
出口速度/(m/s)	365	365	365	365	365
最大焓降/(kJ/kg)	162.6	162.6	162.6	162.6	162.6
比转速	45～150	45～150	45～150	45～150	45～150
进口温度/℃	−198～70				
压缩比	10∶1	26∶1	26∶1	26∶1	26∶1
压力等级(表)/MPa	3.45	3.45 和 8.27	3.45 和 8.27	3.45 和 8.27	3.45 和 8.27
轴承直径/mm	15.88	25.40	31.75	44.45	76.20
密封形式	迷宫型				

图 2-18 示出了美国 ACD 公司生产的不同型号的高压透平膨胀机的能量和气体流量的范围。图中数字 2000、3000、4000、6000、9000、12000 分别为膨胀机的型号。

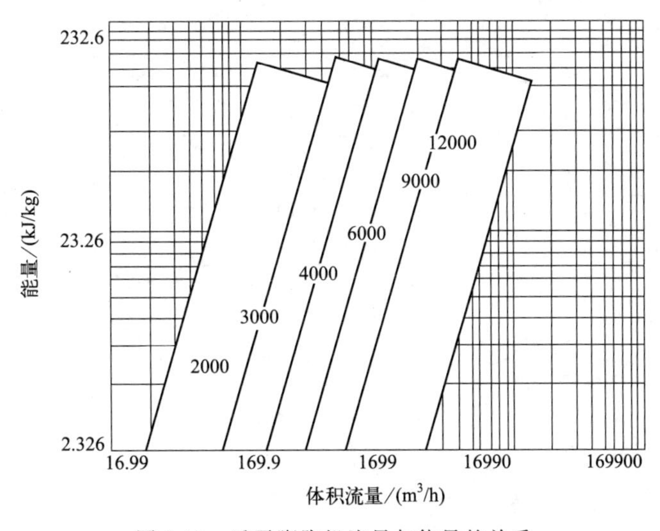

图 2-18 透平膨胀机流量与能量的关系

思考题

1. 厂址选择需要考虑哪些方面？
2. 请简单介绍 LNG 工厂的设施。
3. 简述 LNG 工厂车间布置原则。
4. 天然气液化工艺流程的区别和大致分类是什么？
5. 天然气脱酸净化处理的工艺选择及装置设计主要考虑哪些因素？
6. 简单介绍目前在气体处理行业上成熟应用的脱氧技术。
7. 简述吸附法气体分离的基本原理。
8. 简述天然气液化设备中的各类压缩机。
9. 简单介绍绕管式和板翅式换热器。
10. 简述天然气液化设备中的各类膨胀机。

第3章

LNG 运输与管道设计

3.1 LNG 运输方式

3.1.1 汽车运输

由 LNG 接收站或工业性液化装置存储的 LNG，一般是由 LNG 槽车载运到各地，供居民燃气或工业燃气用。

LNG 载运状态一般是常压，所以其温度为 112K 的低温。LNG 又是易燃、易爆的介质，载运中的安全可靠是至关重要的。

3.1.1.1 LNG 槽车的隔热方式

槽车采用合适的隔热方式，以确保高效、安全地运输。用于 LNG 槽车隔热主要有三种形式：真空粉末隔热、真空纤维隔热、高真空多层隔热。

真空粉末隔热、真空纤维隔热是为了减小真空夹层的辐射传热量，向夹层中填入粉末材料或者纤维材料。由于粉末材料或者纤维材料的反射作用使辐射换热减弱。

高真空多层隔热是由许多层辐射屏及其间的间隔物组成，置于密封夹层中，再抽至高真空。屏间的距离本来很小，又被间隔物分隔，在高真空条件下，气体导热可以忽略。

选择哪一种隔热形式的原则是经济高效、隔热可靠、施工简单。由于真空粉末隔热具有真空度要求不高、工艺简单、隔热效果较好的特点，往往被选用。其制造工艺上积累了较丰富的经验。

高真空多层隔热近年来因其独特的优点，加上工艺逐渐成熟，为一些制造商所看好。在制造工艺成熟的前提下，高真空多层隔热与真空粉末隔热相比具有如下特点：

① 高真空多层隔热的夹层厚度约为 100mm，而真空粉末隔热的夹层厚度在 200mm 以上。因此，对于相同容量级的外筒，高真空多层隔热槽车的内筒容积，比真空粉末隔热槽车

的内筒容积大 27%左右。这样，可以在不改变槽车外形尺寸的前提下，提供更大的装载容积。

② 对于大型半挂槽车，由于夹层空间较大，粉末的重量也相应增大，从而增加了槽车的装备重量，降低载液重量。例如一台 $20m^3$ 的半挂槽车采用真空粉末隔热时，粉末的重量将近 1.8t，而采用高真空多层隔热时，重量仅为 200kg。因此，采用高真空多层隔热可以大大减少槽车的装备重量。

③ 采用高真空多层隔热，可以避免因槽车行驶所产生的振动，使隔热材料沉降。高真空多层隔热比真空粉末隔热的施工难度大，但在制造工艺逐渐成熟适合批量生产后，广泛应用的前景是好的。

3.1.1.2 LNG 槽车的安全设计

LNG 槽车的安全设计至关重要，不安全的设计将带来严重的后果。安全设计主要包含两个方面：防止超压和消除燃烧的可能性（禁火、禁油、消除静电）。

防止槽车超压的手段主要是设置安全阀、爆破片等超压泄放装置。根据低温领域的运行经验，在储罐上必须有两套安全阀在线安装的双路系统，并设一个转换器。当其中一路安全阀需要更换或检修时，转换、变换到另一路上，而不妨碍工作，并维持最少一套安全阀系统在线使用。在低温系统中，安全阀由于冻结而不能及时开启所造成的危险应引起重视。安全阀冻结大多是由于阀门内漏，低温介质不断通过阀体而造成的。一般通过目视检查安全阀是否结冰或结霜来判断。一旦发现这种情况，应及时拆下安全阀排除内漏故障。

为了运输安全，在有的槽车上，除安全阀和爆破片外，还设有如图 3-1 所示的公路运输泄放阀。在槽车的气相管路上设置一个降压调节阀。作为第一道安全保护，该泄放阀的泄放压力远小于罐体的最高工作压力和安全阀起跳压力。它仅在槽车运输时与气相空间相通，但罐车输液时，用截止阀隔离降压调节阀它就不起作用。

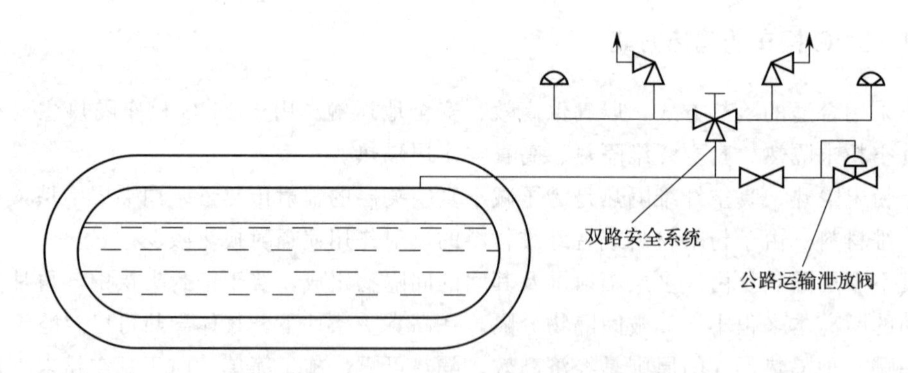

图 3-1　公路运输泄放阀示意图

在低工作压力，泵送 LNG 槽车上，设置公路运输泄放阀有以下优点：

① 公路运输时，罐内压力低，降低了由静压力引起的内筒压力，有利于罐体的安全保护。

② 公路运输时，如果压力增高，降压调节先缓慢开启以降低压力，防止因安全阀起跳压力低而造成 LNG 的突然大流量卸放，既提高了安全性，又防止了 LNG 的外泄。

③ 在罐体的液相管、气相管出口处应设置紧急切断装置。该阀一般为气动的球阀或截止阀，通气开启，放气截止。阀上的气缸设置易熔塞，当外界起火燃烧温度达到70℃时，易熔塞熔化，阀门放气，截止阀将LNG与外界隔离。液压控制的紧急切断阀，由于在低温下液压油凝固，一般不能采用。

3.1.1.3　LNG槽车的输液方式

LNG槽车有两种输液方式：压力输送（自增压输液）和泵送液体。

（1）压力输送

压力输送是利用在增压器中气化LNG返回储罐增压，借助压差挤压出LNG。这种输液方式较简单，只需装上简单的管路和阀门。这种输液方式有以下缺点：

① 转注时间长。主要原因是接收LNG的固定储槽是带压操作，这样使用转注压差有限，导致转注流量降低。又由于槽车空间有限，增压器的换热面积有限，使转注压差下降过快。

② 罐体设计压力高，槽车空载重量大，使载液量与整车重量比例（重量利用系数）下降，导致运输效率的降低。例如国产STYER1491底盘改装的11m^{3}LNG槽车，其空重约为17000kg（1.6MPa高压槽车），载液量为4670kg，重量利用系数仅为0.21。运输过程都是重车往返，运输效率较低。

（2）泵送液体

槽车采用泵送液体是较好的方法。它采用配置在车上的离心低温泵来泵送液体。这种输液方式的优点如下：

① 转注流量大，转注时间短。

② 泵后压力高，可以适应各种压力规格的储槽。

③ 泵前压力要求低，无须消耗大量液体来增压。

④ 泵前压力要求低，因此槽车罐体的最高工作压力和设计压力低，槽车的装备重量轻，重量利用系数和运输效率高。

由于槽车采用泵送液体具有以上的优点，即使存在整车造价高，结构较复杂，低温液体泵还需要合理预冷和防止气蚀等问题，但它还是代表了槽车输液方式的发展趋势。

3.1.1.4　典型槽车工艺流程

（1）半挂LNG运输车

半挂LNG运输车结构如图3-2所示。

① 牵引汽车及半挂车架牵引汽车底盘采用定型的北方-奔驰ND1926S型带卧罐汽车底盘。该型车是目前国内质量最好的载重汽车之一。除北方-奔驰ND1926S牵引车外，也可使用符合本产品牵引性能的其他牵引车。例如东风日产CKA46BT型牵引车，半挂车架选用分体式双轴半挂车车架，由挂车厂按整车设计要求定制。

② 储槽型号为TCB—27/8型低温液体储槽。金属双圆筒真空纤维隔热结构：尾部设置操作箱，主要的操作阀门均安装在操作箱内集中控制，操作箱三面设置铝合金卷帘门，便于操作维护。前部设有车前压力表，便于操作人员在驾驶室内就近观察内筒压力。两侧设置平台，便于阻挡泥浆飞溅。平台上设置软管箱，箱内放置输液（气）金属软管，软管为不锈钢

波纹管。

③ 列车整车外形尺寸（长×宽×高）≈14500mm×2500mm×3800mm，符合 GB 7258—2017《机动车运行安全技术条件》标准规定。整车按 GB 11567—2017《汽车及挂车侧面和后下部防护要求》标准规定，在两侧设置有安全防护栏杆，车后部设置有安全防护装置，并按 GB 4785—2019《汽车及挂车外部照明和光信号装置的安装规定》设置有信号装置灯。

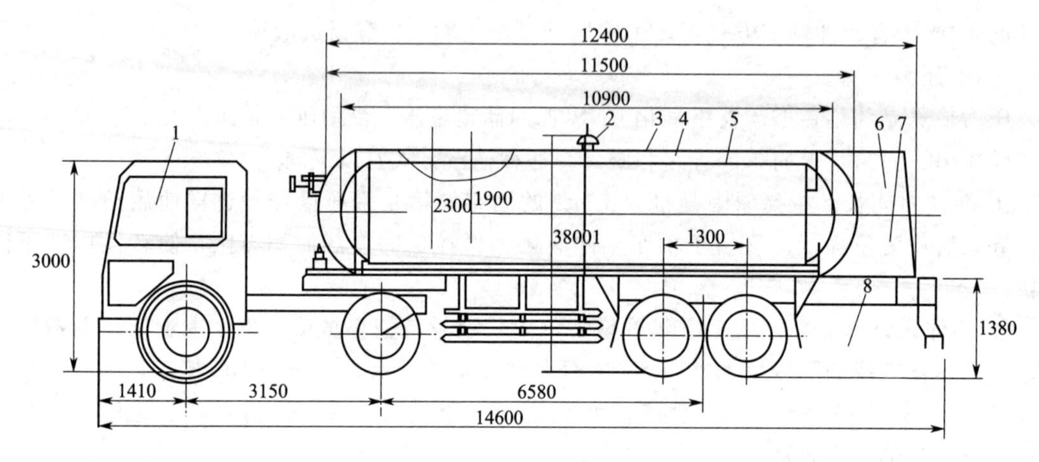

1—牵引车；2—外筒安全装置；3—外筒（16MnR）；4—绝热层真空纤维；5—内筒（0Cr18Ni9）；
6—操作箱；7—仪表、阀门、管路系统；8—THT9360 型分体式半挂车底架

图 3-2　半挂 LNG 运输车结构

（2）工艺流程

工艺流程如图 3-3 所示。

① 进排液系统：此系统由 V_3、V_4 和 V_8 阀组成。V_3 为底部进排液阀，V_4 为顶部进排液阀，V_8 为液相管路紧急截断阀。a 管口连接进排液软管。

② 进排气系统：V_7 阀为进排气阀。V_9 阀为气相管路紧急截断阀。装车时，槽车的气体介质经此阀排出予以回收。卸车时则由此阀输入气体予以维持压力。也可不用此口，改用增压器增压维持压力。b 管口连接进排气软管。

③ 自增压系统：此系统由 V_1、V_2 阀及 Pr 增压器组成。V_1 阀排出液体去增压器加热气化成气体后经 V_2 阀返回内筒顶部增压。增压的目的是维持排液时内筒压力稳定。

④ 吹扫置换系统：此系统由 E_2、E_3 和 E_4 阀组成。吹扫气由 g 管口进入，a、b、c 管口排出，关闭 V_3、V_4、V_9 阀，可以单独吹扫管路；打开 V_3、V_4、V_9 和 E_1 阀，可以吹扫容器和管路系统。

⑤ 仪控系统：仪控系统由 P_1、P_2、LG 仪表和 L_1、L_2、L_3、G_1、G_2 阀门组成。P_1 压力表和 LG 液位计安装在操作箱内；P_2 安装在车前。L_1～L_3 及 G_1、G_2 阀为仪表控制阀门。

⑥ 紧急截断装置与气控系统在液相和气相进出口管路上，分别设有下列紧急截断装置和气控系统：

a. 液相紧急截断装置。V_8 为液相管路紧急截断阀，在紧急情况下由气控系统实行紧急开启或截断作用，它也是液相管路的第二道安全防护措施；V_8 阀为气开式（控制气源无气时自动处于关闭状态）低温截止阀，且具有手动、气动（两者只允许选择一种）两种操作方式。

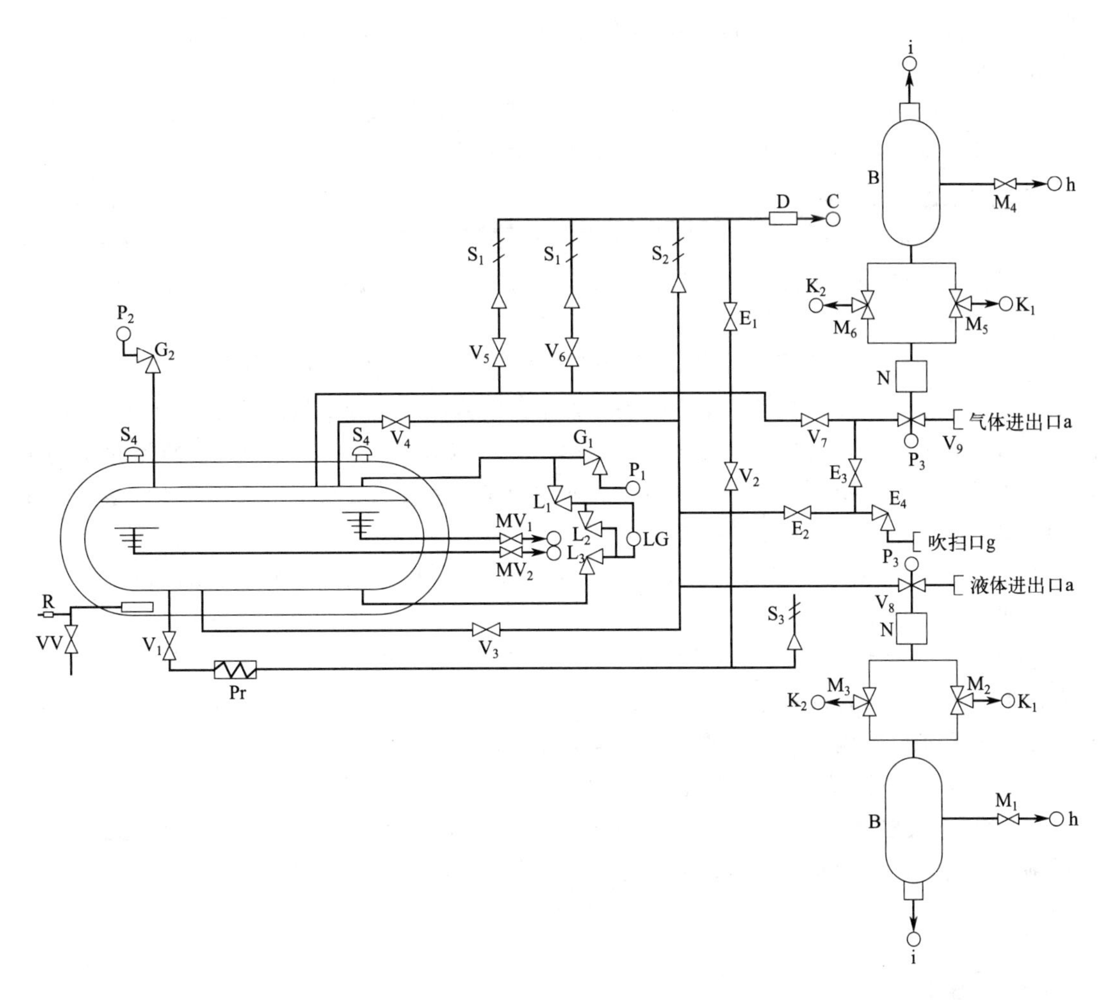

B—平衡罐；D—阻火器；E_1—放空阀；E_2—液相吹扫阀；E_3—气相吹扫阀；E_4—吹扫总阀；

G_1—压力表阀；G_2—压力表阀；L_1—液位计上阀；L_2—平衡阀；L_3—液位计下阀；

LG—液位计；M_1—气源总阀；M_2—后部进排气阀；M_3—前部进排气阀；M_4—气源总阀；

M_5—后部进排气阀；M_6—前部进排气阀；MV_1—LNG 测满阀；MV_2—LNG 测满阀；N—易熔塞；

P_1—压力表；P_2—压力表；P_3—压力表；Pr—增压器；R—真空规管；S_1—安全阀；

S_2—安全阀；S_3—安全阀；S_4—外筒安全装置；V_1—增压阀；V_2—增压回汽阀；

V_3—底部进排液阀；V_4—顶部进排液阀；V_5—气体通过阀<1>；V_6—气体通过阀<2>；

V_7—进排气阀；V_8—紧急截断阀；V_9—紧急截断阀；VV—真空阀

图 3-3　工艺流程

b. 气相紧急截断装置。

c. 气控系统。M_1 为气源总阀；M_2、M_3 为三通排气阀，一只安装在 V_8 阀上，另一只安装在汽车底盘空气罐旁的储气罐 B 上；N 为易熔塞；P_3 为控制气源压力表，气源由汽车底盘提供。V_8 阀在 0.1MPa 气源压力下可打开，低于此压力即可关闭。

⑦ 安全系统：此系统由 S_1、S_2、S_3、S_4 安全阀，V_5、V_6 控制阀，阻火器 D 组成。S_1 为容器安全阀；S_2、S_3 为管路安全阀，此为第一道安全防护措施；S_4 为外筒安全装置；阻火器 D 用于阻止放空管口处着火时火焰回窜。

⑧ 抽空系统：VV为真空阀，用于连接真空泵。R为真空规管，与真空计配套可测定夹层真空度。

⑨ 测满分析取样系统：MV_1～MV_2阀为测满分析取样阀。f管口喷出液体时，则液体容量已达设计规定的最大充装量，该阀并可用于取样分析LNG纯度。

（3）安全性设计简介

针对LNG的易燃易爆特点，设计有以下安全措施：

① 紧急截断控制措施。通过M_2、M_3、M_5、M_6阀可以在操作箱内或汽车底盘前部实施气动控制。

② 易熔塞。易熔塞为伍德合金，其融熔温度为（70±5)℃。伍德合金浇注在螺塞的中心通孔内。螺塞便于更换。易熔塞直接装在紧急截断阀的气源控制气缸壁上，当易熔塞的温度达到（70±5)℃时，伍德合金熔化，并在内部气压（0.1MPa）的作用下，将熔化了的伍德合金吹出并泄压。泄压后的紧急截断阀在弹簧的作用下迅速自动关闭，达到截断装卸车作业的目的。此为第三道安全防护措施。

③ 阻火器。阻火器内装耐高温陶瓷环，阻火器安装在安全阀和放空阀的出口汇集总管路上。当放空口处出现着火时防止火焰回窜，起到阻隔火焰作用，保护设备安全。

④ 吹扫置换系统。吹扫置换系统由E_2、E_3和E_4阀组成。g管口送入纯氮气，可对内筒和管路整个系统进行吹扫置换，直至含氧量小于2.0%为止。随即转入用产品气进行置换至纯度符合要求。管路包括输液或输气的吹除置换，同样应先用纯氮气吹扫管路至含氧量小于2.0%，然后再用产品气置换至纯度符合要求。

⑤ 导静电接地及灭火装置。本产品配有导静电接地装置，以消除装置静电。此外，在车的前后左右两侧均配有4只灭火机器，以备有火灾险情时应急使用。

3.1.2 管道运输

无论是天然气液化装置，还是LNG接收终端或是LNG气化供气装置，都需要有各种各样的管路系统。长的管路可能是上百米甚至几公里，如用于连接天然气液化装置和LNG装卸码头的连接管路，LNG装卸码头到接收终端的LNG储罐的连接管路，以及从LNG储罐到气化器的输送管路。管路系统中有液体输送管路和LNG蒸气循环管路。大型LNG系统的液体管路，管径大的达800mm。

在进行LNG管路设计时，不仅要考虑低温液体的隔热要求，还应特别注意因低温引起的热应力问题，防止水蒸气渗透的防护措施问题，避免出现冷凝和结冰的现象，管道漏泄的探测方法，以及防火问题等。

LNG管路通常采用奥氏体不锈钢管。奥氏体不锈钢具有优异的低温性能，但线膨胀系数较大。当在LNG设备上使用时，不锈钢管需要采取一定的措施，来补偿由于温度变化引起的热膨胀或冷收缩。常用的办法是采用弯管或膨胀节。过多的弯管会使管路布置困难，管路的成本也随着上升。

LNG气体管路在液化天然系统中的作用是非常重要的，因为LNG的输送是处于封闭状态下进行。如LNG储罐在液体的装卸过程中，需要有气体的排出或补充。储罐在接受LNG时，少量的LNG会闪发成气体，若不引出储罐的话，将影响LNG的输送。储罐在输出

LNG时，随着液体的抽出，如果没有气体的补充，储罐内可能出现真空，这对储罐的安全是不利的。因此，LNG系统必须考虑必要的气体管路。

3.1.2.1 冷收缩问题

对于LNG管路，需要慎重考虑由于低温引起的收缩问题，必要条件下，应进行适当的热力和结构方面的试验。通过试验，了解所使用的材料和结构型式在设计工况条件下的收缩情况。在LNG温度条件下，不锈钢的收缩率约为千分之三，对于304L材质的管路，在工作温度为−162℃时，100m长的管路大约收缩300mm。

LNG管路和其他低温液体输送管路一样，管路的收缩及补偿是一个需要细心考虑的重要问题。两个固定点之间，由于冷收缩产生的应力，可能远远超过材料的屈服点。因此，在管路系统设计时，必须考虑采用有效的措施来补偿。通常可采用金属波纹管、管环式补偿，以及采用膨胀率小的管道材料等方法解决。

（1）金属波纹管补偿

采用金属波纹管（亦称膨胀节）是补偿低温液体输送冷收缩的常用方法。常规的设计是在35m左右的间隔距离，安装一个膨胀节，以补偿不锈钢管路的收缩。需要注意的是：所采用的波纹管的内径应当与管道相同，并有相同的承压能力。此外，波纹管的形状和变形，还会引发一些隔热结构方面的问题，需要和隔热结构一起考虑。

（2）管环式补偿

管式补偿与弯管补偿的原理是一样的，广泛地应用于低温工业，可靠性很高。可是它的结构、隔热和支撑结构比较复杂，投资也很高。

（3）采用膨胀率小的管材

殷钢是一种线膨胀系数非常低的材料，在低温下的收缩率也非常小。在一般的低温条件下，所产生的热应力对管道没有什么危害。随着合金纯度的提高和焊接技术的发展，殷钢受到大家的关注。但现场焊接技术、质量控制的有关规范需要进一步地完善，材料的成本过高仍然限制了工程的实际应用。对于直线的管段，可不采取任何补偿措施，在某种意义上也可减少管路的成本。殷钢和奥氏体不锈钢的有关特性比较见表3-1。

表3-1 殷钢和奥氏体不锈钢的材料特性

性能	殷钢	奥氏体不锈钢
线膨胀系数/K^{-1}	1.7×10^{-6}	15.0×10^{-6}
LNG温区内的冷收缩/(mm/m)	0.30	2.80
极限应力/MPa	≥240	≥205
拉伸强度/MPa	≥440	≥520

3.1.2.2 LNG管路的隔热

对于LNG管路，隔热无疑是一个非常重要的内容。隔热性能不仅影响到LNG的输送效率，对整个系统的正常运行也可能产生重要的影响。LNG输送管道的隔热材料一般采用硬质聚氨酯发泡塑料。

LNG管道的隔热结构，主要有常规的保温材料包覆型结构和真空夹套型结构。保温材料包覆型结构如图3-4所示。一般的方法是根据管道外径和隔热层厚度，将聚氨酯发泡塑料制成型材，在现场安装。隔热材料的外表还需要有防潮措施和防护外套。

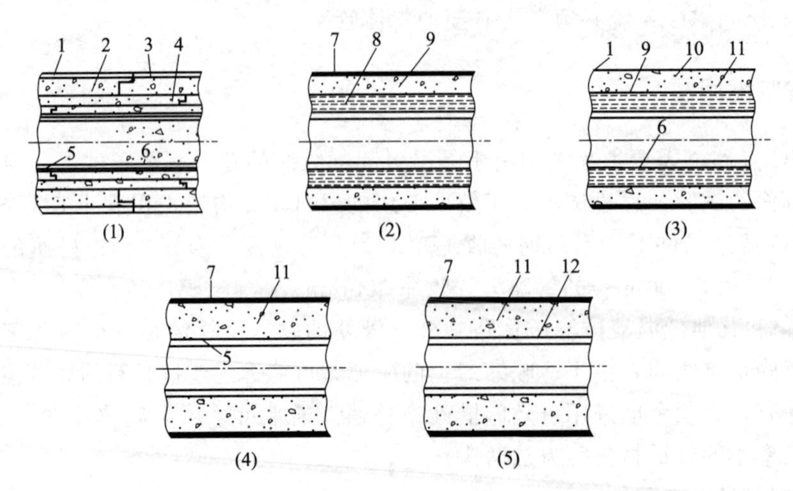

1—保护层；2—聚氨酯发泡塑料；3—水分阻挡层；4—企口；5—间隙；6—管道；7—喷涂加强塑料；8—PUF；9—玻璃纤维；10—胶合铺料；11—发泡塑料；12—波纹状塑料

图 3-4　保温材料包覆型结构

以管道隔热材料的外表面作为参考面积，一般要求隔热层的热流密度小于 $25W/m^2$，图 3-4(1) 的保温结构已被广泛采用。保温层分成 3 层，安装时每层的连接处错开布置。每层聚氨酯发泡塑料的厚度为 50～60mm，接头处采用搭接的方法。最里面的一层内径比管道外径稍大，允许管道收缩或膨胀时不受隔热材料的牵制。聚氨酯发泡塑料的收缩系数与成型工艺和密度有关，比常用的 304L 不锈钢大 4～8 倍。不同方向的收缩率是不同的。每一层隔热层在管路上应有一定的自由度，允许移动，包括最外面的防护层。在交错连接的接缝处，采用有弹力的玻璃纤维或矿物棉，具有很好的补偿作用。这种设计已经得到了成功的应用，并有良好的使用记录。尤其是交错搭接的接头，有利于防止表面凝露或结冰。采用增强型胶合涂料是优良的水蒸气阻挡层，得到广泛的应用。外表采用 0.25～0.50mm 厚的铝材或不锈钢做成保护层，对隔热材料可以起到保护的作用。保护套最好使用不锈钢材料，如果是在海边，最好选用含有钼的不锈钢（316 不锈钢较好），能经受海洋性环境的盐雾侵袭而不会产生斑点。另外不锈钢的熔点高，提高了管道系统的阻火性能。

图 3-4(2) 的结构应用相对较少些。这种形式的结构使用玻璃纤维可能会存在一些缺点。尽管对水蒸气有很好的阻挡作用，但水蒸气还是可以进入隔热系统。特别是在建造期间，空气中的水分就可能进入到系统中。另外可能存在的问题，是在玻璃纤维中的自由对流换热，将引起较大的温差。

图 3-4(3) 的结构也已经得到比较成功的应用，用泡沫玻璃作外面的隔离层，因为泡沫玻璃能改善阻火性能。但泡沫玻璃的脆性在搭接处容易产生碎裂。

图 3-4(4) 的结构在 LNG 的装货管线中已经使用。采用聚氨酯泡沫塑料喷涂的施工工艺，使这种隔热形式适合于在现场制作。外面的保护层也是如此。有报道这种形式的隔热存在水蒸气的穿透问题。隔热材料和管路之间有一定的间隙（大约是 10mm），目的是低温下管路产生收缩时，使管路在隔热材料内自由滑动。此外，在低温下隔热材料本身也会产生收缩，如果没有一定的间隙，隔热材料就会把管路箍紧，造成隔热材料损坏。对于比较长的管

道，可在工厂里预先喷涂聚氨酯泡沫。泡沫塑料内部可采用玻璃纤维网作增强材料。外面的保护层和水蒸气阻挡层，可采用玻璃纤维增强的环氧树脂。

图3-4(5)的结构，采用增强塑料波纹管作为内部的水蒸气阻挡层。泡沫塑料直接喷涂到塑料波纹管的外表面，在管路产生收缩时，波纹管也可以起到滑动的作用。

对于隔热的效果，还是真空夹套型的隔热结构最好。在真空夹套中，由于没有空气的对流，隔热效果有大幅度的提高。在真空夹套中设置反射性能好的防辐射材料，这种隔热方式又称之为真空多层隔热。双面镀铝聚酯薄膜或铝箔都是良好的防辐射材料，防辐射层能有效地阻挡辐射热的穿透。隔热层的最佳密度大致是30～40层/cm。真空夹套型隔热结构虽然有非常良好的隔热效果，但制造工艺复杂，成本较高。实际应用时，要综合考虑成本和施工工艺等诸多方面的因素。从可靠性和制造的观点，真空夹套型的保温管线，需要制成模块化的标准组件。管段的长度需要根据波纹管的补偿能力来设计。

LNG接收终端的系统中，一般不用真空隔热型的LNG管线。从管路制作复杂性和管路投资成本来考虑，3km以上的管道，通常采用普通的发泡型塑料包覆的隔热方式，而不采用真空夹套的隔热方式。

真空夹套型隔热管道的真空是一个关键问题。真空夹套间的压力需要达到或低于1×10^{-2}Pa，真空多层隔热才会体现优良的隔热性能。要达到1×10^{-2}Pa的压力，在技术上是没有问题的。但在密封状态下，长时间地维持较低的压力却存在一定的困难，因为影响真空夹套中压力的因素很多，如焊缝的气密性、多层材料的清洁程度、放气性能和低温下的受力情况等。

3.1.2.3 LNG管路的试验

LNG系统的管路，通常在绝热施工之前，先要进行低温状态的考验（也称为“冷试”或“裸冷”），检查所有的焊缝、接口和连接处是否有泄漏及管路在低温状态下收缩情况等。“冷试”合格后才能进行绝热材料的安装施工。

绝热材料及其外保护层施工完成后，可以对管路的保温性进行试验，考核单位管长或管路总的漏热是否符合要求。

试验一般采用LNG蒸气或是LN_2蒸气作为传热流体，虽然LN_2的温度比LNG低，但测试结果可以换算。实际上，材料在－162℃和－196℃区间内的特性变化不大，因而测试结果不修正也可以使用。常用方法是用气化器产生LN_2蒸气或LNG蒸气，冷蒸气被输送到测试段，使管路冷却。首先设定好流量，用适当的仪表测量蒸气的流量和温升，温升的范围是3～6℃。蒸气所吸收的热量，相当于从隔热材料传入的热量。包括支撑装置和膨胀节的漏热，根据热平衡的热流计算。参考面是外表的平均面积。

图3-5显示了试验的传热状态，温度曲线被认为与冷凝相同，如果简化一下，稳态的热平衡能随着热流体吸收的热量建立起来，即

$$q=c_p q_m (T_o - T_i) \tag{3-1}$$

式中 c_p——流体比定压热容，J/(kg·K)；

q_m——流体的质量流量，kg/s；

T_i——蒸气进口温度，K；

T_o——蒸气出口温度，K。

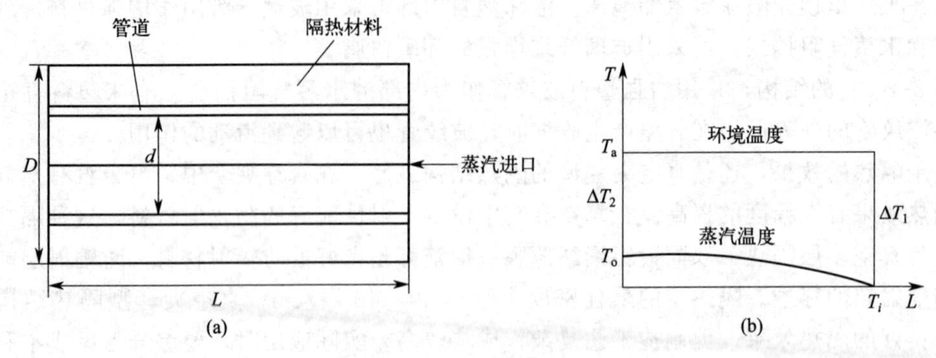

图 3-5 管道隔热试验

(a) 隔热管道；(b) 管内蒸气温度变化

在平衡条件下，根据热流量相等，则

$$Q=KD\pi L\Delta T_{\mathrm{m}} \tag{3-2}$$

式中 K——传热系数，$W/(m^2 \cdot K)$；

D——测试段的外径，m；

L——测试段的长度，m；

ΔT_{m}——对数平均温差，K。

其中，

$$\Delta T_{\mathrm{m}}=\frac{\Delta T_1-\Delta T_2}{\ln\dfrac{\Delta T_1}{\Delta T_2}} \tag{3-3}$$

$$\Delta T_1=T_{\mathrm{a}}-T_i \qquad \Delta T_2=T_{\mathrm{a}}-T_{\mathrm{o}}$$

式中 T_{a}——环境温度，K；

T_i——流体进入管段的温度，K；

T——流体流出管段的温度，K。

如果忽略隔热材料和不锈钢管壁的温降，总的传热系数可按式 3-4 计算：

$$\frac{1}{K}=\left(\frac{D}{2\lambda}\right)\ln\left(\frac{D}{d}\right)+\frac{D/d}{h_i}+\frac{1}{h_{\mathrm{a}}} \tag{3-4}$$

式中 λ——隔热材料的平均热导率，$W/(m \cdot K)$；

d——管路内径，m；

h_i——管内的表面传热系数，$W/(m \cdot K)$；

h_{a}——隔热材料外表与空气的表面传热系数，$W/(m \cdot K)$。

用氮气进行试验测得的典型结果为：$T_{\mathrm{a}}=25℃$，$T_i=-196℃$，$T_{\mathrm{o}}=-190℃$，则 $\Delta T_{\mathrm{m}}=213.88℃$。流体的温升可选择 6℃左右，流量用孔板测试。

隔热材料的有效平均热导率 λ（包括支撑和膨胀节的漏热）可以按管道传热公式计算，以外表面积为基准的单位面积的平均热流量为

$$q=\frac{Q}{\pi DL} \tag{3-5}$$

测试数据应在稳定后读取，也就是在管道和隔热材料横截面都已经充分冷却的条件下读取数据，达到稳定可能要花好几天的时间。

达到稳态以后，管道中的流量保持不变，有时难度比较大。尤其是使用环境空气或水加热的气化器，流量的变化可能引起很大的误差。气化器如果结冰，气化量减少，流量降低，图 3-5 中的曲线就往上翘，结果是蒸气温度升高超过管道温度。这是因为管道的质量和热容量大的缘故，有大量的热流从蒸气流向管道。蒸气温度曲线开始重新往回移动。直到达到新的平衡。由此引起的结果使测得的热量和有效热导率比实际的要小得多。因此，在测试期间，蒸气流量要保持始终稳定。

与 LNG 管路有关的另一个重要事项是冷却过程。LNG 管道要进入运行，必须要先做好冷却过程，也就是常说的预冷过程。为了避免管路结构损坏，预冷过程非常重要。如果 LNG 突然流入常温的管道，管道会迅速地收缩。管路的底部与沸腾的 LNG 直接接触，而顶部相对较热，因顶部温度相对较高，这种结果便是所谓的香蕉效应。由于收缩不一致，可能引起管路、支撑和膨胀节的损坏。因此冷却必须慢慢地进行，首先用冷的蒸气在管路中循环，有时还需用干燥氮气吹除管路，去除管路中残留的水蒸气，使管路达到一定温度。一般是在$-95\sim-118℃$范围内方可输送 LNG。

在冷却计算过程中，需要考虑与材料的温度相关特性，如对于不锈钢管路的质量热容和热导率等。

比热容为

$$c=-0.00534+(6.25\times10^{-5})T-(3.157\times10^{-8})T^2 \tag{3-6}$$

热导率为

$$\lambda=-1.06+0.0218T-(0.422\times10^{-4})T^2+(0.418\times10^{-7})T^3+(0.154\times10^{-10})T^4 \tag{3-7}$$

在冷却期间，需要确定冷收缩引起的热应力时，不锈钢的热收缩率和屈服强度按下式计算：

$$\alpha=-0.003095+(1.019\times10^{-7})T+(0.362\times10^{-8})T^2+(0.190\times10^{-11})T^3-(0.232\times10^{-14}) \tag{3-8}$$

$$\sigma_u=10.305-5.38T$$

3.1.2.4　管内流阻

LNG 在管内流动时，除非能够保证液体有足够的过冷度，否则气液两相流难以避免。气液两相流动的摩擦损失 Δp_{f} 为

$$\left(\frac{\Delta p_{\mathrm{f}}}{L}\right)_{\mathrm{TP}}=\frac{2f_{\mathrm{TP}}q_{\mathrm{m}}^2}{Dgr_{\mathrm{m}}} \tag{3-9}$$

其中：$f_{\mathrm{TP}}=\alpha\beta f_1$，$f_1=0.0014+0.125Re_{\mathrm{m}}^{-0.32}$

$$Re_{\mathrm{m}}=\frac{Dq_{\mathrm{m}}}{\mu_{\mathrm{m}}},\ \mu_{\mathrm{m}}=\mu_1 v_1+\mu_{\mathrm{g}}(1-v_1)$$

$$q_{\mathrm{m}}=\gamma_{\mathrm{g}}\mu_{\mathrm{g}}+\gamma_1\mu_1,\ \gamma_{\mathrm{m}}=\gamma_1 v_1+\gamma_{\mathrm{g}}(1-v_1)$$

式中　f_{TP}——两相流动的摩擦系数；

q_{m}——气液混合物质量流量，kg/s；

r_{m}——气液混合物密度，$\mathrm{kg/m^3}$；

L——管道长度，m；

D——管道直径，m；

g——重力加速度；$g=\dfrac{9.8\mathrm{m}}{s^2}$；

f_1——基于混合物的雷诺数 Re_m 的单相流动摩擦系数；

μ_m——混合物的黏度；

μ_l——液体的黏度；

μ_g——气体的黏度；

v_l——进口处液体比体积，m^3/kg；

γ_g——气体密度，kg/m^3；

γ_l——液体密度，kg/m^3；

α、β——Dukler 修正系数。

3.1.3 海上运输

LNG 运输船是为载运在大气压下沸点为－163℃的大宗 LNG 货物的专用船舶。这类船目前的标准载货量在 $1.3\times10^5\sim1.5\times10^5m^3$。一般它们的船龄在 25～30 年。

1954 年，美国开始研究 LNG 船。真正形成工业规模的天然气液化和海上运输，则始于 1964 年。到 20 世纪 70 年代，进入大规模发展阶段，各国建造的 LNG 船也越来越大。

3.1.3.1 LNG 货舱的围护系统

LNG 货舱的气化率的高低取决于货舱的漏热性能。不同的货物围护系统采用不同的隔热方式。目前有三种货物围护系统，即法国的 Gaz Transport、Technigaz（CTT 型）；挪威的 Moss Rosenberg（MOSS 型）及日本的 SPB 型。GTT 型是薄膜舱，MOSS 型是球形舱，SPB 型是菱形舱，其结构简图如图 3-6～图 3-8 所示。

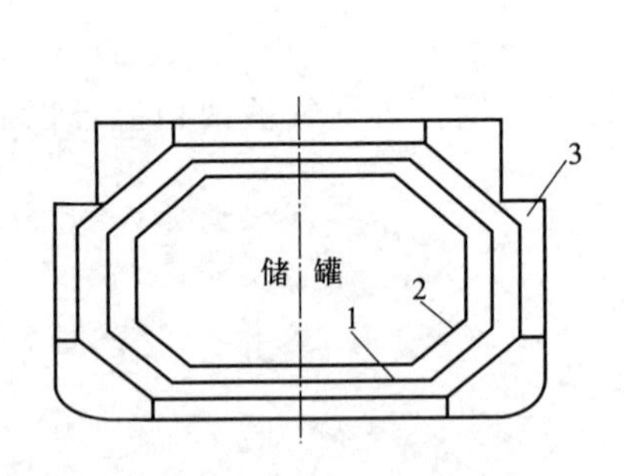

1—外薄膜；2—内薄膜；3—内舱壳

图 3-6 GTT 型薄膜舱

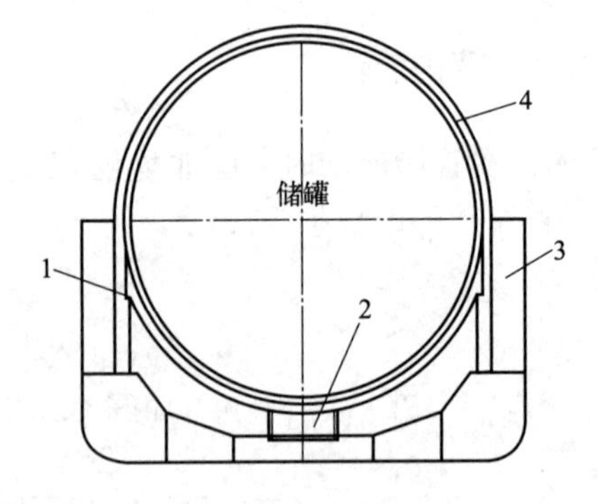

1—舱裙；2—部分次屏；3—内舱壳；4—隔热层

图 3-7 MOSS 型球形舱

20 世纪 90 年代前，在已建造的 87 艘 LNG 船中，以 MOSS 型即球罐型和 GTT 型建造得最多，分别是总艘数的 37.9%和 28.7%。SPB 型的前身是菱形舱 Conch 型。图 3-9 是世界 LNG 船型发展历史。

球罐型 LNG 船是储存在球型贮球内的 LNG 船，常见的球罐型 LNG 船由 4 个或 5 个球形贮罐以及支撑其的船体组成。

球罐型贮罐系统为挪威 Moss Maritime 公司的专利技术，该型贮罐采用 AA5083 的铝合金制造。外形为一球体，球体外采用的一种绝缘是镶板式聚氨酯泡沫。在球体的赤道上安装支承围裙，支承围裙是通过爆炸成型的特殊构件，与船体结构相连，以减少热的传导。1.4×10^5～1.5×$10^5$$m^3$ 的 LNG 船，最大贮罐的球体内径超过 40m，空罐总重量约 900t。

由于球罐型贮罐与船体结构之间，除支承围裙外，完全处于独立状态，无论是 LNG 的超低温度，或是 LNG 的静、动压力都由球罐贮罐直接承受。因此球罐贮罐通常又称之为独立式贮罐。

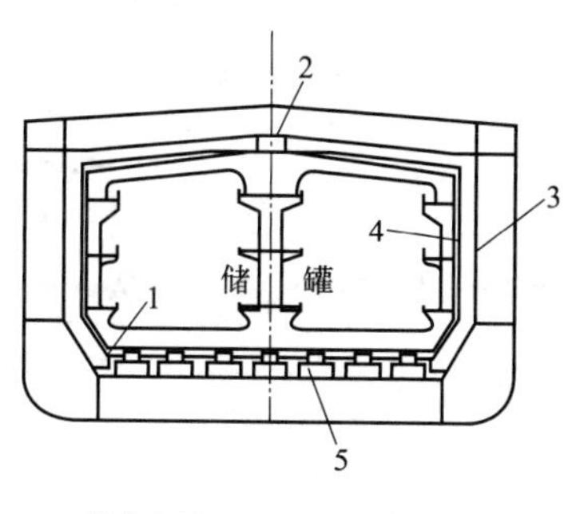

1—部分次屏；2—楔子；3—内舱壳；4—隔热层；5—支撑

图 3-8 SPB 型菱形舱

Membrane 即薄膜型 LNG 船，薄膜型 LNG 船就是以船体直接作为储存 LNG 贮罐的 LNG 船。常见的薄膜型 LNG 船包括 MKI 型和 NO.96 型两种，其货舱围护系统采用的均为法国 GTT 公司专利技术。MKI 型 LNG 船的液货舱系统包括两层薄膜和绝缘：主层的薄膜采用 1.2mm 厚的压筋型不锈钢薄板压筋的目的是释放温度和结构应力；采用的是由中间为铝合金薄膜，两面为玻璃纤维布制成的“三明治”结构；此次层薄膜可与主层和次层绝缘预制在一起，加快船上施工的进度，该绝热材料为增强聚氨酯泡沫。

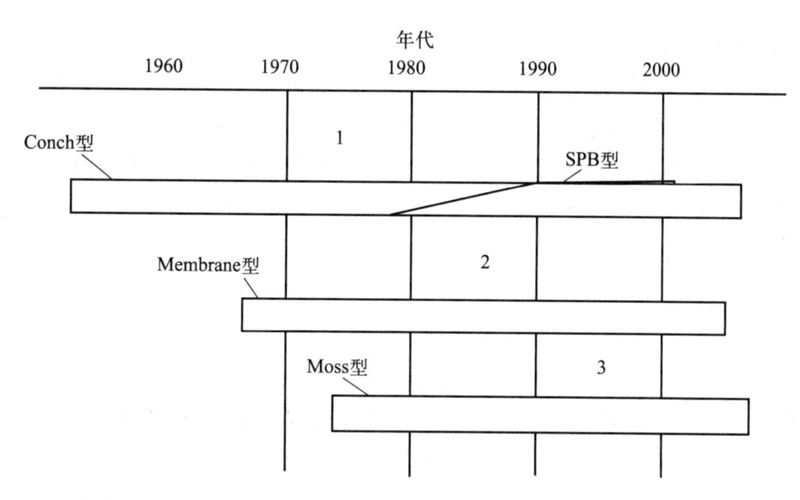

1—具有完全次屏的厚壁舱；2—具有完全次屏的薄壁舱；3—具有部分次屏的厚壁舱

图 3-9 世界 LNG 船型发展历史

NO.96 型 LNG 船的货舱围护系统也包括两层薄膜和绝缘：主次均为 0.7mmINVAR 钢（含 36%镍的钢），由于该种钢材的热膨胀系数极小，从 20～−163℃几乎无变形，故被称为不变钢；主次层薄膜之间以及次层薄膜和船体内壳之间都是由充填有膨胀珍珠岩的绝缘箱作为绝热材料。

SPB 型也称为独立型棱柱型储罐，是由 Conch 型发展而成的，LNG 在接近大气压的压力下保存在船中。SPB 改变了储罐绝热层的位置，将绝热层贴在储罐外边，通过真空层与船体内壳相连，改善了 Conch 型绝热层材料受到拉力容易造成撕裂的缺点。SPB 常用的绝热材料是加强聚乙烯泡沫或块状硬质聚氨酯泡沫。

图 3-10 为 LNG 船货舱围护系统分类。

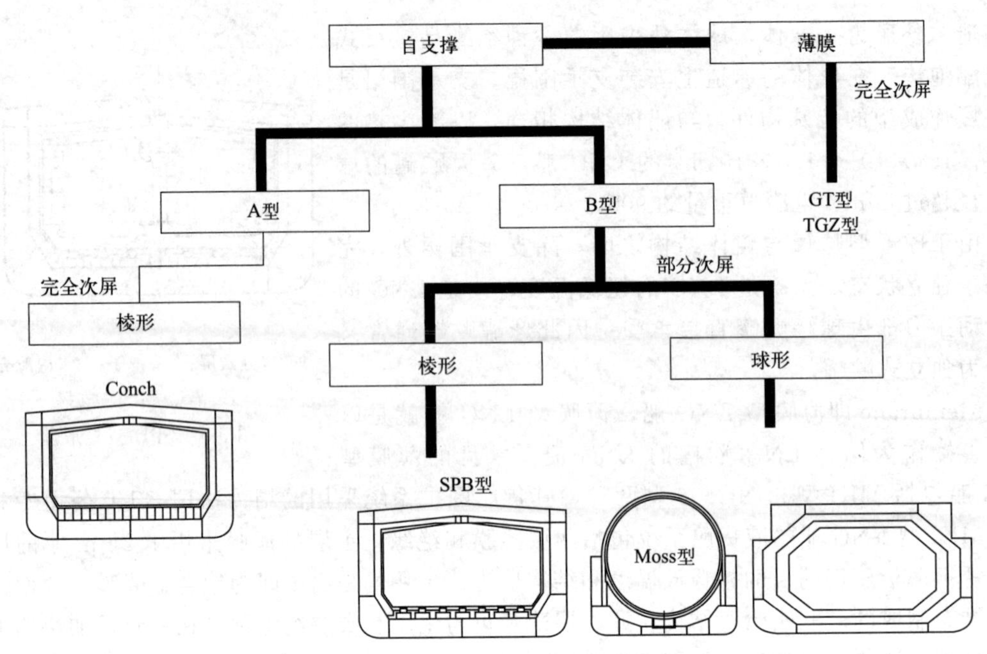

图 3-10 LNG 船货舱围护系统分类

（1） MOSS 型 LNG 船

球罐采用铝板制成，牌号为 5038。组分中含质量分数为 4.0%～4.9%的镁和 0.4%～1.0%的锰。板厚按不同部位在 30～169mm 之间。隔热采用 300mm 的多层聚苯乙烯板。图 3-11 示出 MOSS 型 LNG 船结构，图 3-12 示出 MOSS 型液货舱的设计负荷。图 3-13 是 LNG 船大型球罐的制造工艺流程，它由备料、分段焊接、组件合成及液罐总成四大阶段组成。图 3-14 示出球形液罐的围护系统及隔热镶板组成。

（2） GTT 型 LNG 船

薄膜型 LNG 船的开发者 Gaz Transport 和 Technigaz 已合并为一家，故对该型船称为 GTT 型。图 3-15 示出薄膜型液货舱的总概念。从图中可见，该围护系统是由双层船壳、主薄膜、次薄膜和低温隔热层所组成。GTT 型的围护结构有 GTNO96 和 TCZ MarkⅢ两种。

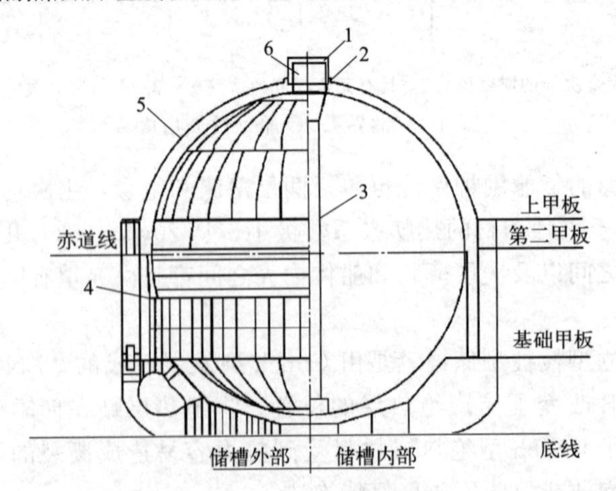

1—顶罩；2—膨胀橡胶；3—管塔；4—舱裙；5—储槽包覆；6—槽顶

图 3-11 MOSS 型 LNG 船结构

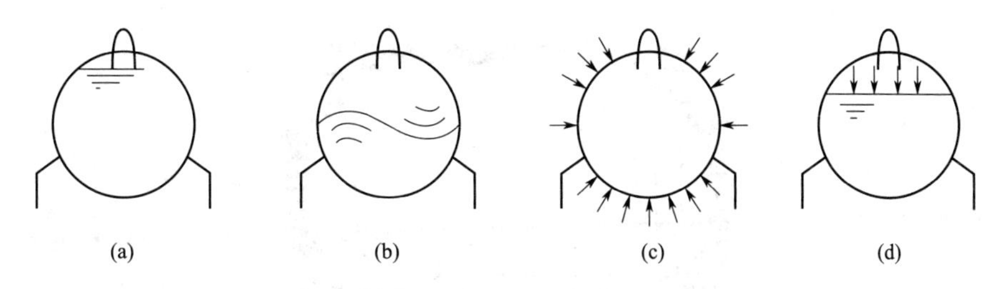

图 3-12 MOSS 型液货舱的设计负荷

(a) 流体力学负载；(b) 液货晃荡时造成的动力负载；(c) 液舱受到的外压；(d) 液舱的内压

注：①LNG 的设计相对密度为 0.5；②正常使用时内部压力为 0.025MPa，紧急排放时的内部压力为 0.09/0.18MPa；③外部压力要考虑液货舱和船体之间的相互作用；④除了紧急排放，还要考虑动力效应。

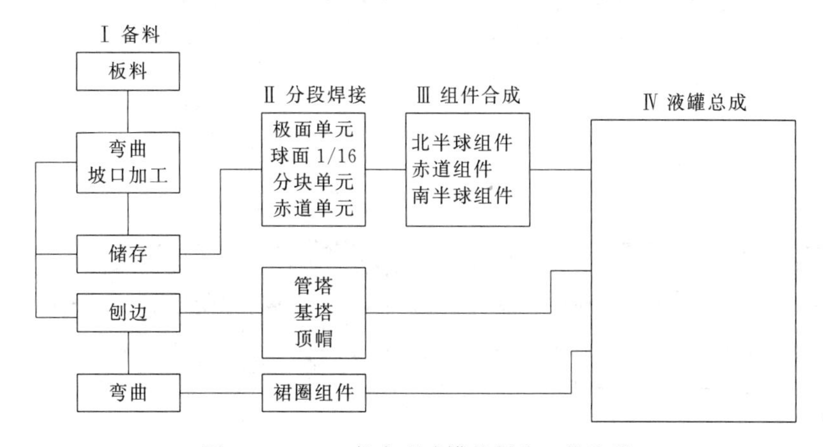

图 3-13 LNG 船大型球罐的制造工艺流程

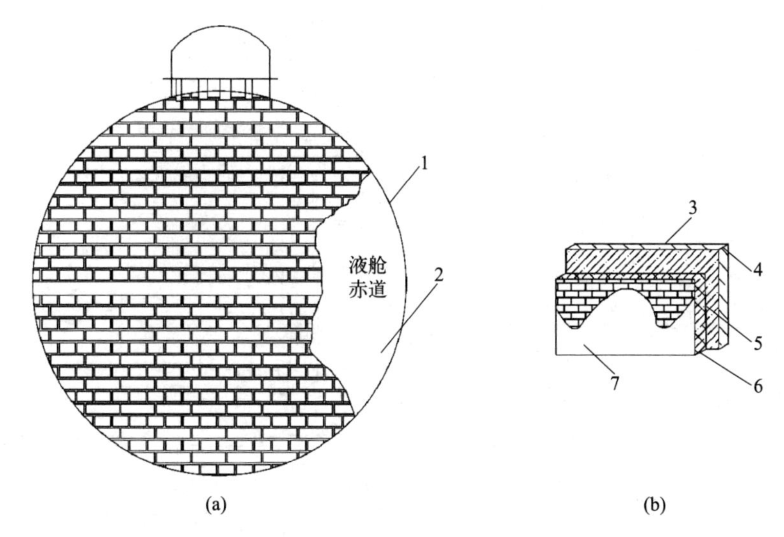

1—隔热镶板；2—裙板；3—弹性聚氨酯泡沫；4—酚醛泡沫；5—线网；6—刚性聚氨酯泡沫；7—具有压花的铝板

图 3-14 球形液罐的围护系统及隔热镶板组成

(a) 球形液罐的围护系统；(b) 隔热镶板的组成

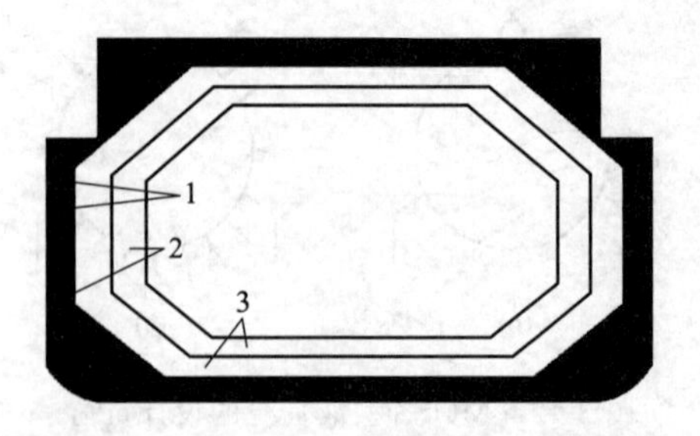

1—完全双层船壳结构；2—低温屏障层组成（主薄膜和次薄膜）；
3—可承载的低温隔热层

图 3-15 薄膜型液货舱的总概念

图 3-16 和图 3-17 分别表示这两种形式的围护结构的局部，图 3-18 示出 LNG 船薄膜型液货舱设计负荷。薄膜内应力是由静应力、动应力和热应力三部分组成。

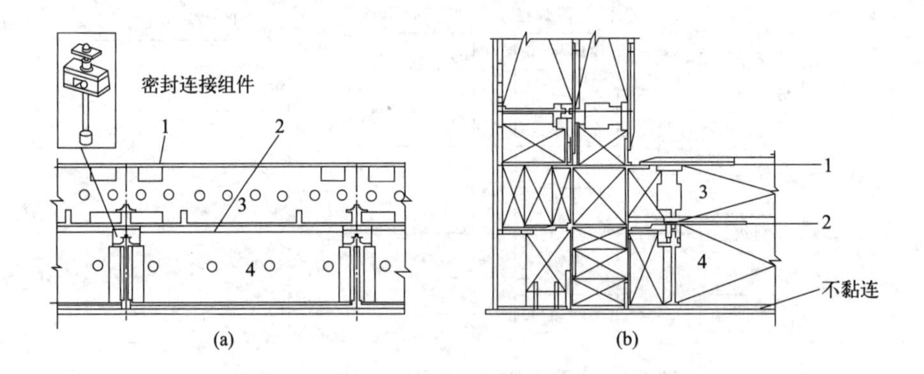

1—主屏障；2—次屏障；3—主珠光砂箱；4—次珠光砂箱

图 3-16 CTNO96 型液货舱

（a）标准箱集成示意图；（b）横向转角集成示意图

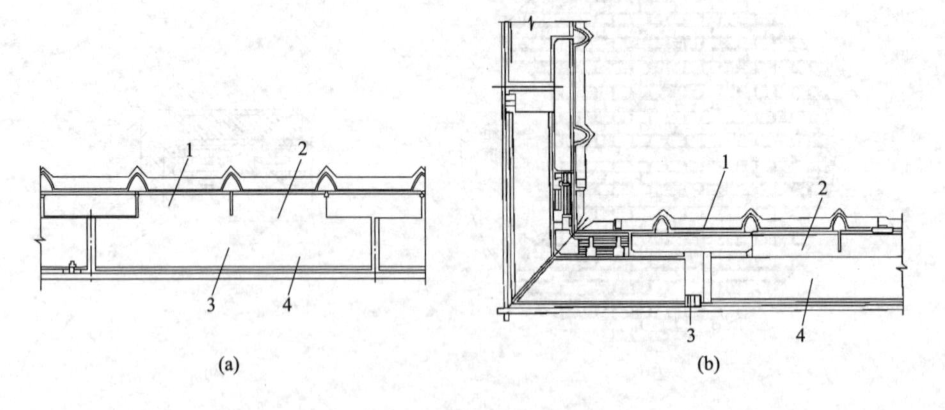

1—主屏障（波纹不锈钢）；2—次屏障（三层的）；3—连接件；4—聚氨酯泡沫

图 3-17 TCZ MarkⅢ型液货舱

（a）平板集成示意图；（b）横向转角集成示意图

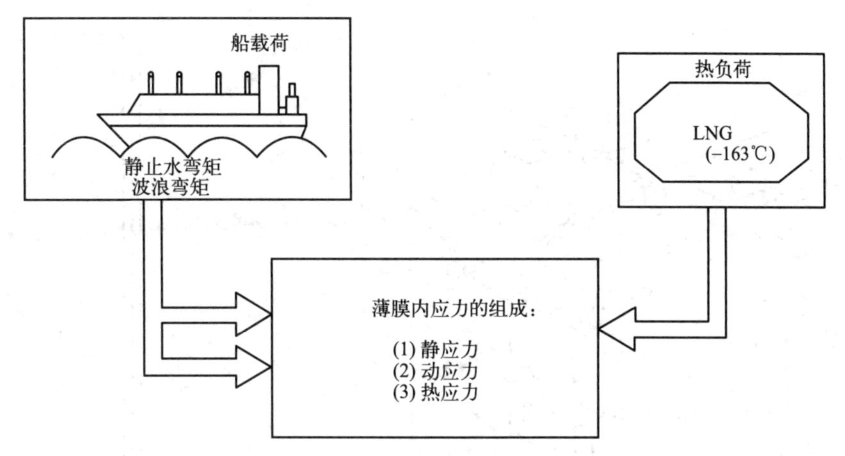

图 3-18 LNG船薄膜型液货舱设计负荷

（3） SPB型LNG船

SPB型的前身是菱形舱Conch型，是由日本HI公司开发的。该型大多应用在LPG船上，建造并已运行的LNG船仅两艘，图3-19示出SPB型液舱断面结构，图3-20示出SPB型液舱隔热结构。

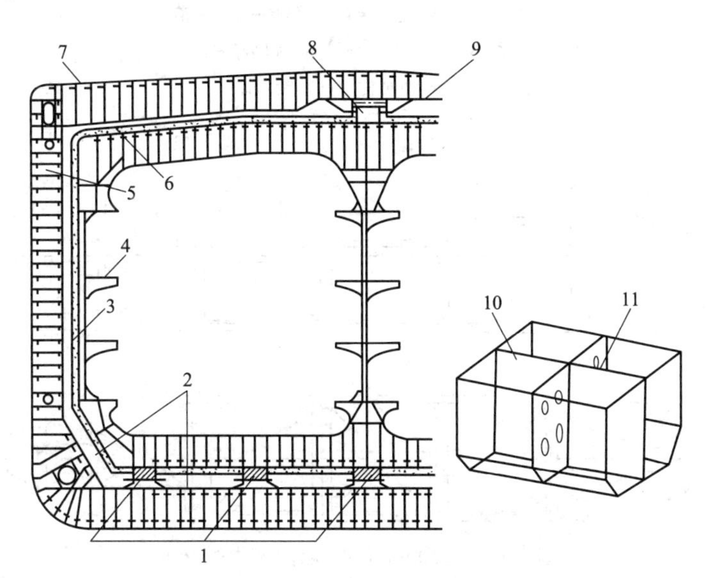

1—支撑；2—连通空间；3—隔热层；4—水平梁；5—压载水舱；6—防浮楔；7—甲板；8—防滚楔；9—甲板横梁；10—中线隔舱；11—防晃隔板

图 3-19 SPB型液舱断面结构

3.1.3.2 典型LNG船的货舱分布

图3-21示出一种LNG船的货舱分布。

3.1.3.3 LNG运输船主要技术参数

见附录B。

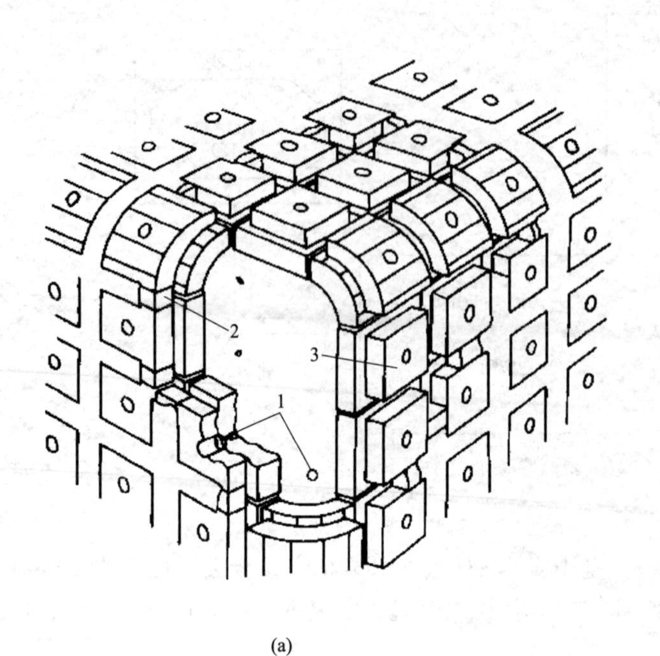

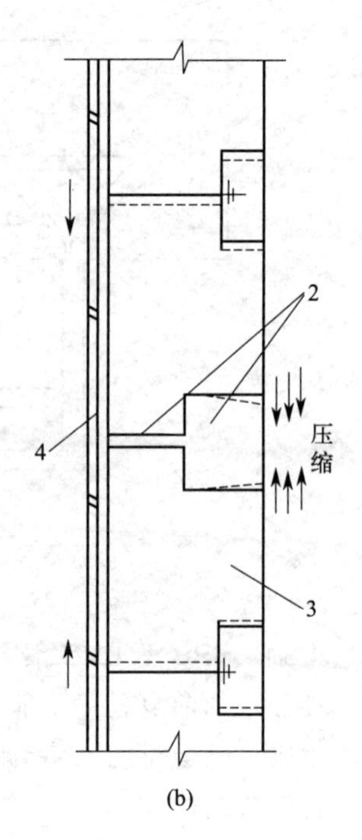

(a) (b)

1—螺栓；2—弹性连接；3—隔热板；4—液舱

图 3-20　SPB 型液舱隔热结构

（a）典型结构；（b）断面图

注：①—表示室温条件；②----表示冷稳定条件。

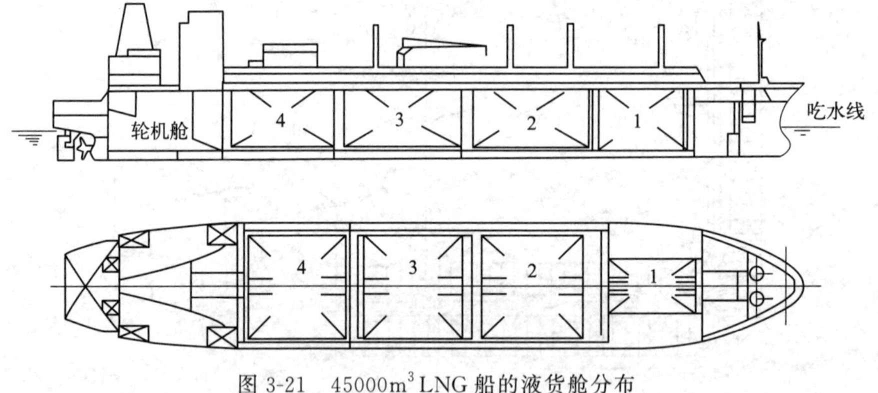

图 3-21　45000m³ LNG 船的液货舱分布

（Technigaz 薄膜围护系统，船货日气化率 0.20%）

3.2 LNG 管道设计

3.2.1 管材选取

由于铝合金、不锈钢和 9%镍钢具有所要求的超低温条件下良好的低温韧性，是 LNG 领域广泛应用的 3 类低温金属材料。其中铝合金因线膨胀系数偏高，强度偏低，导致管道热应力偏大，壁厚太厚，应用越来越少；不锈钢具有成熟的生产技术和优良的耐腐蚀性能，目前应用最为普遍；9%镍钢以其优良的综合性能在LNG工业中的应用呈增长趋势。总的来说，LNG管道用低温金属材料应根据使用条件和市场供应等因素综合选择。

国外目前只在LNG调峰装置和油轮装卸设施上装配了LNG低温管线，还没有长距离应用LNG管线的实例，但已从理论上对长距离LNG管线可行性进行了研究。LNG输送管道材质一般选用9%和15%的镍钢，LNG接收站的低温管道多选用奥氏体不锈钢材料。中国LNG管道所用材料为奥氏体不锈钢，9%镍钢仅在LNG储罐上有所应用。奥氏体不锈钢材料的膨胀系数较大，通常采用金属波纹管、管环式补偿器来补偿低温条件下的冷收缩作用。根据国外对LNG管道材料的研究，同时考虑低温管道的冷脆性和冷收缩问题，9%镍钢有望成为中国LNG管道的主流材料。

3.2.2 管径计算

（1）管径确定原则

① 管径应根据流体的流量、性质、流速及管道允许的压力损失等因素确定。

② 对大直径厚壁合金钢管道管径的确定，应进行建设费用和运行费用方面的经济比较。

③ 对液化石油气、氢气、乙炔等易燃易爆介质的管道流速和管径限制应满足相关规范要求。

④ 除另有规定或采取有效措施外，容易堵塞的液体管道公称直径不宜小于25mm。

（2）管径计算公式

按体积流量计算

$$d=18.8\sqrt{q_v/v} \tag{3-10}$$

按质量流量计算 $d=q/v_\rho$

$$d=594.5\sqrt{q_m/v_\rho} \tag{3-11}$$

按允许的压力降计算

$$d=37.26\sqrt[5]{\frac{\lambda q_v^2\rho}{\Delta R}} \tag{3-12}$$

式中 d——管道内径，mm；

q_v——工作状态下的体积流量，m^3/h；

q_m——工作状态下的质量流量，t/h；

v——工作状态下的流速，m/s；

ρ——工作状态下的密度，kg/m^3；

λ——摩擦阻力系数；

ΔR——允许的单位长度压力降，Pa/m。

气体工作状态下的介质体积流量 q_v 与标准状态下（温度0℃，绝对压力0.1MPa）体积流量 q_0 按式(3-13）换算：

$$q_v=\frac{q_0(273+t)}{2730p} \tag{3-13}$$

式中 q_0——标准状态下介质体积流量，m^3/h；

t——工作状态下的介质温度,℃；

p——工作状态下的介质绝对压力，MPa。

3.2.3 管线保冷设计

3.2.3.1 LNG 管道保冷材料

LNG 管道的保冷层结构一般包括绝热层、防潮层和保护层。常见的保冷材料有三聚酯硬质 PIR 和泡沫玻璃，PIR 是一种新型的有机高分子绝热材料，以聚醚与异氰酸酯为主原料，再加上触媒、防火剂及环保型发泡剂等充分混合、反应、发泡生成的聚合体。泡沫玻璃则是一种性能优越的无机发泡材料，以其永久性、安全性、高可靠性在低热绝缘、防潮工程、吸声等领域占据着重要地位。

三聚酯的主要特性如下。

① 应用温度：−200～120℃；热导率≤0.019W/m·K（在−120℃时效 90 天）。

② 吸水重量百分比：≤0.5%（根据 ASTMC518 测试）。

③ 抗压强度（参照 ASTMD1621 数据）：23℃时，≥200kPa（各个方向）；−165℃时，≥280kPa（各个方向）。

④ 密度：$(42\pm2)kg/m^3$。

泡沫玻璃的主要特性如下。

① 应用温度：−200～400℃；热导率：0.06W/m·K（38℃）。

② 吸水重量百分比：≤0.5%（根据 ASTMC518 测试）。

③ 抗压强度（参照 ASTMD1621 数据）：≥490kPa。

④ 密度：$(125\pm10\%)kg/m^3$。

对于 LNG 工程项目来说，择优选择合适的保冷层材料是十分重要的，保冷材料的最低安全使用温度要低于管道内低温介质的正常操作温度，其防火性能要达到国家安全标准，抗压防渗性能好才能长期稳定地保证保冷效果。

3.2.3.2 管道保冷厚度的计算方法

保冷层厚度计算的准确与否直接影响管道的保冷效果，根据《工业设备及管道绝热工程设计规范》(GB 50264—2013)，保冷厚度的计算方法主要有表面温度法、经济厚度法、热平衡法。在进行保冷厚度的计算时，可针对不同的保冷用途和条件，选择适合的计算方法。

（1）表面温度法

以防止管道外表面凝露为目的的保冷厚度计算应采用表面温度法。表面温度法主要考虑保冷后管道的外表面温度，这种计算法要求保冷层的外表面温度值高于夏季相对湿度最大时的露点温度，防止保冷层外表面出现结露而引起对外放热系数变大。但由于沿海地区常年湿度较大，经表面温度法计算后的保冷厚度可能偏大，而对于气候干燥的西北等地区，计算出来的保冷厚度又可能偏小，导致管道介质冷量损失过大，满足不了正常生产的要求。

表面温度法计算厚度的公式：

$$\frac{D_1}{D_0}\cdot\ln\frac{D_1}{D_0}=2\cdot\lambda\cdot(T_s-T_0)/D_0\cdot A_s\cdot(T_a-T_s) \tag{3-14}$$

式中 D_0——管道外径，m；

D_1——管道保冷层外径，m；

T_0——管道或设备外表面温度，℃；

T_s——保冷层外表面温度，℃；

T_a——环境温度，℃；

A_s——保冷层外表面放热系数，W/(m^2·℃)；

λ——保冷材料在平均温度下的热导率，W/(m^2·℃)。

(2) 经济厚度法

以降低保冷管道的冷量损失，降低能耗为目标的保冷厚度计算应采用经济厚度法。但是，由于该计算方法所涉及各种参数比较多，不同地区的能源价格、工程贷款利率、电价和绝热结构造价这些参数，对保冷厚度的计算影响非常明显。因此，使用该方法计算得出的保冷厚度具有一定的局限性。采用经济厚度法计算的保冷层厚度，应以热平衡法校核其外表面温度，该温度应高于环境的露点温度0.3℃或以上，否则应加厚重新计算直至满足要求。

经济厚度法的计算公式：

$$D_1 \cdot \ln\frac{D_1}{D_0}=3.795\times 10^{-3}\cdot\sqrt{\frac{P_e\lambda\cdot t\cdot |T_0-T_a|}{P_t\cdot s}} \tag{3-15}$$

式中 P_e——能量价格，元/10^{6}kJ；

P_t——保冷结构单元价格，元/m^3；

s——绝热工程投资年推销率，%。

(3) 热平衡法

热平衡法以限定冷量损失为前提，在LNG管道长距离的输送过程中，外界热量的传入会使管道内的液态介质升温气化，所以需要根据管线的长度和工艺要求的最大允许冷量损失来计算保冷层厚度，计算得出的厚度需保障管道内介质的正常操作温度。

热平衡法计算厚度的公式：

$$\left(\frac{D_1}{2\lambda}\ln\frac{D_1}{D_0}+\frac{1}{A_s}\right)Q=T_0-T_a$$

式中 Q——每平方米保冷层外表面积的冷损失量，W/m^2。

3.2.4 管线伸缩量计算

3.2.4.1 概述

热力管道设计时必须重视热胀冷缩的问题。为使管道在热状态下稳定和安全，减少管道热胀冷缩时所产生的应力，管道受热时的热伸长量应考虑补偿。

(1) 管道热补偿方法

① 利用管道自身弯曲的自然补偿。

② 采用补偿器（GB/T 12777—2019等标准称为“膨胀节”，而实际工程中和现有手册、图集中大多数称为“补偿器”，本书为方便工程技术人员使用，采用“补偿器”这一名词）。

(2) 目前常用的热补偿器

常用的热补偿器有：方（矩）形补偿器、波纹（波形）补偿器、旋转式补偿器、套管式补偿器、球形补偿器、波纹套筒复合式补偿器。

（3）管道热补偿设计原则

① 应从管道布置上考虑自然补偿。

② 应考虑管道的冷紧。

③ 在上述两条件未能满足管道热补偿要求时，必须采用补偿器。

④ 在选择补偿器时，应因地制宜选择合适的补偿器。

⑤ 补偿器的位置应使管道布置美观、协调。

3.2.4.2 管道热伸长量计算

管道热伸长量按式(3-16) 计算。

$$\Delta L = L\alpha(t_2 - t_1) \tag{3-16}$$

式中 ΔL——管道热伸长量，m；

L——计算管长，m；

α——管道的平均线膨胀系数，$\times 10^{-6}$/℃，见附录 C；

t_2——管道内介质温度,℃；

t_1——管道设计安装温度,℃，可取用 20℃。

常用管材的弹性模量如表 3-2 所示。

表 3-2 常用管材的弹性模量

钢号		Q235	Q345	10	20,20G	15CrMoG	12Cr1MoVG	06Cr19Ni10
标准号		GB/T 3091—2015	GB 8163—2018	GB 3087—2022	GB 3087—2022、GB 5310—2023	GB 5310—2023	GB 5310—2023	GB 14976—2012
设计温度/℃	20	206	206	198	198	206	208	195
	100	200	200	191	183	199	205	191
	200	192	189	181	175	190	201	184
	250	188	185	176	171	187	197	181
	260	187	184	175	170	186	196	—
	280	186	183	173	168	183	194	—
	300	184	181	171	166	181	192	177
	320	—	179	168	165	179	190	—
	340	—	177	166	163	177	188	—
	350	—	176	164	162	176	187	173
	360	—	175	163	161	175	186	—
	380	—	173	160	159	173	183	—
	400	—	171	157	158	172	181	169
	410	—	—	156	155	171	180	—
	420	—	—	155	153	170	178	—
	430	—	—	155	151	169	177	—
	440	—	—	154	148	168	175	—
	450	—	—	153	146	167	174	164
	460	—	—	—	144	166	172	—
	470	—	—	—	141	165	170	—
	480	—	—	—	129	164	168	—
	490	—	—	—	—	164	166	—
	500	—	—	—	—	163	165	160

3.2.5 管线强度校核

随着常压低温储运技术在国内逐渐发展成熟，天然气、乙烯和丙烯等液化烃的水运方式在原有压力液化或高压增容方式运输方式之外，越来越多的石化码头采取常压低温方式直接装卸常压低温 LNG、液化乙烯和液化丙烯等化工原料。

3.2.5.1 对管道的一般规定

① 管道柔性设计应防止的情况：

a. 管道的应力过大或疲劳引起管道破坏。

b. 管道连接处产生泄漏。

c. 管道作用在设备上的荷载过大，影响设备正常运行。

d. 管道作用在支吊架上的荷载过大，引起支吊架破坏。

e. 管道位移量过大，引起管道自身或其他管道的非正常运行或破坏。

f. 机械振动、声学振动、流体锤、压力脉动、安全阀泄放等动荷载造成的管道振动及破坏。

② 管道与设备相连时，应计入管道端点处的附加位移。

③ 管道布置中不应采用填函式补偿器。当空间受限制时，可采用金属波纹补偿器。

④ 连接转动设备的管道不应采用冷紧。

⑤ 管道应力分析应包括管道断面的底部和顶部之间存在的温度梯度因素。

⑥ 往复压缩机或往复泵的进出口管道除应进行静力分析外，还应进行流体压力脉动分析。

⑦ 跨海栈桥上管道的应力分析应包括栈桥摆动产生的水平位移因素。

⑧ 管道应力评定应符合现行国家标准《压力管道规范　工业管道　第3部分：设计和计算》GB/T 20801.3—2020 的相关规定。

3.2.5.2 应力分析的范围和方法

① 符合下列条件之一的管道，应进行详细应力分析：

a. 与有特殊荷载要求的设备管口相连的管道。

b. 预期寿命内冷循环次数超过7000次的管道。

c. 设计温度≤−70℃的管道。

② 当符合下列条件之一时，管道系统可免除应力分析：

a. 与运行良好的管道系统相比，基本相同或相当的管道系统。

b. 与已通过应力分析的管道系统相比，确认有足够强度和柔性的管道系统。

3.2.5.3 应力分析条件的确定

① 管道计算压力应取管道的设计压力。

② 管道计算温度应根据工艺条件确定，还应符合下列规定：

a. 与转动设备相连且进行管口荷载评定的管道应选取操作温度。

b. 流体静止状态的管道宜选取操作温度的 50%。

c. 安全阀泄放管道应选取泄放时可能出现的最高或最低温度。

d. 设计及管道运行时可能出现的短时极端温度因素。

③ 环境温度宜选取项目所在地年最热月的平均最高气温。

3.2.5.4 管道的应力分析

(1)应力分类

在应力分析领域，工程师为便于分析，人为将应力分为一次应力、二次应力、峰值应力。在计算前假定了一定的边界条件，计算出的应力按照一定的判别条件进行分析和判断。计算出的应力不是管道实际承受的应力，与实际工程中在管道上用应变仪测量出来的应力无任何关系。

1）一次应力

一次应力是由机械外荷载引起的正应力和剪应力，它必须满足外部和内部的力和力矩的平衡法则。其特征是：一次应力是非自限性，它始终随所加荷载的增加而增加，超过材料的屈服极限或持久强度时，将使管道发生塑性破坏或总体变形，因此在管系的应力分析中，首先应使一次应力满足许用应力值。

2）二次应力

二次应力是由于变形受到约束所产生的正应力或剪应力，它本身不直接与外力平衡。其特征是：

① 管道内二次应力通常是由位移荷载引起的（如热膨胀、附加位移、安装误差、振动荷载)。

② 二次应力是自限性的，当局部屈服和产生少量塑性变形时，通过变形协调就能使应力降低。

③ 二次应力是周期性的（不包括安装引起的二次应力)。

④ 二次应力的许用极限基于周期性和疲劳断裂模式，不取决于一个时期的应力水平，而是取决于交变的应力范围和交变的循环次数。

3）峰值应力

峰值应力是局部应力集中或局部结构不连续或局部热应力等所引起的较大的应力。

(2)应力计算的结果判别依据

《压力管道规范》简介如下。

① ASMEB31.1《动力管道》：主要为发电站、工业设备和公共机构的电厂、地热系统以及集中和分区的供热和供冷系统中的管道。

② ASMEB31.3《工艺流程管道》：主要为炼油、化工、制药、纺织、造纸、半导体、制冷工厂以及相关的工艺流程装置和终端设备中的管道。

③ ASMEB31.8《燃气输配管道》：主要为燃气长输管道。

(3) LNG 应力计算判据

应力计算时，LNG 管道一般遵循 ASMEB31.3《工艺流程管道》。

ASMEB31.3 规定的一次应力表达式为

$$\sigma_1=\frac{F_{\mathrm{ax}}}{A_{\mathrm{m}}}+\frac{\sqrt{(i_iM_i)^2+(i_0M_0)^2}}{Z}+\frac{pD_0}{4\delta} \tag{3-17}$$

要求工程师计算出的 σ_1 不超过 σ_h，即：

$$\sigma_1 \leqslant \sigma_h \tag{3-18}$$

式中 σ_1——一次应力，MPa；

F_{ax}——由于持续荷载产生的轴向力，N；

A_m——管壁横截面积，mm^2；

i_i——平面内应力增强系数；

M_i——由于持续荷载产生的平面内弯矩，N·mm；

i_0——平面外应力增强系数；

M_0——由于持续荷载产生的平面外弯矩，N·mm；

Z——抗弯截面模量，mm^3；

p——管道设计压力，MPa；

D_0——管子外径，mm；

δ——管子壁厚，mm；

σ_h——材料在设计温度下的许用应力，MPa。

ASMEB31.3 规定的二次应力表达式为

$$\sigma_2 = \frac{\sqrt{(i_i M_{i,t})^2 + (i_0 M_{0,t})^2 + 4M_t^2}}{Z} \tag{3-19}$$

$$\sigma_A = f(1.25\sigma_c + 0.25\sigma_b) \tag{3-20}$$

要求工程师计算出的 σ_2 不超过 σ_A，即：

$$\sigma_2 \leqslant \sigma_A \tag{3-21}$$

当材料在设计温度下的许用应力 σ_h 大于一次应力 σ_1 时，其差值可用于二次应力。则：

$$\sigma_A = f(1.25\sigma_c + 0.25\sigma_h - \sigma_1) \tag{3-22}$$

式中 σ_2——二次应力，MPa；

$M_{i,t}$——由于温度（二次）荷载引起平面内的弯矩，N·mm；

$M_{0,t}$——由于温度（二次）荷载引起平面外的弯矩，N·mm；

M_t——由于温度（二次）荷载引起的扭转力矩，N·mm；

σ_A——许用的应力范围，MPa；

f——应力减小系数；

σ_c——在环境温度下材料的基本许用应力，MPa。

对于峰值应力，ASMEB31.3 没有明确给出计算公式，在简单状态下，由于持续和偶然荷载引起的轴向应力的总和不应超过 σ_c 的 1.33 倍。

（4）应力分析的内容

1）正确建立模型

建立模型就是将所分析管系的力学模型按一定形式离散化。一般将复杂管道系统用固定点将管系划分成几个形状较为简单的管段，如L形管段、U形管段、Z形管段等以便进行分析计算。模型的准确是作好应力分析的前提条件。

2）准确地描述边界条件

管系应根据管道实际走向和管道柔性的要求，合理地设置平面和空间的弯头及选择三通处的补强方案。根据管道刚度、强度的要求设置支吊架等约束，应力计算时应根据计算结果随时调整支架位置及型式。

3）正确地分析计算结果

对计算出的一次应力、二次应力等进行判别。一次应力、二次应力值应小于规定值；管道对设备管口的推力和力矩应在允许的范围内；管道的最大位移量应能满足管道布置的要求。

3.2.5.5 管道的强度计算

动力管道强度计算的任务，主要是管壁厚度计算。

（1）管道理论壁厚计算

对于$\frac{D}{D_i}\leqslant 1.7$（或直管计算壁厚小于管子外径 D 的 1/6 时，D_i 为管道内径），承受内压的直管道理论计算壁厚应按式(3-23) 计算。

$$t_s=\frac{pD}{2([\sigma]^t E_j+pY)} \tag{3-23}$$

式中 t_s——直管计算壁厚，mm；

p——设计压力，MPa；

D——管道外径，mm；

E_j——焊接接头系数，无缝钢管，$E_j=1.00$；焊接钢管，见表 3-3；

$[\sigma]^t$——在设计温度下钢管材料的许用应力，MPa，见附录 D、E；

Y——系数。

对于铁素体钢管：$t\leqslant 482$℃，$Y=0.4$；$t=510$℃，$Y=0.5$；$t>538$℃，$Y=0.7$。

对于奥氏体钢管：$t\leqslant 566$℃，$Y=0.4$；$t=593$℃，$Y=0.5$；$t>621$℃，$Y=0.7$。

对于其他韧性金属 $Y=0.4$，对于铸铁材料 $Y=0$。

（2）管道设计壁厚和名义壁厚

管道设计壁厚按式(3-24) 计算

$$t_{sd}=t_s+C \tag{3-24}$$

式中 t_{sd}——直管设计壁厚，mm；

t_s——直管计算壁厚，mm；

C——管道壁厚附加量，mm，按式(3-25) 计算。

$$C=C_1+C_2 \tag{3-25}$$

式中 C_1——管道壁厚负偏差，包括加工、开槽和螺纹深度及材料厚度负偏差，mm；

C_2——腐蚀或磨蚀裕量，mm。

管道名义壁厚 t_n（取用壁厚）应不小于管道的设计壁厚 t_{sd}。

（3）管道壁厚负偏差 C_1 及腐蚀裕量 C_2

1）管道壁厚负偏差 C_1 的确定

① 对于无缝钢管按式(3-26) 计算。

$$C_1=A_1 t_s \tag{3-26}$$

式中 A_1——管道壁厚负偏差系数，根据管道壁厚允许偏差按表 3-4 取用；

t_s——管道计算壁厚，mm。

根据 GB/T 8163—2018 标准规定，无缝钢管厚允许差与外径（*D*）和厚（*S*）相关，见表 3-5 和表 3-6。

② 根据 GB/T 3091—2015 标准规定，低压流输送用焊接钢管壁厚允许偏差为±10%公称壁厚（*t*）。

③对于纵缝、螺旋缝焊接钢管。当焊接钢管产品技术条件中已提供壁厚允许负偏差百分数值时，则按计算无缝钢管壁厚负偏差的方法确定。

当焊接钢管产品技术条件中未提供壁厚允许负偏差百分数值时，壁厚负偏差一般按下列数据取用：

壁厚为 5.5mm 及以下时，$C_1=0.5$mm；

壁厚为 6～7mm 时，$C_1=0.6$mm；

壁厚为 8～25mm 时，$C_1=0.8$mm。

④ 在任何情况下，计算采用的管道壁厚负偏差不得小于 0.5mm。

2）管道壁厚腐蚀裕量 C_2 的确定

对于一般汽水管道，$C_2=0$。如果估计到管道在使用中磨损或腐蚀速度小于 0.05mm/年时，则 C_2 应为设计寿命内的总腐蚀量，一般情况下，单面腐蚀 C_2 可取 1～1.5mm，双面腐蚀 C_2 可取 2～2.5mm。对煤气、氧气、天然气和腐蚀严重的凝结水等动力管道，还可适当增加壁厚。

表 3-3　焊接接头系数 E_j

<table>
<tr><th colspan="2">焊接方法及检测要求</th><th>单面对接焊</th><th>双面对接焊</th></tr>
<tr><td rowspan="3">电熔焊</td><td>100%无损检测</td><td>0.90</td><td>1.00</td></tr>
<tr><td>局部无损检测</td><td>0.80</td><td>0.85</td></tr>
<tr><td>不做无损检测</td><td>0.60</td><td>0.70</td></tr>
<tr><td colspan="2" rowspan="2">电阻焊</td><td colspan="2">0.65(不做无损检测)</td></tr>
<tr><td colspan="2">0.85(100%涡流检测)</td></tr>
<tr><td colspan="2">加热炉焊</td><td colspan="2">0.60</td></tr>
<tr><td colspan="2">螺纹缝自动焊</td><td colspan="2">0.80～0.85(无损检测)</td></tr>
</table>

注：①无损检测指采用射线或超声波检测；

②有色金属管道熔化极氩弧焊 100%无损检测时，单方面对接接头系数为 0.85，双面对接接头系数为 0.90。

表 3-4　管道壁厚负偏差系数

管道壁厚允许偏差/%	A_1	管道壁厚允许偏差/%	A_1
0	0.05	−10	0.167
−5	0.105	−11	0.180
−8	0.141	−12.5	0.200
−9	0.154	−15	0.235

表 3-5　热轧（扩）钢管壁厚允许偏差

<table>
<tr><th>钢管种类</th><th>钢管公称外径/mm</th><th>S/D</th><th>允许偏差/mm</th></tr>
<tr><td rowspan="4">热轧钢管</td><td>≤102</td><td>—</td><td>±12.5%S 或±0.40,取其中较大者</td></tr>
<tr><td rowspan="3">>102</td><td>≤0.05</td><td>±15%S 或±0.40,取其中较大者</td></tr>
<tr><td>0.05～0.10</td><td>±12.5%S 或±0.40,取其中较大者</td></tr>
<tr><td>>0.10</td><td>+(12.5%S～10%S)</td></tr>
<tr><td rowspan="2">热扩钢管</td><td colspan="2" rowspan="2">—</td><td>+17%S</td></tr>
<tr><td>−12.5%S</td></tr>
</table>

表 3-6　冷拔（轧）钢管壁厚允许偏差

钢管种类	钢管公称壁厚 S/mm	允许偏差/mm
冷拔(轧)	≤3	+12.5%S，−10%S 或±0.15，取其中较大者
	3～10	+(12.5%S～10%S)
	>10	±10%S

3.2.6　管线附件

气化站内 LNG 管道系统主要设备有主要以吊臂为主的装卸设备、LNG 泵、LNG 气化设备、储存设备、热值调节设备、冷管鞋、煮沸气体处理设备、除臭设备、管道等。

3.2.6.1　冷管鞋

冷管鞋作为 LNG 项目中工艺管线系统的一个关键附件，其安装质量关系到 LNG 管线的稳定性及保冷效果，是施工过程中的一个关键点。

管鞋也称管托，起到支撑管道的作用，是管支架的一种形式。由于 LNG 的超低温特性（−162℃），工艺管线系统中的管鞋还必须具有保冷作用，以减少或控制管线内低温介质的冷量传导到钢结构支撑部位，这种具备保冷作用的管鞋称为冷管鞋，在 LNG 工艺管线系统中得到广泛应用。若冷管鞋安装不当导致保冷结构失效，管道内介质的冷流会沿管鞋传导至钢结构，造成支架钢结构低温冷脆，严重时将导致钢结构发生低温脆性断裂，使整个管线系统失稳，影响管道的安全运行。

根据 GB/T 4132，不同的冷管鞋除保温层材质不同外，其结构形式基本一致，主要由两大部分组成：起支撑固定作用的金属底座、管卡以及控制冷量传导的保冷部分。其中保冷部分作为冷管鞋的核心部件，主要由保冷层、防潮层、保护层组成。冷管鞋的基本结构见图 3-22，因此，冷管鞋的隔冷绝热性能主要取决于保温层的材质。目前低温管道保冷常用的是

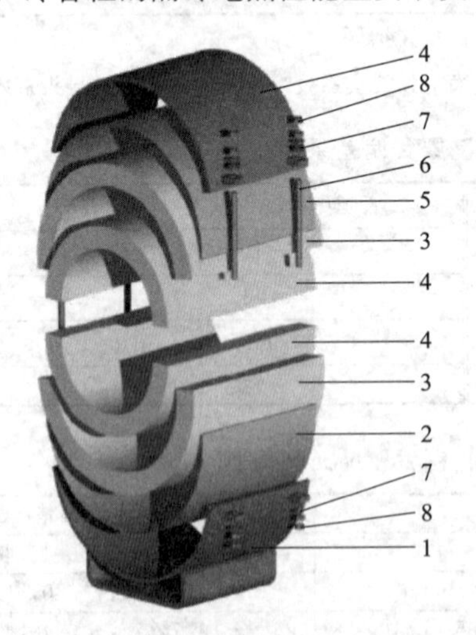

1—金属管卡及底座；2—不锈钢保护层；3—保冷层；4—内保冷层；
5—金属管卡；6—螺栓；7—蝶形弹簧组；8—六角头螺母

图 3-22　冷管鞋基本结构

多孔（泡沫）型堆积绝热材料，可分为有机材料和无机材料，但其基本结构都是一致的。

通常情况下，冷管鞋到货时为组装好的整体，现场安装时需要从中间分解为上下两部分，然后安装到管道相应位置处并用螺栓紧固。

除了上述主要组成部分，冷管鞋在现场安装过程中，还要用一些辅助材料来保证管鞋保冷层的保冷效果，如弹性缝隙填料（玻璃纤维毯）、防潮胶带、密封胶等。

不同的 LNG 项目中冷管鞋的主要区别是保冷层材料的选用不同，有机材料有硬质聚氨酯泡沫塑料、聚异氰脲酸酯泡沫塑料、酚醛泡沫塑料、弹性泡沫材料、聚乙烯泡沫材料等；无机材料有玻璃棉、陶瓷棉、泡沫玻璃、硅酸钙、膨胀珍珠岩等。保冷材料的选择需要根据项目所在地的环境温度、材料的导热系数、承载力等通过工艺计算综合考虑确定。

另外，由于 LNG 低温管道不同工况下温度变化范围大，管线有收缩运动的要求，当管线发生位移时，为减少冷管鞋处的摩擦力，冷管鞋通常和滑板配套使用，如图 3-23 所示。滑板分为上下两部分，上部为抛光的不锈钢板，要求具有较低的摩擦系数；下部为嵌有 PT-FE 板的碳钢底座。滑板的上部不锈钢板需要焊接到冷管鞋底板上，滑板下部则安装在承载的钢结构上。

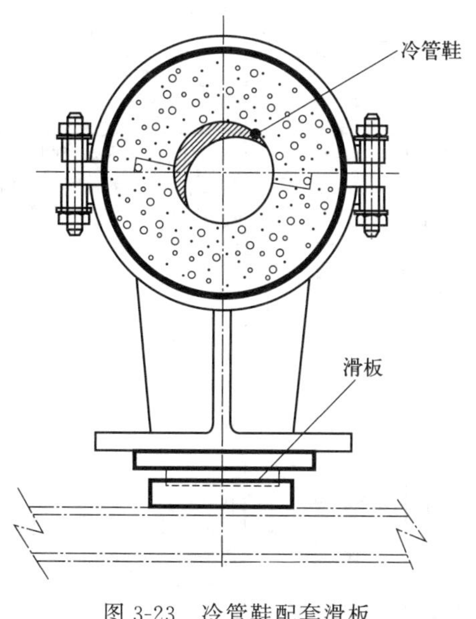

图 3-23 冷管鞋配套滑板

3.2.6.2 法兰连接

标准法兰的选用和管材的选用一样，应根据介质种类、公称压力、介质温度等因素，确定法兰的类型、标准号、材质以及法兰垫片的材料。

（1）钢制法兰结构形式的选用

① 平焊法兰多用于介质条件比较缓和的情况，如低压非净化压缩空气管道、低压蒸汽及热管道等。

② 对焊法兰焊接接头质量比较好，因此剧烈循环条件下的管道及预计有频繁的大幅度温度循环条件下的管道，应采用对焊法兰，不应采用平焊法兰。

③ 螺纹法兰不必焊接，多用于不易焊接或不能焊接的场合。

④ 承插焊法兰一般用于PN≤10MPa、DN≤40mm的管道上。有频繁大幅度温度循环条件时，承插焊法兰和螺纹法兰不宜用于温度高于−260℃及低于−45℃的情况。

⑤ 松套法兰常用于介质温度和压力都不高，但介质腐蚀性较强的情况。

⑥ 法兰盖用于管道端部，或与设备上不需连接管道的法兰配合作封盖用。其工作压力及密封面形式应与管道法兰一致。

（2）法兰密封面形式的选用

① 全平面密封面常与平焊法兰配合，用于压力较低、操作条件比较缓和的工况。

② 凸面密封面是应用较广的密封面形式，常与对焊法兰及承插焊法兰配合使用。

③ 凹凸面密封面、榫槽面密封面常与对焊法兰及插焊法兰配合使用。密封好但不便于垫片的更换。

④ 环连接密封面常与对焊法兰配合使用，主要用于高温、高压或者两者均较高的工况。

（3）常用钢制法兰和法兰盖简介

常用钢制法兰标准、公称压力、公称直径、法兰结构形式见表3-7。

表3-7　常用钢制法兰标准、公称压力、公称直径、法兰结构形式

<table>
<tr><th>标准</th><th>公称压力/MPa</th><th>公称直径/mm</th><th colspan="2">结构形式</th><th>密封面形式</th></tr>
<tr><td>GB/T 13402—2019《大直径钢制管法兰》</td><td>2.0,5.0,6.3,15.0</td><td>650～1500</td><td colspan="2">对焊、整体</td><td>凸面、环连接面</td></tr>
<tr><td>JB/T 74—2015《钢制管路法兰技术条件》</td><td>0.25,0.6,1.0,1.6,2.5,4.0,6.3,10.0,16.0,25.0</td><td>15～1600</td><td colspan="2">整体、板式平焊、对焊、平焊环板式松套、对焊环板式松套、翻边环板式松套、法兰盖</td><td>凸面、凹凸面、榫槽面、环连接面</td></tr>
<tr><td>HG/T 20592—2009《钢制管法兰(PN系列)》、HG/T 20614—2009《钢制管法兰、垫片、紧固件选配规定(PN系列)》</td><td>2.5,6,10,16,25,40,63,100,160</td><td>10～2000</td><td colspan="2">板式平焊、带颈平焊、带颈对焊、整体、承插焊、螺纹、对焊环松套、平焊环松套、法兰盖、衬里法兰盖</td><td>全平面、凸面、凹面、榫槽面、环连接面</td></tr>
<tr><td>HG/T 20615—2009《钢制管法兰(Class系列)》、HG/T 20635—2009《钢制管法兰、垫片、紧固件选配规定(Class系列)》</td><td>Class系列150(20),300(50),600(110),900(150),1500(260),2500(420)</td><td>15～600</td><td colspan="2">带颈平焊、带颈对焊、整体、承插焊、螺纹、对焊环松套、长高颈、法兰盖</td><td>全平面、凸面、凹凸面、榫槽曲、环连接面</td></tr>
<tr><td rowspan="2">SH/T 3406—2022《石油化工钢制管法兰技术规范》</td><td rowspan="2">11,20,50,68,110,150,250,420</td><td rowspan="2">15～1500</td><td>DN≤W600mm</td><td>对焊、平焊、乘插焊、螺纹、松套</td><td>全半面、凸面、凹凸面、榫槽面、环槽面</td></tr>
<tr><td>DN≥M600mm</td><td>对焊、法兰盖</td><td>凸面、环槽面</td></tr>
</table>

此外还有化工行业欧洲体系标准HG/T 20592～20635—2009《钢制管法兰、垫片、紧固件》等。

3.2.6.3 常用垫片的选用

（1）常用整片的分类及适用范围

① 非金属垫片。非金属垫片包括石棉橡胶板垫片、聚四氟乙烯包覆垫片等。垫片形式

多为平垫，使用压力一般不高于2.5MPa。石棉橡胶板垫片应用范围较广，在D类及大多数C类管道中均可使用。聚四氟乙烯包覆垫片可用于耐腐蚀、防黏结及要求清洁度高的管道。

② 半金属垫片。半金属垫片通常由非金属和金属两种材料缠绕或包覆而成。缠绕式垫片能在高温低温、冲击、振动及交变负荷下保持良好的密封性能，因此可用于剧毒、可燃介质或温度高、温差大、受机械振动、受压力脉动的管道。最高工作压力可达25.0MPa，工作温度可达600℃。

③ 金属垫片。金属垫片用金属或合金材料经机械加工而成，例如软铁、合金钢、铜、铝等，一般用于高压管道。材料应根据介质的腐蚀性及温度选定。

（2）常用垫片的选用

① 选用的垫片应使所需的密封负荷与法兰的实际压力、密封面、法兰强度及螺栓连接相适应，垫片的材料应适应流体性质及工作条件。选用金属垫片时，垫片硬度应比法兰密封面硬度低30HB以上。

② 用于平面法兰的垫片，应为平面非金属垫片。

③ 缠绕式垫片用在凹凸面法兰时宜带内环；用在凸面法兰时宜带外定位环；用在榫槽面法兰时宜采用基本型；用在PN≥15MPa的凸面法兰时宜带内外环。

④ 用于不锈钢法兰的非金属垫片，其氯离子的含量不得超过5×10^{-5}。

⑤ 氧气管道法兰用的垫片，当工作压力不大于0.6MPa时，宜采用聚四氟乙烯、柔性石墨复合垫片；当工作压力处于0.6～3MPa时，宜采用缠绕式垫片、聚四氟乙烯或柔性石墨复合垫片；当工作压力处于3.0～10MPa时，宜采用缠绕式垫片、退火软化铜垫片或镍及镍合金垫片；当工作压力大于10MPa时，宜采用退火软化铜垫片、镍及镍合金垫片。

⑥ 氢气管道法兰，当工作压力小于2.5MPa时，法兰密封面形式宜采用凸面式，垫片宜采用聚四氟乙烯板垫片；当工作压力处于2.5～10.0MPa时，法兰密封面宜采用凹凸式或榫槽式，垫片宜采用金属缠绕式垫片；当工作压力大于10MPa时，法兰密封面宜采用凹凸式或梯形槽式，宜采用退火紫铜板、二号硬钢纸板。

⑦ 高纯气体管道与阀门连接的密封材料，按生产工艺和气体特性的要求，宜采用金属垫或双卡套。螺纹和法兰连接处的密封材料应采用聚四氟乙烯。

（3）常用管道法兰用垫片标准

① 国家标准：

GB/T 9126.1—2023《管法兰用非金属平垫片　第1部分：PN系列》。

GB/T 9126.2—2023《管法兰用非金属平垫片　第2部分：Class系列》。

GB/T 13403—2023《大直径钢制管法兰用垫片》。

GB/T 13404—2008《管法兰用非金属聚四氟乙烯包覆垫片》。

GB/T 4622.1—2022《管法兰用缠绕式垫片　第1部分：PN系列》。

GB/T 4622.2—2022《管法兰用缠绕式垫片　第2部分：Class系列》。

GB/T 15601—2013《管法兰用金属包覆垫片》。

② 机械行业标准：

JB/T 87—2015《管路法兰用非金属平垫片》。

JB/T 89—2015《管路法兰用金属环垫》。

JB/T 90—2015《管路法兰用缠绕式垫片》。

③ 石油化工行业标准：

SH/T 3401—2013《石油化工钢制管法兰用非金属平垫片》。

SH/T 3402—2013《石油化工钢制管法兰用聚四氟乙烯包覆垫片》。

SH/T 3403—2013《石油化工钢制管法兰用金属环垫》。

SH/T 3407—2013《石油化工钢制管法兰用缠绕式垫片》。

④ 化工行业标准：

HG/T 20606—2009《钢制管法兰用非金属平垫片（PN 系列）》。

HG/T 20607—2009《钢制管法兰用聚四氟乙烯包覆垫片（PN 系列）》。

HG/T 20608—2009《钢制管法兰用柔性石墨复合垫片（PN 系列）》。

HG/T 20609—2009《钢制管法兰用金属包覆垫片（PN 系列）》。

HG/T 20610—2009《钢制管法兰用缠绕式垫片（PN 系列）》。

HG/T 20611—2009《钢制管法兰用具有覆盖层的齿形组合垫（PN 系列）》。

HG/T 20612—2009《钢制管法兰用金属环形垫（PN 系列）》。

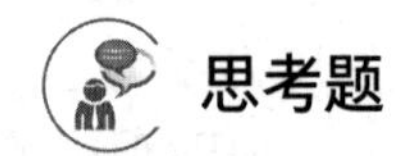

思考题

1. 简述高真空多层隔热相比于其他几种隔热方式的优势。
2. 简述 LNG 槽车的两种输液方式及其优缺点。
3. 简述补偿低温液体输送冷收缩的几种方法。
4. 简述真空夹套型隔热结构的优缺点。
5. 简述几种货物围护系统及其结构组成。
6. LNG 管道的材料选择和技术应用方面有哪些考虑因素？
7. 简述管道管径的计算原则。
8. 常见的用于 LNG 管道的保冷材料有哪些类型？它们的特点和适用范围是什么？
9. 管道受热时的热伸长量应考虑补偿，简述其补偿原则。
10. 简述动力管道强度计算的任务及计算方法。

第4章 LNG接收终端

LNG接收站即LNG接收终端，是指接卸并储存LNG然后往外输送天然气到用户的装置。其功能是对LNG运输船舶从海外运输来的LNG进行接卸、储存、加压和气化，并通过长输管道外输至管网或天然气用户。LNG接收站也可建适合槽车外运和小型LNG驳船外运的设施。

4.1 LNG接收站站址选择

LNG接收站的站址选择是一项政策性和技术性很强的工作。站址的正确选择，对于工程投资、建设进度、生产成本、经营管理、经济效益等起着重要作用，还对企业的生存发展以及站址所在区域规划和区域可持续性发展战略有深远的影响。站址选择的政策性体现在接收站的比选既要贯彻国家和地方的能源政策，又要符合当地的总体规划工业布局。它的技术性体现在LNG项目是一个宏大的系统工程，涉及LNG的购运、码头装卸、接收站存储和气化外输等。接收站工程是这个系统工程的主体部分，接收站站址选择工作意义重大，应结合备选站址的地理位置、自然条件、建设场地条件、外部建设条件、港口工程建设条件、天然气用户条件、对周边环境及安全的影响及工程综合投资等诸多因素，经过综合分析、多方案比较论证，选出投资省、建设快、运营费低，具有最佳经济效益、环境效益和社会效益的站址。

4.1.1 站址选择要求

（1）站址选择原则

① 应符合当地的国民经济发展和沿海经济发展的总体要求。

② 应与全国港口布局发展规划相协调。

③ 应该与当地城市总体规划相协调。

④ 应综合考虑港址选择、天然气用户布局、输气干线走向等因素，经过多方案比选确定。

⑤ 应远离大型危险设施、大型机场、重要军事区、重点文物保护区、运载危险品的运输线路。

⑥ 应位于地质条件良好地区，避开地质构造复杂的地区，充分考虑山洪及泥石流对站址的威胁，不应该位于窝风地带，应避开对抗震不利的地点。

⑦ 宜选在交通方便、有利于人员疏散的区域。LNG 站场应设置全天候的疏散设施，基荷型 LNG 接收站应设置消防车进入和人员安全疏散的通道，以保证在紧急情况下人员通过道路、铁路、隧道、桥梁、海运或空运等设施进行安全疏散。

⑧ 宜选在有施工作业场地、易于建设临时设施、易于在施工期内阻挡洪水和砌筑堡坎、易于“三通一平”（水通、电通、路通和场地平整）的区域。

（2）所依托环境条件

1）LNG 用户的用气量及位置

LNG 接收站的最终目的是向骨干用户输气，其用户的用气量及当地的 LNG 管网规划及走向决定了 LNG 接收站站址的合理位置。站址应地理位置适中、离 LNG 主要用户较近、符合当地城市总体规划的要求，应与当地 LNG 管网有较好的衔接。

2）LNG 接收站陆域形成条件

接收站站址的选择应结合陆域形成设计方案及施工方案确定。应满足接收站的陆域面积、高程等布置要求，并适当留有发展余地。陆域形成平面布置应符合当地城市总体规划的要求，应保持周边原有道路系统的畅通。陆域形成的平面布置应充分考虑协调周边单位的各项关系，陆域形成方案的可实施性是确定接收站站址的重要依据。

3）LNG 接收站周边的安全防护

接收站站址应考虑与周围工矿企业、居住区的防护距离，特别是与下列场所、区域的距离必须符合国家标准或国家相关规定、必须满足现行的安全、卫生、环保各项有关规定：

① 居民区、商业中心、公园等人口稠密区域；

② 学校、医院、影剧院、体育场（馆）等公共设施；

③ 饮用水水源、水厂及水源保护地；

④ 车站，码头（按照国家规定，经批准，专门从事危险化学品装卸作业的除外），机场，公路、铁路、水路交通干线，地铁风亭及出入口；

⑤ 基本农田保护区、畜牧区、渔业水域和种子、种畜、水产苗种生产基地；

⑥ 河流、湖泊、风景名胜区和自然保护区；

⑦ 军事禁区、军事管理区；

⑧ 工程建设标准强制性条文规定的，城市规划的居住区、文教区、水源保护区、名胜古迹、温泉、疗养区和自然保护区等区域；

⑨ 对飞机起降、电台通信、电视转播、雷达导航和天文、气象地震观测及重要军事设施等规定的影响范围内；

⑩ 不能确保安全的水库，在堤坝决溃后可能淹没的地区；

⑪ 易受洪水危害或防洪工程量很大，尚难保库区安全的地区；

⑫ 在爆破危险区范围内；

⑬ 大型尾矿库及废料场下方；

⑭ 有严重放射性物质污染影响的地区；

⑮ 全年静风频率超过 60％的地区；

⑯ 法律、行政法规规定予以保护的其他区域。

（3）现场自然条件

接收站站址选定的影响因素主要有自然因素、经济因素、社会因素、交通及经济地理位置。其中自然因素是保证站址安全生产、生活的必要条件，为站址选择中方案比较提供了依据，为方案的技术经济比较提供了必要的基础数据。自然条件主要包括气象条件、航道港口条件、地形地貌、工程地质情况、水文地质概况、地震地质等。

接收站现场的地形、地貌情况决定了站场防洪排涝措施，工程地质、地震地质影响了接收站的稳定、安全。

1）防洪排涝

接收站应根据站址所处地区、城市等级及接收站的建设规模符合《防洪标准》（GB 50201—2014）的规定，以免被暴雨洪水、融雪洪水、雨雪混合洪水和海岸、河口地区潮水淹没。

2）工程地质良好稳定

良好的工程地质、水文地质是站址选择的最基本要素之一，不仅直接影响站址的稳定安全，而且对项目的建设进度、投资也有重大影响，特别是工程地质条件复杂的地区。不应在下列地段和地区选择站址：

① 地震断层及地震基本烈度高于 9 度的地震区；

② 工程地质严重不良地区；

③ 有开采价值的矿藏区及采矿陷落（错动）区界限内。

站址的选定应根据工程地质评价报告经比选确定。工程地质良好的站址应具有站址稳定，无不良地质现象，基土的性质正常、均匀，可采用天然地基，地下水最高水位低于基础埋置深度，场地较为平整，土石方量较小等特点。

（4）周边配套设施

接收站周边配套设施的完善程度是保证接收站安全生产和生活的重要条件。接收站的建站条件除符合防洪标准、工程地质、水文地质条件良好，气象条件适宜外，还应具有交通运输条件便利，有充足、可靠、符合生产和生活要求的水源和电源，且能满足接收站可持续发展的需要。应选在城市或居住区的下风向，并应符合相关规范的防护要求，社会协作和依托条件好，便于职工的生活。

1）运输条件便捷

接收站的站址应具有方便、经济的运输条件，生产所必须的原料及产品应采用最适宜的运输方式运入、运出。

海运——港口及腹地应满足船舶航行的航道要求，应有足够的锚地，且符合岸线资源地的规划要求。

水运——应深入调查研究，河床应稳定，水深能满足重件的运输要求，且陆域条件能满足装卸的场地要求。

公路——尽可能靠近现有公路干线。

铁路——铁路引线在铁道部门制定的规范内尽可能简捷，尽量减少交叉。

2）供电安全

接收站站址的确定必须有可靠的电源。应调查落实电厂及区域变电所的位置及分布情况，收集与接收站的距离、输电线路的长度等重要信息。根据调查情况，依据当地电力系统规划制定出接收站的供电方案，作为接收站站址选择的依据。

3）水源充足可靠

充足的水源是站址选择的必要条件。站址选择应重视水源的调查和勘察工作，并根据接收站的建设规模评价水源的保障情况，确保生产有充足的水源。水源可利用地表水、地下水、城市水厂供水。应根据接收站所处地区现状、调查勘察报告确定合理、可行的用水方案。

4）污水排放便利

接收站的生产水、生活水应落实排放形式及地点。接收站站址应可充分利用已有城市地下水排放系统。如果站址临近海域或内河及湖泊，应落实达标水就近排入水系的可行性。

5）通信联络畅通

接收站应保障与外部各相关部门之间通信联络畅通，如国家通信网、港口以及站址供电部门等有可靠的通信设施，以利于安全施工、保障正常的生产运营。

6）职工生活方便

接收站站址位置选择应本着有利生产、方便生活、互不干扰、保障安全的原则，妥善安排职工生活起居。站址不宜远离城镇及工业区，以便依托周围现有的公共福利设施，如文教、卫生商业网点等公用设施。同时，站址位置应满足现行的安全、卫生规范规定的防护距离。

4.1.2 陆域形成和场地准备

（1）用地需求

LNG 接收站用地和陆域形成一般需要考虑两个方面，即场地条件、陆域形成。陆域形成应根据场地使用要求、自然条件、接收站安全要求、材料来源和施工条件等因素，经技术经济论证后确定。

1）陆域形成应解决的内容

① 根据接收站的使用要求、土石方平衡、场区周围地形高程和防洪防潮要求等因素，综合论证接收站场地地面设计高程。

② 需论述陆域形成方式、填料来源、填筑方法和开挖方法，必要时进行方案比选，提出推荐方案。

③ 确定陆域形成推荐方案的挖、填土石方量，设有挡土墙时，说明挡土墙位置、结构形式、主要尺度和工程量。

2）场地条件

应说明原场地地形地貌、工程地质条件、地面高程和地面设计高程。

（2）场地准备和回填工程

根据我国已建和在建工程实践，大部分接收站场地布置在 LNG 码头旁边，原状地面标高较低，需要进行回填以达到设计场地使用标高。

1）陆域形成标高

接收站陆域形成的标高应结合码头标高、场地使用需求、沉降预留及土石方平衡等综合确定，并应与场地外周围地形标高、道路及防洪排水条件相协调。在满足工艺要求和防洪防潮要求的前提下，陆域形成设计应充分考虑土石方平衡，以节省工程造价。

如无特殊要求，且在陆域临水侧有防浪墙围护的情况下，陆域高程可按 100 年一遇极端高水位（当地理论最低潮面起算）加 0.5～1.0m 考虑；在满足工艺使用要求的情况下，由于场地土方平衡或其他原因的需要，陆域高程可高于这个数值。有条件时，陆域高程也可考虑因地球气候变暖带来的海平面上升因素，在前面的基础上再适当加高 0～0.5m。

世界上已建成的 LNG 接收站，其陆域高程（个别例外）都在 100 年一遇极端高水位以上。我国部分 LNG 接收站陆域高程（当地理论最低潮面起算）见表 4-1。

表 4-1　我国部分 LNG 接收站陆域高程

LNG 项目	广东秤头角	福建秀屿港	浙江宁波(中宅)	上海西门堂	江苏如东	珠海平排山
百年一遇极端高水位/m	3.50	8.72	5.03	5.83	9.2	4.41
设计高程/m	5.85	9.00	5.50	6.80	10.00	7.50

注：表中高程数值以 1985 年国家高程系统为基准。

2）回填方案

在进行场地回填之前，一般要先进行护岸工程的施工，同时还与场地开挖、地面排水等共同施工，如有开山的还包括边坡工程。

回填方案应根据场地使用要求、自然条件、接收站场地安全要求、材料来源和施工条件等因素，经技术经济论证后确定。

设计前应调查收集工程区的地形、地貌、工程地质、水文地质、气象等资料，按照相关规范的规定，进行测量和勘察，为设计、施工提供指标参数和依据。

回填方案的选择应根据场地岩土工程条件、工程区周边资源供应情况、场地使用要求以及当地的经验和施工条件，并应结合场地地基处理方案经技术经济比较后综合选取。回填料应考虑到储罐及工艺设备基础的设计和施工，设计时应对回填时的填料粒径做出限制。

3）回填料选择

LNG 接收站陆域形成场地回填料可遵循“有石（开山混合料）不用砂，用砂怕地震，软土需固化”的原则，因为开山混合料加密后即使遭遇罕遇地震也不会产生液化，水平抗力好。而砂，即便是砾砂，加密后（福建 LNG 接收站陆域场地回填砾砂的标准贯入试验 SPT 值>19 击）在遭遇罕遇地震时也会液化。软土，甚至是淤泥，一般可以加固以达到设计要求（不小于 80kPa）。因此，具体问题要具体分析。

① 回填开山混合料。回填开山混合料的粒径宜控制在 50cm 以内，以便于冲孔灌注桩的施工，开山混合料可以采用强夯法进行处理。

但在 LNG 储罐下的开山混合料无论通过分层加固还是不分层加固，当采用冲孔灌注桩时均可能存在如下问题：

a. 冲击钻施工工效低，施工工期难以满足进度要求。通过珠海 LNG 站址地层资料及已有的工程实例、施工经验判断，单根 1200mm 冲孔穿过 11m 左右的抛石层成孔及嵌岩成孔的时间约需 15 天，根据合理的钻机台数布置，完成一个罐全部桩基施工的工期约需 1 年。

b. 在罐基布桩密集的情况下，冲击成孔可能会对邻近已浇筑的灌注桩（尤其是早期强度阶段）的桩身造成不利影响。

② 回填砂。在场地地下水位以上填砂不会液化（即“无水不液化”）。可能液化的地区用桩基。

③ 回填疏浚软土。在有些工程中缺乏砂石料，则需要利用港池和航道的疏浚软土作为陆域形成材料。

利用疏浚软土作为陆域形成材料会存在场地软弱、地基处理难度较大，道路、堆场等大面积场地以外的对变形和承载力要求较高的场地需要打设桩基础的问题。

4.2 码头设计

LNG 接收站卸船码头建设规模包括泊位性质、泊位数量和吨级、吞吐量、设计通过能力等。码头建设规模一般与接收站的 LNG 年处理能力相匹配，结合 LNG 的货源地、港口建设条件、单个泊位通过能力等因素论证确定。

目前我国建设的 LNG 接收站设计规模为一期 LNG 处理能力 2×10^6～3×10^6 t/a，二期达到 4×10^6～6×10^6 t/a。LNG 主要来自东南亚、澳大利亚、中东等地，采用大型 LNG 船舶运输，船舶舱容基本在 8×10^4 m^3 以上，最大靠泊船型可达 2.67×10^5 m^3。因此，码头建设规模均为一期建设一个可靠泊 8×10^4～2.67×10^5 m^3 LNG 船的专用泊位，码头通过能力可达 5×10^6～7×10^6 t/a。

另外，LNG 通常还需要设置重件及工作船码头。泊位吨级通常为 3000～10000DWT。该码头的功能主要是在 LNG 接收站项目建设期间进行重（大）件设备的接卸，在 LNG 接收站工程建成运营期间为工作船舶的停靠及补给服务。该码头按通用码头进行设计，在重（大）件接卸间隙及完成重（大）件运输任务后，可以继续作为散杂码头营运。该码头通常由码头、引桥、堆场、工艺设备四部分组成。

4.2.1 码头的设施及建设

（1）航道

在允许的条件下，可设置独立的 LNG 船舶的进出港航道，减少对其他进出港船舶的影响。在有交通管制的条件下可与其他船舶共用。对于公共航道较长、通航密度较大的港区，需重点研究 LNG 船舶进出港对港区其他船舶通航的影响。

天然航道通常应具备槽宽水深的特点，主航道必须满足 LNG 设计船型的通行要求；若无法满足要求，则需要人工疏浚。航道的有效宽度可参照《海港总体设计规范》（JTS 165—2013）计算；LNG 船舶航道的有效宽度可依据《液化天然气码头设计规范》（JTS 165—5—2021）进行计算，单向航道的有效宽度可取 1 倍 LNG 船型设计船长。此外，还应根据相关规范设计航道底标高、航道边坡等技术参数。根据以上参数选择合适的 LNG 船通行的航道，或者对已有航道进行疏浚。若航道已有海底管道、码头设施等建构筑物，应保持足够的安全距离。对于新开辟航道选线应充分考虑风、浪、水流等对船舶航行的影响，并考虑强风、强流和潮流主流向与航线的夹角，力求航线顺直，便于船舶操纵。所选择的航道应结合拟建站址的自然条件、航标设置、疏浚工程量、施工条件和维护费用等因素综合分析确定。

（2）锚地

靠泊 LNG 码头的 LNG 船舶应设置应急锚地，也可与油品运输船共用锚地。锚地是指港口中供船舶安全停泊、避风、海关边防检查、检疫、卸装货物和进行过驳编组作业的水域。其面积由锚泊方式、锚泊船舶的数量和尺度、风浪和流速大小等因素而定。作为锚地的水域要求水深适当，底质为泥质或砂质，有足够的锚位（停泊一艘船所需的位置），不妨碍其他船舶的正常航行。

锚地的内容应符合下列规定：

① 说明港口现有锚地状况和使用情况。

② 确定锚位数、系泊方式、锚地规模和面积。

③ 确定锚地水深、位置及控制点坐标，必要时对锚地水域设置界标。

④ 对选划锚地水域底质、水流、地质等条件进行评价。

根据规范要求，锚地水深不应小于设计船型满载吃水深度的 1.2 倍，LNG 船舶的锚位与其他锚地的安全净距不应小于 1000m。

（3）海务设施

LNG 船舶的主航道上应有比较完善的海务设施，能够满足 LNG 船舶进出港需要。如港口导航和常规导助航标志、灯浮标设置、灯桩设置以及辅助靠泊电子系统等。为了 LNG 船的安全行驶，港口需具备比较完善的导、助航设施，并在 LNG 船回旋水域开挖区设置 2 座灯浮标。为协助靠泊和其他船舶航行安全，在 LNG 码头两端各设置一座灯桩等设施。为保证大型 LNG 船靠泊和停泊安全，必须考虑设置辅助靠泊电子系统。

4.2.2 码头平面布置设计

（1）总平面布置

① LNG 码头的平面布置，根据建设规模、设计船型、装卸工艺和自然条件等，可采用蝶形或一字形等布置形式。根据码头的掩护条件，码头一般分为有掩护码头和开敞式码头，码头的布置应根据当地水深、潮汐、地质、泥沙、风、浪和水流等自然条件综合分析确定。码头轴线方向，应满足港口营运和船舶靠离、系泊和装卸作业的要求，并宜与风、浪、水流的主导方向一致；当无法同时满足时，应服从其主要影响因素。墩式 LNG 码头宜设置两个靠船墩，两个墩中心距可取设计船长的 30%～45%。当船型差别较大时，可设置辅助靠船墩。系缆墩的布置需考虑船舶缆绳系缆时的横向和纵向角度、缆绳受力以及缆绳的长度，可通过数学或物理模型试验对码头的长度及系缆墩的布置进行研究确定。LNG 码头工作平台上应设置操作平

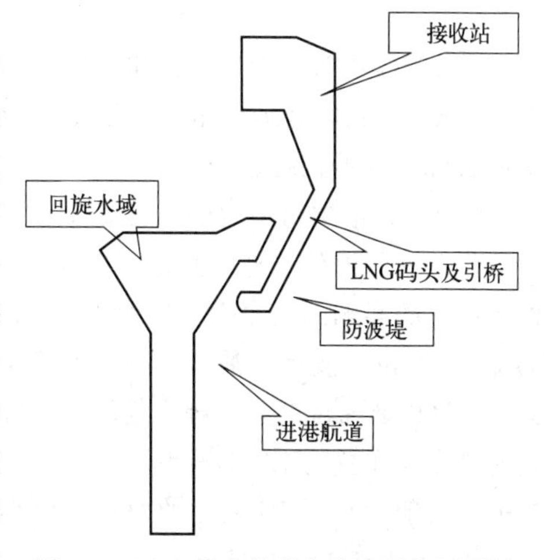

图 4-1　LNG 接收站码头总平面布置图例

台。操作平台的平面布置和高度应按设计船型管汇位置确定，并应满足 LNG 船舶在当地最大潮差和波浪变动范围内的安全作业要求。LNG 接收站码头总平面布置图例、蝶形布置码头图例、一字形布置码头图例分别见图 4-1、图 4-2、图 4-3。

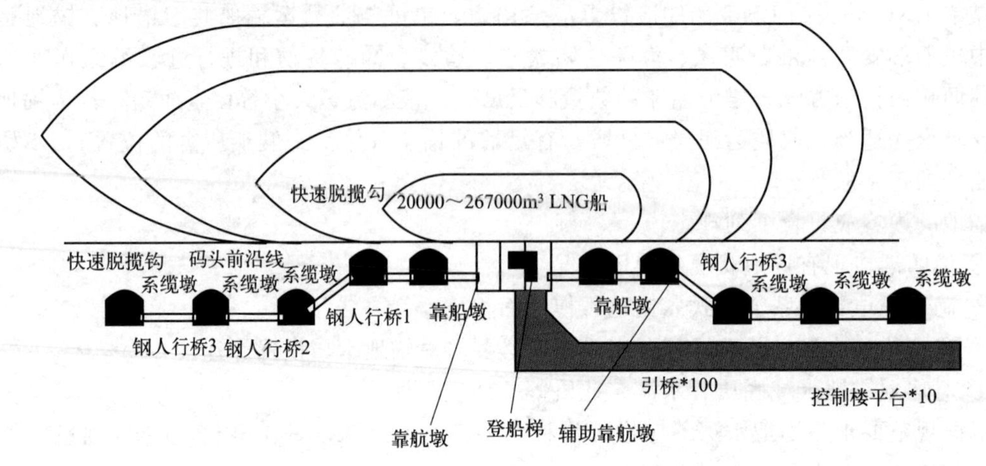

图 4-2 LNG 接收站蝶形布置码头图例

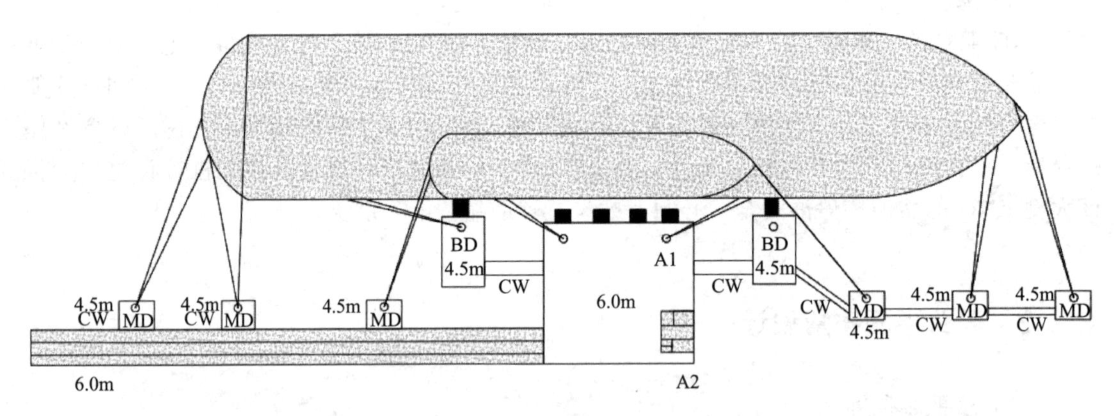

MD—系船墩；CW—人行桥；BD—靠船墩；A1—装卸平台；A2—值班室

图 4-3 LNG 接收站一字形布置码头图例

② LNG 码头一般通过接岸引桥与后方接收站相连，码头操作平台至接收站储罐的净距不应小于 150m，其最大净距应根据 LNG 船泵能力及其他经济、技术条件综合确定，一般接岸引桥长度不宜超过 2km。

③ LNG 泊位对周边的安全距离要求非常严格，在设计的时候需特别注意。LNG 泊位与液化石油气泊位以外的其他货类泊位的船舶净距不应小于 200m。停泊在 LNG 泊位与工作船泊位的船舶间的净距不应小于 150m。停泊在相邻的 LNG 泊位的船舶，或停泊在相邻的 LNG 泊位与液化石油气泊位的船舶，其净距不应小于 0.3 倍最大设计船长，且不小于 35m。两相邻泊位的艏、艉系缆墩可共用，但快速脱缆钩或系船柱应分别设置。采用离岸墩式两侧靠船布置的 LNG 码头，两侧泊位的船舶净距不宜小于 60m。LNG 船舶在港系泊时，其他通行船舶与 LNG 船舶的净距不应小于 200m。

（2）水域平面布置

① 对于浪大、掩护条件较差的水域，一般需要设置防波堤，对码头、港池水域进行

掩护。防波堤布置形式可根据自然条件和建设规模采用单堤、双堤或多堤的形态。防波堤的布置应符合现行行业标准JTS 165—2013《海港总体设计规范》的有关规定。对于防波堤的掩护效果，可通过数学或者物理模型试验进行验证。防波堤布置的基本形式见图4-4。

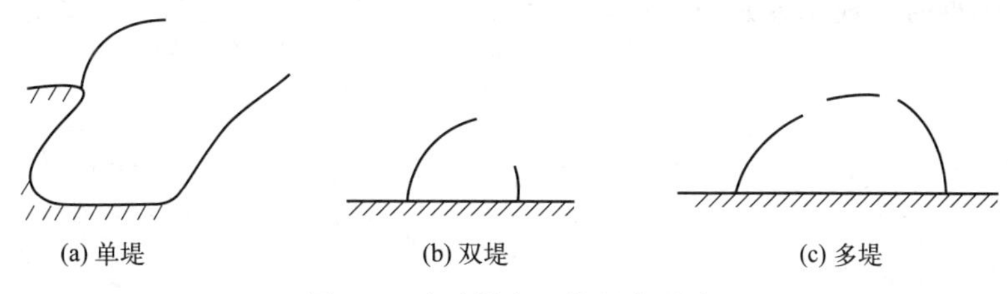

图4-4 防波堤布置的基本形式

② 论述并确定港池、回旋水域、制动水域、连接水域和港内航道的平面布置。

③ 对轴线需转向的港内航道，论述并确定转弯段尺度。

④ 论述水域的泊稳条件，已进行泊稳模型试验的，说明试验的主要结论。

⑤ 计算确定水域疏浚工程量。

（3）高程控制设计

① 论述并确定各主要区域的控制性高程。

a. LNG码头面顶高程应按现行行业标准JTS 165—2013《海港总体设计规范》的有关规定确定。

b. 码头前沿设计水深应保证满载设计船舶在当地理论最低潮面时安全停靠。设计水深计算中的各项富裕深度应按现行行业标准JTS 165—2013《海港总体设计规范》的有关规定选取。

c. 接收站陆域形成的场地高程应根据接收站的使用要求、土石方平衡、场区周围地形高程和防洪防潮要求等因素综合确定。

② 计算确定挖方和填方工程量，说明土方平衡计算结果。

（4）主要结构选型与结构方案

1）结构选型

① 影响码头结构选型的因素。

影响码头结构选型的因素很多，主要有三方面因素：自然条件、使用要求和施工条件。

自然条件往往对结构形式的选择起着关键作用，并且是影响码头造价的主要因素。自然条件包括了地质条件、水位变化条件、波浪条件、水流条件、风压条件、冰凌条件等。

使用要求是建设码头的最终目标，对上部结构选型起到决定作用。使用要求包括装卸工艺流程及荷载条件、船舶靠泊及泊稳要求、结构使用年限及耐久性要求、附属设施及设备安装和维护要求等。

施工条件也是影响结构选型的重要因素之一。施工条件主要是指目前国内施工的技术水平、施工设备（主要指挖泥、起重、打桩等大型施工船舶和施工机具）的能力、当地已有预制厂的规模及能力、当地建筑材料来源以及项目对工期的要求等。

② 码头结构选型。

当岩石、砂土及较硬黏性土地基多采用重力式结构，上部地基软弱，而在地基的适当深度处存在较坚硬的持力土层时，主要采用高桩结构。对于地质条件复杂区域，可以考虑在天然地基强度不能满足重力式结构要求的情况下，采用地基加固措施，或可以在坚硬的地基上采用嵌岩桩结构，两种方案进行技术、经济论证，选择最优方案。

位于外海的LNG码头，对水深要求高，离岸较远，因此，风浪较大，为了避免或减小波浪力对码头的直接作用，多采用墩式或透空式结构。

码头结构选型时，应结合建设地区的施工条件进行技术、经济分析，降低材料、预制厂条件等对工程造价的影响。

2）结构方案

对于LNG码头，目前新建码头一般为离岸的墩式码头，码头与陆域之间通过引桥相接。码头建筑物的结构形式繁多。目前，LNG码头常用的基础为重力式和高桩，上部结构为梁板、墩台的结构形式。

① 重力式码头。重力式码头依靠结构自重来抵抗建筑物的滑动和倾覆。由于结构基础应力直接传给上部地基，对上部地基和其下卧土层都有较高的承载能力要求，所以要求有比较良好的地基，地基强度能维持其整体稳定性。

重力式码头具有以下特点：

a. 墙身用混凝土建成，坚固耐久，抗冻和抗冰性能好，一般不需要维修。

b. 整体性好，结构对码头荷载变化适应性强，可承受较大的船舶水平荷载。

c. 砂石料用量大，宜于在砂石料丰富的地区采用。

d. 抛石基床需夯实整平，预制件吊装及潜水作业工作量较大。

顺岸的重力式连片码头一般由墙身、胸墙、基础、墙后减压棱体和码头设备等组成。

离岸的重力墩式码头一般由沉箱、胸墙（墩台）、基础和码头设备等组成。

重力式码头的沉箱可根据情况采用矩形沉箱和圆形沉箱。两种沉箱的适应性和特点如下：

a. 矩形沉箱基础相互之间为倒滤结构，易处理，可有效地防止后方回填料漏失，且上部胸墙结构施工简便、受力均匀，因此，在顺岸连片码头较多采用。

b. 矩形沉箱预制与出运较简单。

c. 圆形沉箱消浪效果好，可减少沉箱前沿水体壅高，因此，码头区波浪较大时多采用圆形沉箱基础。

d. 圆形沉箱各方向承受水平力作用，受力均匀，因此，适用于离岸墩式码头中波向多且波浪大的区域。

② 高桩码头。高桩码头结构是利用打入地基一定深度的桩，将作用在码头上的荷载传至地基中。这种结构用于具有较深厚的软土的地基上，当下卧有硬土或砂层时，可大大提高桩基承载力。

高桩码头具有以下特点：

a. 为透空式结构，消波性能好，对波浪的射率小，泊稳条件好，易于船舶靠泊。

b. 上部结构的预制件相对于重力沉箱结构小、重量轻，施工不需要大型起重船机。

c. 桩基础的抗震效果好，更适用于地震动峰值较大的地区。

d. 砂石料用量少，对缺乏砂石料来源的地区尤为经济。

e. 结构耐久性较重力式差，特别是外露的钢质材料需要进行防腐，以确保使用年限要求。

高桩码头主要由上部结构（桩台或承台）和桩基组成，顺岸码头还有接岸的挡土结构和护坡。

上部结构构成码头面，与基桩连成一体，成为整体结构，直接承受作用在码头上的各种荷载和外力，并通过它将这些荷载和外力传给桩基。桩基用于支撑上部结构，并将作用在上部结构的荷载和外力传到地基。接岸结构用于连接码头结构和岸坡，起挡土作用。

高桩码头的基桩宜采用预应力混凝土方桩、预应力混凝土管桩或钢管桩，也可采用灌注桩或嵌岩桩等其他形式基桩。

接卸 LNG 的卸船码头多采用钢管桩，主要原因如下：

a. 靠泊船型较大，承受船舶荷载较大。

b. 码头前沿水深较深，桩的自由长度较长。

c. 为了满足船舶停靠水深要求，并且减少疏浚量和后期疏浚维护，码头多建设在外海水深处，波浪、水流条件较差。

d. 钢管桩可施打性较好，对较硬土层穿透性较强。

③ 上部梁板结构。应用在 LNG 卸船码头的上部梁板结构，常作为码头工作平台以及联系引桥各墩体之间的结构。

当直接承受船舶的撞击荷载或较大的波浪、风压水平力作用时，梁板结构宜做成连续整体的；当跨距较大、地质复杂、沉降位移不均匀时，梁板结构宜做成简支的。为了充分发挥梁板结构下部基础的作用，应根据不同条件优化设计，找出合理的经济跨距。

④ 上部墩台结构。墩台结构主要用于分离布置的基础墩上部，是 LNG 卸船码头最常用的一种结构形式。

墩台结构一般设计成钢筋混凝土的刚性承台，为现浇结构，特别适用于上部预埋件多、预埋长度深、预埋位置灵活可变等复杂情况。

（5）主要结构计算内容

由于 LNG 卸船码头基本采用重力式结构和高桩结构，对扶壁、板桩等结构涉及较少，因此，本书主要介绍重力式码头和高桩码头的结构计算要求。

1）重力式码头结构计算

① 承载能力极限状态的持久组合应进行下列计算或验算：

a. 对墙底面和墙身各水平缝及齿缝计算面前趾的抗倾稳定性。

b. 沿墙底面和墙身各水平缝的抗滑稳定性。

c. 沿基床底面和基槽底面的抗滑稳定性。

d. 基床和地基承载力。

e. 墙底面合力作用位置。

f. 整体稳定性。

g. 沉箱、圆筒等构件的承载力。

② 承载能力极限状态的短暂组合应进行下列计算或验算：

a. 有波浪作用，墙后尚未回填或部分回填时，已安装的下部结构在波浪作用下的稳定性。

b. 有波浪作用，墙后尚未回填或部分回填时，墙身、胸墙在波浪作用下的稳定性。

c. 墙后采用吹填时，已建成部分在水压力和土压力作用下的稳定性。

d. 施工期构件出运、安装时的稳定性和承载力。

③ 正常使用极限状态设计的作用组合应进行下列计算或验算：

a. 沉箱、圆筒等构件的裂缝宽度。

b. 地基沉降。

2）高桩码头结构计算

① 对于持久状况、短暂状况、地震状况和需要时的偶然状况，需按承载能力极限状态设计：

a. 结构的整体稳定、岸坡稳定、挡土结构抗倾和抗滑等。

b. 构件的受弯、受剪、受冲切、受压、受拉和受扭等。

c. 桩和柱的压屈稳定、桩的承载力等。

② 对于持久状况、必要时的短暂状况和偶然状况，需按正常使用极限状态设计：

a. 混凝土构件的抗裂或限裂。

b. 装卸机械有控制变形要求时梁的挠度。

c. 码头结构的水平位移。

d. 装卸机械作业引起结构震动等。

（6）主要结构计算控制标准

接卸码头的安全等级为一级，重要性系数为 1.1。

重力式码头地基平均沉降量对于卸船码头常用的沉箱码头不应大于 250mm。

重力式结构稳定验算采用表 4-2 的作用分项系数时，应满足抗滑计算式结果大于滑动计算式结果、抗倾计算式结果大于倾覆计算式结果。稳定验算时作用分项系数见表 4-2。

表 4-2　稳定验算时作用分项系数

组合情况	永久作用		可变作用				
	γ_g	γ_{PW}	γ_g	γ_{Pg}	γ_P	γ_v	γ_{PZ}
持久	1.35	1.05	1.35	1.40	1.30	1.30	1.50
短暂	1.35	1.05	1.25	1.30	1.20	1.20	—

桩基码头进行桩基承载力验算时，单桩轴向承载力设计值与其极限承载力标准的比值应大于表 4-3 的单桩轴向承载力抗力分项系数，才能满足规范要求。

表 4-3　单桩轴向承载力抗力分项系数

桩的类型		静载试验法 γ_R	经验参数法		
打入桩		1.30～1.40	γ_R 取 1.45～1.55		
灌注桩		1.50～1.60	γ_R 取 1.55～1.65		
嵌岩桩	抗压	1.60～1.70	覆盖层 γ_{ts}	预制型	1.45～1.55
				灌注型	1.55～1.65
			嵌岩段 γ_{tr}	1.70～1.80	
	抗拔	1.80～2.00	覆盖层 γ_{ts}	预制型	1.45～1.55
				灌注型	1.55～1.65
			嵌岩段 γ_{tr}	2.0～2.2	

桩基码头进行锚杆抗拔力验算时，单桩锚杆抗拔力设计值与其极限抗拔力标准的比值应大于表 4-4 的抗拔力分项系数，才能满足规范要求。

表 4-4　单桩锚杆抗拔力分项系数

桩的类型	静载试验法 γ_k	经验参数法 γ_p
锚杆	1.50～1.70	取 1.1

4.2.3 构筑物防腐设计

一般情况下，码头均位于风浪条件较为恶劣的海域，处于海水环境，长期承受海水和波浪作用。为了确保码头使用年限，增强结构的耐久性、减少使用期的维护，合理、有效的防腐设计极为关键。

码头防腐设计主要包含混凝土结构、钢管桩、钢桥和钢构件等的防腐。混凝土结构按《海港工程混凝土结构防腐蚀技术规范（附条文说明）》（JHJ 275—2000）、钢管桩按《海港工程钢结构防腐技术规范》（JTS 153—3—2019）进行防腐耐久性设计。

（1）钢筋混凝土结构防腐蚀措施

1）海水环境混凝土部位划分

根据预定功能和混凝土建筑物部位所处的环境条件，对混凝土提出不同防腐蚀要求和措施，规范中规定了混凝土部位按水域掩护条件和港工设计水位或天文潮位进行划分，如表4-5所示。

表4-5 海水环境混凝土部位划分

掩护条件	有掩护条件	无掩护条件	
划分类别	按港工设计水位	按港工设计水位	按天文潮位
大气区	设计高水位加1.5m以上	设计高水位加(η_0+1.0m)以上	最高天文潮位加0.7倍百年一遇有效波高$H_{1/3}$以上
浪溅区	大气区下界至设计高水位减1.0m之间	大气区下界至设计高水位减η_0之间	大气区下界至最高天文潮位减百年一遇有效波高$H_{1/3}$以上
水位变动区	浪溅区下界至设计低水位减1.0m之间	浪溅区下界至设计低水位减1.0m之间	浪溅区下界至最低天文潮位减0.2倍百年一遇有效波高$H_{1/3}$之间
水下区	水位变动区以下	水位变动区以下	水位变动区以下

注：η_0值为设计高水位时的重现期50年H（波列累积频率为1%的波高）波峰面高度。

2）混凝土常用防腐措施

码头结构的上部构件处于浪溅区和大气区，特别是浪溅区是钢筋混凝土最容易受侵蚀的位置，必须采取必要的防腐措施，提高钢筋混凝土结构的耐久性。

① 适当增加混凝土保护层厚度是延长钢筋混凝土使用寿命最为直接、简单而又经济有效的方法。

② 采用表面涂层保护对防止混凝土中钢筋锈蚀，提高钢筋混凝土结构的耐用年限，是一种经济、简便及行之有效的防腐措施。

③ 用表面硅烷浸渍混凝土构件表面是施工简便、经济、长效的防腐技术。

④ 高性能（高耐久性）混凝土有较高的抗氯离子渗透性特征，其优异的耐久性和较好的性能价格比已受到国际上的认同。

根据各类防腐蚀方法技术特点，结合防腐蚀技术先进性和经济性，同时考虑各类防腐蚀技术的使用效果，可结合使用。

（2）钢管桩防腐措施

1）海水环境钢管桩部位划分

海水环境钢管桩部位划分见表4-6。

表4-6 海港工程钢管桩的部位划分

掩护条件	有掩护条件	无掩护条件	
划分类别	按港工设计水位	按港工设计水位	按天文潮位
大气区	设计高水位加1.5m以上	设计高水位加(η_0+1.0m)以上	最高天文潮位加0.7倍百年一遇有效波高 $H_{1/3}$ 以上
浪溅区	大气区下界至设计高水位减1.0m之间	大气区下界至设计高水位减 η_0 之间	大气区下界至最高天文潮位减百年一遇有效波高 $H_{1/3}$ 以上
水位变动区	浪溅区下界至设计低水位减1.0m之间	浪溅区下界至设计低水位减1.0m之间	浪溅区下界至最低天文潮位减0.2倍百年一遇有效波高 $H_{1/3}$ 之间
水下区	水位变动区下界至海泥面	水位变动区下界至海泥面	水位变动区下界至海泥面
泥下区	海泥面以下	海泥面以下	海泥面以下

2）防腐设计

海港工程钢结构必须进行防腐蚀设计，目前，国内外工程主要采用的钢管桩防腐措施如下：

① 采用外壁加覆防腐涂层或其他覆盖层措施，即采用海工防腐蚀专用涂料或环氧类涂料、铝/锌合金喷涂、聚脲弹性体喷涂及玻璃钢包覆等。在钢桩的大气区、浪溅区、水位变动区及水下区均可使用。

② 水下采用阴极保护，即外加电流或牺牲阳极。在钢管桩的水下区、水位变动区、泥下区有效。

③ 钢管壁预留腐蚀量厚度，主要是考虑涂层及阴极保护在使用年限到期失效的情况下，利用钢管壁预留腐蚀厚度抵抗腐蚀作用，确保构件强度。

根据各类防腐蚀方法技术特点，结合防腐蚀技术先进性和经济性，同时考虑各类防腐蚀技术的使用效果，可结合使用。

（3）钢桥及钢构件防腐措施

对于码头钢桥及钢构件，如人行钢桥、支架钢件、预埋钢板、预埋螺栓杆件等，也需进行防腐蚀处理。人行钢桥可采用高质量的底漆、面漆进行涂装，钢构件可采用热浸镀锌或进行涂层处理。

4.2.4 码头配套设施

（1）船舶交通管理系统

船舶交通管理系统一般由国家投资，由海事部门建设并实施管理。船舶交通管理系统将对特定海域的船舶进行交通组织和通航安全管理，根据特定海域的船舶交通状况来设置，通常一个港口只有一个船舶交通管理系统，不是所有港口都建设船舶交通管理系统。

对于位于船舶交通管理系统覆盖区内的码头，船舶进出港必须由船舶交通管理中心批准，码头管理者应根据船舶交通管理系统操作指南要求，及时申报船舶进出港计划，及时与船舶交通管理系统中心沟通，实时掌握船舶进出港交管指令。

（2）导助航设施

1）总的要求

导助航设施是LNG码头的重要配套设施，为了船舶通航安全，码头项目必须配置完善的导助航设施。码头如果没有完善助航设施效能，海事部门将不允许码头进行靠泊作业。

常规导助航设施有导标、灯桩或灯浮标。具体项目需根据水域平面布置、周边助航标志现状合理布置助航标志，并且根据标志的工作环境合理选择助航标志。

根据《中华人民共和国航标管理条例》，助航标志应报航标主管部门审批，由相关资质单位施工，由航标主管部门验收，由相关资质单位进行航标维护，以确保良好的航标效能。

2）导助航设施安全管理

导助航设施的设置和配置应符合《中国海区水上助航标志》（GB 4696—2016）和《中国海区水上助航标志形状显示规定》（GB 16161—2021）的规定。导助航设施的管理应符合《海区航标作业管理规则》的相应规定。要求标位准确、灯质正常、涂色鲜明、结构良好；航标正常率达到98.5%，航标维护正常率达到99%。导标、堤头灯、浮标的各种技术资料齐全，做好资料登记和整理工作。

导助航设施每月白天和夜间各进行一次巡检，对浮标、灯桩根据能源配备情况补给，在补给时做好必要的保养工作。十级以上大风过境或受其他自然灾害袭击后，必须对导助航设施进行一次全面巡检。

（3）船岸无线通信系统

船岸无线电话采用海上甚高频无线电话，包括台式机和对讲机，台式机位于码头控制室，对讲机供进入码头作业人员佩带。

海上通信必须在海上专用频道上进行，不得进行与海上业务无关的通信。正常情况下，设备应处于遇险信道收听状态。进行通话前应先收听，确认没有其他人通信后再通话，不应干扰他人通信。

① LNG接收站码头属于危险品码头，严禁非防爆通信（电子）设备带入码头。

② 使用通信设备前必须认真学习设备操作说明书，熟练掌握设备操作方法。

③ 消防控制室配置有多套通信设备，正常情况下应有1套设备处于待机状态。

④ 设备必须定期保养，使用设备前应确认设备处于正常状态。

⑤ 在满足通信效果下，发射机的功率尽可能小，减少对其他通信的干扰。

（4）辅助安全靠泊电子系统

1）总的要求

根据LNG船舶靠离泊码头作业和卸船作业安全要求，LNG码头需要设置完善的辅助安全靠泊电子系统。

LNG码头辅助安全靠泊电子系统应设置有激光靠泊系统、环境监测系统、智能缆绳张力监测系统和船岸链接系统，各子系统集中在码头控制室进行集成和监控。

激光靠泊系统将提供船舶在靠泊时急需的船舶位置和船舶动态，包括船首的速度、船尾的速度、船舶与码头的距离、船舶与码头的夹角。一个LNG码头一般配置2个激光探测器、1个大屏幕显示器、1个移动终端、几个BP显示器和1个监控分中心，对于左右都靠泊的码头，需要配置2个大屏幕显示器。

环境监测系统包括风向/风速、气温、能见度、潮位/波浪、海流等要素的实时监测，环境监测系统必须具有自动采集功能，有标准的传输接口，测量数据纳入靠泊系统主机，进行储存、显示和共享。

设置智能缆绳张力监测系统是为了船舶系缆安全，提供更合理的缆绳布置和缆绳受力监测。每套缆钩配置压力传感器、放大器、通信接口箱，系缆钩的受力测量数据通过屏蔽双绞线或光纤传输到码头控制室主机。测量数据纳入靠泊系统主机，进行储存、监控、显示和共享。控制室配置安装了智能缆绳张力监测软件的监控终端，设置声、光报警信号装置。船舶上的控制终端和控制室主机须建立联动和热线电话。

船岸链接是 LNG 船舶的靠泊特点，大部分 LNG 船舶都设置了与码头链接的专用接口，链接方式有特定的方式。船岸链接主要是传输码头卸船工艺设备、船舶工艺设备的工作状态信号、应急切断信号，也用于传输热线电话、靠泊系统全部信号。船岸通信链的布置和传输内容应满足 SIGTTO 关于 LNG 船舶紧急停车和船岸通信链建议，传输的紧急停车信号、安全信号和其他信号应与 LNG 船舶信号一致。常规的船岸链接包括光缆链接、电缆链接和气链接，气链接已比较少用，基本为光缆链接和电缆链接。

光缆链接应具有 4 路信道、双工传输通信/数据信号、船至岸和岸至船的应急切断信号。在码头前沿装卸臂的附近设置 1 个光纤电缆卷轴密封箱，用于存放码头至船舶的活动软光纤电缆和接头，从码头控制室控制单元至码头前沿电缆卷轴箱需要敷设一个 6 芯的光纤电缆。

电缆链接应提供 4 路电话信道、船至岸和岸至船的应急切断信号。系统包括控制单元、电气电缆和电缆卷轴箱。控制单元位于码头控制室，电缆卷轴箱位于码头前沿。在码头前沿安装 1 个电缆卷轴密封箱，用于存放码头至船舶的移动电缆和电缆接头。从电缆卷轴箱至码头控制室控制单元敷设 37 芯电气电缆，电缆防护应满足 LNG 码头工作环境的要求。电缆卷轴箱至船舶配置移动软电缆，软电缆配置电缆接头，电缆接头应与船舶电缆接头对应。

2）使用管理

辅助安全靠泊系统是 LNG 码头必须具备的安全设施，应加强日常管理，维持正常的工作状态，船舶靠泊前应先运行系统，检查系统是否处于正常状态。

船舶在码头靠泊作业期间，应安排人员对靠泊系统进行监控，及时与船舶相关人员联系。

远程快速脱缆系统是为了在紧急情况下实现远程脱缆，正常情况下不得使用。大型 LNG 船舶靠离泊作业都需要拖轮协助，即使在紧急状况，远程快速脱缆系统的使用也要十分慎重。

船舶脱缆、缆绳调整等操作由船舶人员决定，码头靠泊系统值班人员如果发现异常情况，应及时向船舶人员报告。

室外器件应定期保养，特别是要定期清洁激光探测器外透镜、大屏幕显示器的表面，水下设备应定期清除海生物。

（5）登船梯

根据 JTS 165—5—2021《液化天然气码头设计规范》的规定，LNG 码头应设置登船梯。这主要是由于 LNG 船舶尺寸大、干舷较高，使用舷梯较危险，必须使用登船梯保证船、码头之间人员上下方便、安全。

登船梯主要有塔架式和立柱式两种形式，其中塔架式登船梯拥有一个可以升降的平台，服务范围涵盖几万到最大的 $26.7\times10^4\,m^3$ 的 LNG 船舶，因此被广泛应用到 LNG 卸船码头上。

登船梯设计时应认真研究各种作业水位下靠泊船型的干舷高度、船罐特征和登船梯登陆位置的布置等，在选型过程中宜与设备供应商紧密联系，及时取得设备的详细尺寸、荷载和公用工程需求条件等。同时应注意登船梯的设置对装卸臂作业的可能影响，合理确定登船梯的布置位置。

（6）港作船

港作船应说明总平面布置推荐方案的港作船舶配备种类、规格和数量。LNG 船舶靠泊和离泊时宜配备全回转型拖船协助作业，且拖船配置应符合下列规定：

① LNG 船舶靠泊时，可配置 4 艘拖船协助作业。

② LNG 船舶离泊时，可配置 2 艘拖船协助作业。

拖船的总功率应根据当地自然条件和船型等因素综合确定，且单船最小功率不应小于 3000kW。

当码头风、浪、流等作业条件复杂时，港作拖船的数量和总功率应根据码头设计，通过模拟试验确定。

为满足系缆要求，可配置 1 艘系缆船。当在孤岛或外海等交通不便区域建设 LNG 码头时，宜配置 1 艘交通船。

4.2.5 卸料臂

LNG 卸料臂通常指海用 LNG 低温卸料臂，LNG 船靠泊接收站码头后，用 LNG 卸料臂将船上与码头上的卸船管道连接，从而借助船上卸料泵将 LNG 送进接收站储罐内。LNG 卸料臂包括卸料臂本体、紧急脱离装置、电液控制系统。大型 LNG 接收站根据接卸的主力船型和卸船频率，并考虑码头兼顾（1.47～2.67）$\times 10^5 m^3$ LNG 船的安全靠泊卸船，在码头通常设 3 台 16in 液体卸料臂和 1 台 16in 气相返回臂，或设 3 台 20in 液体卸料臂和 1 台 20in 气相返回臂。

对于中小型 LNG 接收站，码头接卸的 LNG 船型偏小，卸料臂的单台卸能力也相应较小，一般所配的卸料臂的口径范围为 8～12in。目前，某接收站具备依托码头中转 LNG 的功能，往往转运的 LNG 运输船容量较小相应配套的卸料臂也采用较小的口径。

（1）卸料臂主要型号

1）日本 LNG 卸料臂

日本 LNG 卸料臂各项参数、特点参见表 4-7。

表 4-7 日本 LNG 卸料臂各项参数及特点

名称(规格、型号)	主要技术参数		特点
	管径/in	臂长	
全平衡型(FBMA)(图 4-5)	3～12	最大可达 14.5m	空载平衡，设计简单
旋转平衡型(RCMA-T)(图 4-6)	6～24	最大可达 30.48m	空载平衡，组合式平衡重在一个旋转机构里
双平衡型(DCMA)(图 4-7)	6～24	最大可达 30.48m	空载平衡，内外臂独立的平衡重

卸料臂附件如下。

① 快速联结器。

a. 液压（H-QCDC）：联结及分离时间 10～15s，适用于 10in、12in、16in 装卸臂，适应多种规格的法兰连接。

b. 手动（M-QCDC）：联结及分离时间 7～10min，适用于 6～12in 法兰连接。

② 位置监控系统 PMS。

③ 无线遥控单元。

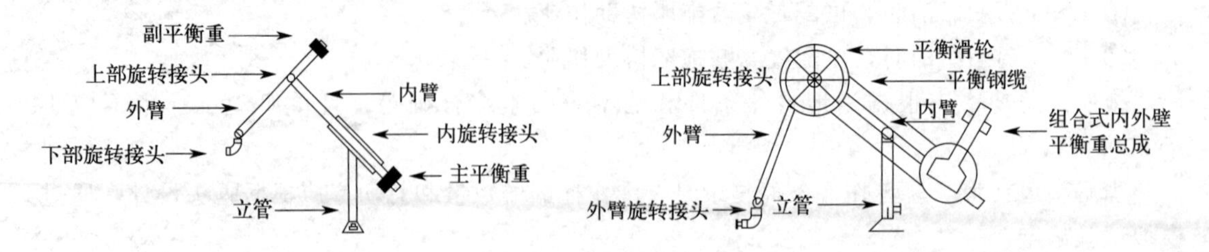

图 4-5 全平衡型卸料臂　　　图 4-6 旋转平衡型卸料臂

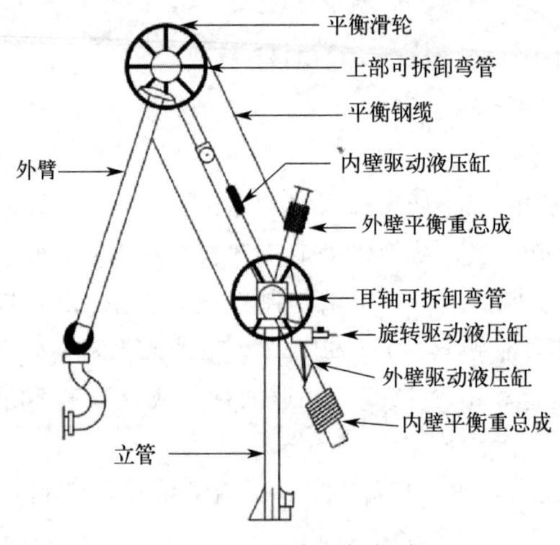

图 4-7 双平衡型卸料臂

2）美国 LNG 卸料臂

美国 LNG 卸料臂主要技术参数及特点参见表 4-8。

表 4-8 美国 LNG 卸料臂主要技术参数及特点

名称(规格、型号)	特点
旋转平衡型(RCMA-S)	一个平衡重系统保持内、外臂平衡,卸料管与机械支撑结构相对独立
双平衡型(DCMA-S)	两个平衡重系统保持内、外臂平衡,卸料臂在所有位置均保持平衡,卸料管与机械支撑结构相对独立

主要技术参数如下。

管径：6～20in。

臂长：10～35m。

紧急脱离系统（ERS）可满足以下条件。

① 泄漏率：0.4L/h。

② 设计压力：30bars（435psi）。

③ 设计温度：－165℃（－265℉）。

④ 设计流量：5000m^3/h（31500bph）。

⑤ 阀之间最少容积（7.9L 全通径）。

⑥ 尺寸：最大为16in。

⑦ 全径或变径。

⑧ 确保在结冰厚度25mm以下打开-OCIMF1999标准。

RCMA-S型卸料臂和DCMA-S型卸料臂分别见图4-8和图4-9。

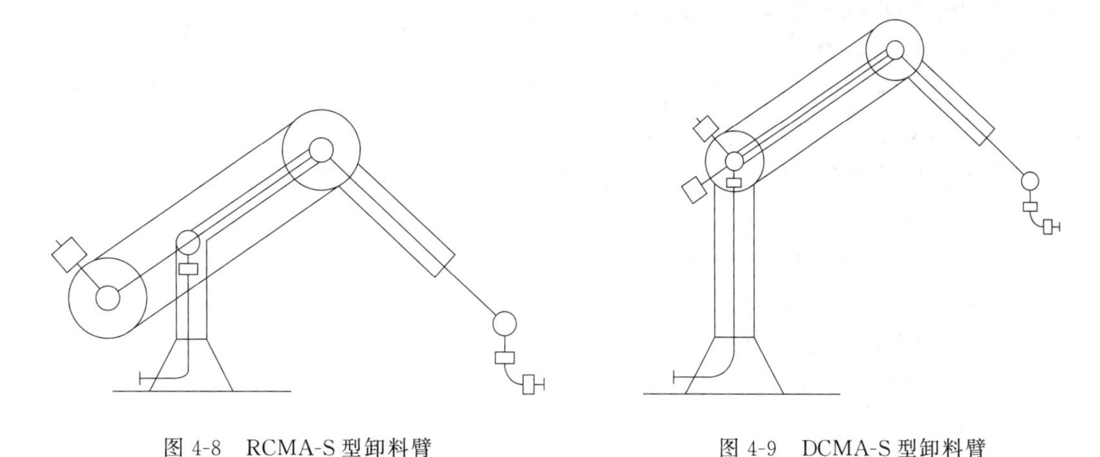

图4-8 RCMA-S型卸料臂　　图4-9 DCMA-S型卸料臂

卸料臂旋转接头型式参见图4-10。

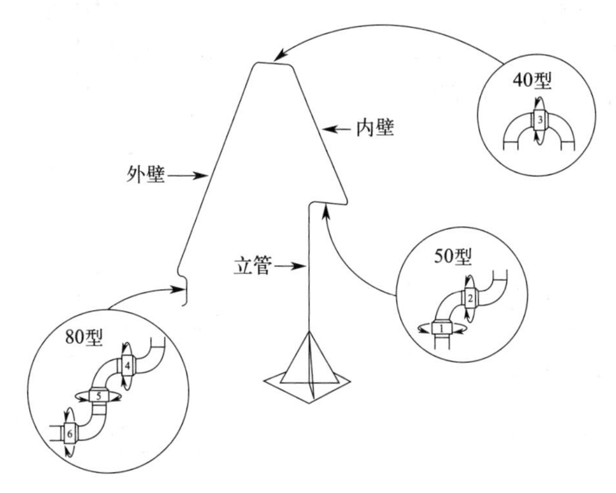

图4-10 卸料臂旋转接头型式

3）国产LNG卸料臂

2021年4月13日，由中国海油所属气电集团技术研发中心牵头研发、江苏长隆石化装备有限公司设计制造的国内首台16寸大口径LNG卸料臂正式下线验收，据悉，该卸料臂将在国家管网集团漳州LNG接收站实现工程应用。目前，该卸料臂关键部件与整机已按最新标准规范要求完成出厂前低温试验并通过法国船级社BV认证，具备开展工程化测试应用的条件，卸料臂装备性能及技术指标均达到国际先进水平。

（2）典型配置

根据装卸臂的使用环境，可以分为两种类型：陆用型，有防浪墙保护、直接面对海水（无防浪墙）；海上型，船对船、船对海上浮式设施。

① 常规船型的典型配置。

采用三台液相臂一台蒸气臂，流量为 10000m^3/h；主要配件为紧急脱离系统（满膛或半膛型接头）、位置监视系统。

常规法兰导向系统允许的位移量：竖直位移±0.1m；水平位移±0.1m；速度±0.05m/s；加速度±0.025m/s^2。

需要考虑的因素：水位变化、波浪条件、装卸船型规模、允许法兰漂移的范围、码头管理。

② 船对船的典型配置。

通常采用三台液相臂一台蒸气臂的配置，流量为 10000m^3/h；主要配件为紧急脱离系统（满膛或半膛型接头）、液压接头、旋转接头、位置监视系统和连接支持（选项）。

常规法兰导向系统允许的位移量：竖直位移±2.0m；水平位移±1.7m；速度±1.0m/s；加速度±0.5m/s^2。

③ 船对船前后式装卸配置（悬挂式）。

通常选用一台 24in（610mm）的液相臂和一台 16in（406mm）的气相臂，流量为 10000m^3/h；典型附件为连接器和紧急脱离系统、独立承重的机械接头、连续运转的旋转接头、位置监视系统、定位系统和汇管法兰连接引导。允许的波浪水位差为 5m，工作包络范围为 23m。图 4-11 是 16in 和 20in 装卸臂允许 LNG 船移动范围比较。

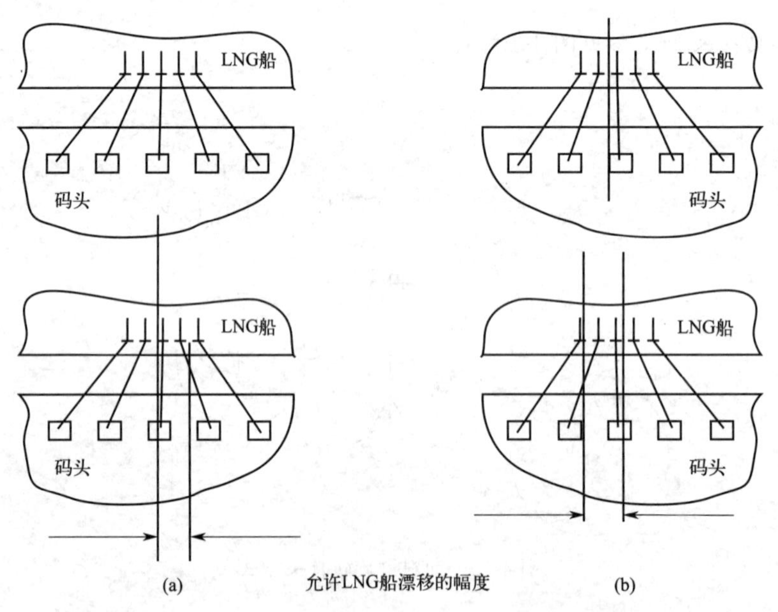

图 4-11　16in 和 20in 装卸臂允许 LNG 船移动范围比较

（a）16in 装卸臂；（b）20in 装卸臂

④ LNG 卸料臂的发展趋势。

LNG 船的船容有向更大的方向发展的趋势，如 250000m^3 的超大型 LNG 船。因此，20in（508mm）的装卸臂将会有更多的应用。未来大容量 LNG 船码头典型装卸的配置可能是：设置四个 20in 的装卸臂，其中两个为液体臂，一个为蒸气臂，另一个为液体/蒸气混合臂，卸货速率达到 18000m^3/h。20in 卸料臂的优势不仅流量大，而且允许 LNG 船的漂移幅度可以更大一些。

（3）装卸臂的主要部件

装卸臂主要由组合式旋转接头、输送臂、配重机构、转向机构及支承立柱组成。组合式旋转接头是装卸臂能补偿 LNG 船起伏、摇晃的装置，应能准确快速地与 LNG 船上的接口进行连接或脱卸，并能自由旋转，以补偿不同方向的位移。当接头连接好以后，即使船舶在装卸过程中产生摇晃或上下起伏，装卸臂可以随着船舶的运动，在三个方向进行相应的调整。

低温旋转器是组合式旋转接头中的关键部件，不仅要能承受 LNG 的低温工作环境，而且要能够轻松地转动，还要有良好的密封性。低温旋转器采用具有聚乙烯树脂作的不锈钢密封结构，通过不锈钢弹簧的压紧力形成密封。通常采用两道内密封：一道为主密封；另一道为辅助密封。另外设置有水密封，目的是保护旋转轴承。

1）快速连接装置

快速连接装置（QCDC）是在装卸臂的组合式旋转接头的法兰与船上装卸口法兰对接准确以后，对连接法兰实施压紧的装置。是一种由液压驱动的夹紧装置。操作方式有手动操作和无线电遥控操作两种。

① 手动快速连接器。用液压驱动的快速连接器来实现装卸臂与船舶装卸口的对接，手动快速连接器是通过手动操作的方式，把装卸臂法兰和甲板上装卸口的法兰牢固地连接在一起。由于是通过专门的夹具来实施夹紧，不需要传统法兰连接时使用的螺栓和螺母，所以只需要传统操作方式十分之一的时间就可以实现快速连接。当装卸臂或连接器在向目标位置移动时，连接器上的摩擦装置控制夹具处于张开的状态，每个夹紧爪的夹紧力是独立的，确保了连接的密封性。手动快速连接器能快速取下和更换，也能很方便地装到法兰上。

② 液压快速连接器。它是装卸臂系统中的一个集成部件，可以将多个装卸臂在几秒的时间内完成液压定位和连接。独立的双向液压马达驱动螺杆，可用每一个夹具把法兰平面绝对夹紧，夹紧以后则不需要动力维持。如果出现停电的情况，夹具可由手动开启或夹紧。连接时可以在岸上的操纵室内操作，也可以用船上携带的便携式远距离操纵盒，操纵盒有电缆与岸上操作室相连。液压装置可提供足够的压力，保证连接处的密封性。

操纵箱可对不同的装卸臂进行移动、快速连接和快速脱离的操作，也可以通过操纵盒上的“RemoteOn-Off”开关转移到岸上的操作室控制，还可采用无线电远距离控制。

2）紧急脱离装置

它是为了在紧急状态下使船舶和装卸臂快速分离的安全装置。在进行 LNG 装卸操作的过程中，如果船舶上或者码头上万一发生火灾或者其他事故，将影响到安全时，需要将船舶和装卸臂快速脱离，使船舶能尽快驶离码头。紧急脱离装置由两个阀门和动力驱动装置组成。双球阀型紧急脱离系统（DBV＋PERC）、双蝶阀型紧急脱离系统（DBFV＋PERC），是卸货系统中的关键设备连接要快捷，密封性要好，在紧急状态下能迅速脱离，以便让 LNG 能够迅速离开码头。LNG 接收站的卸货臂与蒸气返回臂的比例为 3∶1。大多数的卸货臂的外径为 400mm，也有外径为 300mm 或更小一些的。紧急脱离系统设计制造规范：

① 按照 OCIMF 2017 标准；

② EN 1474—1997 版；

③ SHELL77/306 标准（允许泄漏量：≤0.40L/min）；

④ 设计压力为 1.9MPa；

⑤ 设计温度为－165℃；

⑥ 满膛阀门间的存液量为 7.9L。

3）旋转接头

它是装卸臂的关键部件。装卸臂工作时，LNG 船会有一定幅度的飘移和晃动，装卸臂随着船体的移动和摇摆作出相应的移动，就像人的手臂一样能够移动自如。臂上设计有像关节一样可以自由转动的旋转接头，这种接头在 LNG 的低温状态下不仅能自由旋转，而且仍然有良好的密封性。旋转接头应具备以下功能：氮气吹扫通道、密封性检测接口、转动平稳、嵌入式滚珠轨道、可靠的密封性和及时复位能力。

OCIMF 规范对卸料的旋转接头的测试内容和要求有具体的规定，主要的测试项目有：局部真空测试、旋转测试、环境温度下的强度试验、最低设计温度下的强度试验、氮气冲扫测试。图 4-12 是常用装卸壁在不同流量下压降的参考值。

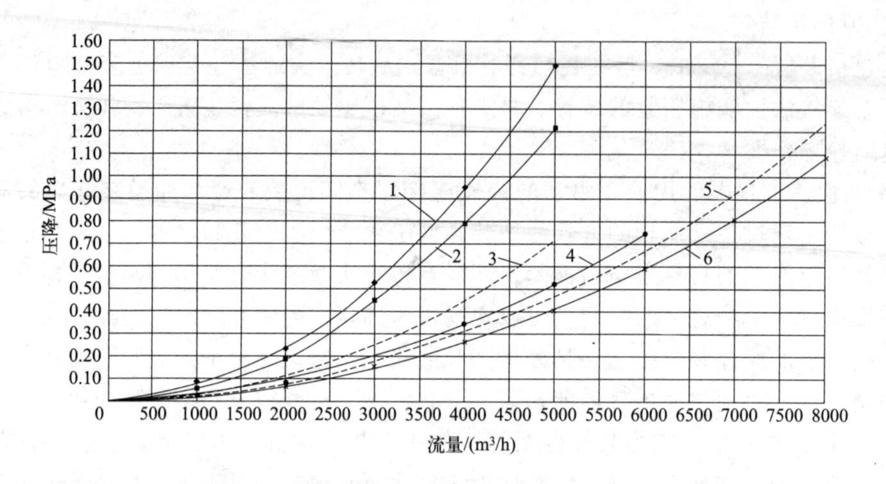

1—16in 卸液臂＋16in 接头＋16in 紧急脱离装置＋12in 半膛球阀；2—16in 卸液臂＋16in 接头＋16in 紧急脱离装置＋16in 半膛球阀；3—20in 卸液臂＋16in 接头＋16in 紧急脱离装置＋16in 全膛球阀；4—20in 卸液臂＋20in 接头＋20in 紧急脱离装置＋16in 半膛球阀；5—20in 卸液臂＋16in 转接 20in 接头＋20in 紧急脱离装置＋16in 半膛球阀；6—20in 卸液臂＋20in 接头＋20in 紧急脱离装置＋20in 全膛球阀

图 4-12 常用装卸臂在不同流量下压降的参考值

4.3 BOG 回收与利用

LNG 接收站的工艺方法是根据 BOG 处理方法不同来进行区分的，故进行 LNG 接收站设计时，首先应确定 BOG 处理方法。

4.3.1 BOG 处理方法

(1) BOG 直接压缩输出工艺

直接压缩输出工艺是将蒸发气压缩到外输压力后直接送至用户或输气管网，流程相对简单（图 4-13)。直接压缩输出工艺需要消耗大量压缩功，运行费用较高，一般用于外输气压力较低、最小外输量低于冷凝蒸发气需要的 LNG 量的场合。

(2) BOG 再冷凝工艺

再冷凝工艺是将蒸发气压缩到一个较低的压力（通常为 0.6～0.9MPa)，然后与低压输送泵从储罐送出的 LNG 在再冷凝器中混合，将 BOG 冷凝下来，冷凝后的 LNG 经高压输出泵加压气化后外输（图 4-14）。

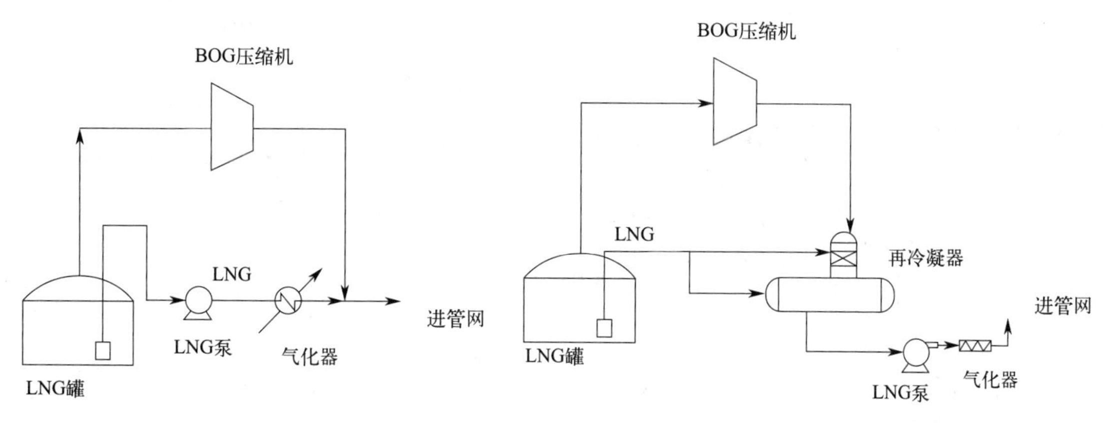

图 4-13　BOG 直接压缩输出工艺

图 4-14　BOG 再冷凝工艺

再冷凝工艺利用 LNG 的冷量将 BOG 冷凝，减少了 BOG 压缩功的消耗从而节省能量，比直接输出工艺更加先进、合理。因此，在可能的条件下再冷凝工艺为 BOG 处理的首选方案。

另外，从节能的角度看，带预冷器的 BOG 再冷凝工艺可进一步节能（图 4-15）。利用高压泵出口的 LNG 作为冷却介质，把压缩后的 BOG 在进入再冷凝器前先进行预冷，降低 BOG 进入再冷凝器的温度，减少了再冷凝器中冷凝 BOG 的 LNG 负荷，这样在处理相同 BOG 量时可降低再冷凝器的压力，从而节省 BOG 压缩机功耗可达 20%左右。

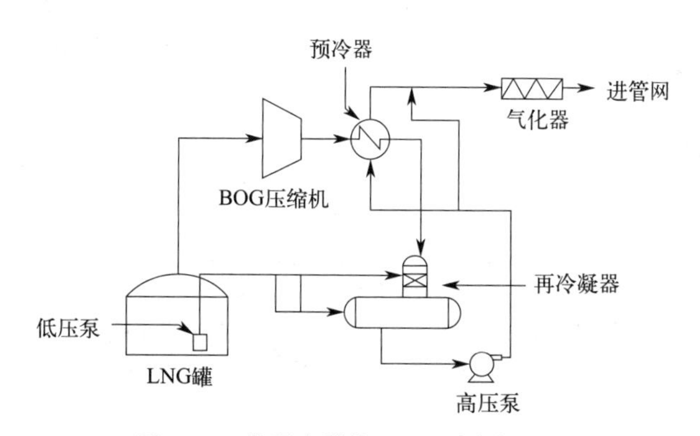

图 4-15　带预冷器的 BOG 再冷凝工艺

LNG 接收站卸船工况下的 BOG 处理量比非卸船工况下 BOG 处理量要大一些，同时，根据下游管输用户用气量的不同，LNG 接收站外输量也有较大波动，这些因素使得 BOG 再冷凝液化的控制对整个接收站外输的稳定起至关重要的作用（图 4-16）。当 BOG 处理量较大，而下游用户用气量较低时，会造成 BOG 无法完全液化而不得不排入火炬系统白白地烧掉，造成损失。因此，某些 LNG 接收站采取了 BOG 再冷凝液化及 BOG 直接压缩两种工艺混合使用的方案，以避免 BOG 进入火炬系统而造成能源浪费。对于个别接收站运行初期，由于输气管道未投用，BOG 也有采用制冷方式的再液化装置来回收的特例。

综上所述，一个接收站的 BOG 处理具体采取哪种工艺线路，还需要根据外输气的具体情况来进行综合分析确定。目前国内已建和在建的大型 LNG 接收站大都采用再冷凝工艺，某地接收站采用 BOG 直接压缩和 BOG 再冷凝两种工艺对 BOG 进行处理，蒸发气 BOG 处

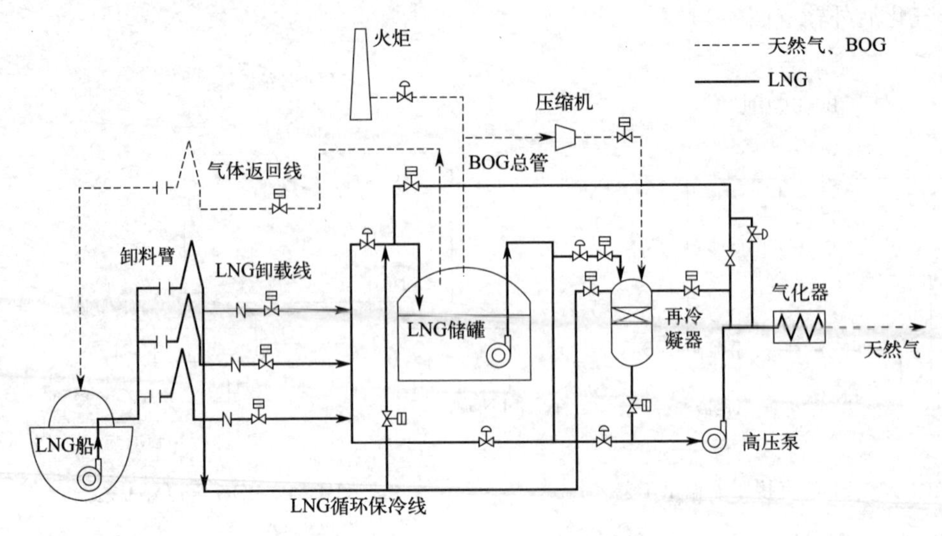

图 4-16　LNG 接收站主工艺流程

理系统流程简图如图 4-17 所示。

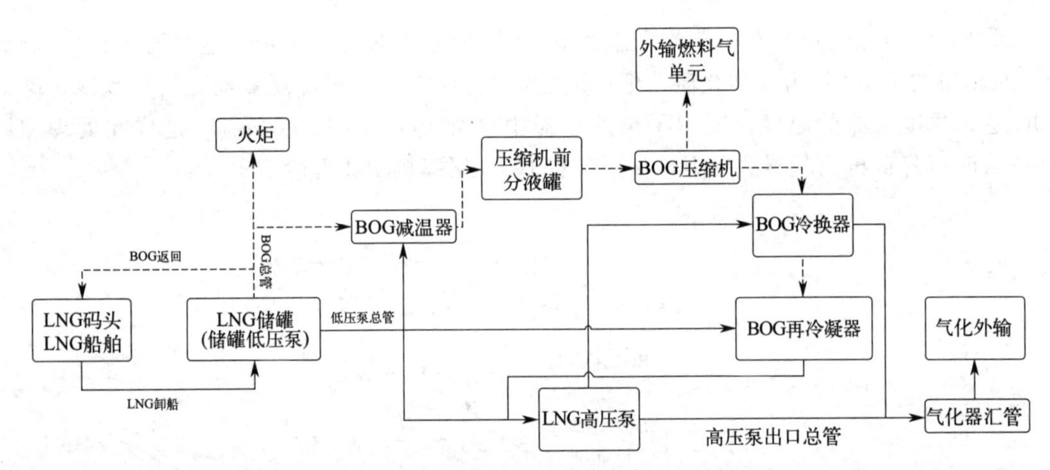

图 4-17　蒸发气 BOG 处理系统流程简图

4.3.2 BOG 来源与 BOG 量计算

(1) BOG 来源

① LNG 储罐热量输入。LNG 储罐是充分隔热的。基于经济和结构的原因，LNG 储罐设计的日气化率是总容量的 0.05%（以纯甲烷计）。

② 冷循环设施热量输入。从储罐中来的 LNG 通过管道连续循环，目的是确保管道在不用时处于低温状态。循环的 LNG 将获取热量，这些热量来自循环时使用的低压泵工作产生的热量和从周围环境中吸收的热量。吸热的 LNG 流回 LNG 储罐最终利于 BOG 产生。

③ 高压泵和管线热量输入。因热量泄漏在高压泵筒中产生的 BOG 被送回 BOG 处理系统（如再冷凝器）或 LNG 储罐中。

④ 卸料操作。卸料期间，船上的 LNG 进入储罐，由于热量的输入，闪蒸以及气相空间

被输入的 LNG 液相占据，会产生大量的闪蒸气。

⑤ 由于 LNG 分层引起的翻滚。

（2） BOG 量计算

BOG 的产生因素主要有以下 6 项：储罐、管线漏热、装槽车、装船、卸料及泵的热输入、大气压。BOG 减小因素主要是气态外输引起。

1）储罐及管线漏热

储罐漏热产生 BOG 量(kg/h)=[储罐数量×储罐罐容(m^3)×日蒸发率×24]×BOG 密度(kg/m^3)

管线漏热的计算主要是在保冷循环过程中管线的漏热。保冷循环计算涉及的管线主要有：卸料管线、槽车管线、小船外输管线、低压泵至再冷凝器管线、再冷凝器至高压泵管线、高压泵至气化器管线排净管线。

管线漏热产生 BOG 的量(kg/h)=各管道漏热量之和(kJ/h)÷汽化潜热(kJ/kg)

管道漏热量(J/h)=管道表面积(m^2)×单位面积热导率[J/(h·m^2)]

2）装槽车

储罐内 LNG 置换可容纳的 BOG 质量流量(kg/h)=槽车装料速率(m^3/h)×储罐 BOG 的密度(kg/m^3)

槽车回气的质量流量(kg/h)=槽车装车速率(m^3/h)×槽车内 BOG 的密度(kg/m^3)

槽车装车置换 BOG 量(kg/h)=槽车回气的质量流量(kg/h)—罐内 LNG 置换可容纳的 BOG 质量流量(kg/h)

3）装船

装船产生的 BOG 量包括：装船置换、装船闪蒸及小船自蒸发气引起。

① 装船置换。小船内压力按实际情况考虑。

储罐内 LNG 置换可容纳的 BOG 质量流量(kg/h)=小船装料速率(m^3/h)×储罐 BOG 的密度(kg/m^3)

小船回气的质量流量(kg/h)=小船装料速率(m^3/h)×小船内 BOG 的密度(kg/m^3)

小船装料置换 BOG 量(kg/h)=小船回气的质量流量(kg/h)－罐内 LNG 置换可容纳的 BOG 质量流量(kg/h)

② 装船闪蒸。装船产生 BOG 量主要包括：焓差引起、小船舱内罐壁冷却引起、小船与储罐高度差引起。

a. 焓差引起。

装料臂总漏热(kJ/h)=每个装料臂热输入(kJ/h)×装料臂数量

装料泵的热量输入(kJ/h)=装料速率(m^3/h)×储罐内 LNG 的密度(kg/m^3)×重力加速度(g 取 9.8m/s^2)×泵的扬程(m)÷泵效率÷1000

装料操作的总热输入量(kJ/h)=装料臂总漏热(kJ/h)+装料管线热输入(kJ/h)+装料泵的热量输入(kJ/h)

储罐与小船焓差引起的热量变化(kJ/h)=[储罐 LNG 的焓值(kJ/kg)－小船 LNG 的焓值(kJ/kg)]×小船装料的质量流量(kg/h)

其中：小船装料的质量流量(kg/h)=装料速率(m^3/h)×储罐 LNG 密度(kg/m^3)

进小船前的总热量输入(kJ/h)=储罐与小船焓差引起的热量变化(kJ/h)+装料操作的总热输入量(kJ/h)

焓差引起的BOG量(kg/h)=进小船前的总热量输入(kJ/h)÷小船内LNG的潜热(kJ/kg)

b. 小船舱内罐壁冷却引起。

把小船的容积等同于容积相当的储罐，然后按照储罐的计算方法计算焓差引起的BOG。

所需冷却的钢板体积(m^3)=内罐钢板厚度(m)×储罐周长(m)×卸料储罐的数量×单个储罐的卸料高度(m)

罐壁冷却的热输入(kJ)=所需冷却的钢板体积(m^3)×Ni9钢的密度(kg/m^3)×Ni9钢的比热容[kJ/(kg·℃)]×管壁温降(℃)

罐壁冷却的BOG产生量(kg/h)=罐壁冷却的热输入(kJ)÷罐内LNG潜热(kJ/kg)÷卸料时间(h)

c. 小船与储罐高度差引起。

因高度差需要的热量输入(J/h)=装料速率(m^3/h)×储罐LNG密度(kg/m^3)×重力加速度(g取$9.8m/s^2$)×高度差(m)/1000

高度差引起的BOG量(kg/h)=因高度差需要的热量输入(kJ/h)÷小船LNG的潜热(kJ/kg)

③小船自蒸发气引起。

小船自蒸发产生BOG量(kg/h)=小船容积(m^3)×2%×小船日蒸发率÷24(h)×小船LNG密度(kg/m^3)

说明：2%为小船卸料后舱内的LNG比例，在运输途中产生BOG。

4）卸料

卸料产生BOG量主要包括：卸料置换、卸料闪蒸、储罐自蒸发。与装小船的计算方法和过程基本类似，在此不再重复。

5）泵的热输入

泵的热输入=高压泵热输入+低压泵热输入

① 高压泵热输入。

高压泵的输出流率(kg/h)=LNG气态外输流率(kg/h)+高压泵总孔流率(kg/h)+ORV总孔流率(kg/h)

高压泵对回流LNG的热输入(kJ/h)=单个高压泵的热输入(kJ/h)×高压泵的开机数量×[高压泵总孔流率(kg/h)+ORV总孔流率(kg/h)]÷高压泵的输出流率(kg/h)×3600

高压泵热输入引起的BOG量(kg/h)=高压泵对回流LNG的热输入(kJ/h)÷罐内LNG的潜热(kJ/kg)

② 低压泵热输入。

管线保冷循环量(kg/h)=管线漏热量之和(kJ/h)÷经过低压泵加压后的LNG比热容[kJ/(kg·℃)]÷4(℃)

备注：此处管线漏热量之和，在不同的工况下有不同的组合；4℃表示保冷循环的LNG温升。

低压泵对回流LNG的热输入(kJ/h)=单个低压泵的热输入(kJ/h)×低压泵的开机数量×[低压泵的总孔流率(kg/h)+高压泵总孔流率(kg/h)+ORV总孔流率(kg/h)]÷低压泵的输出流率(kg/h)×3600

低压泵热输入引起的BOG量(kg/h)=低压泵对回流LNG的热输入(kJ/h)÷罐内LNG的潜热(kJ/kg)

6）气压变化引起

气压变化引起的BOG量＝气体膨胀引起BOG量＋气压变化引起BOG量

a. 气体膨胀。

BOG产生量(kg/h)＝罐容(m^3)×罐数量÷储罐绝对压力(kPa)×气压变化率(kPa/h)×储罐BOG密度(kg/m^3)

b. 气压变化。

BOG产生量(kg/h)＝系数K[kg/(h·m^2·9.81Pa)]×[所有罐气液面面积(m^2)×($\Delta P+10.02\times d_p/d_t)^{(4/3)}-\Delta P^{(4/3)}$](Pa)

ΔP(Pa)＝所有罐BOG蒸发量(kg/h)÷系数K[kg/(h·m^2·9.81Pa)]÷所有罐气液面面积(m^2)

7）气态外输（BOG减小因素）。

BOG减少量(kg/h)＝气态外输量(kg/h)÷储罐LNG密度(kg/m^3)×储罐BOG密度(kg/m^3)

4.3.3 BOG压缩机

（1）BOG压缩机作用

① 来自储罐的BOG经管道流向两台BOG压缩机。BOG总管保持两罐间压力平衡。罐内正常压力（无卸船时）在15kPa左右，在卸船时维持在25kPa。

② 当不能从船上卸下LNG到储罐时，BOG压缩机也可用于抽走船舱的BOG，以防止出现船上的安全阀放空的情况。

③ 在卸料操作中，将会产生大量的蒸发气，并依靠自循环（储罐和船之间的差压）返回到船舱内。如返回气量小，储罐有较高的压力，需两台压缩机同时运转；如返回气量大，储罐压力稍高或不高，可能只需一台压缩机运转，甚至不需要压缩机运行。卸船完成后，依靠压缩机维持储罐内低压。

④ 在正常操作时，储罐内产生的BOG被BOG压缩机抽出和压缩。压缩后的BOG被送入再冷凝器中。在再冷凝器中，压缩的BOG与由低压泵通过低压输送总管送来的过冷的LNG接触所冷凝。在正常操作下只需运行一台压缩机。

（2）BOG压缩机形式

LNG接收站BOG压缩机通常的形式为立式迷宫活塞式无油压缩机或卧式对称平衡式无油压缩机。立式迷宫活塞式无油压缩机的迷宫密封属于非接触密封，它利用活塞与气缸间迷宫槽的流阻来实现密封。由于气棚与活塞不直接接触，压缩机可以选择在较高的速度下运行。卧式对称平衡式无油压缩机为活塞环式，气缸与活塞直接接触，为尽量减少磨损，压缩机一般在较低的运转速度下运行，但其动力平衡性能较好。

每台BOG压缩机通常的配置包括主机、附件、仪表、电控等，以保证设备的安全运行并满足性能要求。BOG压缩机的详细配置如下：往复式压缩机，一级进出口压力缓冲罐，二级进出口压力缓冲罐，主电动机，曲轴和电动机法兰间的飞轮、联轴器、联轴器罩，润滑系统（包括主轴驱动润滑油泵、电驱动备用泵及电动机、一台管壳式油冷器、两套润滑油过滤器和转换阀、曲轴箱油加热器），一套调速系统，级间减压阀及排出口减压阀，级间气体管路，缸体冷却系统（如果需要），闭式循环冷却系统，电动盘车装置，必要的管路及支架，排出口止回阀，电动机底座，钢结构（包括附件支架、管路支架、稳压罐支架及缸体支架等），电气附件，全部就地仪表及公用辅助设施，仪表接线盒及电缆密封盖，控制盘，接地装置。

BOG 压缩机因输送介质温度较低，接触低温介质的部分材料为耐低温球墨铸铁或其他耐低温材料。

在 LNG 接收站也有采用其他形式的 BOG 压缩机，例如，BOG 齿轮增速离心式压缩机。该压缩机组一体化程度高，现场安装工作量小。

4.3.4 再冷凝器

再冷凝器主要有两个功能：一是冷凝 LNG 蒸发；二是作为 LNG 高压输送泵的入口缓冲容器。因此，再冷凝器的功能设计包括上部冷却段和下部缓冲段。

再冷凝器的外壳材料为不锈钢，其上部冷却段为不锈钢鲍尔环填充床。再冷凝器设有比例控制系统，根据蒸发气的流量控制进入再冷凝器的 LNG 流量，以确保进入高压输送泵的 LNG 处于过冷态。

再冷凝器示意图见图 4-18。

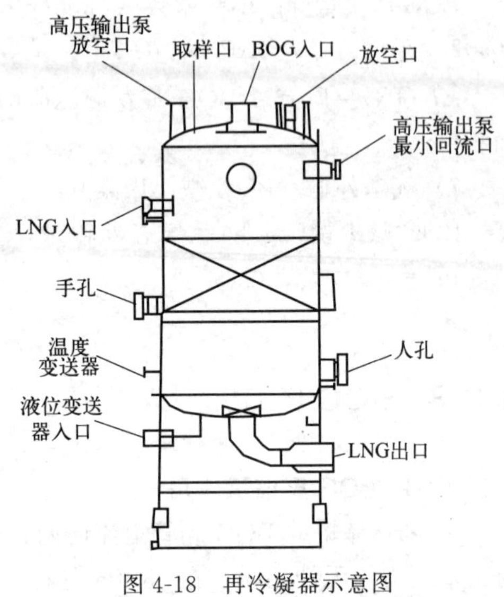

图 4-18　再冷凝器示意图

4.4 LNG 接收站储运系统设计

LNG 接收站储罐系统见图 4-19，LNG 卸料装载系统见图 4-20，LNG 高压泵系统见图 4-21。

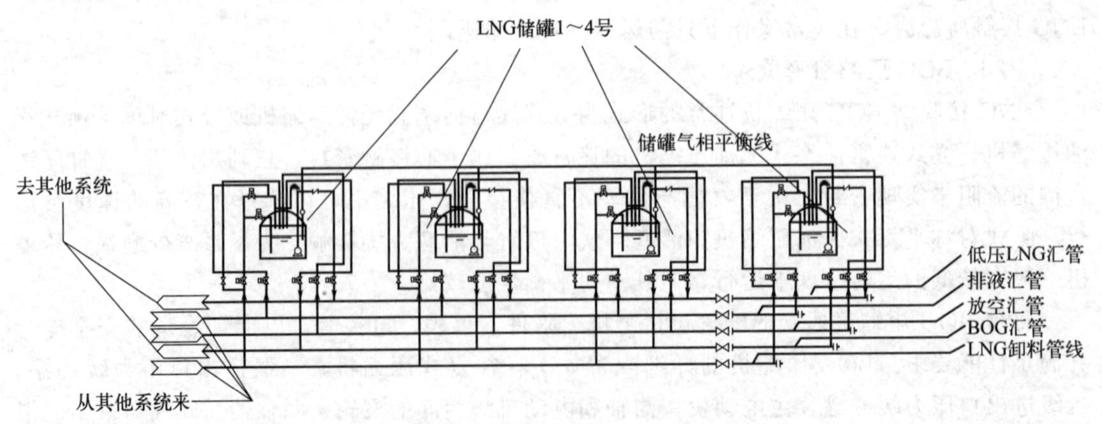

图 4-19　LNG 接收站储罐系统图

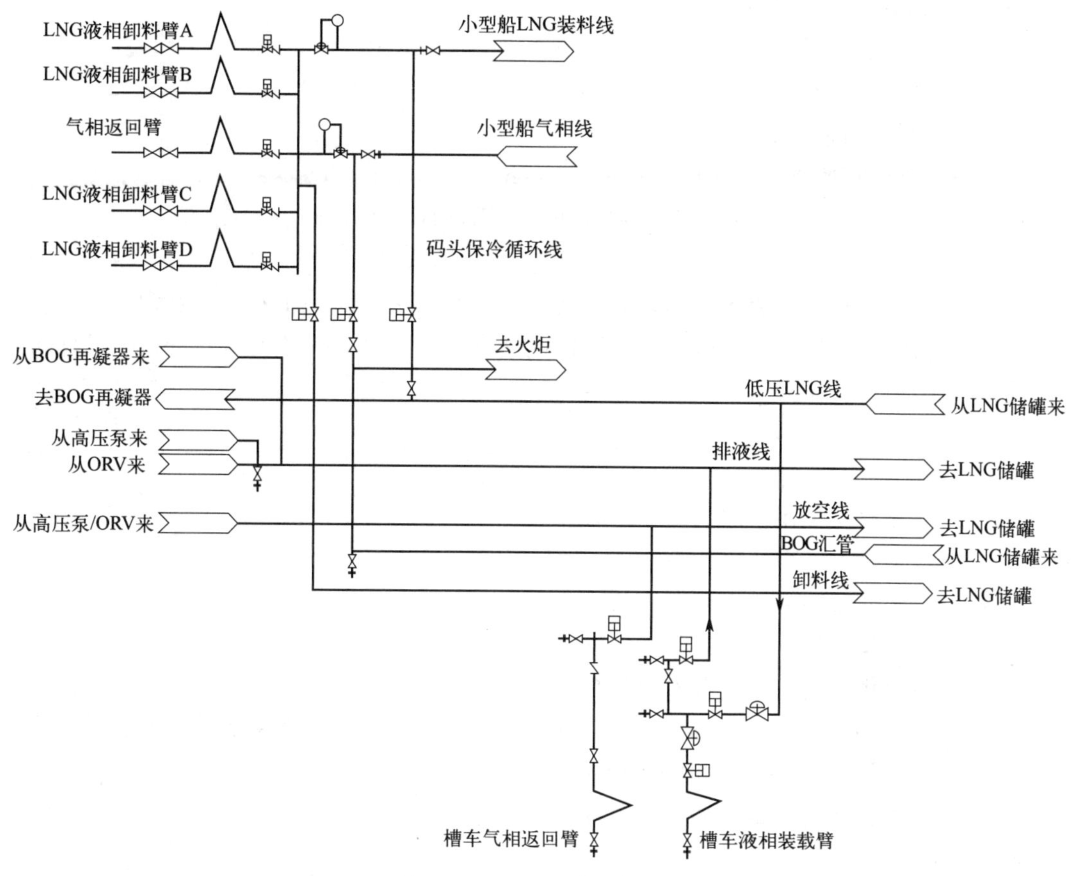

图 4-20　LNG 卸料装载系统

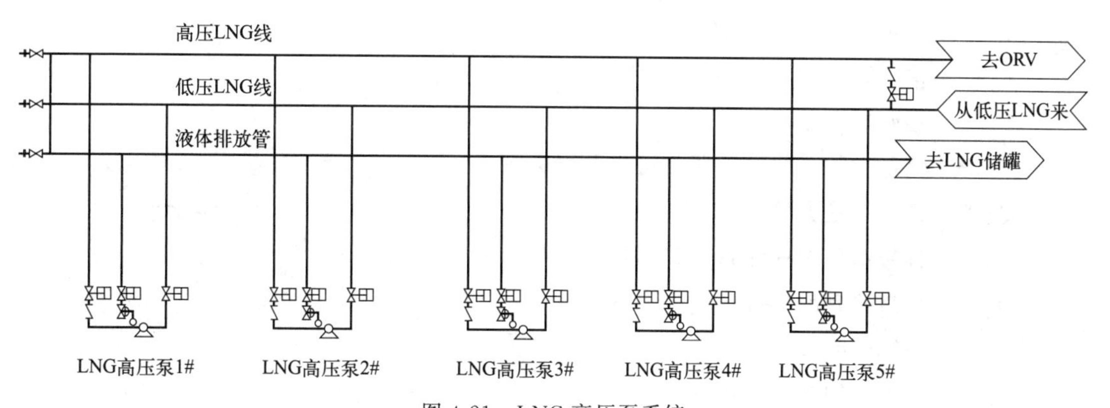

图 4-21　LNG 高压泵系统

4.4.1 LNG 库容计算

LNG 库容计算方法主要有以下几种。

（1）法国某知名设计公司罐容计算方法

$$V=0.96V_s+i_1Q-tq \tag{4-1}$$

式中　V——LNG 接收站需要的罐容，m^3；

V_s——LNG 运输船船容，m^3；

i_1——不可作业天数；

Q——LNG 接收站最大日外输量，m^3；

t——卸船时间，h；

q——LNG 接收站最小小时外输量，m^3/h。

LNG 接收站最大日外输量 Q 为各地区和各类用户日最大用量的叠加，即：

$$Q=Q_1+Q_2+\cdots+Q_n \tag{4-2}$$

式中 $Q_1 \sim Q_n$——分别代表不同用户类型（如工业用、民用等）的日最大用气量，m^3。

不同类型用户的月不均匀系数和日不均匀系数不同，计算某一类型用户的最大日外输量方法为

$$Q_m=\frac{Q_{my}a_m c_m}{12b_m} \tag{4-3}$$

式中 Q_m——某一类型用户的最大日外输量，m^3；

Q_{my}——该类型用户年操作量，m^3/a；

a_m——该类型用户最大月不均匀系数；

b_m——该类型用户最大月当月天数；

c_m——该类型用户最大日不均匀系数。

其中，不均匀系数是反映当期用量与平均用量的比值，月不均匀系数为当月用量与月平均用量的比值，日不均匀系数和时不均匀系数同理。

（2）日本某知名设计公司罐容计算方法

其计算式为

$$V=V_1+V_2+V_3=V_1+i_2(Q_g+Q_1)+Q_h-sQ_x \tag{4-4}$$

式中 V_1——LNG 运输船有效船容，m^3；

V_2——接收站的应急备用量，m^3；

V_3——季调峰存储量，m^3；

i_2——储备天数（通常按照不可作业天数考虑），d；

Q_g——日气态最大外输量，m^3/d；

Q_1——日液态最大外输量（包括罐车和小船外输），m^3/d；

Q_h——各高峰月的用气量之和，m^3；

s——用气高峰月数量；

Q_x——月平均用气量，m^3。

（3）库存量法

是综合考虑运输船卸货、市场需求波动等因素，采用一定程度的动态理念计算出一段周期内每月或每日的库存量。其中，通过计算每日库存量可提高罐容估算精度，而通过计算每月库存量估算罐容计算过程更简化。计算前，需假设初始储罐余料量。库存量法 LNG 储罐罐容计算式为

$$V=V_{max}+V_j=A_{max}+B_{max}-C_{min}+j\ \frac{Q_y}{365} \tag{4-5}$$

式中 V_{max}——接收站实际库存最大量，m^3；

V_j——接收站安全余量（一般考虑接收站在最大不可作业期间的备用量），m^3；

A_{max}——最大卸料量，m^3；

B_{max}——储罐余料量，m^3；

C_{min}——最小外输量，m^3；

j——最大备用天数，d；

Q_y——年用气总量，m^3。

4.4.2 LNG 储罐罐型选择（大型储罐）

LNG 接收站的最小储存能力应根据设计船型、安全储存天数、正常外输及调峰能力确定，LNG 储罐数量不宜少于 2 座。LNG 储罐是接收站的重要设备，其选型应综合考虑安全、投资、运行操作费用、环境保护等因素。通常 LNG 接收站建造的 LNG 储罐属常压、低温大型储罐，按储罐的设置方式可分为地上储罐、地下储罐与半地下储罐；按结构形式可分为单容罐、双容罐、全容罐和膜式罐。其中，单容罐、双容罐及全容罐均为双层罐，由内罐和外罐组成，内罐材料大都采用国际上广泛使用的耐低温钢板（9%Ni 钢），在内外罐间夹层充填热导率较低的保冷材料。对于单容罐、双容罐、全容罐及膜式罐设计概念的详细描述，请见标准 BSEN 1473—2007 和 BSEN 14620—2006。另外，影响 LNG 储罐选型的主要因素包括安全性、建造费用、运行费用、施工周期、当地的标准和规范等。

地下与半地下储罐比地上储罐具有更好的抗震性和安全性，不易受到空中物体的撞击，不会受到风荷载的影响，也不会影响人们的视线。但是地下与半地下储罐的罐底应位于海平面及地下水位以上，事先需要进行详细的地质勘察，以确定是否可采用地下储罐形式。地下储罐的施工周期较长、投资较高。LNG 储罐罐型示意图见图 4-22。

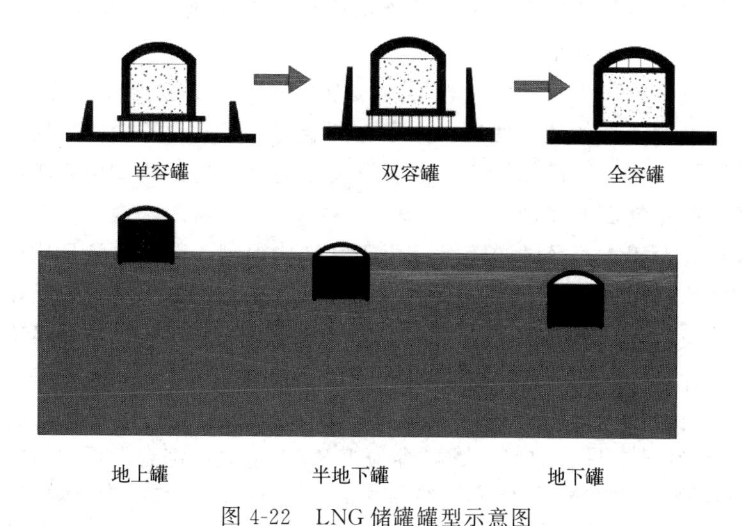

图 4-22　LNG 储罐罐型示意图

大型 LNG 储罐的设计及建造具有特殊的复杂工艺要求和设计标准，具有安全性要求高、设计使用寿命更长等特点。在 LNG 储罐建设过程中，需要勘察、土建、结构、设备、工艺、仪电和安全等相关专业相互配合。

LNG 储罐的基础通常采用高承台基础或低承台基础。高承台与地面有一定空间高度，可以使空气在下方流通，防止储罐承台结冰而损坏混凝土基础；采用低承台时，为防止冷量对地基产生影响，需要在储罐基础上设置电加热系统，并在基础的不同位置设有温度检测设施以控制电加热系统。

（1）单容罐

单容罐是低温液化气体常压储存的常用形式，只有一个自支撑式结构的容器或储罐用于容纳低温易燃液体，该容器或储罐可由带绝热层的单壁或双壁结构组成。单容罐的设计内压约 15kPa，正常的操作压力为 8～12kPa。依据 BSEN 1473—2007 和 BSEN 14620—2006，带有内吊顶的单容罐示意图如图 4-23 所示。

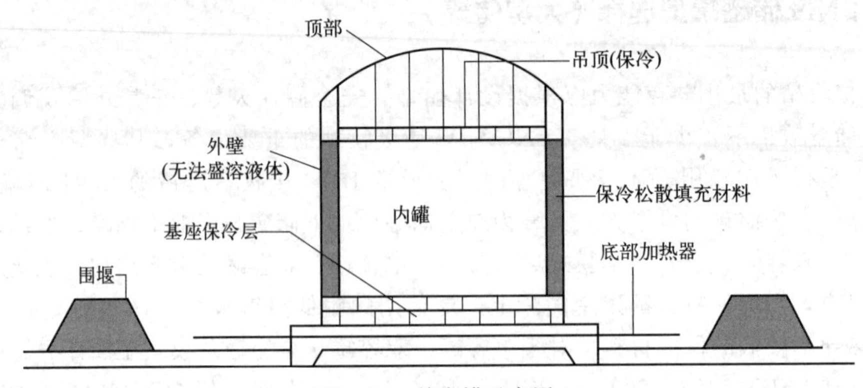

图 4-23　单容罐示意图

由于 LNG 常压储存温度为超低温的－162℃，出于安全和绝热考虑，单容罐较少在新建大型 LNG 接收站及 LNG 工厂中使用。而由于造价低、建设周期短等优势，单容罐仍是一种罐型选择。

单容罐结构形式为金属双壁储罐，内罐的设计要考虑盛装低温介质，其选材为耐低温的钢板。外罐只用于保护内罐的保冷层和抵抗外部载荷（如大风，暴雨等），不能用于盛装低温介质，其选用材料为普通碳钢。

单容罐一般适宜在远离人口密集区、场地较为宽阔不容易遭受灾害性破坏（例如火灾、爆炸和外来飞行物的撞击）的地区使用，由于它的结构特点，从安全防护的角度考虑，要求单容罐必须设置围堰。因此，增加了工厂布置安全距离及占地面积。由于单容罐的外罐是普通碳钢，需要考虑防止外部的腐蚀。

从操作角度讲，对于大直径的单容罐，由于其结构限制，储罐设计压力相对较低，通常情况下，其最大操作压力大约为 12kPa，设计压力不超过 20kPa。较低的操作压力不能使卸船过程中产生的蒸发气靠压差返回到 LNG 船舱中，因此，一般来讲，单容罐还需配备回气鼓风机，增加了操作运行费用。

目前，在国内已经投运最大容积的 LNG 单容罐为 $8\times10^4\text{m}^3$，在美国最大的单容罐罐容为 $1.6\times10^5\text{m}^3$，在日本最大的单容罐罐容为 $1.8\times10^5\text{m}^3$。综合考虑单容罐的投资和安全性，近年来容量超过 $1\times10^5\text{m}^3$ 的单容罐在新建的大型 LNG 接收站中已较少使用。

对于大型的单容罐，从合同签订时算起，标准的建造周期为 14～16 个月，包括工程设计、现场预制、地质勘察、试桩、桩基础施工及检验等过程。同一场地有多个储罐时，每增加一个储罐需要增加一个月的施工周期。

（2）双容罐

双容罐是由一个单容罐及其外包容器组成的储罐。该外包容器与单容罐的径向距离不大于 6m 且顶部向大气开口，用于容纳单容罐破裂后溢出的低温易燃液体。依据 BSEN 1473—2007，典型双容罐的设计如图 4-24 所示。

由于双容罐是由单容罐外加一个靠近的由低温钢或混凝土建造的高围堰组成，在内罐发生泄漏时，气体会发生外泄，但液体被高围堰盛装，不会外泄，增加了储存介质的安全性。同时，外界产生的危险载荷可以由其外侧的混凝土墙阻挡，起到一定的保护作用，其安全性较单容罐高。

双容罐将单容罐的围堰加高，从而有效减小了占地面积，节省了土地投资费用。根据相关标准要求，双容罐仍需要较大的安全防护距离。当事故发生时，LNG 罐中气体被释放，但装置运行仍在控制中。

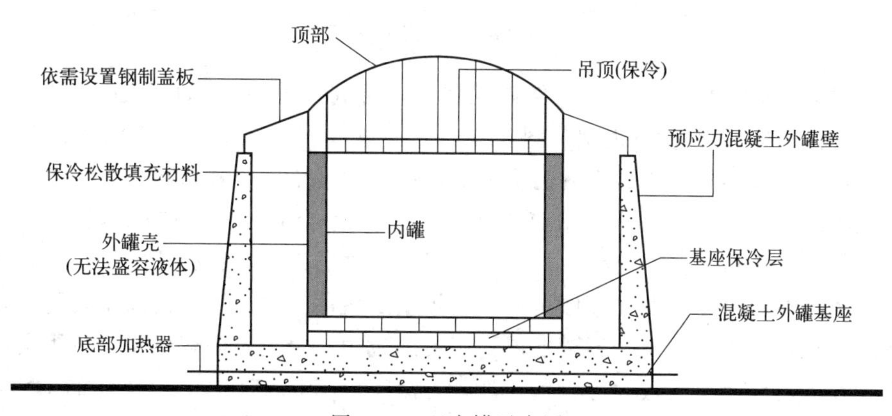

图 4-24　双容罐示意图

与单容罐相同，双容罐的设计压力较低，也需要设置回气鼓风机。双容罐的投资略高于单容罐，其施工周期也较单容罐略长。

双容罐是在单容罐的基础上进行改进的，提高了其围堰的高度并与外罐壁之间的距离比较近，相比于单容罐，所需的安全间距将大幅减小，从而提高了安全性。但双容罐现在基本上已被全容罐所替代，全容罐虽然增加了建造成本，但提高了对罐体泄漏的防护措施。

对于大型的双容罐，从合同签订时算起，标准的建造周期约为 20 个月（包括外围堰的施工)，包括工程设计、现场准备、地质勘察、试桩、桩基础施工及检验，以及储罐外围的混凝土高围墙的后张拉等过程。

（3）全容罐

全容罐（图 4-25）由内罐和外罐组成。内罐为钢制自支撑式结构，用于储存低温易燃液体；外罐为独立的自支撑式带拱顶的闭式结构，用于承受气相压力和绝热材料，并可容纳内罐溢出的低温易燃液体，其材质一般为钢质或者预应力混凝土。

全容罐包括两种形式：全金属全容罐和预应力混凝土全容罐。其内、外罐的设计都要考虑盛装低温介质。

全容罐的结构采用低温钢制内罐、低温钢板或混凝土外罐、顶板、底板等，可允许内罐里的 LNG 向外罐泄漏。预应力混凝土全容罐有厚重的预应力钢筋混凝土外壳，不仅为内罐介质泄漏时提供了保障，更提高了抵抗外部火灾、外部冲击载荷等的能力。全金属全容罐造价较低、占地面积较小、工期较短，但对外部危害，如火灾、爆炸、飞行物等的防护能力低。

预应力混凝土全容罐的最大设计压力达 29kPa，其允许的最大操作压力为 25kPa。由于

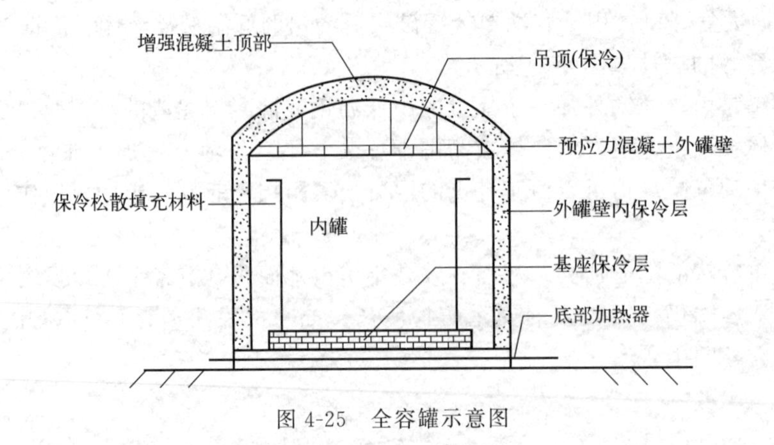

图 4-25　全容罐示意图

有效提高了罐内介质的储存压力，在卸船操作时，可利用罐内气体自身压力将蒸发气返回 LNG 运输船货舱内，无须设置返回气风机加压，并减少了操作费用，为操作工况提供了更大的操作弹性。预应力混凝土全容罐的最大操作压力比全金属全容罐高。

由于全容罐的外筒体可以承受内筒泄漏的 LNG，不会向外界泄漏，不需设置围堰，其安全防护距离也要小得多。一旦事故发生，装置不需立即停车，这种状况可持续几周，直至装置停车，为事故救援和按程序关停运行装置提供了缓冲时间，极大提高了装置的安全性。

目前国内外预应力混凝土全容罐已得到广泛的应用，全金属全容罐相对应用实例较少。

目前，在国内已经投运最大容积的 LNG 全容罐为 $1.65\times10^5 m^3$，在建的 LNG 全容罐最大容积为 $2\times10^5 m^3$；在国外投运的最大的 LNG 全容罐容积为 $2.2\times10^5 m^3$，在建的最大的 LNG 全容罐容积达 $2.7\times10^5 m^3$。

1）优势

全容罐的设计为 LNG 接收站大量的危险源提供了本质的安全结构。混凝土墙和顶可以消除物体撞击带来的损坏。储罐四周的安全距离以最小化混凝土罐顶也很好地防止了 LNG 的溢出。罐顶的热冲击会引起罐顶外层的局部开裂，但是不会损坏储罐蒸发气密闭的完整性。如果罐顶平台上铺设敞开式格筛板，意味着少量的溢出和泄漏会被分散掉，不会形成明显的 LNG 积液，任何溢出的 LNG 在接触到混凝土罐顶后会快速气化。即使在达到地面前会气化，也还是要在地面上布置集液池。

当内罐发生轻微泄漏或 LNG 从内罐顶部溢出时，低温液体会汇集到内罐与外罐保冷层间的底部。为了防止此处的底板和罐壁内表面直接与低温液体接触产生很大的温度应力从而导致破坏，在这个区域内设置一道边角保护系统：在内罐与外罐的保冷层间底板顶面处铺设一道泡沫玻璃保冷块和 9%Ni 钢板，并且一直延伸到外罐罐壁 5m 高处，从而提高了安全性。

全容罐的外墙和罐顶对于热辐射有抵御能力，热辐射通常是指相邻的 LNG 池和安全阀末端的火灾。这种设计对钢筋结构强度的弱化有明显的延迟作用，与金属罐顶相比，可以减少储罐喷淋系统的配置并降低消防系统的投资。

将混凝土罐顶建在内钢罐顶上与仅用单一的钢罐顶相比，其内部的可允许设计压力提高约 1 倍。较高的压力在卸船时可以承受来自于运输船储罐的饱和 LNG 压力并减少 BOG 的产生。这样可以大幅度地降低 BOG 处理系统中工艺管道和设备的成本。

2）劣势

虽然混凝土外罐全面提升了安全性能，例如，可承受更大的压力、属自支撑结构，但这是一个巨大的混凝土结构。以 $1\times10^5\,m^3$ 的储罐为例，大约需要 $1\times10^4\,m^3$ 的混凝土来建造罐壁、罐顶和底板，从而导致造价增加和施工工期增长。

3）施工周期

对于大型预应力混凝土全容罐，从合同签订时算起，标准的施工周期约为 32 个月，包括工程设计、现场准备、地质勘察、试桩、桩基础施工及检验等过程。

（4）膜式罐

膜式罐（图 4-26）是由金属薄膜内罐、绝热层及混凝土外罐共同形成的复合结构。金属薄膜内罐为非自支撑式结构，用于储存 LNG，其液相荷载和其他施加在金属薄膜上的荷载通过可承受荷载的绝热层全部传递到混凝土外罐上，其气相压力由储罐的顶部承受。

膜式罐是一种新型的 LNG 储罐，自 20 世纪 70 年代第一座膜式罐建成以来，技术日趋成熟，至今世界上已建成的膜式罐达 20 余座。

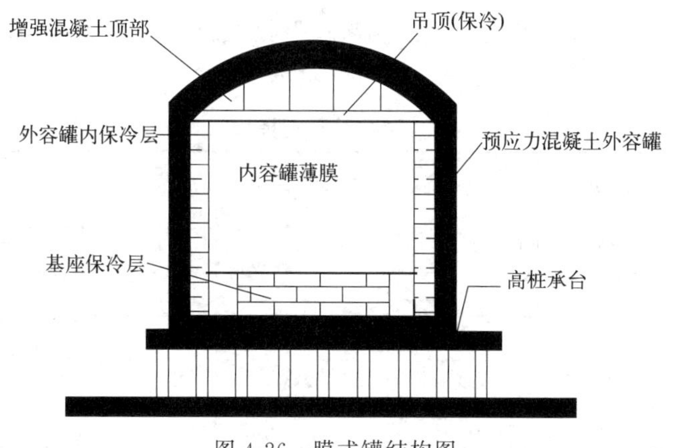

图 4-26　膜式罐结构图

膜式罐的外罐及内罐顶结构与预应力混凝土全容罐相同，内罐采用了特殊结构的不锈钢膜板用于盛装 LNG，不锈钢膜板与混凝储罐外壁之间采用特殊设计的保冷层结构（硬质绝热材料）。因此，内罐介质的压力载荷通过保冷层传递到外罐的预应力混凝土结构，而保冷结构隔绝了冷量的传递。

膜式罐具有很多优点。首先，在相同的占地面积和外罐容积下，可以获得更大的有效储存容积；其次，膜式罐采用不锈钢膜板替代了 9% Ni 钢，大幅降低了材料的费用，从而降低了储罐的造价；最后，膜式罐的保冷结构以及内罐不锈钢膜板，通过优化零部件模数，最大限度地采用工厂预制现场组装的方式，极大地减少了现场工作量，有效缩短了 LNG 储罐的建设周期。

1）优势

由于膜式罐比相同容量的预应力混凝土全容罐干燥、置换和冷却的时间更短，加上两种储罐在底部和墙上采用同质的保冷系统，因而能降低建造成本和周期。薄膜层将密封液体和气体，经过气体密封实验的高质量的密封结构会密封气体，而在全容罐中的碳钢密封板不能进行这种气体密封实验。

2）劣势

带有围堰的薄膜式储存概念已经成功使用多年，需要注意的是必须安装绝热空间监测系统并且连续监测。和地下罐一样，这个系统通过储罐运行时的气体分析来确保对保冷空间的永久控制。到目前为止，在世界范围内还没有建造过不带围堰的膜式罐。最负面的影响在于这种形式只有一个自支撑结构，而不像（全金属）全容罐的内罐有两层自支撑结构。

3）施工周期

建造地上大型的 LNG 膜式罐所需的建造周期约为 29 个月。以上介绍的罐型均列入欧洲标准 BSEN 14620—2006 和国家标准 GB/T 26978—2021《现场组装立式圆筒平底钢质低温液化气储罐的设计与建造》，其设计、建造、试验均按上述技术标准执行。

综上所述，自 20 世纪中叶开始，世界范围内建造了几百座地上式 LNG 储罐，其衍生的储罐的形式也很多，总体上讲，其主要形式分为双金属壁单容罐和预应力混凝土外罐包容金属内罐的全容式储罐。有资料统计，自 1990 年以来，世界上在建单罐容超过 $1\times10^5 m^3$ 的 LNG 储罐百余座，其中单容罐占 10%，膜式罐约占 25%，预应力混凝土全容罐占 60%，还有极少量双容式储罐。近年来，随着 LNG 接收站规模越来越大，LNG 储罐的单罐容量也不断加大，其安全、环境保护和建设费用越来越引起人们的关注。综合以上对各类罐型的分析介绍，汇总的 LNG 罐型选择比较表如表 4-9 所示。

表 4-9 LNG 罐型选择比较表

罐型	单容罐	双容罐	全金属全容罐	预应力混凝土全容罐	膜式罐（地上）
安全性	较低	中低	较高	高	高
占地	多	较多	较少	少	少
技术可靠性	高	高	较高	高	高
结构完整性	低	低	较高	高	高
其他设施费用	较高	较高	较高	低	低
工程造价	60%～70%	70%～75%	80%～85%	100%	90%
BOG 率	高	高	高	低	低
操作费用	中	中	中	低	低
现场预制难度	中	中	中	低	低
施工周期	14～16 月	18～20 月	16～19 月	27～30 月	26～29 月
施工难易程度	低	低	较低	中	高
应用实例	多	较少	少	多	较多

综合对比各种类型储罐的技术经济性及安全性，预应力混凝土全容罐的安全性能、技术经济性能及综合性能最优。在近年来新建的大型 LNG 接收站中，安全性高的预应力混凝土全容罐被普遍选用。

4.4.3 LNG 储罐设计（大型储罐）

（1）储罐钢材

由于 LNG 是－162℃的超低温液体，所以要求直接与 LNG 接触的内罐的材料能够满足低温塑性的要求，而且能克服由常温降至低温时的胀缩问题。一般而言，LNG内罐材料应考虑以下因素：

① 在低温下，材料仍能保持足够的韧性和强度。

② 材料具有良好的焊接性、加工性。

③ 材料经焊接后仍具有完整的液密性及气密性。

④ 在运输容许范围内，可制造最大材料尺寸。

⑤ 经济性。

LNG储罐的内罐通常采用耐低温的不锈钢或铝合金。平底储槽的常用内罐材料有：不锈钢A420，许用应力155.1MPa；型号为A645的5%Ni钢和型号为A553的9%Ni钢，许用应力均为218.6MPa；铝合金AA5052、AA5086、AA5083，许用应力分别为49.0MPa、72.4MPa、91.7MPa。

常用低温钢的温度等级和化学成分如表4-10所列，组织状态均为淬火+回火。常用低温钢的力学性能列于表4-11。低温用铝合金材料的化学成分及力学性能分别列于表4-12和表4-13。

表4-10 常用低温钢的温度等级和化学成分 单位：质量分数

名称	温度等级/℃	C	Mn	Si	V	Nb	Ni
5%Ni	−120～170	≤0.12	≤0.80	0.10～0.30	0.02～0.05	0.15～0.50	4.75～5.25
9%Ni	−196	≤0.10	≤0.80	0.10～0.30	0.02～0.05	0.15～0.50	8.0～10.0

表4-11 镍钢的力学性能

名称	板厚/mm	温度等级/℃	σ_s/MPa	σ_b/MPa	δ/%	Ψ/%	A_{KV}/J
5%Ni	≤30	20	372	613	20	—	—
		−170	706	804	16	24	≥39(4.0)或≥27(2.8)
9%Ni	≤30	20	490	711	19	—	—
		−196	706	999	14	30	≥39(4.0)或≥27(2.8)

注：冲击吸收功A_{KV}数据，括号前为3个试样的平均值，括号内为单个试样的最低值。

表4-12 常用铝合金化学成分和性能 单位：质量分数

型号	Al	Mn	Mg	Cr	切削性能	焊接性能
AA5052	97.2	—	2.5	0.25	一般/好	好
AA5083	94.7	0.7	4.4	0.15	一般	一般
AA5086	95.4	0.4	4.0	0.15	一般/好	一般

表4-13 铝合金的力学性能

型号	合金状态	σ_s/MPa	σ_b/MPa	δ/%
AA5083	退火	290	145	22
	加工硬化	305/345	195/285	16/9
AA5086	退火	260	115	22
	加工硬化	290/325	205/244	12/10

（2）储罐罐体

全包容LNG储罐的结构采用9%Ni钢内罐，带钢衬层的预应力混凝土外罐和外顶盖，内、外罐罐底与罐壁间为保冷材料，内罐顶采用吊顶结构，吊顶也要采取保冷措施。

内、外罐间设有保冷材料。内、外罐各自有独立承受储存介质的能力。由于全容罐的外罐可以承受内罐泄漏的LNG，不会向外泄漏，因此按规范要求不需设防火围堰，其安全防护距离也要小得多。LNG储罐主要结构示意图见图4-27。

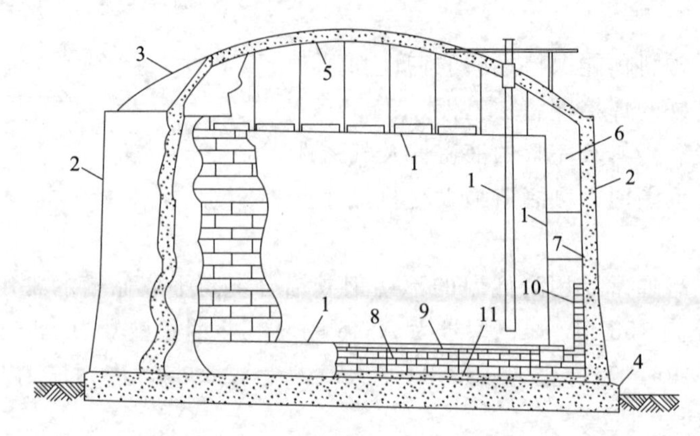

图4-27 LNG储罐主要结构示意图

1—内罐；2—混凝土外罐；3—混凝土拱顶；4—混凝土承台；5—吊顶及吊顶绝热；6—环隙空间绝热；7—外罐壁及拱顶衬板；8—罐底绝热；9—二次底板；10—热角保护；11—外罐底衬板

1）LNG储罐外罐的设计

对于全包容式LNG储罐，外罐采用预应力钢筋混凝土制成，预应力混凝土外罐由混凝土底板、罐壁和罐顶构成。

储罐底板宜采用预应力混凝土或钢筋混凝土，用来支撑混凝土外罐和钢内罐。

储罐罐壁为环形预应力混凝土结构，主要功能为保护内罐免遭外部的灾难事件的破坏，且在内罐破裂时也能提供安全保护，防止液体LNG泄漏出来。在罐壁底部有一层由包含9%Ni元素的低温钢板和保冷材料组成的保冷角。外罐的罐壁浇筑是混凝土工作量最大的部分，按照钢筋混凝土施工程序在布置钢筋、安装预应力护套、预埋件和模板后，分层从下至上逐层浇筑、养护。

球形罐顶由钢结构壳（穹顶网壳）和现浇于其上的钢筋混凝土板壳组成，混凝土罐顶为工艺管道产生的荷载提供支撑，并保护内罐免遭诸如飞行物冲击和外部火灾等外部灾难事件的破坏。混凝土穹顶内设有带碳钢钢板内衬的钢结构壳，浇筑混凝土时作为模板，仅承受施工阶段产生的荷载和使用阶段悬挂于其下的铝吊顶产生的荷载，防止气体泄漏。

2）LNG储罐内罐的设计

① 罐壁最小厚度。按照EN 14620—1—2024标准，LNG大型低温储罐内罐罐壁最小厚度应达到表4-14中的要求。

表4-14 罐壁最小厚度

储罐直径/m	最小厚度/mm
$D\leqslant 10$	5
$10<D\leqslant 30$	6
$30<D\leqslant 60$	8
$60<D$	10

② 壁板厚度计算。壁板厚度应取 e_t 或 e 或最小厚度之间的最大者。

a. 在操作条件下：

$$e=\frac{D}{20S}[98W(H-0.3)+P]+c \tag{4-6}$$

式中　c——腐蚀余量，mm；

D——罐体内部直径，m；

e——板材计算厚度，mm；

H——第一圈板的下部与最大设计液位之间的高度，m；

P——设计压力，mbar；对于顶部开口内罐，设计压力为0；

S——许用设计应力，N/mm^2；

W——存储条件下液体的最大密度，kg/m^3。

b. 在静水压力试验条件下：

$$e_t = \frac{D}{20S_t}[98W_t(H_t - 0.3) + P_t] \tag{4-7}$$

式中　D——储罐内部直径，m；

e_t——板材计算厚度，mm；

H_t——第一圈壁板的下部与试验液位之间的高度，m；

P_t——试验压力，mbar；对于顶部开口内罐，压力为0；

S_t——在试验条件下的许用应力，N/mm^2；

W_t——试验用水的最大密度，kg/m^3。

对于任何一圈壁板，无论采用什么材料，其壁板的设计厚度都不允许小于其上层壁板的厚度，但受压区域除外。

对于全包容式LNG储罐，内罐设计盛装冷冻介质LNG，材料选择9%Ni钢。

LNG储罐系统涉及复杂工况，内罐作为盛装LNG的最核心部分，必须保证在各种工况下的安全。这些工况主要包括正常操作工况，液压试验工况操作基准地震（OBE）、安全停运地震（SSE）地震工况等。LNG储罐内罐的设计计算主要包括：内罐壁板在各种工况下的强度计算；内罐壁板在罐壁保冷层作用下的稳定性计算；吊顶的整体稳定性计算等考虑受外压的稳定性，内罐壁设置加强圈。

内罐壳体和罐底边缘板的焊接均采用全焊透焊接接头形式，壳体与边缘板的角焊缝采用双面角焊。内罐底板的拼接采用搭焊结构。

与内罐壳体和罐底相焊的结构附件要尽量少，与内罐9%Ni钢直接焊接的附件应采用9%Ni钢材料。

3）LNG储罐护角（TCP）的设计

LNG全容罐储罐护角由带边缘板的二次底板、垂直罐壁和通过预埋于预应力外罐壁上的预埋板焊接的盖板组成。用于护角的9%Ni钢板的要求与内罐用钢板的要求一致，并且一直延伸到外罐罐壁5m高处。

二次底板由9%Ni钢中幅板和边缘板组成。底板采用搭接焊接，边缘板采用对接焊接。

护角的设计要考虑由于正常操作和泄漏工况引起的二次底板和护角壁板的收缩和膨胀，以及环隙空间的LNG液位从最小渗漏情况（冷量影响＋小的液体静压）到最大的渗漏情况，即外罐全部充满渗漏的LNG（冷量影响＋液体静压）。

4）LNG储罐外罐罐底、罐壁衬板和罐顶的设计

对于预应力混凝土全容式储罐，混凝土外罐内表面设置低温碳钢衬板层，衬板层包括罐底、罐壁衬板和罐顶，罐壁衬层通过抗压环与罐顶板相连，低温碳钢材料应按标准进行－20℃下的冲击试验。

外罐壁衬板与外罐底板、抗压环、外罐顶板及护角的预埋板相连罐顶板与其上的混凝土罐顶通过锚栓连接形成一体。罐顶板可以作为混凝土罐顶浇铸时的模板。罐底板、罐壁衬板及其锚栓、罐顶板及其锚栓的设计温度为－20℃。

5）LNG 储罐吊顶的设计

吊顶板最低设计温度为－165℃。为了降低储罐罐顶的设计载荷，一般选用密度较低的铝合金作为吊顶的材料。

吊顶板的设计要承载以下工况：

① 吊顶板及其保温层的静载荷。

② 至少 0.5kN/m^2 的活载荷或吊顶板任意处大小为 1.5kN 的集中活载荷。

③ 建造过程中可能出现的更高的载荷。

④ 地震载荷。

吊顶设有通气孔，允许内罐里的 LNG 气体与外罐空间连通，以保持内外罐间的压力平衡。

6）LNG 储罐主要内部构件的设计

LNG 储罐的主要内部构件包括物料的进口管道，用于 LNG 外输的泵井系统，温度、压力、液位等的指示接管，储罐置换及冷却管道，以及进入内罐底的梯子平台等。

设计上，一般要求所有接管自罐顶接入，穿过吊顶板上的管道不能对吊顶板施加载荷。位于内罐中的部件应尽量避免采用螺栓连接。如采用螺栓连接，所有螺栓连接都应防止因震动而发生松动。

在 LNG 内件设计部分，最主要的部分为 LNG 外输泵井的设计。应根据泵制造商的要求设计和制作泵井。

由于 LNG 外输泵通过泵井放置于 LNG 储液中，泵井作为 LNG 储罐外输管道，需要承载泵的外输压力，同时系统属于细长圆筒结构，设计时应防止低压泵转动与泵井之间产生共振，所以，需要对泵井系统进行整体分析计算。

7）LNG 储罐的管口

LNG 储罐主要管口见表 4-15，LNG 储罐试车于特殊操作主要管口见表 4-16，LNG 储罐仪表管口见表 4-17。

表 4-15 LNG 储罐主要管口

位号	尺寸/mm	功能
A	950	顶部进料口
B	950	底部进料口
C	600	蒸发气进口/出口
K_1	750	释放向大气(安全阀)
K_2	50	安全阀导管
L_1～L_6	300	破真空(真空阀)
M_1～M_4	600	泵井
AA	50	取样点

表 4-16 LNG 储罐试车于特殊操作主要管口

位号	尺寸/mm	功能
D	80	喷淋降温
E_1	50	罐顶内角压力平衡

续表

位号	尺寸/mm	功能
E_2	50	罐底第二层基础压力平衡
E_3	50	压力平衡系统返回线
F	150	储罐氮气吹扫
G	50	环形空间取样点
H_1/H_2	100	环形空间氮气吹扫
J_1	50	罐顶内角压力平衡
J_2	50	罐底第一层基础压力平衡
J_3	50	压力平衡系统返回线
MH_1	1400	物料入口
MH_2	950	人孔
N	150	穹顶口
PF	150	珍珠岩装填口,56个

表4-17 LNG储罐仪表管口

位号	尺寸/mm	功能
AL	150	储罐液位测量变送器
BL	150	储罐液位测量变送器
CL	150	储罐电容式液位测量变送器
DL	150	储罐液位、温度、密度测量变送器
AP	50	绝压变送器
BP	50	压力变送器
DP_1	50	内罐环空差压
DP_2	50	罐底管线差压
AT	50	储罐温度测量变送器
BT	50	储罐温度测量变送器
CT_1	50	气相空间电阻式温度检测器
CT_2	80	吊顶上部电阻式温度检测器
TM	500	冷却或泄漏温度监控

（3）保温材料

储罐的保冷系统设计使得储罐的最大蒸发率满足设计要求，同时满足外罐的最低设计温度，避免外壁结露和基础土壤冻结。

一般来讲，全容罐的保冷系统包括罐底保冷系统、罐壁保冷系统、吊顶板保冷系统及内罐顶保冷系统。

罐底保冷系统包括支撑环梁部分和罐底保冷层部分，一般由找平层、泡沫玻璃绝热层以及沥青毡中间层组成。

罐底保冷层除满足储罐保冷要求外，还应满足操作、液压试验及地震或风载荷工况下的强度要求。

泡沫玻璃应至少提供表4-18所示的安全系数。

表4-18 泡沫玻璃的安全系数

工况	最小安全系数(FS)
正常操作工况	3.0
液压试验工况	2.25
地震工况(OBE)	2.0
地震工况(SSE)	1.5

注：安全系数(FS)＝公称抗压强度/计算压缩应力。

罐壁保冷系统包括了护角部分的保冷和内、外罐环隙的保冷。护角部分的保冷材料采用泡沫玻璃。混凝土外罐壁和内罐壁之间的环形空间填充膨胀珍珠岩粉末，内罐壁外侧包裹弹性毡。

膨胀珍珠岩填充采用现场膨胀、自动充填珍珠岩的全密闭气流输送技术填充。对珍珠岩要进行振实处理，以保证所有的空间均振实填满。同时，内罐壁以上要保证至少环隙空间5%的填充裕量，用于补偿由于内罐罐壁收缩和珍珠岩沉降。

吊顶板上的保冷系统由玻璃纤维毯构成。所选择的总厚度考虑了材料在其自身的重量下沉降的因素，以确保长期可以达到规定的厚度。这些毯的布置应具有交错的连接点。吊顶板内的所有开孔应进行保护，以防止保冷材料进入内罐中。

保温材料的特性参数如下：

1）泡沫玻璃

① 密度。

型号 HLB800：120kg/m^3。

型号 HLB1200：140kg/m^3。

② 热传导系数。

泡沫玻璃的热传导系数见表 4-19。

表 4-19 泡沫玻璃的热传导系数

温度/℃	HLB800/[W/(m·K)]	HLB1200/[W/(m·K)]
20	0.0467	0.0499
10	0.0450	0.0482
0	0.0434	0.0466
−10	0.0419	0.0450
−20	0.0404	0.0436
−40	0.0377	0.0408
−60	0.0352	0.0384
−80	0.0330	0.0362
−100	0.0311	0.0342
−120	0.0294	0.0325
−140	0.0279	0.0311
−150	0.0272	0.0304
−160	0.0266	0.0298
−180	0.0256	0.0287

2）膨胀珍珠岩

① 密度。

标准状态：48～66kg/m^3。

在环向空间：60～65kg/m^3（振捣）。

② 热传导系数。

膨胀珍珠岩的热传导系数见表 4-20。

表 4-20 膨胀珍珠岩的热传导系数

温度/℃	膨胀珍珠岩(48kg/m^3)/[W/(m·K)]	压缩珍珠岩(55kg/m^3)/[W/(m·K)]
100	0.05838	0.06004
80	0.05575	0.05739

续表

温度/℃	膨胀珍珠岩(48kg/m^3)/[W/(m·K)]	压缩珍珠岩(55kg/m^3)/[W/(m·K)]
60	0.05311	0.05472
40	0.05043	0.05201
20	0.04774	0.04928
0	0.04501	0.04651
−20	0.04225	0.04371
−40	0.03945	0.04086
−60	0.03661	0.03796
−80	0.03373	0.03500
−100	0.03079	0.03199
−120	0.02779	0.02891
−140	0.02473	0.02575
−160	0.02160	0.02250
−180	0.01838	0.01916
−200	0.01507	0.01572

3）弹性毯

① 密度：16kg/m^3（常态或非压缩状态）。

② 热传导系数。

弹性毯的热传导系数见表4-21。

表4-21　弹性毯的热传导系数

温度/℃	热传导系数/[W/(m·K)]	温度/℃	热传导系数/[W/(m·K)]
20	0.0704	−100	0.0257
0	0.0596	−120	0.0217
−20	0.0503	−140	0.0183
−40	0.0425	−160	0.0152
−60	0.0359	−180	0.0124
−80	0.0303		

4）玻璃纤维毯

① 密度：16kg/m^3。

② 热传导系数。

玻璃纤维毯的热传导系数见表4-22。

表4-22　玻璃纤维的热传导系数

温度/℃	热传导系数/[W/(m·K)]	温度/℃	热传导系数/[W/(m·K)]
20	0.0568	−80	0.0305
10	0.0534	−100	0.0268
0	0.0502	−110	0.0250
−10	0.0472	−120	0.0233
−20	0.0443	−140	0.0201
−40	0.0392	−160	0.0169
−60	0.0346	−180	0.0137

4.4.4 LNG 储罐分层和涡旋

（1）涡旋现象

LNG 储运过程中，会发生一种被称为涡旋的非稳性现象。涡旋是由于向已装有 LNG 的低温储槽中充注新的 LNG 液体，或由于 LNG 中的氮优先蒸发而使储槽内的液体发生分层。分层后的各层液体在储槽周壁漏热的加热下，形成各自独立的自然对流循环。该循环使各层液体的密度不断发生变化，当相邻两层液体的密度近似相等时，两个液层就会发生强烈混合，从而引起储槽内过热的 LNG 大量蒸发引发事故。

涡旋是 LNG 存储过程中容易引发事故的一种现象。从 20 世纪 70 年代世界 LNG 工业兴起以来，已发生过多起由涡旋引发存储失稳的事故。其中影响最大的有两起：一起是 1971 年 8 月 21 日发生在意大利 LaSpezia 的 SNAMLNG 储配站的事故，在储槽充注后 18h，罐内压力突然上升，安全阀打开，有 $318m^3$ LNG 被气化放空；另一起有重要影响的是 1993 年 10 月发生在英国燃气公司一处 LNG 储配站的事故，在发生事故时，压力迅速上升，两个工艺阀门首先被开启，随后紧急放散阀也被开启，大约 150t 天然气被排空。此外，还有多起关于 LNG 涡旋事故的报道。

（2）分层与涡旋现象的机理

1）自然对流与分层

由于分层是导致涡旋的直接原因，首先应该了解分层形成的条件。研究表明：如果液体储罐内的瑞利数 Ra 大于 2000，则罐内液体的自然对流会使分层现象不可能发生。瑞利数的定义为

$$Ra=\frac{\rho c_{p} g\beta\Delta T h^{3}}{\nu\lambda}=\frac{g\beta\Delta T h^{3}}{\nu a} \tag{4-8}$$

式中 ρ——密度；
c_p——比定压热容；
β——体积热膨胀系数；
ν——运动黏度；
λ——热导率；
a——热扩散率；
g——重力加速度；
T——温度；
h——液体深度。

通常，一个装满 LNG 的储槽内的 Ra 的数量级在 10^{15}，远远大于可能导致分层的 Ra 数，这样，LNG 中较强的自然循环很容易发生，这种循环使液体的温度保持均匀。

从侧壁进入储槽的热量，导致壁面附近的边界层被加热。边界层沿壁面上行时，其速度和厚度都增大。在接近壁面上端时，边界层厚度有几厘米，速度在 0.6～1.2m/s，正好处于紊流区域。

由于从壁面吸收了热量，运动边界层内的液体在达到顶部时，其温度略高于主流液体，平均高出的温度约为 0.6K。流体在到达表面前没有出现蒸气，即使到达表面也没有明显的沸腾，因为温度驱动力太小，不足以形成气泡。一部分热流体到达表面时发生蒸发，罐内温

度继续与设定的压力保持平衡。

因自然对流循环相当强烈，导致储槽内液体置换一次只需10～20h。这与液体的老化过程的时间相比是非常短暂的。一旦储槽内LNG混合均匀，它就不会自然发生分层。然而，如果由于充注而人为形成了分层的话，全面混合就被抑制了。

2）老化

由于LNG是一种多组分混合物，在存储过程中，各组分的蒸发量比例会与初始时LNG中的组分比例不相同，导致LNG的组分和密度发生变化，这一过程称为老化。老化过程是导致LNG组分和密度改变的过程，此过程受液体中初始氮含量的影响很大。由于氮是LNG中挥发性最强的组分，它将比甲烷和其他重碳氢化合物更先蒸发。如果初始氮含量较大，老化LNG的密度将随时间减小。在大多数情况下，氮含量较小，老化LNG的密度会因甲烷的蒸发而增大。因此，在储槽充注前，了解储槽内和将要充注的两种LNG的组成是非常重要的。

因为层间液体密度差是分层和后继涡旋现象的关键，所以应该清楚地了解液体组分和温度对LNG密度的影响。与大气压力平衡的LNG混合物的液体温度是组分的函数。如果LNG混合物包含重碳氢化合物（乙烷、丙烷等），随着重组分的增加，LNG的高发热值、密度、饱和温度等都将增大。如果液体在高于大气压力下存储，则其温度随压力的变化，大约是压力每增加6.895kPa，温度上升1K。温度每升高1K对应液体体积膨胀0.36%。

3）涡旋原理

涡旋这一术语用于描述这样一种现象，即在出现液体温度或密度分层的低温容器中，底部液体由于漏热而形成过热，在一定条件下迅速到达表面并产生大量蒸气的过程。涡旋现象通常出现在多组分液化气体中，似乎没有迹象表明在近乎纯净的液体中会发生密度分层现象。

在半充满的LNG储槽内，充入密度不同的LNG时会形成分层。造成原有LNG与新充入LNG密度不同的原因有：LNG产地不同使其组分不同；原有LNG与新充入LNG的温度不同；原有LNG由于老化使其组分发生变化。虽然老化过程本身导致分层的可能性不大（只有在氮的体积分数大于1%时才有必要考虑这种可能），但原有LNG发生的变化，使得储槽内液体在新充入LNG时形成了分层。

当不同密度的分层存在时，上部较轻的层可正常对流，并通过向气相空间的蒸发释放热量。但是，如果在下层由浮升力驱动的对流太弱，不能使较重的下层液体穿透分界面达到上层的话，下层就只能处于一种内部对流模式。上下两层对流独立进行，直到两层间密度足够接近时发生快速混合，下层被抑制的蒸发量释放出来。往往同时伴随有表面蒸发率的骤增，大约可达正常情况下蒸发率的250倍。蒸发率的突然上升，会引起储槽内压力超过其安全设计压力，给储槽的安全运行带来严重威胁，即使不引发严重事故，也会导致大量天然气排空，造成严重浪费。

分析表明：很小的密度差就可导致涡旋的发生。LNG成分改变对其密度的影响比液体温度改变的影响大。一般来说，储槽底部较薄的一层重液体不会导致严重问题，即储槽压力不会因涡旋而有大的变化。反之，储槽上部较薄的一层轻液体会导致涡旋的后果非常严重。

影响两层液体密度达到相等的时间的因素有：上层液体因蒸发发生的成分变化；层间热质传递；底层的漏热。蒸发气体的组成与上层LNG不一样，除非液体是纯甲烷。如果LNG由饱和甲烷和某些重碳氢化合物组成，蒸发气体基本上是纯甲烷。这样，上层液体的密度会随时间增大，导致两层液体密度相等。如果 LNG 中有较多的氮，则这一过程会被延迟，因氮将先于甲烷蒸发，而氮的蒸发导致液体密度减小。在计算时如忽略氮的影响，会使计算出的涡旋发生时间提前。

下部更重的层比上层更热且富含重烃。从这层向上层的传热，加快上层的蒸发并使其密度增大。层间的质量传递较热量传递更为缓慢，但由于甲烷向上层及重烃向下层的扩散，这一过程也有助于两层的密度均等。

最后，从与下层液体接触的罐壁传入的热量在该层聚集。如果这一热量大于其向上层的传热量，则该层的温度会逐渐升高，密度也因热膨胀而减小；如果这一热量小于其向上层的传热量，则该层将趋于变冷，这将使分层更为稳定，并推迟涡旋的发生。

（3）涡旋预防的技术措施

1）防止分层的方法

① 不同产地、不同气源的 LNG 分开存储，可避免因密度差而引起的 LNG 分层。

② 根据需存储的 LNG 与储槽内原有的 LNG 密度的差异，选择正确的充注方法，可有效地防止分层，充注方法的选择一般应遵循以下原则：

a. 密度相近时一般底部充注；

b. 将轻质 LNG 充注到重质 LNG 储槽中时，宜底部充注；

c. 将重质 LNG 充注到轻质 LNG 储槽中时，宜顶部充注。

③ 使用混合喷嘴和多孔管充注，可使充注的新 LNG 和原有的 LNG 充分混合，从而避免分层。

2）分层的探测与消除

可以通过测量 LNG 储槽内垂直方向上的温度和密度来确定是否存在分层。一般情况下，当分层液体之间的温差大于 0.2K，密度差大于 $0.5kg/m^3$ 时，即认为发生了分层。

新型的 LNG 储罐安装有探测 LNG 温度和密度的监测装置，发现 LNG 已形成分层后，可启动储罐内的 LNG 泵，将 LNG 从底部抽出，再返回储罐，由于 LNG 的流动，起到扰动的作用，可以消除分层。

4.4.5 LNG 输送系统

（1） LNG 泵的特殊性

LNG 密度小、温度低，比较容易气化。泵在启动或工作时，汽蚀对泵的正常运行影响很大，需要认真对待。对于输送 LNG 这样的低温流体，这些流体通常处于饱和状态下，特别容易气化。当它们被泵吸入时，在泵的吸入口形成负压，如果流体在泵入口处的压力低于流体温度所对应饱和压力时，流体就会加速气化，产生大量的气泡。这些气泡随液体向前流动，由于叶轮高速旋转给予能量，流体在泵内压力升高。当压力足够高时，气泡受周围高压液体压缩，致使气泡急剧缩小乃至破裂。气泡破裂时产生很高的压力和频率，液体质点将以高速填充空穴，发生互相撞击而形成液击。这种现象发生在固体壁上将使过流部件受到腐蚀破坏，同时还会引起泵的振动和噪声的产生；严重时，泵的流量、扬程和效率会显著下降，甚至使泵无法运转。泵发生汽蚀的初始阶段，特性曲线并无明显的变化，发生明显变化时，说明汽蚀已经发展到一定的程度。

LNG泵输送的介质温度低，特别容易气化。好在低温流体的气泡能量较低，因此汽蚀对叶片的影响并不像水蒸气气泡那样严重，但还是会影响泵的性能。防止LNG泵产生汽蚀的方法主要有：

① 抑制热量进入低温流体（采取绝热措施）尽量减少低温流体气化；

② 确保有足够的净正吸入压头（NPSH）；

③ 采用导出气泡的措施。

由于LNG的温度接近其沸点，根据以往的经验需要重视以下几个重要因素：

① 系统设计不合理；

② 不恰当的操作引起汽蚀；

③ 泵的流量长期远离最佳效率点；

④ 液体里有固体杂质。

为了保证输气系统的可靠性，系统的设计和操作人员需要得到良好训练，了解设计和操作中关键问题。

1）绝热措施

为了减少低温流体的气化，输送管道通常采用绝热的管道，采用适当厚度的耐低温的泡沫塑料包裹管道，并在外面包上阻挡水蒸气的保护层，或者采用真空绝热型的真空保温管。泵体则安装在一个有低温流体的容器内。容器采用真空绝热措施，减少低温流体进泵时的蒸发。

2）净正吸入压头

在输送LNG时，改善流体在泵的入口流动非常重要。在比转速N_S=4000～9000范围内，进口导流器实际上是一台高速、轴流的泵，安装在泵的入口，可以改善系统吸入状态。进口导流器的特征是叶片较少，向内叶片角度薄，水力设计比较复杂，分为“风扇型”和“螺旋型”两大类型。

进口导流器必须产生足够的压头，以满足径向叶轮NPSH要求，同时为系统提供NPSHR。进口导流器设计应该能达到最大吸力。长期运行会引起进口导流器内部汽蚀，通过设计优化、材料选择及液化气体气泡爆破能量低可以得到改善。

低温型进口导流器采用螺旋型结构，通常设计为两个轴向叶轮，在吸力方面有良好性能，其运行流量范围和机械强度也很好。

对高强度和运行的要求，加上最大吸入速度（N_{SS}）范围25000～35000（取决于N_S）两叶螺旋进口导流器比较合适。因此低温型进口导流器采用浇铸方法制造，其材料选择范围大、承载能力高。

3）气泡导出措施

对于带压力容器的潜液式低温泵，由于LNG的气化产生的蒸气，可能影响流体的流动。尤其是LNG泵启动阶段，会产生大量的LNG蒸气。因此，这类带压力容器的潜液式低温泵设计有专门蒸气排出接管。接管处于容器的上部位置，容器起到了一个气液分离器的作用。气体在容器上部，通过排出管排出。只有当整个泵被充分冷却后，蒸气的数量才不会影响泵的运行。

4）效率

影响潜液式低温泵效率的关键因素主要有两个：一个是流体在叶轮流道中加速时的水力学性能；另一个是流体在扩压器中能量转换时的水力性能。每个叶轮的水力特性应该是对称的，流体在流道中的流动必须是平滑的。扩压器主要用于将流体的动能转变为压力能，扩压器的设计应确保在能量转换过程中，使流体流动的不连续性和涡流现象减少到最低的程度。有些低温泵采用扩压器，使能量转换更加对称和平滑。水力对称性越好，就越有利于消除径向不平衡引起的载荷。

（2）输送系统

接收站内 LNG 输送系统采用两级泵输送系统，即 LNG 储罐内低压输送泵把 LNG 从储罐输送到再冷凝器后，再进入 LNG 高压输送泵，加压到 9MPa 后通过总管输送到气化器。LNG 高压泵系统如图 4-28 所示。

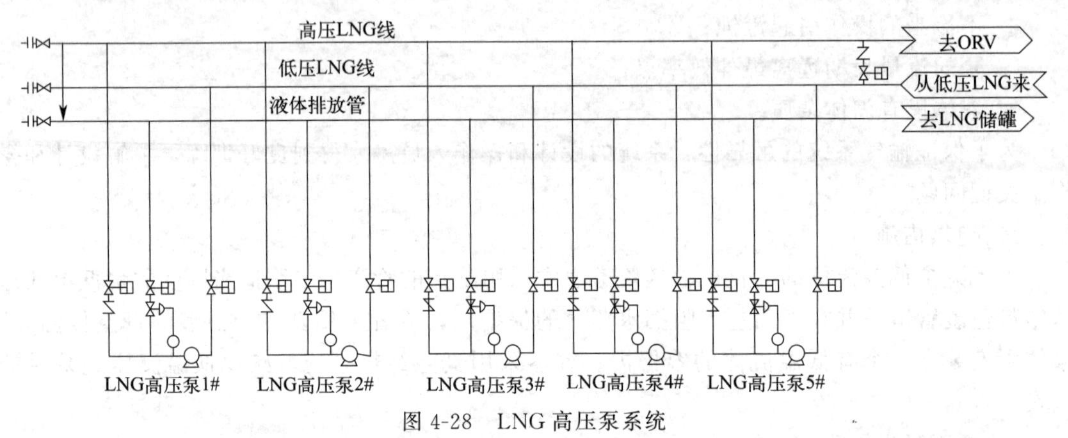

图 4-28　LNG 高压泵系统

LNG 低压输送泵是潜液泵，安装在 LNG 贮罐的泵井中。在每台低压、高压输送泵出口管线上均设有小流量回流管线，保证泵可以以最小流量运行。

从 LNG 低压输送泵来的 LNG 将直接输送到再冷凝器，但在无卸船的正常操作时，部分 LNG 将循环到卸船总管，以保持卸船总管的冷状态。当 LNG 接收站处于“零输出”状态时，除 1 台低压输送泵运行外，其他所有的低压、高压输送泵不工作。该泵运行以确保少量的 LNG 在卸船总管中及 LNG 输送管线中进行循环，保持接收站系统处于冷状态。

1）罐内低压输送泵

LNG 罐内泵属于立式潜液泵，安装在储罐的泵井中，按相关标准的要求设计、制造、试验和检验。泵安装在泵井内，底部设置泵的底阀。泵与电动机共轴，且无轴封。为改善泵的吸入性能，一般在泵的入口装有诱导轮。对于 LNG 罐内泵的典型配置如下：

① 泵和电动机（只能产生 6kV 及以下电压等级的电动机）。

② 振动传感器、动力设备、接地装置、仪表连接电缆。

③ 顶板，包括相关的仪表、电源连接电缆和螺栓等紧固件及密封件、维修钢索、仪表接线盒、电气接线盒等。

日本 LNG 低压输送泵各项参数如表 4-23 所示。

因 LNG 罐内泵工作温度较低，材料通常为耐低温的铝合金或不锈钢。

由于 LNG 的危险性，LNG 储罐所有的连接管路都是储罐顶部连接（即接口都高于 LNG 的最高液面，即使接口出现破损，LNG 也不会溢出）。另外，由于 LNG 的密度较小，LNG 泵的吸入口必须要有一定的液柱高度，泵才能正常启动。因此，LNG 泵只有安装在储罐底部，才能保证 LNG 泵在储罐控制液位的下限也具有正的吸入扬程。

对于大型 LNG 储罐的泵，需要考虑维修的问题。大型 LNG 储罐的潜液泵与电动机组

表 4-23 日本 LNG 低压输送泵各项参数

名称(规格、型号)	泵主要技术参数					电机主要技术参数			
	型式	最大排量/(m^3/h)	扬程/m	液体温度/℃	排出口径/mm	型式	频率/Hz	电压/V	同步转数/(r/min)
SMR80	可移动式多级离心泵	80	100～900	40～196	80	浸没式三相笼式感应电机	50～60	400～440 3000～3300 6000～6600	3000～3600
SMR100		180			100				
SMR150		350			150				
SMR200		600			200				
SMR250		1000			250				

件的安装有特殊的结构要求。常见的方法是为每一个泵设置一竖管，称之为“泵井”。LNG 泵安装在泵井的底部，储罐与泵井通过底部一个阀门隔开。泵的底座位于阀的上面，当泵安装到底座上以后，依靠泵的重力作用将阀门打开。泵井与 LNG 储罐连通，LNG 泵井内充满 LNG。如果将泵取出维修，阀门就失去了泵的重力作用，在弹簧的作用力和储罐内静压的共同作用下，阀门关闭，这样起到了将储罐空间与泵井空间隔离的作用。

泵井不仅在安装时可以起导向的作用，在泵需要检修时，可以通过储罐顶部的起重设备将泵从泵井里取出。当然，在取出泵之前，应排空泵井内的 LNG。另外，泵井也是泵的排出管，与储罐顶部的排液管连接。

如图 4-29 所示，泵的提升系统可以将 LNG 泵安全地取出。在将 LNG 泵取出时，泵井底部的密封阀能自动关闭，使泵井内与储罐内的 LNG 液体隔离。然后排除泵井内的可燃气体，惰性气体置换后，整个泵和电缆就能用不锈钢丝绳一起取出管外，便于维护和修理。

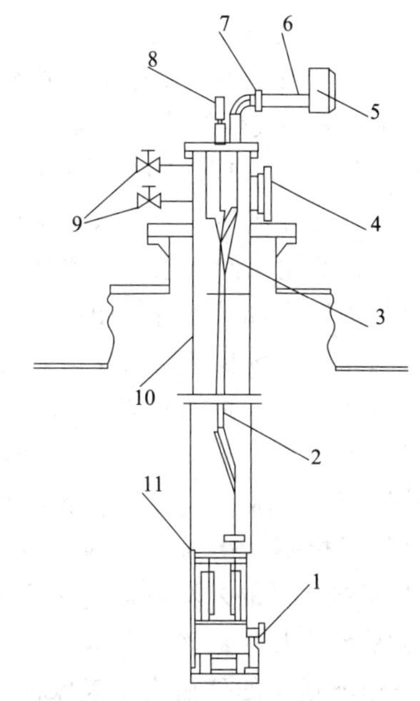

1—进液阀；2—提升钢缆；3—挠性电缆；4—排出口；5—接线盒；6—防爆密封接头；7—电源引入密封；8—提升吊钩；9—纯化气体进出口；10—泵井；11—潜液泵

图 4-29 在泵井安装的 LNG 泵

2）高压 LNG 泵

LNG 高压输送泵属于立式潜液泵，安装在专用的立式泵罐内，按相关标准的要求设计、制造、试验和检验。泵与电动机共轴，且无轴封。

通常在 LNG 高压输送泵出口管上设有最小流量回流管道，以保护泵的安全运行。LNG 高压输送泵典型的配置如下：泵和电动机（只能产生 6kV 及以下电压等级的电动机）、泵罐顶板、泵罐、变送器、测振仪表、接线总成、其他附件。

因 LNG 高压输送泵工作温度较低，材料通常为耐低温的铝合金或不锈钢。

LNG 高压泵的结构如图 4-30 所示。高压泵的作用就是将 LNG 增压至所需要的高压，例如：LNG 接收站将 LNG 增压到所需要的高压，高压的 LNG 在气化器中气化，形成高压的天然气气体。在高压的作用下，天然气便可输送到距离较远的用户。高压泵实际上起到了压缩机的作用。然而，如果压缩气体的话，所需功耗要高得多。

高压泵可以是离心泵或往复泵，离心高压泵有多级叶轮，叶轮数量多达十几个，每一个叶轮相当于1级增压。若干个叶轮串联起来，压力可超过一百个大气压。往复高压泵相当于压缩机，活塞直接压缩LNG，使其达到高压。例如：把LNG转变为CNG时，大多数采用往复高压泵。

离心高压泵主要用于大型LNG供气系统，为输气系统提供足够的压力来克服输气管线的阻力。由于大型集中供气系统的特殊性，高压泵的可靠性极为重要。因为输气管线供气面积大，涉及用户多，还可能有像电厂一类的等重要用气单位，供气不能中断。因此，要有足够的备机。

离心高压泵的电动机功率比较大，最大功率近2MW。供电电压通常在4160～6600V，既可以用50Hz电源也可以用60Hz电源。

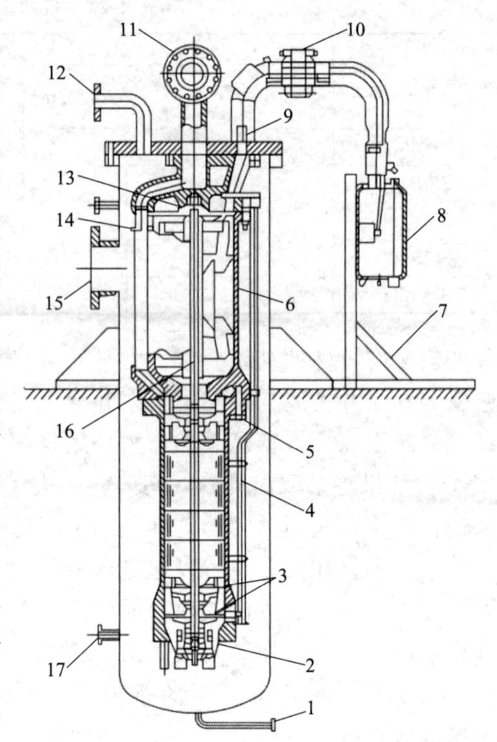

1—排放口；2—螺旋导流器；3—叶轮；
4—冷却回气管；5—推力平衡装置；
6—电动机定子；7—支撑；8—接线盒；
9—电缆；10—电源连接装置；11—排液口；
12—放气口；13—轴承；14—排出管；
15—吸入口；16—主轴；17—纯化气体口

图4-30 LNG高压泵结构

（3）输出总管

来自高压输出总管的LNG在气化器中被气化，以大约9MPa的操作压力供应给接收站气体输送系统上游的天然气输出总管。

通过与条直径DN650mm的天然气输出总管相连，将气化器产生的天然气供应给所有的天然气用户。接收站天然气输出总管压力依赖于天然气用户的提取量和接收站输出流量之间的平衡，为了监测和管理接收站输出压力，这条总管上安装有压力变送器，可通过调节气化器中LNG的流量以减少或增加压力。为了满足输气干线管道系统储气调峰需求，对进入首站的天然气小时流量比例加以控制。在气化器的入口LNG管线上设有流量调节器，正常操作时用来控制LNG高压输送泵的外输流量（该流量调节可以由操作员手动控制）。当外输天然气总管上的压力变化过大时，该流量也可根据外输天然气总管上的压力变化来控制，通过调节LNG高压输送泵的外输流量来保证外输天然气总管上的压力稳定，从而满足外输流量的变化要求。

天然气输出总管配备有一个气相在线分析仪，用来不间断分析天然气的组分。

各支管末端和系统分界处应安装切断阀。对于自动切断阀，应通过应力分析来确定关闭时间，以防出现使管道及设备失效的水击。经分析如果超过允许的应力，应采取延长阀门关闭时间或其他措施把应力降到安全水平。

总管上液体和气体管道应设紧急切断阀，阀的位置应在距离装车区不小于7.6m，但不远于30m处。这些阀在紧急情况使用时应易接近和操作。

管道系统中应根据需要安装止回阀以防止回流，而且应尽可能靠近可能发生回流的接口。系统应以安全的方式置换出空气或其他气体，应设置放空短管和扫线头，以利于置换所有工艺和可燃气体管道。

一个装车岛上通常布置两条装车线，其中一条装车线一般包括液相装车臂、气相返回臂、液相装车线（包括切断阀、止回阀、安全阀、流量计、流量控制阀、保冷管路、温度表、压力表）、气相返回线（包括切断阀、止回阀、温度表、压力表）、接地设施、氮气管线、排空线、排净线和布置在附近的安全设施（包括 ESD 按钮、火气探头和喷淋管等）。

（4）压力和流量控制

进入装车站 LNG 总管可设压力控制阀，阀后压力控制应符合槽车工作要求；蒸发气返回总管宜设置压力控制阀，以满足灌装站蒸发气返回总管系统压力不超过接收站蒸发气系统最大操作压力。各装车线设置流量计或地衡和流量控制阀，可采用集中控制系统或就地预设控制器来控制装车流量。

4.4.6　LNG 槽车装车系统

（1）槽车装车区

进入装车区的槽车应是符合国家有关的法令和规定生产并批准使用的专用槽车。以装车臂与槽车连接的法兰处为中心 1.5m 半径范围内和集液池内一般划分为 1 区，其他区域为 2 区。装车区内框架结构应采用不燃材料制成，如钢材或混凝土。

槽车装车区应有足够的面积，使车辆尽可能少地移动或转向，与接收站相对独立，有门禁系统。在装车区应有照明。槽车的进出调度与灌装作业控制宜集成在管理系统中，以确保槽车安全装车。

（2）装卸臂和软管

装卸臂的低温旋转接头应通过低温测试。装车臂的形式要考虑满足槽车尾部和侧部连接的需要。应给装卸臂提供适当的支撑，平衡力应考虑装卸臂上结冰增加的重量。

装卸臂与槽车的连接采用法兰或快速连接头，可以加装紧急脱离设施。

软管一般用于非标准的槽车或暂时性的装卸车，软管的使用应与危险评估相符，软管的设计应与相应的标准相一致，软管至少应每年检测一次。且每次使用前应检查外观是否有损坏或缺陷。

（3）接地、通信

槽车灌装 LNG 时应提供防静电接地保护设施，接地可测试并保持与控制系统的硬线连接，如果接地失效则灌装过程自动停止。

装卸地点应配备通信设施，以便作业者能与远处协助装卸工作的人员联络。通信方式可采用防爆电话、广播系统、无线电或信号灯。

（4）收集罐

收集罐用于接收装车臂的吹扫残液和被置换气体，也收集可能的槽车超装卸货和灌装站工艺管线吹扫置换时需排净的残液。罐内气体和液体分别与接收站相应系统连接，一般设置氮气增压线以将过多的液体送回系统。宜在周围设置防泄漏扩散堤。

装车区可能泄漏的 LNG 应被排入配有泡沫发生器的集液池，泡沫发生器位置应考虑主导风向。

（5）装卸作业

① 计量。为确定装车量，满足贸易交接的要求，宜使用地衡称重计量；与气相色谱仪的组分和热值数据同送入气体管理财务系统提供贸易交接使用。通过地衡、流量控制、检查

槽车液位、检查气相返回线温度等措施来确保槽车不超装。

② 装卸准备。在装卸区应设置禁止吸烟的警示牌，装卸时，至少有一名有资格的操作人员始终在现场值守，槽车司机应经过安全培训，取得相关证书。预防各类物质的泄漏和被点燃是两个主要原则，任何潜在点火源，如手机、火柴及非防爆电气设备不允许在装卸现场出现。

有效的书面操作程序，应包括所有装车作业和在紧急与正常情况下的操作程序，一般指槽车进出、称重、停泊、灌装程序，以及槽车惰化、冷却、紧急卸货程序。程序应及时更新，且所有操作人员可使用。

在使用之前，应先检查装车系统，以确认阀处于正确的位置上。灌装过程应遵循灌装阶梯曲线进行；如果压力或温度出现任何异常变化，装车应立即停止直到查明原因并予以纠正。对于 LNG 槽车，如果储罐中没有正压，则应测试氧含量；如果槽车罐中的氧体积分数超过 2%，就不能装车，而应置换使氧体积分数低于 2%。

③ 装卸操作。装车前车辆应停妥，以便装车后不需倒车就能驶出该区。在连接槽车之前，应确保车辆发动机已熄火，槽车停于水平、合适的位置，钥匙已置于车外，油门已松开、手闸启用、挂挡于正确的位置，车轮下设置制动块。根据要求设置警示灯或信号。在槽车进行装卸的过程中，距装车岛边缘 7.6m 内严禁其他类型车辆行驶。装卸开始前，确保接地设施已连接至槽车并经过测试确认。装卸后，在装卸连接管置换合格后，才能脱开连接，车辆的发动机才能启动。

4.5 LNG 气化

4.5.1 气化工艺流程

在接收站操作中一般使用两种类型的 LNG 气化器，每台气化器设计的操作负荷都在 10%～100%范围内。一台海水泵对应一台海水开架式气化器的需求（一台海水泵保持备用）。在正常的输送操作中，当一台海水开架式气化器关闭或进行维修，或是出现峰值输送情况时，将启用浸没式燃烧气化器。

图 4-31 为海水开架式气化器系统。气化器中天然气的出口最低温度是 2℃。正常情况下用于海水开架式气化器的海水流量保持在一个恒定值，由于海水的温度和 LNG 通过海水开架式气化器流量的变化，天然气的输出温度将有所改变。对于浸没式燃烧气化器可以通过浸没式燃烧气化器的燃烧器控制，使水浴温度保持在一个恒定值，由于通过浸没式燃烧气化器盘管的 LNG 流量的变化，天然气的出口温度也将有少许的改变。

LNG 在接收站进行气化并通过建在接收站的首站输入输气干线，然后通过输气干线由分输站和管道沿线的末站供给电厂和城市门站。管线全线安装截断阀室和分输阀室。由于 LNG 终端站输入干线管道的最大压力为 9.0MPa，考虑到整个管线系统储气、调峰的因素，所以全线设计压力（在去城市和电厂用户出站紧急截断阀前）为 9.2MPa。

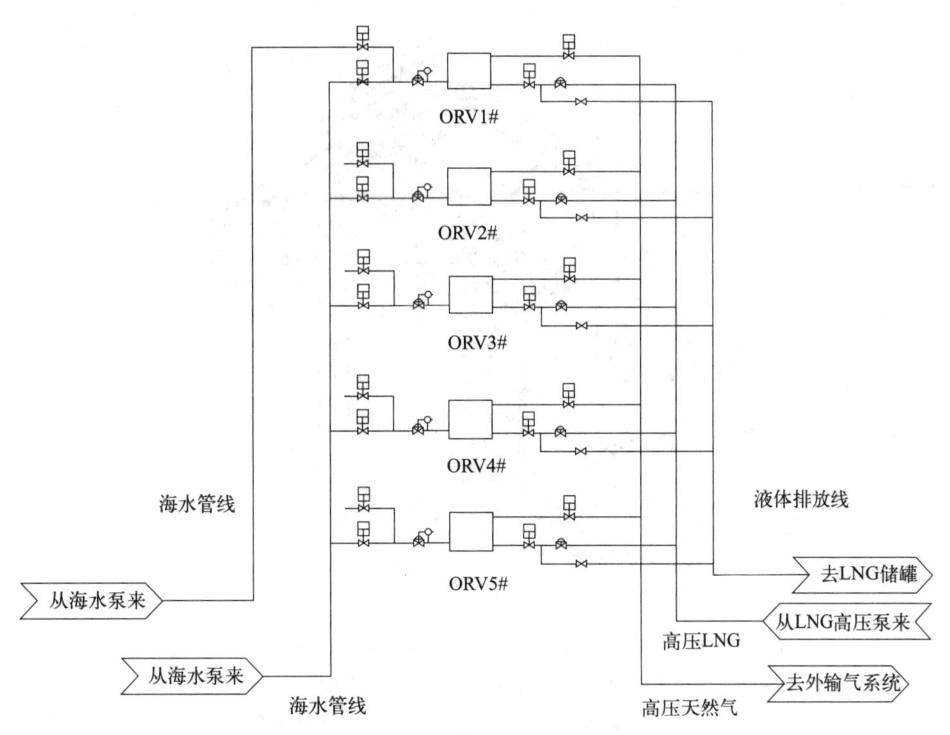

图 4-31 海水开架式气化器系统

4.5.2 气化器

（1）开架式气化器（Open Rack Vaporizer， ORV）

开架式气化器是一种水加热型气化器。由于很多 LNG 生产和接收装置都是靠海建设，所以可以用海水作为热源。海水温度比较稳定，热容量大，是取之不尽的热源。开架式气化器常用于基本负荷型的大型气化装置，最大气化量可达 180t/h。气化器可以在 0%～100% 的负荷范围内运行。可以根据需求的变化遥控调整气化量。

开架式气化器由一组内部具有星形断面、外部有翅片的铝合金管组成，管内有螺旋杆，以增加 LNG 流体的传热。管内为 LNG，管外为喷淋的海水。为防止海水的腐蚀，外层喷涂防腐涂层。整个气化器用铝合金支架固定安装。气化器的基本单元是传热管，由若干传热管组成板状排列，两端与集气管或集液管焊接形成一个管板，再由若干个管板组成气化器。气化器顶部有海水的喷淋装置，海水喷淋在管板外表面上，依靠重力的作用自上而下流动。LNG 在管内向上流动，在海水沿管板向下流动的过程中，LNG 被加热气化。气化器外形见图 4-32，其工作原理见图 4-33。这种气化器也称之为液膜下落式气化器。虽然水流动是不停止的，但这种类型的气化器工作时，有些部位可能结冰，使传热系数有所降低。

开架式气化器的投资较大，但运行费用较低，操作和维护容易，比较适用于基本负荷型的 LNG 接收站的供气系统。但这种气化器的气化能力，受气候等因素的影响比较大，随着水温的降低，气化能力下降。通常气化器的进口水温的下限大约为 5℃，设计时需要详细了解当地的水文资料。

大型的气化器装置可由数个管板组组成，使气化能力达到预期的设计值，而且可以通过

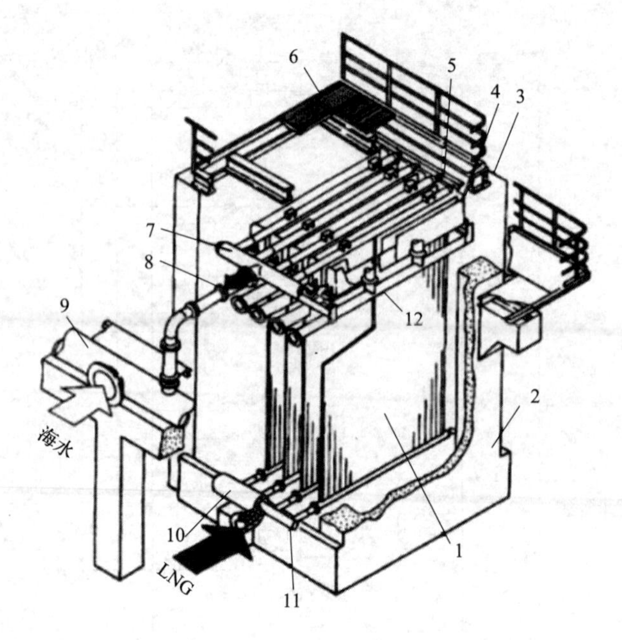

1—平板型换热管；2—水泥基础；3—挡风屏；4—单侧流水槽；5—双侧流水槽；
6—平板换热器悬挂结构；7—多通道出口；8—海水分配器；9—海水进口管；
10—隔热材料；11—多通道进口；12—海水分配器

图 4-32　开架式气化器

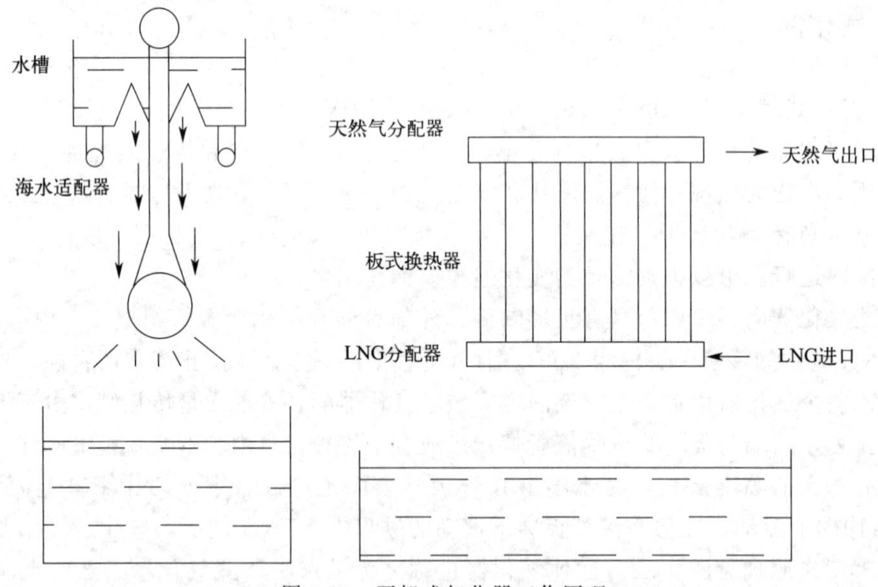

图 4-33　开架式气化器工作原理

管板组对气化能力进行调整。

水膜在沿管板下落的过程中具有很高的传热系数，可达到 5800W/(m^2·K)。在传热管内侧，LNG 蒸发时的传热系数相对较低，新型的气化器对传热管进行了强化设计。传热管分成气化区和加热区，采用管内肋片来增加换热面积和改变流道的形状，增加流体在流动过程的扰动，达到增强换热的目的。

管外如果产生结冰，也会影响传热性能。为了改善管外结冰的问题，采用具有双层结构的传热管，LNG 从底部的分配器先进入内管，然后进入内外管之间的夹套。夹套内的 LNG 直接被海水加热并立即气化，然而在内管内流动的 LNG 是通过夹套中已经气化的 LNG 蒸气来加热，气化是逐渐进行的。夹套虽然厚度较薄，但能提高传热管外表面的温度能抑制传热管外表结冰，保持所有的传热面积都是有效的，因此提高了海水与 LNG 之间的传热效率。

新型的 LNG 气化器具有以下一些特点：设计紧凑，节省空间；提高换热效率，减少海水量，节约能源；所有与天然气接触的组件都用铝合金制造，可承受很低的温度，所有与海水接触的平板表面镀以铝锌合金，防止腐蚀；LNG 管道连接处安装了过渡接头，减少泄漏，提高运行的安全性；启动速度快，并可以根据需求的变化遥控调整天然气的流量，改善了运行操作性能；开放式管道输送水，易于维护和清洁。

开架式气化器需要较高的投资，安装费用也很高。与浸没燃烧式气化器相比，开架式气化器是利用海水，操作消耗主要是海水泵的电耗，所以它的优点在于操作费用很低，两者之间的运行费用比为 1∶10。

（2）浸没燃烧式气化器（Submerged Combustion Vaporiser，SCV）

浸没燃烧式气化器包括换热管、水浴、浸没式燃烧器、燃烧室、鼓风机及所有必需的仪表控制系统、内连管道等。

浸没燃烧式气化器（图 3-34）以天然气为燃料，利用燃料气在气化器燃烧室内燃烧，热烟气通过烟道由喷嘴进入水中并使水产生湍动，高效将水加热，再通过热水加热并气化换热管内的 LNG。

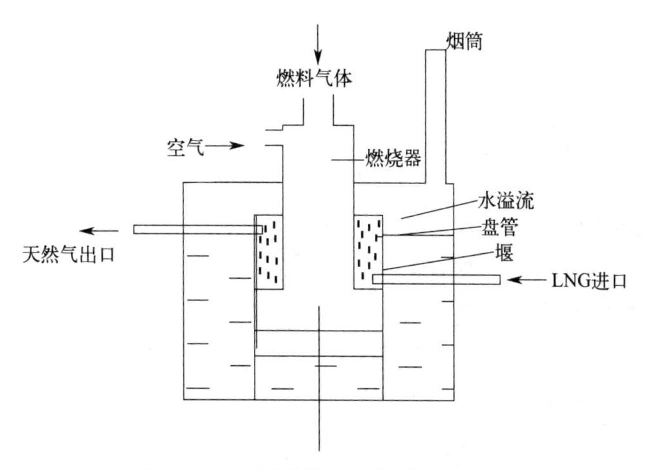

图 4-34 浸没燃烧式气化器工作原理

相对于采用海水自然加热 LNG 的 ORV，由于热水和 LNG 之间的温差大，浸没燃烧式气化器的优点是结构紧凑，热效率可达 95%以上。SCV 的另一个特点是启动速度快，开、停车迅速方便且安全可靠。通过调节燃烧器的负荷，可以方便地调整 LNG 的气化量，使得气化能力在 10%～100%的范围内进行调节，适合于负荷变化比较大的情况以及紧急情况或调峰时的快速启动要求。

SCV 的缺点是由于运行需要消耗天然气，从而使 SCV 的运行成本较高，SCV 燃烧产生的烟气排放会对环境造成一定影响。因此，要求控制排放废气中氮氧化物浓度，以满足当地的排放标准。同时水池不断吸收燃烧产物而呈酸性，需要加入碱液（碳酸钠溶液或碳酸氢钠溶液）以调整水的 pH 值。

1）德国浸没燃烧式气化器主要技术参数

型号：Sub-X

① 换热管参数。

a. 换热管：60～80 根。

b. 外径：1～11/4in。

c. 平均管壁厚度：0.065～0.095in。

d. 单管长度：45～60m。

e. 6～8 个弯曲。

f. 304/304L（二级）SS 双级不锈钢。

② SCV 主负荷参数。

a. 运行时间：4000～8000h/a。

b. 效率：高达 99%（高热值）。

c. 水浴池温度：12～18℃。

d. 单燃烧器：15～41MW。

e. LNG 气化能力：50～180t/h，进口绝对压力为 8.5MPa，出气温度为 5℃。

f. LNG 设计压力：0.7～19.5MPa（表压）。

g. 天然气出口温度：1～15℃。

h. 占地尺寸：10m×22m[180t/(h·台)]。

③ 燃烧器设计参数。

a. 标准过量空气：15%～30%。

b. 过量空气：40%～60%。

c. 单点喷水量：0～1.589m^3/h。

2）热传输的机理

① 燃烧产物和水浴池之间进行着热量和物质的传递。

② 汽水混合物的热量传递给盘管。

③ 热量从盘管传输到液态天然气。

3）技术特点

① 水浴加热安全可靠。

② 管束壁的温度均匀。

③ 快速启动的能力（15～30min）。

④ 通常热效率能够达到 99%。

（3）中间介质气化器（Intermediate Fluid Vaporizer，IFV）

中间介质气化器采用管壳式换热器的结构，为两级换热形式，可在一台设备内完成。如图 4-35 所示，左侧为第一级换热器，右侧为第二级换热器，第一级换热器的下半部分为热媒（管程）和液态中间介质（壳程）的换热空间，第一级换热器上半部分为气态中间介质（壳程）和 LNG（管程）的换热空间。

热媒的换热管浸没在液态中间介质里，由管程中的热媒放热给壳程里的中间介质，中间介质则吸热气化。热媒在管程内为无相变的强迫对流换热，对应的中间介质在壳程为有相变

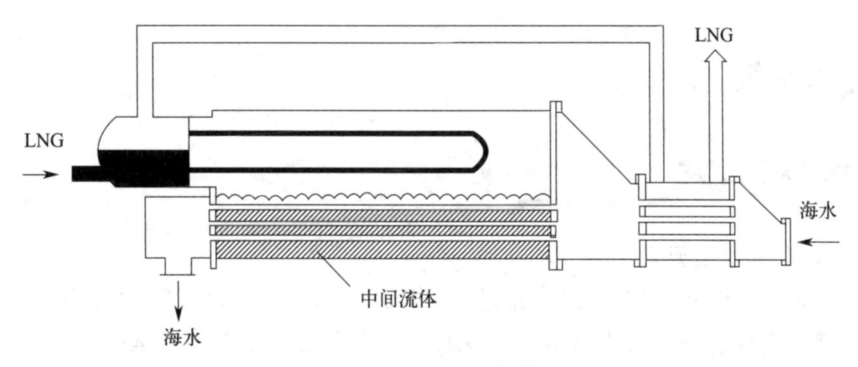

图 4-35 IFV 气化器

的自然对流换热或沸腾换热。LNG 的换热管设在气态的中间介质内，壳程的中间介质冷凝放热，管程内的 LNG 被加热气化。中间介质在壳程内不断被加热气化和冷却凝结。中间介质一般为丙烷、异丁烷等。

中间介质气化器的热媒可以为海水，由于铁材对海水具有良好的抗腐蚀性，一般使用铁管作为热媒和中间介质换热管的基材；若用热水作为热媒，则采用 304SS 管作为热媒和中间介质换热管的基材。

中间介质气化器作为 LNG 气化设备，既可用作基本负荷型气化器，也可用作调峰补充型气化器或应急备用型气化器。它的优点是设备系统结构紧凑、占地面积小、无污染物（废水、废气）排出。缺点是初期投资大，受热源的制约比较大。

另外，还有一种管壳式气化器（Shell-Tube Type Vaporiser，STV），一般比中间介质气化器、开架式气化器和浸没燃烧式气化器在体积和成本上更具竞争力。在管壳式气化器中，热量通过闭式循环经由合适的热介质传导给 LNG（例如，蒸气、被加热的乙二醇水溶液），这种气化器主要用在有合适热源的情况下。管壳式气化器必须在稳定 LNG 流量的情况下工作，以避免冻结现象的出现。气化器中的最小热介质流量也将受到限制，从而避免由于热介质流量过小而导致的结冰现象的出现。

（4）空气气化器（Ambient Air Vaporiser, AAV）

空气气化器的工作原理类似于空冷器原理，但不是利用空气来冷却介质，而是利用环境空气作为热源加热中间介质与 LNG 换热，空气气化器的轴流风机出风方向和空冷器相反。当环境温度不足以加热气化 LNG 时，可以并联或串联 SCV 补充热量，使 LNG 达到气化温度气化外输。

（5）空气加热塔

LNG 接收站大量的冷排水对海域生态环境的影响较大，同时因海水取水管路系统为防止和清除海生物通常采用加氯法，海水中的氯化物增加可能导致海洋生物死亡。为避免海水取排水影响海洋生物正常繁殖和生长，不允许利用海水作为气化器的加热热源。若所建 LNG 接收站处于环境温度及湿度较高的地区，可设置独特的 LNG 再气化系统，即闭式循环水空气加热塔，空气加热塔的原理类似于循环水冷却塔原理，不过不是利用环境空气来冷却闭式循环水，而是利用环境空气作为热源，加热循环水作为 ORV 或 IFV 的热媒。空气加热塔与普通循环水冷却塔顶的轴流风机布置位置不同，改为布置在塔的侧面。由于闭式循环水量较大，往往利用储存淡水的消防水池作为循环水池。当环境温度不足以利用加热塔加热气化 LNG 时，可以并联或串联燃气换热器补充热量，使 LNG 达到气化温度气化外输。

4.6 海水系统

4.6.1 海水系统概述

（1）工艺海水水质要求

开架式气化器和中间介质气化器均可以海水为加热介质，选择以海水加热的气化设备需对海水水质进行细致检测，确认海水质量及温度是否满足使用要求。选择开架式气化器时，要重点分析材料的抗腐蚀性，其对海水水质要求较高。使用条件主要如下：

① 海水温度不小于 5～8℃。

② 固体悬浮物含量不大于 80mg/kg，铜离子含量不大于 10g/kg，汞离子检测不出，pH 值范围是 7.5～8.5。

（2）海水取排水流场计算

海水取水、排水流场应根据取排水区域的地理环境和水文气象等条件使用相关数模计算软件计算。通常采用数模计算与物模试验相结合的技术手段，针对 LNG 接收站海水取排水工程的冷排水条件，预测冷排水在排水口附近海域随时空变化规律，降低冷排水对附近水域环境的影响程度，使其符合水域环境保护要求并满足工程取水温度设计的要求，为 LNG 接收站水工取排水构筑物的设计和安全运行分析提供科学依据。

（3）海水取水系统

取水口工程为 LNG 接收站的重要水工建筑。取水安全直接影响 LNG 接收站的正常运行。取水口中水流水位变化、流速变化、不同泵型流道及淹没深度变化及水泵底部抽水处水流流态变化与临界水力条件是取水口水工建筑物设计的基础条件。

1）接收站的海水取水系统设计应符合的规定

① 用于气化器热源的海水宜就近取用，取水最低潮位保证率不应低于 97%；海水取水设施应近远期统一规划，分步实施，并留有发展余地。

② 海水取水的设计规模按照接收站最大用水量考虑；当采用海水消防时，海水设计规模应为气化器用海水与消防用海水最大用水量之和。

2）取水头部、辅助设备、进水建构筑物设计应符合的规定

① 海水取水构筑物的形式，应根据取水量和水质要求，结合海床地形及地质、海床冲淤、水深及潮位变化、泥沙及漂浮物、冰情和航运等因素以及施工条件，在保证安全可靠的前提下，通过技术经济比较确定。

② 在通航水道附近，取水构筑物应根据航运部门的要求设置标志。

③ 在深水海岸，当岸边地质条件较好、风浪较小、泥沙较少时，可建造岸边式取水构筑物，从海岸边取水，或者采用水泵吸水管直接深入海岸边取水；当海滩平缓时，宜采用自流引水管取水方式。

④ 海水取水构筑物的进水孔宜设置格栅，栅条净间距应根据取水量大小，冰凌和漂浮物等情况确定。

⑤ 取水构筑物的取水头部宜分设成两个或两格。

3）海水取水系统水工设计要点

① 海水取水系统包括泵室基础、泵室前池、过滤通道、取水管。

② 取水系统中各结构的细部尺度需要通过水力研究专题确定。

③ 泵室基础尺度根据泵的布置及泵的使用要求确定，是泵安装、使用以及维修必需的基础结构。

④ 泵室前池为泵的高效工作提供充足、平稳的水源，为了储备更多水量，减少产生气蚀等不利于泵工作的影响因素，一般情况下前池结构净宽尺度相对较大，且中间基本不设置挡水结构。

⑤ 过滤通道用于布置过滤设备，防止随海水流入的垃圾及鱼等海生物进入前池，影响泵的正常工作甚至造成对泵的破坏等。

⑥ 取水管则按需设置，如果取水口位置临岸布置，可不设置取水管，如果取水位置离岸较远，则需要布置延伸至取水口位置的取水管。

⑦ 取水系统布置的区域浮砂较多，易于出现掀砂，淤积情况严重，则需要确定清淤方式，对于淤积严重、清淤量大的，可考虑干检修措施，确保取水系统正常运转。

⑧ 取水系统的结构临水面需要考虑防腐蚀和防海蛎子措施，确保结构的耐久性，满足使用年限。

⑨ 取水结构挡土结构形式主要取决于地质条件。对于基岩面较高、上覆软土层较薄、需要大量炸礁形成基础的，直接利用基岩壁形成挡土墙较为经济。基岩埋深满足持力层要求，岩面上覆盖有一定厚度软土层的，如果施工场地宽度能满足大开挖起坡需要，可采用大开挖后直接浇注挡土墙结构或安装预制沉箱挡土结构；若大开挖影响到周边建筑物等，则可以采用深基坑支护结构作为挡土结构。对于软土厚度较大的地质情况，还需要进行软基处理。

⑩ 取水管可采用钢筋混凝土管或钢管，断面可采用圆形也可采用方形，管内尺度依据水力计算确定。取水管内外壁均需要考虑防腐蚀措施，确保结构的耐久性，满足使用年限。

⑪ 取水管基本位于水面以下，需要根据现场情况，明确修建防撞或警示设施的必要性，防止外来船舶等对取水管的破坏。有取水管的取水口平面示意图见图4-36。

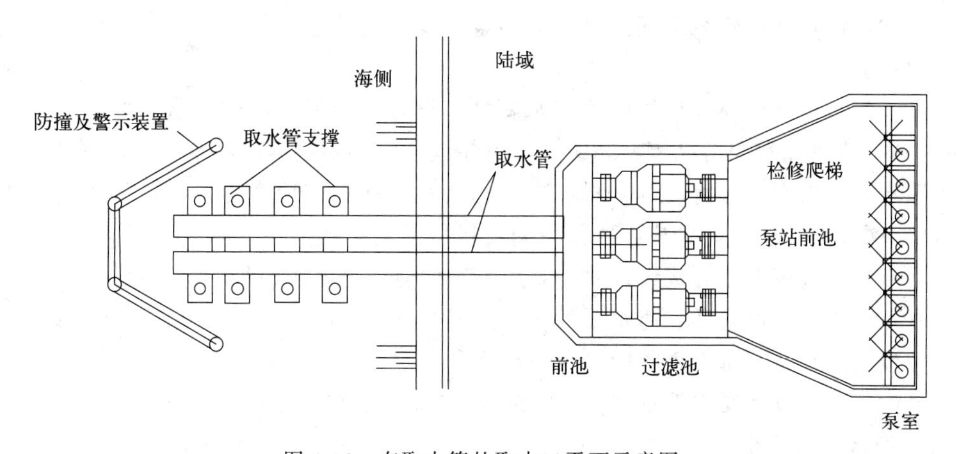

图4-36 有取水管的取水口平面示意图

(4) 海水处理系统

海水水质处理应符合下列规定：

① 海水泵前应根据海水泥沙含量、漂浮物、海生物生长等情况，设置拦污栅、旋转滤

网、清污机等拦污设施。

② 根据气化器对进口水质要求及取用海水水质情况，设置必要的海水处理设施。

③ 拦污栅的栅条间距宜为 50～120mm，阻塞面积宜按不大于 25％考虑；旋转滤网的网格尺寸宜为 3mm×3mm～10mm×10mm，阻塞面积按不大于 25％考虑。

④ 防止和清除海生物可采用加氯法，也可采用加碱法、机械刮除电极保护等方法。

⑤ 加氯点宜选择在取水头部、进水流道、取水前池或海水泵吸水口处，可根据海生物繁殖情况采用多点加氯或单点加氯形式。

⑥ 加氯设施的选择应根据海水水质、杀菌剂的来源，通过技术经济比较确定；宜采用海水现场制备次氯酸钠形式。

⑦ 次氯酸钠宜采用连续投加，也可采用冲击投加。次氯酸钠的投加量宜通过试验或相似运行经验按最大用量确定。连续投加时排放口前管渠内的海水余氯宜保持在 0.3～0.5mg/L 范围内；冲击投加时，宜每天投加 1～3 次，每次投加时宜控制水中余氯为 0.3～1.0mg/L，保持 2～3h。

（5）海水供水系统

海水供水系统的设计应符合下列规定：

① 岸边式取水泵站进口地坪的设计标高，为设计最高水位加浪高再加 0.5m，并应设防止海浪爬高的设施。

② 工作水泵的型号及台数应根据项目分期情况、气化器的运行情况及数量、取水泵站占地等综合考虑确定；取水泵宜按不同运行工况进行配置，泵的规格不宜多于 2 种，备用泵数量不宜少于 1 台，且备用泵能力宜与最大 1 台工作泵能力相同。

③ 海水泵宜采用立式泵，设计工况下泵效率不宜低于 85％；每台立式泵吸入口宜设置单独的进水导流板。

④ 泵站进水侧应设置拦污设备和检修阀门；拦污设备和检修阀门工艺设计按现行 GB 50265—2022《泵站设计标准》执行。

⑤ 海水泵站应设置起吊设备，起吊设备应采用电动起重设备。

⑥ 泵站设计宜进行停泵水锤计算，当停泵水锤压力值超过管道试验压力值时，应采取消除水锤的措施。

⑦ 设备的海水过流部件材质应耐海水腐蚀，设备外部材质应耐盐雾腐蚀。海水泵过流部件的材质，宜采用双向不锈钢、超级双向不锈钢或镍铝青铜等耐海水腐蚀的材质。

⑧ 海水泵进出水管道材质的选择，应根据管径、地况、荷载等条件，采用耐海水腐蚀的材质，当采用金属管道时，应同时采取阴极保护措施。

⑨ 当海水泵采用可抽芯式设计时，泵房高度应能满足海水泵抽芯检修的要求。

⑩ 宜在海水拦污设施后、海水泵吸入口前等位置设置阀门，并设置检修吊装设备。

⑪ 应设置海水泵及海水系统的防超压设施。

⑫ 泵站的其他设计要求按现行 GB 50265—2022《泵站设计标准》执行。

（6）海水排水系统

海水输水管道设计应符合下列规定：

① 海水输送应按压力流设计，泵进出水管道流速按现行 GB 50265—2022《泵站设计标准》要求执行，水泵进水流道应通过水工模型验证；水泵扬程及压力管道管径选择应根据气化器工艺要求、海水水位、管路水力工况等因素，并经技术经济比较后确定。

② 输水主管的数量不宜少于 2 条，可根据工程的具体情况分期建设，当其中 1 条管道故障时，其余管道应能通过 70%的设计水量。

换热后海水排放应符合下列规定：

① 宜采用自流排放，排放口前应设置余氯分析监测设备，排放口位置应满足环评要求。

② 应定期监测海水排水口处海域的海水温度变化，温度变化应符合 GB 3838—2002《地表水环境质量标准》的相关规定。

③ 排水管、渠的材质应耐海水腐蚀。

海水排水系统水工设计要点如下：

① 排水管结合排水口的平面位置确定，如果排水口位置临岸布置，可采用直接排放的方式，如果排水位置离岸较远，则需要布置延伸至排水口位置的排水管。

② 排水管可采用钢筋混凝土管或钢管，断面可采用圆形也可采用方形，管内尺度依据排水量确定。

③ 排水管内外壁均需要考虑防腐蚀措施，确保结构的耐久性，满足使用年限。

④ 排水管位置一般布置在海床以下，宜设保护管体的覆盖层，上部应设置警示标志，防止船舶抛锚等对管体的破坏。

4.6.2　海水系统主要设备

（1）海水取水设备

接收站的 LNG 气化需要通过与抽取的常温海水交换热量来实现，工艺海水系统主要由海水取水泵站、LNG 气化器及相应的海水给水管道组成。海水从接收站岸边的取水口进入，由安装在取水口上部的立式海水泵抽取，通过管道送至 LNG 气化器，使液态天然气加热气化。

海水取水泵站主要设备包括海水给水泵、海水消防泵、阀门、海水拦污设备、过滤设施和电解海水制氯装置（电解海水制氯装置主要由电解槽组件机械、配电设备和控制系统三部分组成）等。

海水给水泵通常选择立式长轴泵，配套使用高压变频调节系统、海水自润滑系统、远程操作与监控系统等一系列装置。海水给水泵单台能力可满足单台开架式气化器的需要。海水给水泵的单台能力选取应确保不因为海水给水泵的维修而影响气化器的正常操作。海水给水泵同样应设置备用泵，以确保在海水温度许可的条件下尽可能地利用开架式气化器。

海水给水泵主要向系统输送海水。海水给水泵为立式离心泵，该泵安装在海水池内，为液下泵。由于海水腐蚀性较强，因此该泵的材料要求较高。

（2）电解加氯设备

LNG 接收站需要大量的海水与 ORV 或 IFV 换热，为了解决海水中微生物生长造成海水系统的构筑物和管道等的堵塞问题，需要配备杀菌灭藻系统，防止和清除海生物。清除海生物的方法包括加氯法、加碱法、机械刮除法、电极保护法等。LNG 接收站项目中常用的电解加氯设备为次氯酸钠发生器。

次氯酸钠发生器的典型配备为：投料泵、整流器、电解槽、储罐、排氢风机、产品泵、自控系统和管道系统等。

次氯酸钠发生器的工作原理如下：

在海水溶液中含有 Na^+、H^+ 等几种离子，按照电解理论，当插入电极时，在一定的电压下，电解质溶液由于离子的移动与电极反应，发生导电作用，这时 Cl^-、OH^- 等负离子向阳极移动，而 Na^+、H^+ 等正离子向阴极移动，并在相应的电极上发生放电，从而进行氧化还原反应，产生相应的物质。

海水溶液电解过程：

$$NaCl = Na^+ + Cl^- \tag{4-9}$$

阳极电解作用：

$$\begin{aligned} &H_2O = H^+ + OH^- \\ &2Cl^- - 2e^- \longrightarrow Cl_2 \uparrow \end{aligned} \tag{4-10}$$

阴极电解作用：

$$2H^+ + 2e^- \longrightarrow H_2 \uparrow \tag{4-11}$$

在无隔膜电解装置中，电解质和电解生成物氢气从溶液里向外逸出，由于氢气在外逸过程中对溶液起到一定的搅拌作用，使两极间的电解生成物发生一系列的化学反应，反应方程式如下：

$$\begin{aligned} &2NaCl + 2H_2O \longrightarrow 2NaOH + H_2 \uparrow + Cl_2 \\ &2NaOH + Cl_2 \longrightarrow NaClO + NaCl + H_2O \end{aligned} \tag{4-12}$$

溶液的总方程式即为以上两个反应式相加：

$$NaCl + H_2O + 2F = NaClO + H_2 \uparrow \tag{4-13}$$

其中，F 为法拉第电解常数，其值为 26.8A·h。

4.7 火炬系统

4.7.1 火炬系统概述

（1）火炬系统作用

LNG 接收站的火炬系统主要由火炬管网、火炬筒体、火炬头、火炬分液罐等组成。其中的管网系统为整个火炬系统中重要组成部分之一。管网系统的设计直接关系到火炬系统运行的稳定性、安全性，进而会间接影响到所有接入管网系统安全阀的运行情况。同时，由于火炬系统也直接与 LNG 储罐相连，一旦储罐超压[通常设定 26kPa(G)]，则需要自动打开压力调节阀，泄放的气体就会进入火炬系统放空燃烧。如果火炬需要检修，则需要储罐自身调节压力，利用调节阀可以手动或自动泄压排放至大气。

如果接收站外输管网需要检修，则需要放空外输管道内的气体，接收站至首站之间的封闭高压气体需要放空。通常首站会设置紧急放空筒，但是有些项目需要接收站的火炬系统也要能够实现相同功能的紧急放空，利用火炬燃烧排入大气。因此，设计火炬管网系统时需要根据项目情况酌情考虑。

（2）火炬系统分类

按照运行压力可以分为低压火炬和高压火炬。按照结构型式可分为地面火炬和高空火炬。目前 LNG 接收站主要采用低压高空火炬，由于其高架式的结构，所以在设计火炬塔架结构时需要充分考虑风、地震等荷载的影响。同时需要按照 API STD 521《泄压和减压系统》进行详细的热辐射影响计算。

（3）火炬系统辅助设施

除火炬系统的主要设备外，其他的一些辅助设施也会影响火炬系统的稳定运行，比如：氮气微正压吹扫（防止从火炬头进入空气而发生回火）、长明灯所需燃料气的供应等。通常此部分设计差别不大，只是有的项目设置备用气源，有的只是设置单气源。

（4）火炬管网系统

火炬管网主要是汇集所有安全阀/泄放阀的出口，同时也与 LNG 接收站中的 BOG 系统相连通。根据不同的泄放工况设计火炬系统的汇总管。需要在各种组合工况下分析校正管网系统的设计，达到满足泄放量、介质流速、噪声等要求。

对于 LNG 接收站而言，火炬管网系统中可能出现气相，也有可能出现液相。因为 TSV 起跳过程中可能会带有液相，而且一旦 TSV 泄漏，则火炬管网中会出现大量带液。在这种情况下火炬管网的设计（增加液位监测等）就尤为重要。

LNG 接收站中也存在高压的泄放（高压泵、高压气化器或者直接泄放排空、高压计量撬等），这些相对高压的泄放是否足够影响到其他低压安全阀的泄放，都需要在管网设计中进行分析。合理安排高压泄放与低压泄放的距离，就能够在相对经济的条件下避免相互泄放造成的影响，确保整个管网的稳定运行。

在如今火炬设备成套整体供应的情况下，火炬设备制造相对成熟（火炬头主要进口），各个供货商之间差别不大，那么对整个火炬系统起到关键作用的就是火炬管网的设计。

（5）火炬及火炬分液罐

在火炬管道靠近火炬低点位置设有火炬分液罐和火炬分液罐加热器。火炬分液罐的作用是使排放到火炬分液罐的蒸发气将可能携带的液体充分分离；火炬分液罐加热器的作用是使其中的 LNG 气化。

在正常操作情况下，很少维修火炬筒和火炬分液罐，但根据相关规范应定期进行检查。选择储罐压力较低的时候检修火炬，在检查维护期间，火炬筒和火炬分液罐间应隔离，以确保接收站的安全。

火炬系统包括火炬总管/火炬管廊、火炬分液罐、火炬头（包括燃烧器、消音器、蒸汽消烟系统、航标灯等）、气体密封、火炬筒体、塔架、长明灯系统、点火系统及火炬 PLC 控制盘等。火炬一般设两套独立的点火系统，分别为高能点火装置和地面内传焰点火装置，可确保火炬点火的可靠性。火炬头设 3 支高效、节能型长明灯。长明灯保持常燃。

排放至火炬的物料主要是 LNG 储罐发生火灾之后的泄放气体以及 LNG 储罐顶部排放的蒸发气（LNG 储罐顶部的气相空间引出的蒸发气总管与火炬系统相连，并通过压力控制阀控制。在正常运行期间，该控制阀是关闭的。当 LNG 储罐内的压力增加到设定值时，控制阀打开，蒸发气排放到火炬，以维持 LNG 储罐压力稳定）。火炬在正常情况下无连续排放，仅在事故工况下会有火炬气排放。

以下几种情况泄放气不排入气体排放收集系统：

① 海水开架式气化器和浸没燃烧式气化器安全阀就地放空。

② 码头液体管道上热膨胀安全阀就地放空。

③ LNG 储罐上压力安全阀放空直接排到大气中，排放点应位于安全处为防止空气进入

火炬及蒸发气总管，应连续向火炬头通入低流量燃料气或氮气，以维持系统微正压。

LNG 接收站火炬通常采用高架火炬。接收站总图平面布置场地不足，难以满足高架火炬平面布置安全距离要求时，可采用地面火炬。

4.7.2 火炬管网

目前国内接收站的火炬管网系统设置主要分为两种：火炬管网-1 和火炬管网-2，具体系统分别见图 4-37 和图 4-38。这两种系统虽然目的相同，但是设计理念存在较大的差异。

（1）火炬管网-1

此系统最大的特点是高压泄放汇管与低压泄放汇管分别设置，即图 4-37 中的高压泄放总管和低压泄放总管。这种设置看似互不影响各自的泄放，但在进入火炬分液罐前，两个泄放汇管又汇合在一起，这就需要在管网设计中考虑在汇合点处的压力，分析是否互相产生影响。如果分别设置高低压火炬则完全避免相互的影响，但成本高出许多。而且目前世界范围看也无此种设置。

由于分为高低压泄放汇管，同时每个汇管上也有其他的支汇管，每个（支）汇管的末端都设有盲板法兰。根据标准要求，需要在可能出现死角的火炬系统中设置持续的氮气吹扫。因此，该设置需要增加多个氮气吹扫口，氮气消耗量相对增加。同时，由于存在众多的（支）汇管，需要在各个（支）汇管的低点设置液位计实时监控报警，及时发现火炬管网系统中是否存在液相。

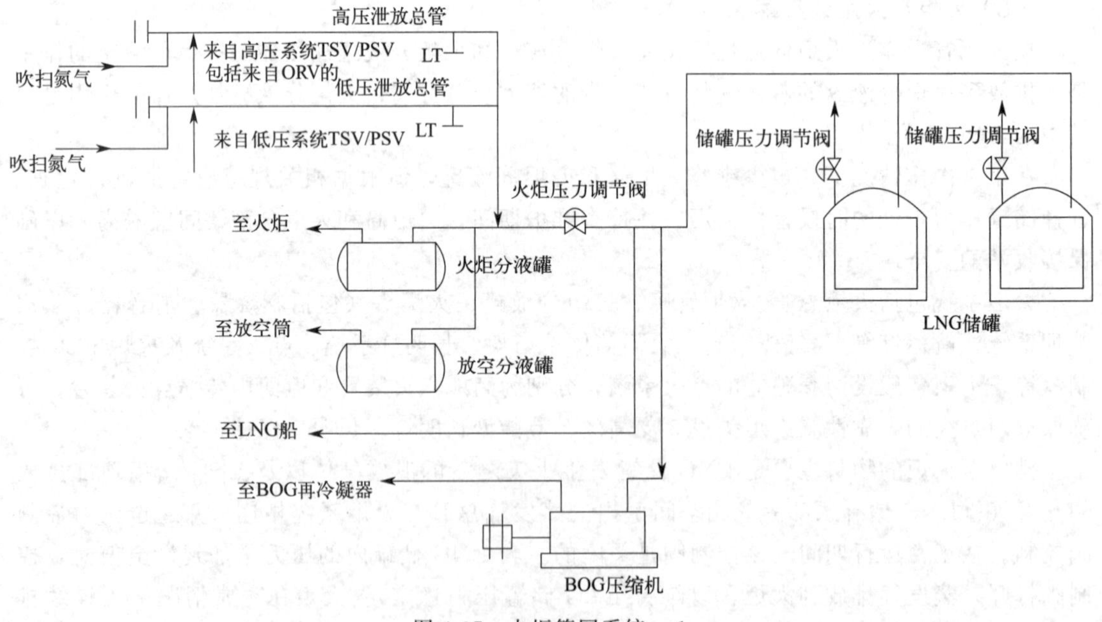

图 4-37 火炬管网系统 - 1

LNG 接收站的火炬系统是经由火炬压力调节阀自动打开之后泄放。根据图 4-37，压力调节阀设置在火炬分液罐的上游。一旦火炬系统带有液体泄放[火炬压力调节阀设定 26kPa(G)]，两相流体进火炬分液罐后压力无法准确界定，无法准确设计分液罐尺寸，可能不利于液滴的分离。同时，进火炬头燃烧的气体可能存在回火的情况。

管网另外一个重要的特点就是ORV泄放（110%ORV处理量）进火炬管网系统，此泄放量巨大（通常约200t/h），泄放压力很高[14MPa(G)]，对整个火炬系统设置、投资等会有很大的影响。而且，如果泄放气体为重组分（C_1约86%），经过巨大压降之后极有可能产生两相流，而两相流对于火炬管网影响也较大。这会对BOG系统火炬压力调节阀的开启（调节阀后背压）产生重要影响，一旦ORV安全阀起跳，需要密切分析是否可能有气体倒回至LNG储罐。

这种设置的BOG压缩机入口管道连接在火炬压力调节阀的上游，降低了进BOG压缩机带液的可能性，对选用卧式BOG压缩机的项目尤为重要。即使出现TSV泄漏的事故，也可以做到几乎不影响BOG压缩机的正常运行。

火炬泄放汇管与BOG系统相对独立（正常情况下火炬压力调节阀关闭），一旦火炬检维修（可能主要是火炬头），接收站所有的安全阀就无法正常使用，即火炬系统无法正常运行。如果项目许可，则可设置同等规模的放空筒作为火炬检维修时的备用，但是会增加投资。

此种设置要求整个火炬系统的（支）总管必须按照ORV泄放量去计算，相对而言，整个管网系统的管径就会偏大。而在泄放量较低的工况下，其他（几乎所有）泄放量较小安全阀的背压都会大幅度下降，因此几乎所有的其他安全阀都可以选择弹簧型式，这样每个安全阀的可靠性就能得到保证。

在本管网系统中，安全阀的排入系统与储罐区BOG系统相互独立（火炬压力调节阀正常关闭）。一旦某一个泄放量较小的安全阀起跳（TSV等），由于排入火炬系统的可燃气体流量非常小、流速也很低，增加了火炬头回火的可能性。

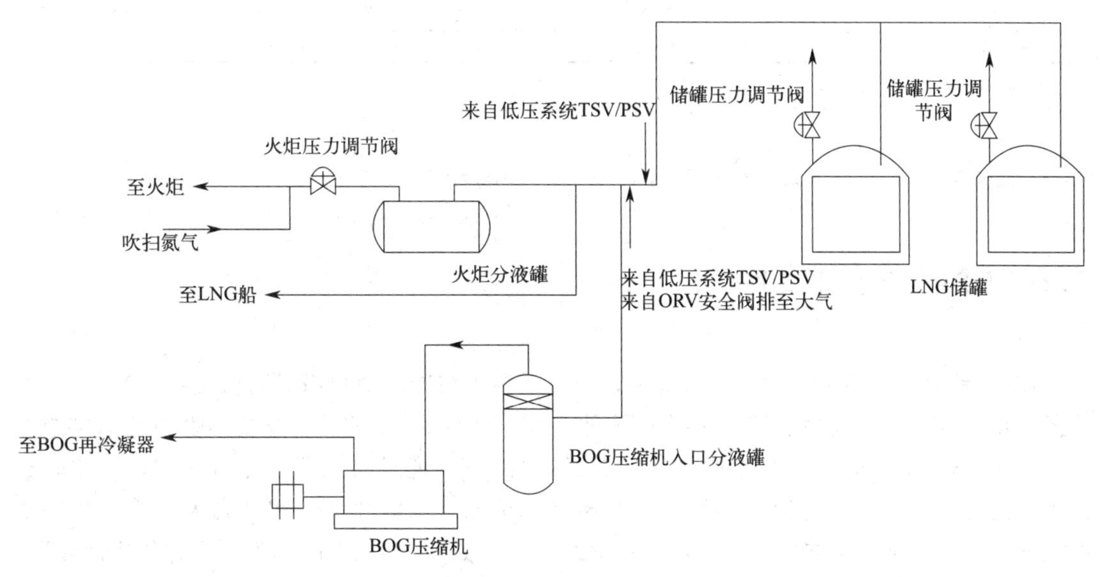

图4-38　火炬管网系统-2

（2）火炬管网-2

与火炬管网-1相比，此设计并未单独设置高低压泄放汇管，需要更仔细地分析核算各个安全阀之间的相互关系和影响。

由于并未设置众多的（支）汇管，因此氮气吹扫口仅设置一处，氮气耗量相对较低。同时，可不考虑设置各个（支）汇管低点的液位监测。

火炬压力调节阀设置在火炬分液罐的上游，利于分液，同时降低回火可能性。

ORV 较大泄放量直接排入大气，降低两相流对火炬管网系统的影响，同时也不存在倒回 LNG 储罐的可能。但是可能会对空气环境产生影响。目前国内接收站此安全阀从未起跳过。

BOG 压缩机入口管道与安全阀出口汇总管共用一个总管，势必增加 BOG 压缩机入口带液的可能性。因此需设置 BOG 压缩机入口分液罐，这样会增加投资。

火炬检维修时，不会影响安全阀的正常运行。这种情况下，安全阀的出口汇管系统与 LNG 储罐组成为一个“新系统”，完全可以利用 LNG 储罐压力调节阀（手动或自动）控制此“新系统”的压力，而不需设置备用的放空筒。既能保证接收站在此工况下正常运行，也无新增投资。

这种管网系统下火炬的设计泄放量要降低许多（通常 80t/h），与火炬管网-1 相比，此系统的管径相对较小。但是可能会有安全阀背压过大的情况发生，这就需要选用波纹管式或先导式的安全阀，这样选择会降低安全阀的可靠性。

本系统中，安全阀排入系统与整个罐区的 BOG 系统为一个整体，互相连通。即便有小排量的安全阀起跳，也不会立刻就排往火炬燃烧，而是由火炬压力调节阀自动控制［通常设定储罐压力 26kPa（G）时才打开此阀］。因此，只要火炬排放就能保证有较大流量的可燃气体通过，降低了回火的可能性，也达到了节能减排的目的。

两种火炬管网系统的比较见表 4-24。

表 4-24　两种火炬管网系统的比较

系统	投资	安全性	运行	环保	减排[d]
火炬管网-1	很大	可靠[a]	良好	良好	较差
火炬管网-2	较小	略降低	良好[b]	可能影响[c]	较好

注：a. 两相流、大泄放量对系统影响难以预知；

b. 存在 BOG 压缩机入口带液，对压缩机有一定影响；

c. 一旦 ORV 安全阀起跳，泄放量较大，对环境可能有一定影响；

d. 火炬管网-1 只要安全阀起跳就立刻排火炬，火炬管网-2 需要储罐达到一定压力才排放。

4.8 LNG 冷能利用

LNG 是天然气经过脱酸、脱水处理，通过低温工艺冷冻液化而成的低温（－162℃）液体混合物。随着装置规模和流程选择的不同，每生产 1t LNG 的动力及公用设施耗电量约为 450～900kW·h，而在 LNG 接收站，一般又需将 LNG 通过气化器气化后使用，气化时放出很大的冷量，其值大约为 830kJ/kg（包括液态天然气的汽化潜热和气态天然气从存储温度复温到环境温度的显热）。这一部分冷量通常在天然气气化器中随海水或空气被舍弃了，造成了能源的浪费。为此，通过特定的工艺技术利用 LNG 冷量，可以达到节省能源、提高经济效益的目的。国外已对 LNG 冷量的应用展开了广泛研究，并在冷量发电、冷冻食品及空气液化等方面达到实用化程度，经济效益和社会效益非常明显。

4.8.1 LNG 冷量发电

（1）天然气直接膨胀发电

要提高 LNG 发电系统的整体效率，必须考虑 LNG 冷量的利用。否则，发电系统与利用普通天然气的系统无异，而大量 LNG 冷量则被浪费了。

如前所述，LNG㶲包括低温㶲和压力㶲两部分。LNG 冷量的应用要根据 LNG 的具体用途，结合特定的工艺流程有效回收 LNG 冷量。概括地说，LNG 冷量利用主要有三种方式：

① 直接膨胀发电；

② 降低蒸汽动力循环的冷凝温度；

③ 降低气体动力循环的吸气温度。本节首先分析天然气直接膨胀发电。

图 4-39 所示为利用高压天然气直接膨胀发电的基本循环。从 LNG 储气瓶来的 LNG 经加压后，在气化器受热气化为数兆帕的高压天然气，然后直接驱动透平膨胀机，带动发电机发电。

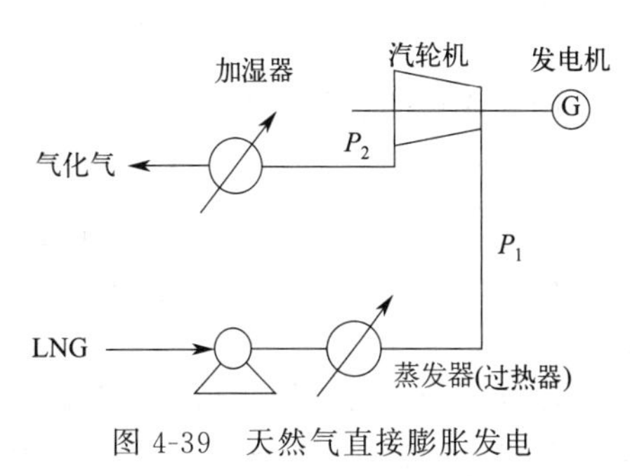

图 4-39 天然气直接膨胀发电

天然气从（p_1，T_1）等熵膨胀至（p_2，T_2）过程中，所做的功为

$$w_e = -\Delta h = h_1 - h_2 = -\int_{p_1}^{p_2} v\,dp \tag{4-14}$$

如果膨胀过程中天然气近似看作理想气体，则

$$w_e = \frac{\kappa}{\kappa - 1} R T_1 \left[1 - \left(\frac{p_2}{p_1}\right)^{\frac{\kappa-1}{\kappa}}\right] \tag{4-15}$$

如果忽略加压 LNG 的低温泵所耗的功，则 w_e 即为对外输出的功。可见，要增加天然气膨胀过程的发电量，可以采取以下三项措施：

① 提高 T_1，即提高气化器出口温度。但这也意味着气化器将消耗更多的热量，应综合考虑对整个系统的经济性。

② 提高 p_1，即提高低温泵出口压力。这就意味着气化器和膨胀机将在更高压力下工作，设备投资必然增加，也应综合考虑对整个系统的经济性。

③ 降低 p_2，即降低膨胀机出口压力。但膨胀机出口压力的降低受整个系统的制约，因为最终利用天然气的设备通常有进气压力的要求。气体压差决定了输出功率的大小，当天然气外输压力高时不利于发电。

这一方法的特点是原理简单，但是效率不高，发电功率较小，且在系统中增加了一套膨胀机设备。而且，如果单独使用这一方法，则 LNG 冷量未能得到充分利用。因此，这一方法通常与其他 LNG 冷量利用的方法联合使用。除非天然气最终不是用于发电，这时可考虑利用此系统回收部分电能。

（2）利用 LNG 的蒸汽动力循环

最基本的蒸汽动力循环为朗肯循环，如图 4-40 所示。朗肯循环由锅炉、汽轮机、冷凝器和水泵组成。在过程 4→1 中，水在锅炉和过热器中定压吸热，由未饱和水变为过热蒸汽；在过程 1→2 中，过热蒸汽在汽轮机中膨胀，对外做功；在过程 2→3 中，做功后的乏气在冷凝器中定压放热，凝结为饱和水；在过程 3→4 中，水泵消耗外功，将凝结水压力提高，再次送入锅炉。

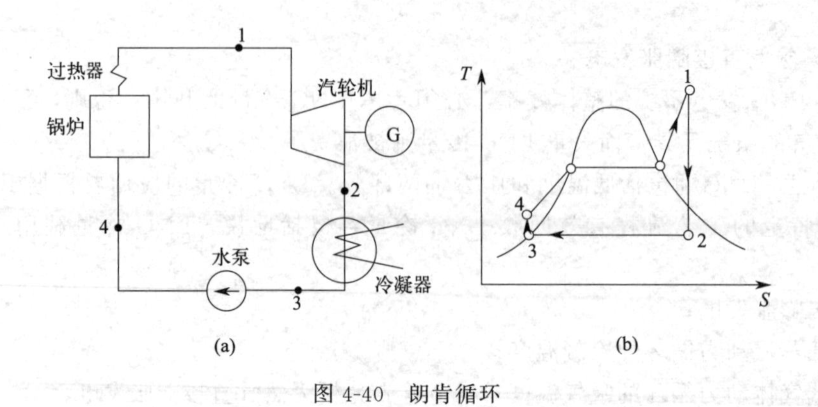

图 4-40　朗肯循环

(a) 流程图；(b) T-S 图

朗肯循环的对外净功为汽轮机做功 w_T 与水泵耗功 w_P 之差，后者相对来说很小。

$$w=w_T-w_P=(h_1-h_2)-(h_4-h_3) \tag{4-16}$$

朗肯循环的效率为循环净功与从锅炉的吸热量之比。

$$\eta=\frac{(h_1-h_2)-(h_4-h_3)}{h_1-h_4} \tag{4-17}$$

通常，冷凝器采用冷却水作为冷源，这样，循环的最低温度就限制为环境温度。LNG的气化温度很低（－162℃），秋冬季由于海水本身温度较低，在海水气化器大量放热，有结冰的危险。另外，蒸汽轮机排出的水蒸气在冷凝器中由冷媒水冷却，这部分冷媒水吸收热量后，温度有了明显升高。因此，对于LNG气化来说，可以利用冷媒水气化LNG，既避免了结冰的危险，又降低了气化费用。对于朗肯循环来说，如果保持吸热过程不变而降低冷凝器放热温度，则 w_T 会显著增大。虽然 w_P 也会略有增大，但 w_T 的增加将远远大于 w_P 的增加。因此，循环净功和循环效率都将随着冷凝温度的降低而增加。朗肯循环效率随冷凝压力的变化如图 4-41 所示。

这种方法虽容易实现，但冷量利用率很低，在冷凝温度正常变化范围内对功率、效率的提高程度贡献程度不足 1%。或者，在冷凝温度显著降低的情况下，蒸发温度也可显著降低，从而有可能利用工业余热或海水这一类价值低甚至无须成本的热源。事实上，这一种低温朗肯循环是利用LNG冷量的朗肯循环的主要方式。在这种利用 LNG 冷量的低温朗肯循环中，LNG 的气化与乏气的冷凝结合起来，LNG气化后进入锅炉燃烧（在低温朗肯循环中天然气则送到其他用户使用），而乏气在低温下冷凝。天然气直接膨胀是利

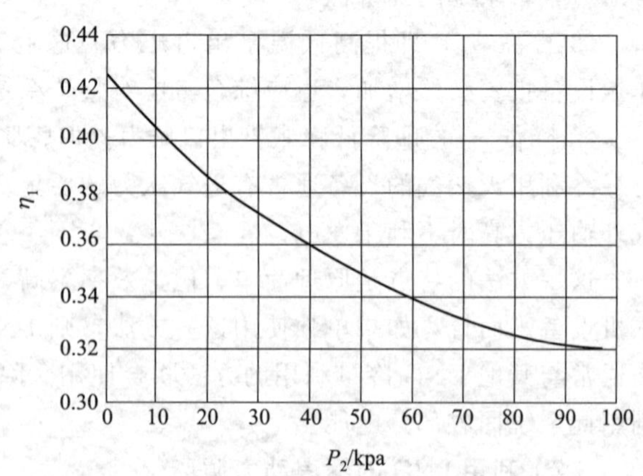

图 4-41　朗肯循环效率随冷凝压力的变化

用 LNG 的压力㶲，而朗肯循环则利用了 LNG 的低温㶲。在低温朗肯循环中，由于循环几乎不需要外界输入功和有效热量，因此很值得重视。

要有效利用 LNG 的冷量，朗肯循环工质的选择十分重要。工质通常为甲烷、乙烷、丙烷等单组分，或者采用以 LNG 和液化石油气为原料的多组分混合工质。由于 LNG 是多组分混合物，沸点范围广，采用混合工质可以使 LNG 的气化曲线与工作媒体的冷凝曲线尽可能保持一致，从而提高 LNG 气化器的热效率。

图 4-42 给出了日本大阪煤气公司所属的泉北 LNG 基地低温发电厂的系统流程图，该流程综合采用了丙烷朗肯循环和天然气直接膨胀循环。

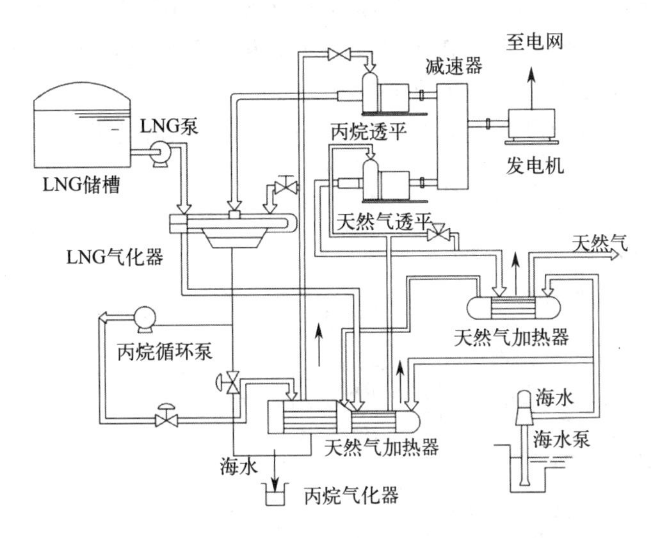

图 4-42 日本泉北低温发电厂流程

当然，以上两种朗肯循环还可以结合使用。图 4-43 所示的复合循环由两个朗肯循环组成，工作媒体分别为丙烷和甲烷。丙烷液体吸收蒸汽轮机排出蒸汽的废热而气化，高压蒸汽驱动透平膨胀机发电，随后在冷凝器中放热被甲烷冷凝。同时，高压液体甲烷吸热气化，驱动透平膨胀机发电，做功后的蒸汽气化 LNG 放出热量被冷凝。通过这样一个复合循环，有效地利用蒸汽废热气化 LNG 并发电，可以提高燃气轮机联合循环的热效率。

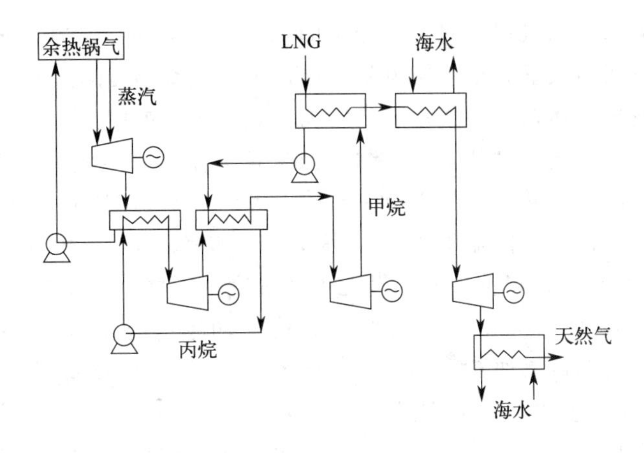

图 4-43 复合朗肯循环发电装置

（3）利用LNG的气体动力循环

气体动力循环有多种形式，按其工作方式的不同，可分为轮机型的燃气轮机循环、活塞型的往复内燃机循环和斯特林热气机循环，以及喷气式发动机等。本节介绍气体动力循环中利用LNG的一些基本方式。

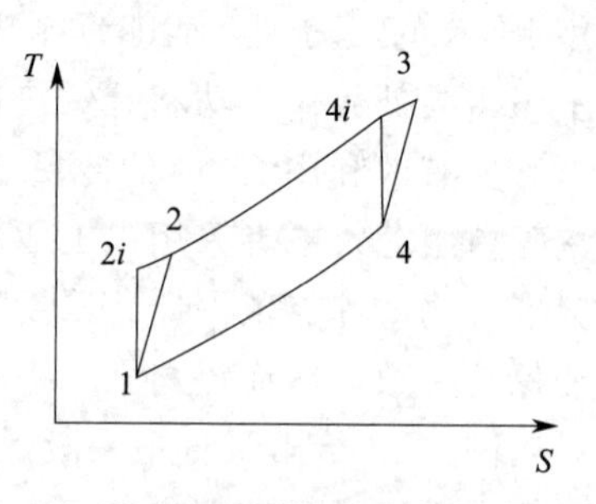

图 4-44 燃气轮机定压加热循环

1）燃气轮机循环

最简单的燃气轮机装置主要由压气机、燃烧室、燃气轮机组成，其循环近似简化为如图 4-44 所示的燃气轮机定压机热循环（布雷顿循环）。理想的布雷顿循环由定熵压缩过程 1→2i、定压加热过程 2i→3、定熵膨胀过程 3→4i 和定压放热过程 4i→1 组成。实际循环中，定熵过程实际上不可能达到，在图 4-44 中，点 2i 和 4i 分别变化为点 2 和 4。

布雷顿循环的净功量为燃气轮机膨胀做功 w_T 与压气机消耗压缩功 w_C 之差。

$$w=w_T-w_C=(h_3-h_4)-(h_2-h_1)=(h_3-h_{4i})\eta_{ri}-\frac{h_{2i}-h_1}{\eta_{e,s}} \tag{4-18}$$

式中 η_{ri}——燃气轮机相对内效率；

$\eta_{e,s}$——压气机绝热效率。

如果燃气视为理想气体，则

$$w=\frac{\kappa}{\kappa-1}R\left\{T_3\left[1-\left(\frac{p_1}{p_2}\right)^{\frac{\kappa-1}{\kappa}}\right]-T_1\left[1-\left(\frac{p_2}{p_1}\right)^{\frac{\kappa-1}{\kappa}}\right]\right\} \tag{4-19}$$

布雷顿循环的效率，即

$$\eta=\left(\frac{\tau}{\pi^{\frac{\kappa-1}{\kappa}}}\eta_{ri}-\frac{1}{\eta_{c,s}}\right)\Big/\left(\frac{\tau-1}{\pi^{\frac{k-1}{\kappa}}-1}-\frac{1}{\eta_{e,s}}\right) \tag{4-20}$$

式中 π——循环增压比，$\pi=\dfrac{p_2}{p_1}$；

τ——循环增温比，$\tau=T_3/T_1$。

显然，在 π 和 T_3 确定的情况下，降低 T_1（增大 τ），即降低燃气轮机的吸气温度，将会显著提高循环做功和循环效率。图 4-45 表示出了燃气轮机循环净功 W、效率 η 随增温比和增压比变化的趋势。

既然燃气轮机入口的空气温度对燃气透平的工作效率有明显影响，则可以利用LNG冷量预冷空气，以提高机组效率，增加发电量。这是由于随着温度的降低，空气密度变大，相同体积下进入燃气轮机空压机的空气量随之增加，燃烧效果更佳。

可以估算，当入口空气温度从30℃降低到5℃时，输出电功率可增加大约20%，效率相对提高5%左右。另外，根据内布拉斯加州林肯市的MS7001B的燃气轮机电厂数据，以冷水通过换热器冷却进口空气降温34℃，可增大输出功率25%，相对提高效率约4%。在利用LNG来冷却燃气轮机入口空气时，针对不同湿度的空气，其整个循环的输出功有不同程度的增加。对相对湿度小于30%的系统，其输出功率将会增加8%；而对相对湿度是60%的系统，其输出功率将增加6%。图 4-46 所示为利用LNG冷却燃气轮机进气的发电系统，采用了LNG直接与空气换热的方式。

由于LNG的气化温度较低，空气的冷却是以LNG作为冷源，用一种易挥发的物质（乙二醇溶液）作为中间载冷剂，将冷量由LNG传递给空气，如图 4-47 所示。冷却温度必

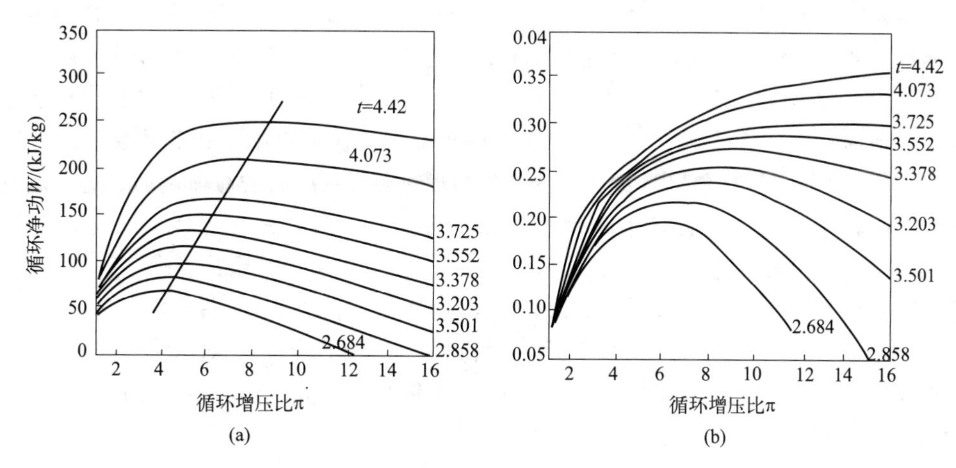

图 4-45　循环净功、效率变化曲线

（a）净功变化；（b）效率变化

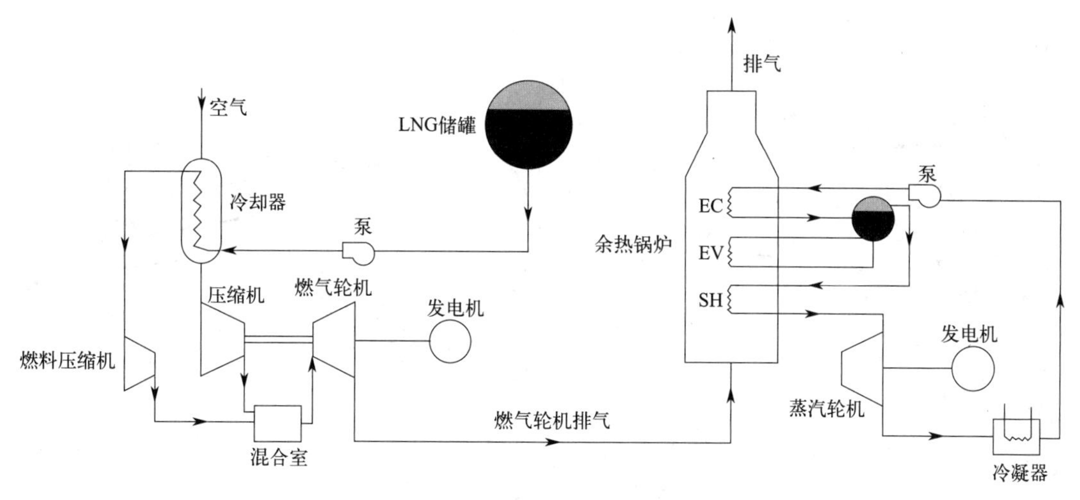

图 4-46　利用 LNG 冷却燃气轮机进气的发电系统

须严格控制在 0℃以上，以防止水蒸气冻结在冷却器表面。在冷却装置以后，应设置气水分离装置，以防止水滴进入压缩机。如果直径大于 40μm 的水滴进入压缩机，对压缩机叶片有潜在的液体冲击腐蚀的可能，水滴冲击金属表面能导致金属表面微裂纹的发展，产生表面瘢痕，并可能导致轴系振动加大。

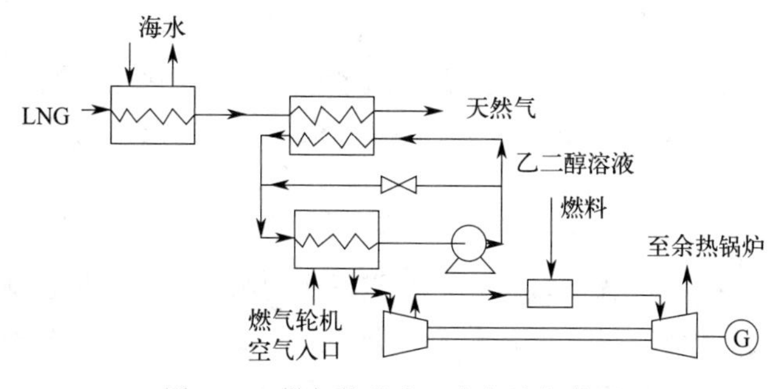

图 4-47　燃气轮机入口空气冷却装置

以 LNG 为动力的燃气轮机当然还可以采取其他形式利用冷量。图 4-48 表示出一个综合采用低温朗肯循环、两级天然气直接膨胀等冷量利用方式的燃气轮机系统，图中数字代表丙烷和 LNG 以及空气的流动方向及经过的位置。状态为－162℃、5.3MPa 的 LNG 的低温冷量通过三级设备得到利用。第一级是用于丙烷朗肯循环的冷凝器，循环以海水作为热源。通过冷凝器后，LNG 气化为－35℃、5.0MPa 的天然气，先后通过两个膨胀机膨胀做功后，进入燃气轮机作为燃料，在膨胀机前后共有三个海水换热器来升高天然气温度。这样的设计充分利用了 LNG 的冷量，但设备增加较多，应按热经济学方式分析具体运用对象，以确定其合理性。

假定某燃气轮机发电装置年产 2000MW 电力，年运行 7000h，燃气轮机效率 33.89%。在采用图 4-48 所示冷量利用系统后，燃烧室后温度 T_3 可以从 1100K 增加到 1400K，燃气轮机工质做功能力增大 4～8kW/kg（图 4-49），年增产电力 39MW，燃气轮机整体效率提高 0.7%左右，年节省 LNG 62595t。

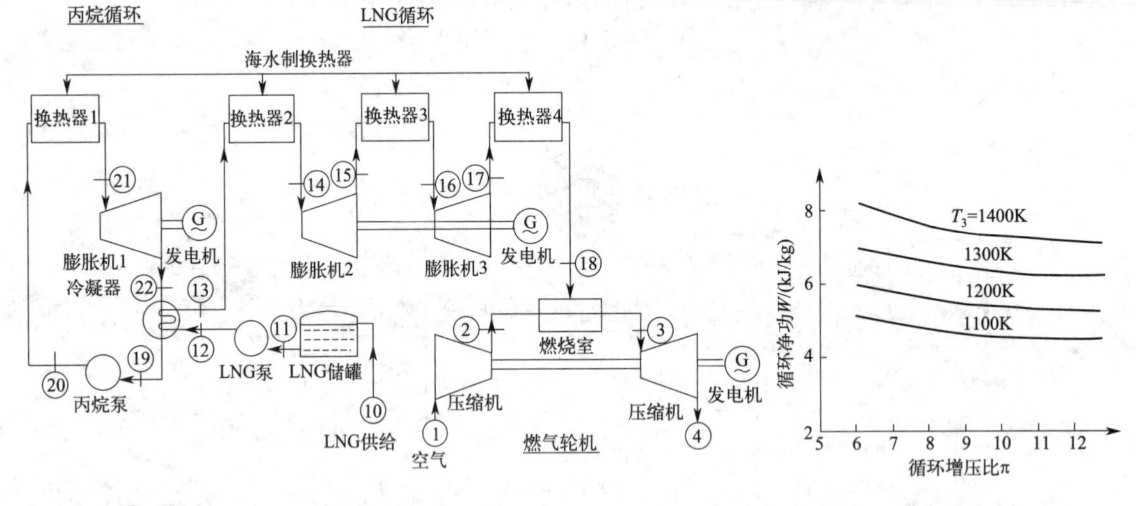

图 4-48　LNG 燃气轮机系统冷量的综合利用

图 4-49　燃气轮机系统采用冷量回收后做功的增量

2）闭式气体膨胀循环

燃气轮机循环实际上是一个开式循环，燃料和空气从外部补充，燃烧废气排出系统。除这种系统外，还有一种类似的闭式循环气体膨胀系统，如图 4-50 所示。

在这一系统中，工质气体（可以是氮气、空气、氢气、氦气等）经压缩后，吸收膨胀机排气和高温热源热量后进入膨胀机膨胀做功。膨胀后的气体向压缩机排气和低温热源放热后冷却，再进入压缩机。

实际上，这一系统除以一外部高温热源代替燃烧室外，与燃气轮机系统没有本质区别。如果将这一系统的低温热源由冷却水改为 LNG，压缩机进口温度可大大降低，从而显著地提高系统性能。

3）斯特林热气机循环

燃气轮机循环中，燃料在装置内燃烧，燃烧形成的高温高压产物膨胀做功。本节讨论的斯特林发动机则是一种外部加热的活塞式闭式循环热气发动机。它由气缸和位于气缸两端的两个活塞及三个换热器（加热器、回热器、冷却器）组成。图 4-51 表示出这种热气机的理想循环。

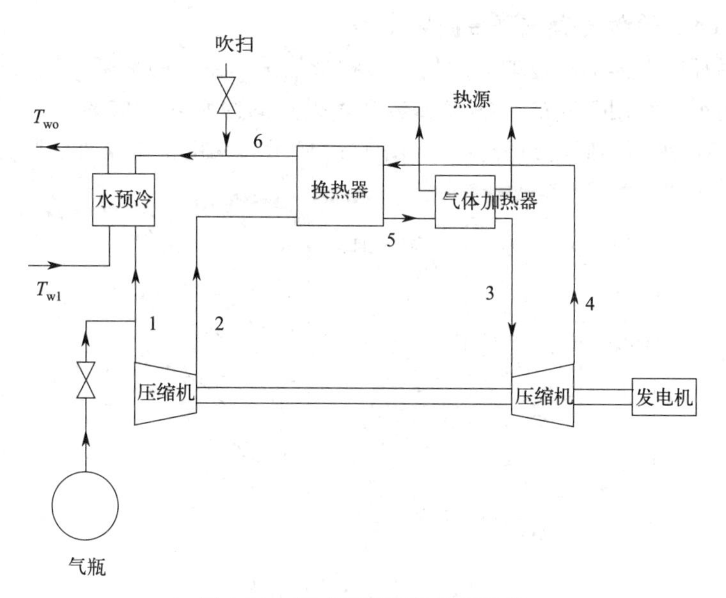

图4-50 闭式循环气体膨胀系统

斯特林循环由两个定温过程及两个定容回热过程组成。在理想气体极限回热的情况下，循环只在定温（T_H）膨胀过程3→4从热源吸热，在定温（T_L）压缩过程1→2对冷源放热。

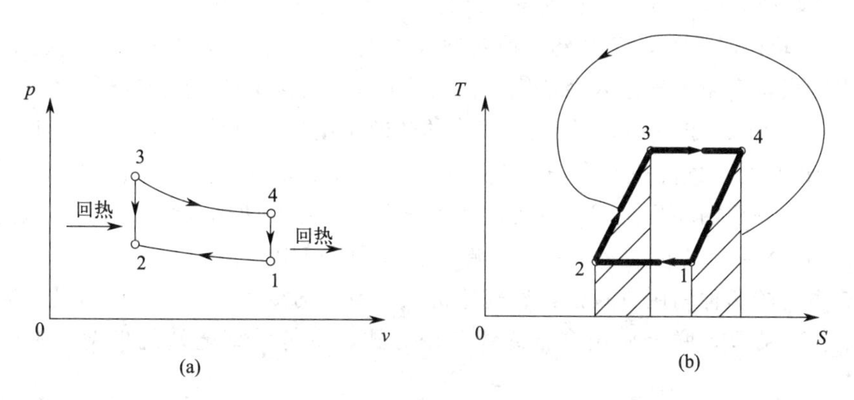

图4-51 斯特林循环

（a）p-v图；（b）T-s图

循环的净功为吸热量与放热量之差，即

$$w=(T_H-T_L)R\ln\frac{v_1}{v_2} \tag{4-21}$$

循环的热效率为

$$\eta=1-\frac{T_L}{T_H} \tag{4-22}$$

由于在斯特林热气机中，设备的某些表面始终处于循环最高温度下，所以循环最高温度受金属耐热性能的限制不能太高，这就限制了通过提高T_H来改善循环性能。如果以LNG为低温热源，则由于T_L的降低，循环净功和循环效率都会有所提高。这就使斯特林热气机利用LNG冷量成为可能。

（4）利用 LNG 的燃气-蒸汽联合循环

蒸汽动力循环中液体加热段的温度低，影响吸热平均温度的提高。燃气轮机装置的排气温度较高，因而可以利用废弃的余热来加热进入锅炉的给水，组成燃气-蒸汽联合循环。燃气-蒸汽联合循环可采用不同的组合方案，图 4-52 所示为采用正压锅炉的联合循环。

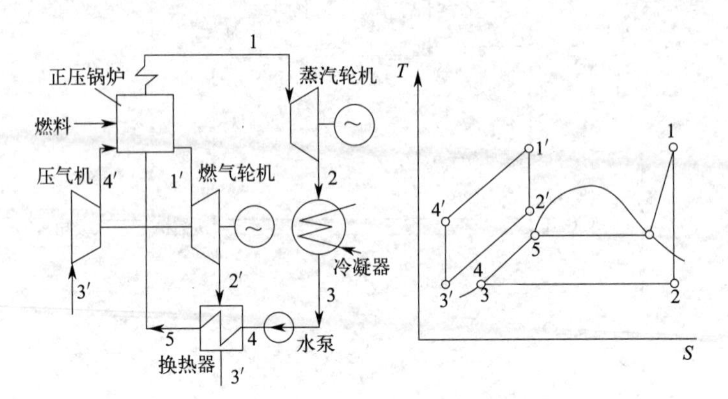

图 4-52　燃气-蒸汽联合循环

燃气-蒸汽联合循环的热效率为

$$\eta=\frac{[(h_1-h_2)-(h_4-h_3)]+m[(h_{1'}-h_{2'})-(h_{4'}-h_{3'})]}{m(h_{1'}-h_{4'})+(h_1-h_5)} \tag{4-23}$$

式中　m——联合循环中燃气与蒸汽质量之比，$m=m_g/m_s$。

LNG 燃气轮机联合循环发电是一种新型发电技术，天然气燃烧驱动燃气透平发电，燃气透平排出的大量高温废气进入余热锅炉回收热量，产生蒸汽驱动蒸汽透平发电。该循环热效率高达 55%，而蒸汽轮机和燃气轮机发电的热效率则仅分别为 38%～41%和 35%。综合利用 LNG 的冷量与燃气轮机联合循环中的废热，可以有效提高燃气轮机联合循环整个系统的热效率。既然联合循环是由燃气轮机循环和蒸汽动力循环两部分组成的，那么前面介绍的两种装置利用 LNG 冷量的方式，在联合循环中都可以应用。

其中最主要的两种利用方式是：燃气轮机入口空气的冷却、蒸汽余热气化 LNG。当然，针对具体的工艺流程，联合应用多种冷量利用方式，也是大型电站流程设计中应该考虑的问题。

图 4-53 是一个采用了压缩机进气冷却的 LNG 联合循环系统，循环最高温度按 1350℃设计。分析表明：在空气温度较高且湿度低于 30%时，联合循环的做功能力在采用了压缩机进气冷却后，增加 8%以上。如果空气湿度上升到 60%，这时空气吸收的冷量中，一部分将用于空气中水分的冷凝，造成空气温降减少，联合循环的做功能力只增加约 6%。

图 4-54 是一个更为复杂的组合利用 LNG 冷量的联合循环系统。基本联合循环由以天然气为燃料的一台燃气轮机（GAS-T）和一台蒸汽轮机（ST-T）构成，并配有用于回收蒸汽轮机乏气冷凝潜热及燃气轮机排气显热的一台采用氟利昂混合制冷剂朗肯循环的透平（FRT）和天然气膨胀透平（NG-HT 和 NG-LT）。分析表明：在以 3.6MPa 供给天然气时，每蒸发 1t LNG 可发电 400kW·h，其中包括回收 LNG 冷量的 60kW·h。蒸发出来的天然气大部分在经过循环后重新被液化，只有小部分作为燃料消耗掉。在这一系统中，以作为燃料消耗掉的天然气量为基准，最终的发电能力是 8.2kW·h/kg，远高于常规联合循环系统的 7.0kW·h/kg。而且，整个装置的热效率高于 53%。在一个年接收 LNG5Mt 的电站，每

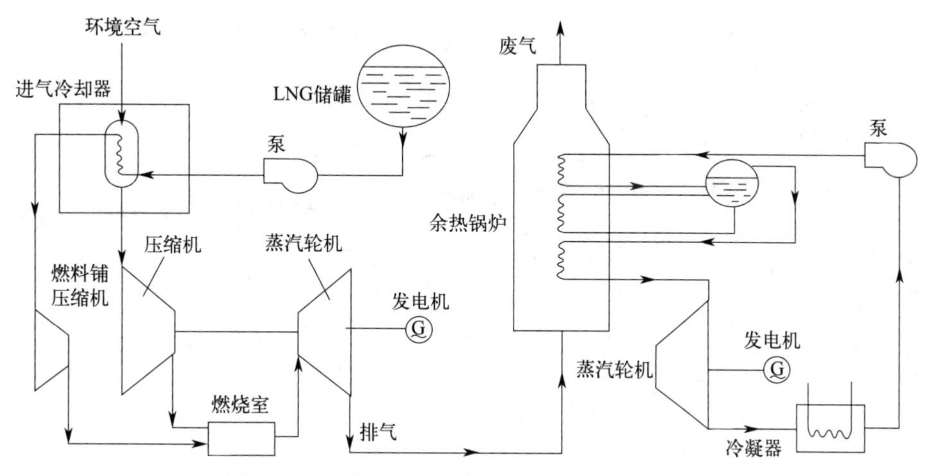

图4-53 压缩机进气冷却的LNG联合循环系统

小时消耗天然气600t，发电功率为240MW。在常规装置中，气化这样数量的LNG需要的海水量为24000t/h。在这一复合系统中，由于不再需要泵送这些海水，还可额外节省2MW的功率消耗。

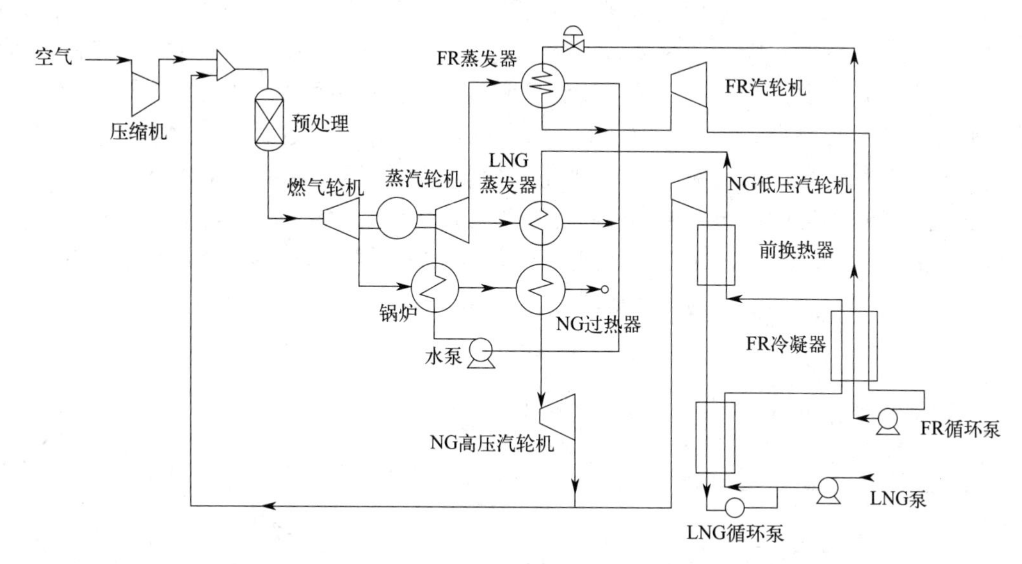

图4-54 组合利用LNG冷量的联合循环系统

NG—天然气；LNG—液化天然气；FR—氟利昂

文献提出了一种提高联合循环电厂效率的系统和方法，它是一种提高以LNG为燃料，联合循环发电厂效率的系统和方法。通过一种换热流体，将汽轮机乏气的热量传递给LNG，从而使得LNG气化；利用气化过程中释放出的冷量，将乏气冷凝为接近冰点的凝结水，降低汽轮机的排汽压力，提高汽轮机的输出功率和效率；凝结水与被天然气冷却了的水混合，在冷凝式换热器中吸收余热锅炉排烟中的显热和烟气中水蒸气的潜热，将排烟温度降到露点温度以下；回收了烟气余热的水，一部分作为余热锅炉的给水，其余用来加热天然气，提高进入燃气轮机燃烧室的天然气的温度，燃气轮机的效率得以提高。图4-55为该利用LNG冷量的联合循环发电流程。

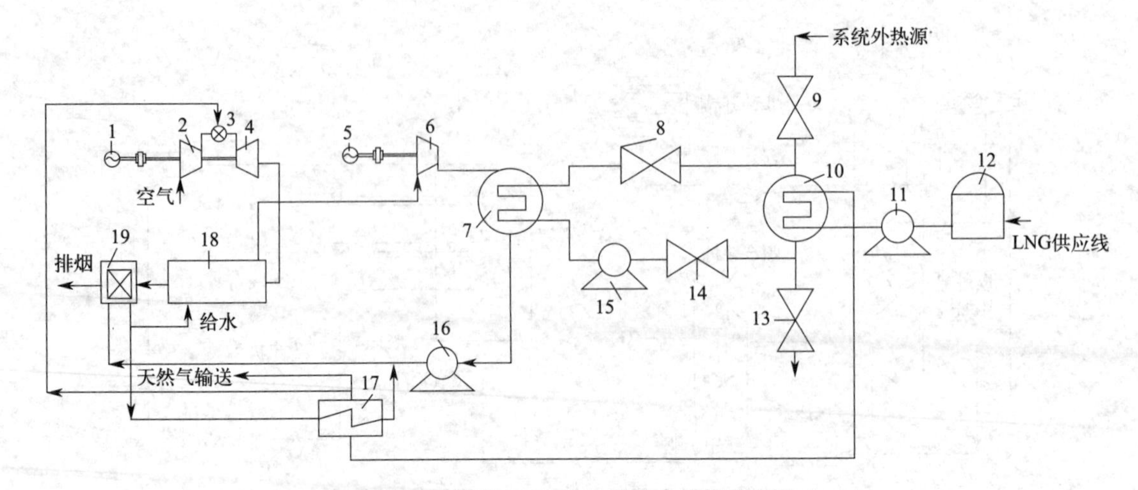

图 4-55 利用 LNG 冷量的联合循环发电图

1—发电机；2—压缩机；3—燃烧室；4—燃气轮机；5—第二发电机；6—蒸汽轮机；
7—冷凝器；8、9、13、14—阀；10—气化器；11—升压泵；12—储罐
15—换热流体泵；16—凝结水泵；17—预热器；18—余热锅炉；19—冷凝式换热器

LNG 冷量也可用于 CO_2 跨临界朗肯循环和 CO_2 液化回收。一方面采用 CO_2 作为工质，利用燃气轮机的排放废气作为高温热源、LNG 作为低温冷源来实现 CO_2 的跨临界朗肯循环，由于高低温热源温差较大，循环能够顺利进行；另一方面从燃气轮机排放的 CO_2 废气在朗肯循环中放出热量后，经 LNG 进一步冷却成液态产品。这样，不但利用了 LNG 冷量，而且天然气燃烧生成的大部分 CO_2 也得以回收。在这篇文献中，计算分析了相关参数对跨临界循环特性的影响，包括循环最高温度和压力对系统的比功和㶲效率的影响，并分析了回收的液态 CO_2 的质量流量的变化情况。结果表明：这种新的 LNG 冷量利用方案是一种环境友好的高效方案，其基本的流程如图 4-56 所示。

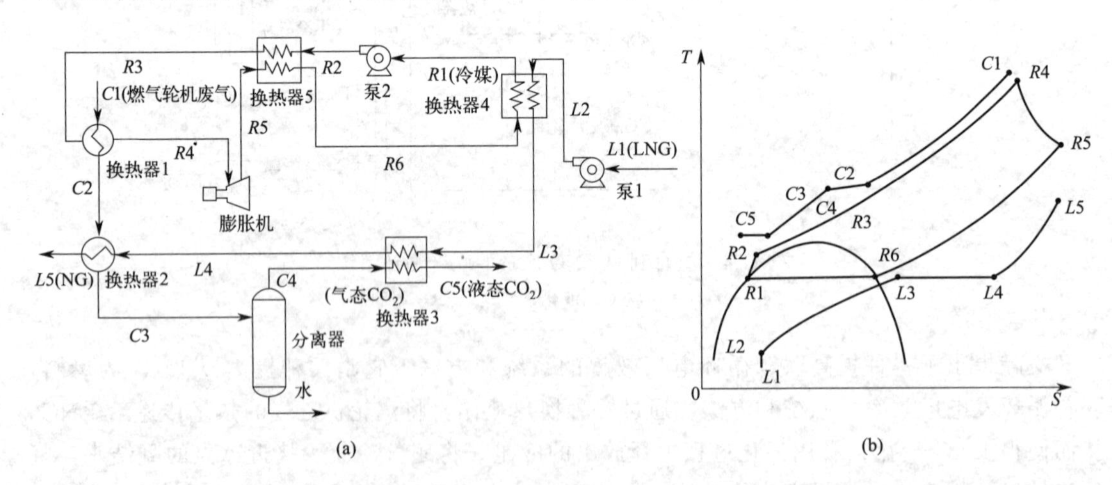

图 4-56 LNG 冷量用于 CO_2 跨临界朗肯循环和 CO_2 液化回收

(a) 流程图；(b) *T-S* 图

*R*1、*R*2、*R*3、*R*4、*R*5、*R*6—冷媒循环回路各状态点；*C*1、*C*2、*C*3、*C*4、*C*5—燃气轮机废气流程状态点；*L*1、*L*2、*L*3、*L*4、*L*5—LNG 流程状态点

4.8.2　LNG 冷量用于空气分离

(1) 概述

根据前述 LNG 冷量㶲分析的原理，低温㶲越远离环境温度时，其值越大，因此应在尽可能低的温度下利用 LNG 冷量，才能充分利用其低温㶲。否则，在接近环境温度的范围内利用 LNG 冷量，大量宝贵的低温㶲已经被耗散掉了。从这个角度来看，由于空分装置中所需达到的温度比 LNG 温度还低，因此，LNG 的冷量㶲能得到最佳的利用。如果说在发电装置中利用 LNG 冷量是最可能大规模实现的方式的话，在空分装置中利用 LNG 冷量应该是技术上最合理的方式。利用 LNG 的冷量冷却空气，不但大幅度降低了能耗，而且简化了空分流程，减少了建设费用。同时，LNG 气化的费用也可得到降低。

日本在将 LNG 冷量应用于空气分离方面已有较为成功的实践。表 4-25 列出了日本一些主要的利用 LNG 冷量的空分装置。图 4-57 为大阪煤气公司利用 LNG 冷量的空气分离装置流程图。与普通的空气分离装置相比，电力消耗节省 50%以上，冷却水节约 70%。

表 4-25　日本利用 LNG 冷量的空气分离装置

LNG 接收基地		根岸基地	泉北基地	袖浦基地	知多基地
生产能力/(m^3/h)	液氮	7000	7500	6000	6000
	液氧	3050	7500	6000	4000
	液氩	150	150	100	100
LNG 使用量/(t/h)		8	23	34	26
电力消耗/(kW・h/m^3)		0.8	0.6	0.54	0.57

注：表中体积为标准状态。

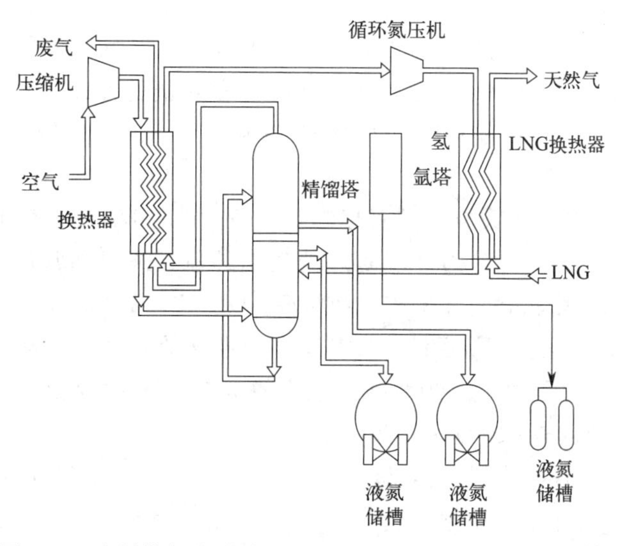

图 4-57　大阪煤气公司利用 LNG 冷量的空气分离装置流程图

其他国家也有将 LNG 冷量用于空分的成功实践。图 4-58 是法国 FOS-SUR-MER 接收站中的 LNG 冷量回收系统。在这个系统中，LNG 冷量主要用于液化空气厂，也用于旋转机械和汽轮机的冷却水系统。

图 4-57 和图 4-58 所示的系统中，LNG 冷量均用于冷却空分装置中的循环氮气。日本的 Velautham 等人则提出一种在 LNG 电站中将发电、空分与 LNG 气化利用相结合的零排放

系统（图4-59）。在这一系统中，LNG与空分装置输出的冷氧气和冷氮气一起，被用来冷却空分系统中的多级空压机。根据分析，这一系统在输出氧气状态为0.2MPa、439℃时的单位能耗仅为0.34kW·h/kg(O_2)。

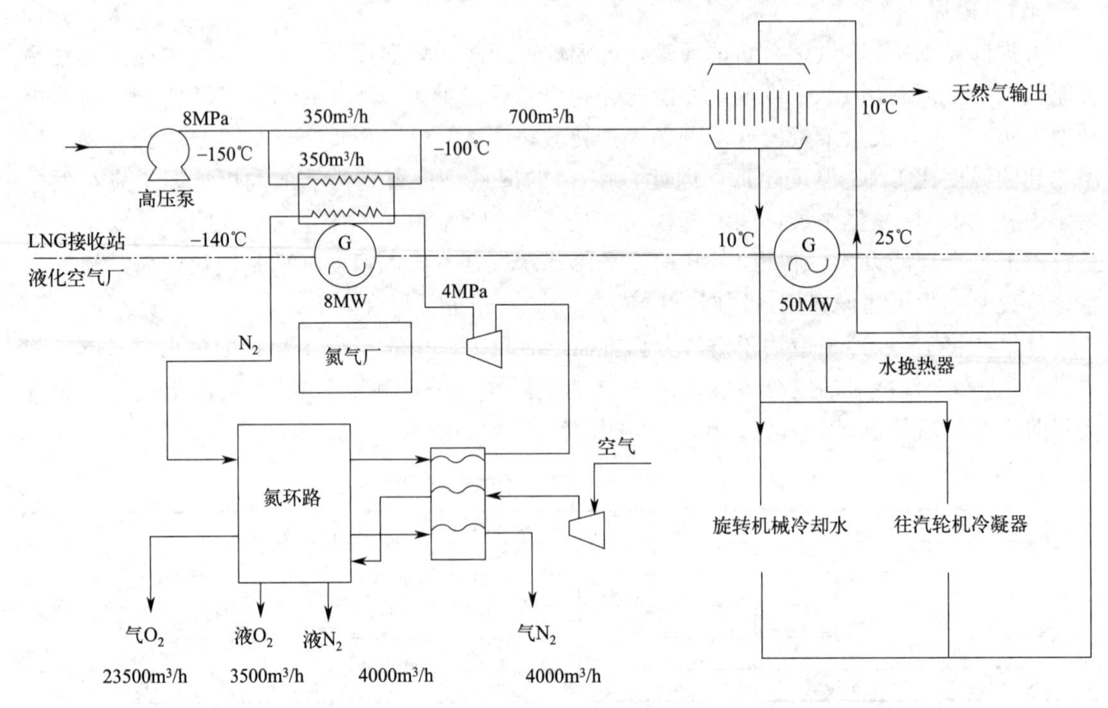

图4-58 FOS-SUR-MER接收站中的LNG冷量回收系统

空分装置利用LNG冷量的流程可以有多种方式，图4-57和图4-59所示的用LNG冷却循环氮气和冷却压缩机出口空气的方式，仅是其中一些可能的方式。下面的分析并不针对某一具体流程，而是从比较广义的角度，对空分装置利用LNG冷量进行一些热力学上的概略分析，并给出一些趋势性的结论。

在以下的分析实例中，假设空分装置原料空气量为1mol/s，空气组分按氧的摩尔分数20.9%、氮79.1%计，空分产品为环境状态的气态纯氧、纯氮和常压下的纯液氧、液氮；LNG按纯甲烷考虑，初始状态为环境压力和温度111.7K；环境状态 $p_0=101.3\text{kPa}$，$T_0=300\text{K}$。LNG用于冷却经主空压机压缩并冷却至环境温度的空气。为简单起见，空气液化采用林德液化循环，循环过程如图4-60所示，图中的1点即为环境状态。

（2）利用LNG冷量提高空分装置液化率

空气经压缩和冷却后，达到状态2（$p_2=607.8\text{kPa}$，$T_2=300\text{K}$）。压缩空气如果采用LNG预冷，可使其在等压下降温至 T_3。考虑传热温差的存在，取 T_3 至少比LNG初始温度高3K，同时，天然气温度 T'_0 至少比环境温度低5K。这样，随着LNG的量的增大，T_3 可由下面的热平衡方程求出：

$$q_{n,A}c_{p,A}(T_2-T_3)=q_{n,G}\left[c_{p,G}(T'_0-T_s)+r\right] \tag{4-24}$$

式中 $q_{n,A}$——空气摩尔流量（取为1mol/s）；

$q_{n,G}$——天然气摩尔流量；

r——LNG汽化潜热。

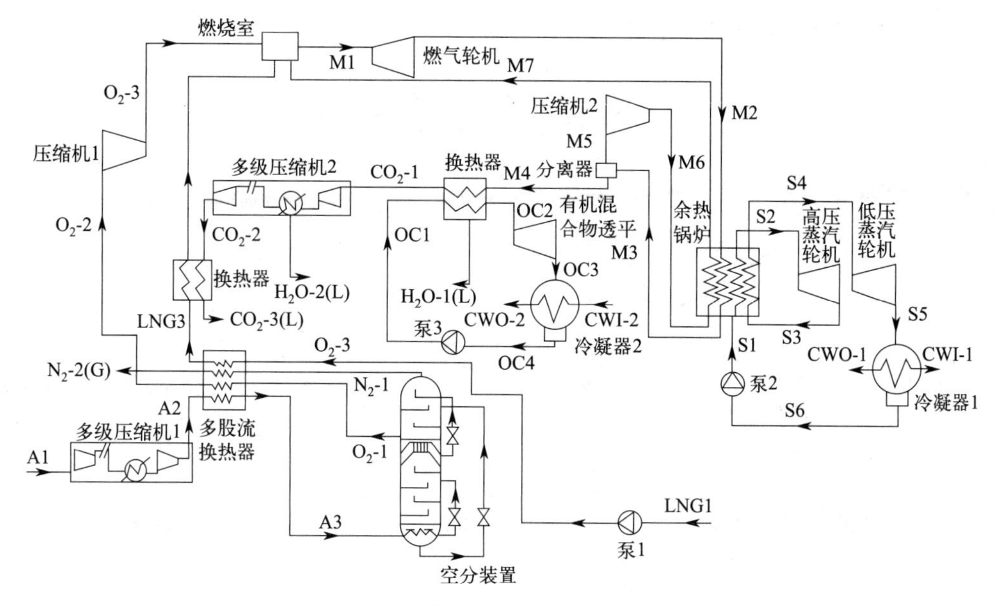

图 4-59 与空气装置联合运行的 LNG 发电系统

NG—天然气；LNG—液化天然气；A—空气；O_2—氧气；N_2—氮气；CO_2—二氧化碳

H_2O—水；S—蒸汽；M—混合物；OC—有机混合物；CWI—冷却水进；CWO—冷却水出；L—液态

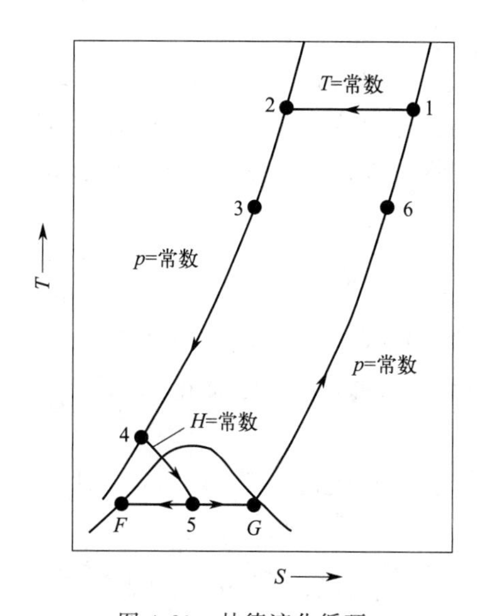

图 4-60 林德液化循环

图 4-61 所示为不同 LNG 流量时得到的空气温度 T_3。显然，当空气与 LNG 的摩尔流量比为 1∶0.37 时，T_3 达到最低。受 LNG 温度的限制，若 LNG 流量超过此比例，则其冷量将不能获得完全利用，造成浪费。

带预冷的林德循环的液化率为

$$y=\frac{h_6-h_3}{h_6-h_f} \tag{4-25}$$

很显然，预冷温度越低，液化率越高。液化率随着 LNG 流量变化的关系如图 4-62 所示。可见，装置的液化率随 LNG 流量增大而显著提高。这一特点说明，与 LNG 气化相结合的空分装置特别适合用于生产较多的液体产品。

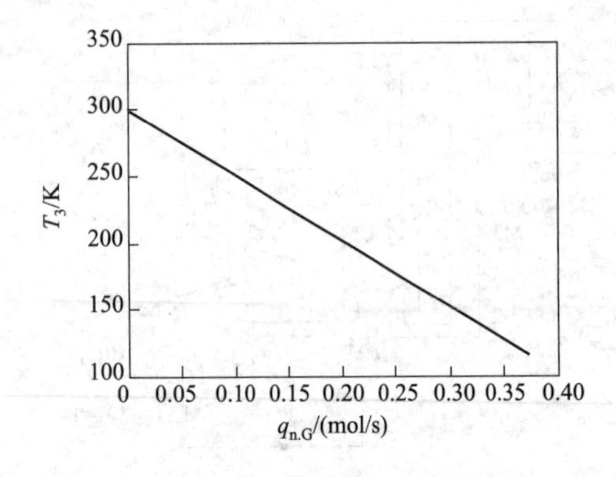

图 4-61 预热温度随 LNG 流量的变化

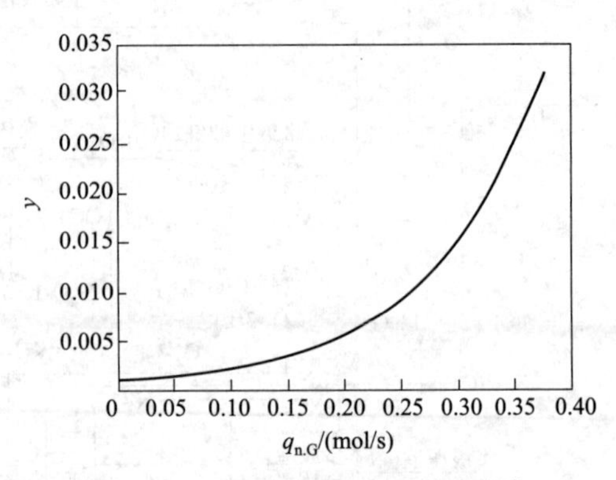

图 4-62 液化率随 LNG 流量的变化

再来看装置的能量利用效率。装置从外部获得的能量有压缩功 W 和 LNG 的冷量 $Q_{冷}$。

$$W = q_{n,A} R_M T_0 \ln \frac{p_2}{p_1} / \eta_T$$
$$Q_{冷} = q_{n,A} c_{p,A} (T_2 - T_3) \tag{4-26}$$

其中，等温效率取 $\eta_T = 0.7$，下标 A 代表空气。这样单位液化产品消耗的能量为

$$W_f = (W + Q_{冷}) / y \tag{4-27}$$

如图 4-63 所示，单位液化产品消耗的能量随 LNG 流量增大而下降。

装置从外界获得的㶲由两部分组成：压缩功 W 和 LNG 冷量㶲e_{LNG}。离开装置的产品具有的㶲，包括气体分离成纯物质所获得的㶲和液体产品的低温㶲。

气体分离成纯物质所获得的㶲为

$$e_A = q_{n,A} R_M T_0 \left(n_0 \ln \frac{1}{n_0} + n_N \ln \frac{1}{n_N} \right) \tag{4-28}$$

假设液空全部转化为最后的液体产品，且液体产品的组分与气体相同（这当然是很粗略的假设）。液氧和液氮的低温㶲e_{LO} 和 e_{LN} 也可求出。

则液体产品的低温㶲为

$$e_L = y q_{n,A} (n_o e_{LO} + n_N e_{LN}) \tag{4-29}$$

装置的㶲效率为

$$\eta_e = (e_A + e_L) \Big/ \left(W + \frac{q_{n,G}}{q_{n,A}} e_{LNG} \right) \tag{4-30}$$

此外，空气吸收冷量后获得的㶲为

$$e_1 = q_{n,A} c_{p,A} \ln \frac{T_0}{T_3} - q \tag{4-31}$$

LNG 中的㶲被空气吸收的比例为

$$\eta_1 = q_{n,A} e_1 / q_{n,G} e_{LNG} \tag{4-32}$$

图 4-64 清楚地显示，随着 LNG 流量增大，LNG 低温㶲被空气吸收的效率越来越高。说明随着温度的降低，LNG 冷量得到了更充分的利用，这也是温度很低的空分装置利用 LNG 冷量的独特优势。但装置总的㶲效率由于 LNG 流量较小时，低温㶲未能得到充分利用而有所降低（在约 $n_A : n_{LNG} = 1 : 0.3$ 时㶲效率最低），但毕竟装置在未多耗压缩功的情

况下可得到更多的液体产品，这也是非常有利的。

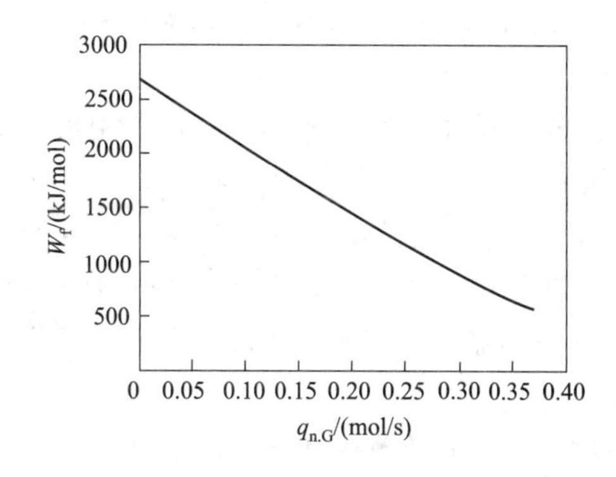

图 4-63　单位液化能量随 LNG 流量的变化

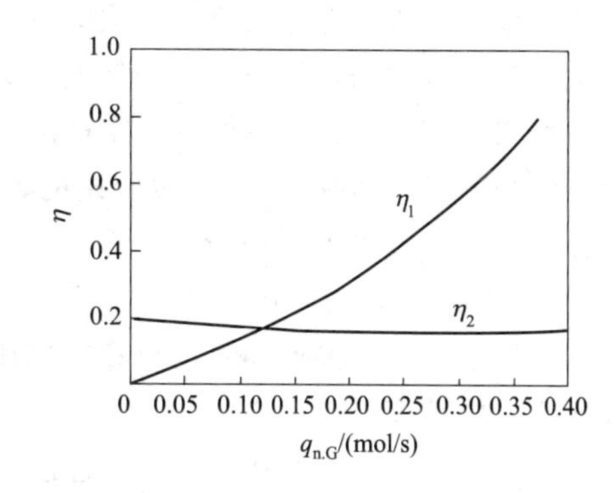

图 4-64　㶲效率随 LNG 流量的变化

（3）利用 LNG 冷量降低空分装置压力

上一节的分析是假设压缩机出口压力不变得到的，其特点是利用 LNG 冷量获得更多的液体产品。如果并不希望得到更多液体产品，则可以降低压缩机出口压力，从而节省压缩功。

假设装置㶲效率维持在初始状态，压缩机等效率也保持不变，则可由式(4-30) 求出不同 LNG 流量时所需的压缩功 W，进而求出新的流程压力 p_2。

图 4-65 和图 4-66 表明，在 LNG 流量增加后，流程压力和所消耗的压缩功开始均明显下降，到后来趋于平缓。这样，通过引入 LNG 冷量，空分装置的经济性得到了提高。

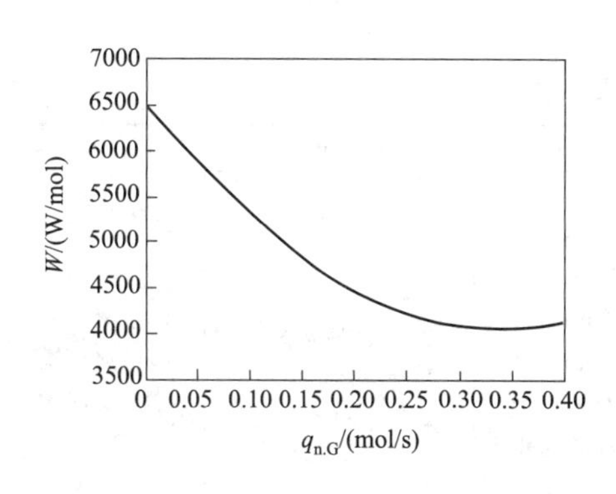

图 4-65　压缩功随 LNG 流量的变化

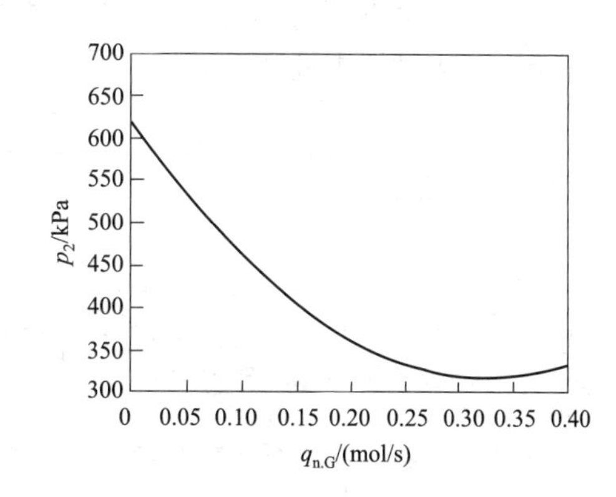

图 4-66　流程压力随 LNG 流量的变化

以上分析表明：将 LNG 冷量引入空分装置，可根据需要，使装置生产更多的液体产品满足市场需要，或降低流程压力以减少装置的投资和运行费用。空分装置利用 LNG 冷量可以有多种流程组织方式，值得相关设计生产单位进行探讨。

（4）利用 LNG 冷量空分装置案例

国内某进口接收站的 LNG 冷量利用规划中，根据市场分析确定了空分方案的生产规模为：空分产品 620t/天，其中液氧产品 400t/天，液氮产品 200t/天，液氩产品 20t/天，并提供了四个空分工艺方案。

方案一：高压（8.1MPa）LNG 直接进入主换热器，被循环氮气加热，冷量利用后，高压（7.04MPa）天然气回 LNG 接收站的天然气外输系统；循环氮气采用低温氮气压缩机，降低氮气入口温度，忽略压缩机级间冷却。该方案需要消耗 68t/h 的 LNG。在冷量回收过程中 LNG 在低温区（$-145\sim-74$℃）的冷量得到了充分利用，而在高温区-74℃以上的冷量用制取低温水的办法回收，制取的低温水作为空压机的中间冷却器的冷却水，来降低空压机的功率，其中循环氮压缩机为低温压缩机，中间冷却器采用 LNG 冷却。

方案二：高压（8.1MPa）LNG 直接进入主换热器，被循环氮气加热，冷量利用后，高压（7.04MPa）天然气回 LNG 接收站的天然气外输系统；采用常温循环氮压机，级间冷却采用循环水。该方案需消耗 30t/h 的 LNG，对 LNG -74℃以上的冷量回收效果较差，影响了 LNG 高温区冷量的利用率。为提高 LNG 冷量的利用率，可用制取低温水的办法回收，制取的低温水作为常温循环氮压机和空气压缩机中间冷却器的冷却水，来降低循环氮压机和空气压缩机的功率。

方案三：低压（0.7MPa）LNG 直接进入主换热器，被循环氮气加热，冷量利用后，低压（0.65MPa）天然气回 LNG 接收站的天然气外输系统；采用常温循环氮压机，同时制取液体空分产品。该方案需消耗 12.5t/h 的 LNG。由于天然气外输主管网的压力为 7.04MPa，低压气态天然气外输进入主管网需增加一台天然气压缩机增压。

方案四：低压（0.7MPa）LNG 直接进入主换热器，被循环氮气加热，冷量利用后，低压（0.65MPa）天然气回 LNG 接收站的天然气外输系统；采用低温循环氮压机。该方案需消耗 50t/h 的 LNG。

通过对各工艺方案进行技术指标、能耗、水耗、投资、安全及可靠性的分析，最后推荐了方案一，其流程图如图 4-67 所示。该方案冷量利用绝对量大，水耗和电能消耗最少，产品方案可根据市场走势做适当调整，装置运行安全可靠，符合 LNG 终端接收站的实际生产情况。与同规模常规空分相比，节电约 51%，节水约 63%。该方案空分主要设备见表 4-26，空分流程主要技术参数见表 4-27。

表 4-26　空分主要设备

空气压缩设备	空气预处理设备	空气分离设备	液化设备	产品存储器
①主空气压缩机及其内部冷却器、进口过滤器； ②主空气压缩机后的过冷换热器； ③冷冻水泵	①空气预冷换热器； ②空气过滤器； ③分子筛吸附器； ④电加热器； ⑤分子筛	①主换热器； ②冷凝蒸发器； ③高压分离塔； ④低压分离塔； ⑤粗氩分离塔； ⑥氩塔冷凝蒸发器； ⑦精氩分离塔及相关设备； ⑧液氩泵	①氮压缩机； ②LNG 换热器； ③过冷器； ④节流阀	①液氧储罐； ②液氮储罐； ③液氩储罐

表 4-27 空分流程主要技术参数

技术指标(或产品参数)	数
加工空气量(标准状态下)/(m^3/h)	—
液氧产量/(V/天)($w(O_2)\geqslant0.996$)	60000
液氮产量/(V/天)($w(O_2)\leqslant10\times10^{-6}$)	200
液氩产量/(V/天)($w(O_2)\leqslant2\times10^{-6}$,$w(N_2)\leqslant3\times10^{-6}$)	20
LNG 流量/(t/h)	68
循环水量/(t/h)	555
空压机功率/kW	4618
氮压机功率/kW	5500
总压缩功率/kW	8141.5

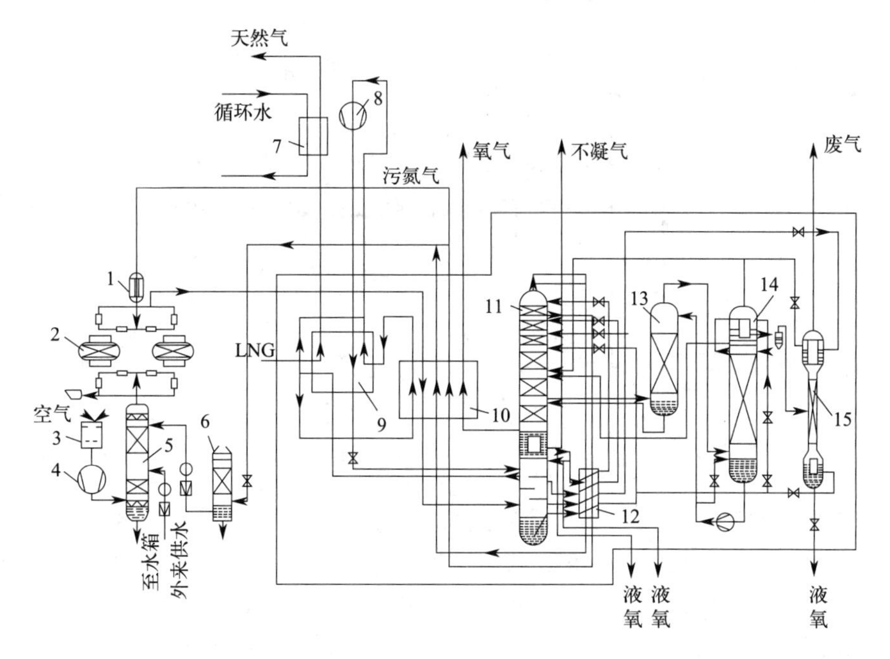

1—电加热器；2—分子篮吸附器；3—空气过滤器；4—空气压缩机；5—空气冷却塔；
6—水冷却器；7—水箱；8—氮气压缩机；9—高压换热器；10—低压换热器；
11—空气分馏塔；12—过冷器；13—粗氧塔；14、15—精氧塔

图 4-67 某接收站 LNG 冷量利用于空分的推荐流程

4.8.3 LNG 冷量的其他利用途径

(1) 轻烃分离

目前世界贸易中许多 LNG 都是湿气（乙烷、丙烷等 C_2^+ 轻烃的摩尔含量在 10%以上），湿气中的 C_2^+ 轻烃是优质清洁的乙烯裂解原料，用其代替石脑油生产乙烯，装置投资可节省 30%，能耗降低 30%，综合成本降低 10%。利用 LNG 的冷量分离出其中的轻烃资源，还可以省去制冷设备，以很低的能耗获得高附加值的乙烷和由 C_3^+ 组成的液化石油气（LPG）产品，同时实现 LNG 的气化，是 LNG 冷量利用的一种有效方式。

国外早在 1960 年就有从 LNG 中分离轻烃的专利了。近年来，美日等国又注册了很多 LNG 轻烃分离专利。美国专利 US6941771B2 的轻烃分离流程如图 4-68 所示。

该装置主要包括换热器、闪蒸塔、脱甲烷塔及压缩机等设备。LNG 原料首先经泵 1 增压，再由分流器分为大小两股：较大的一股（约为总流量的 85%～90%）在换热器中预热而部分气化，然后进入闪蒸塔中进行气液分离，甲烷气体从闪蒸塔顶部分出，富含 C_2^+ 轻烃的 LNG 从塔底分出后，输入脱甲烷塔中进一步分离；而从分流器中分出的另一小股 LNG（约为总流量的 10%～15%），则作为脱甲烷塔顶回流；经脱甲烷塔的分离，剩余的甲烷全部以气相从塔顶分出，塔底分出的液体则为 C_2^+ 轻烃产品。将从闪蒸塔和脱甲烷塔顶分离出来的两股甲烷气体混合后，经压缩机压缩提高压力，然后在换热器中与增压过冷的 LNG 原料换热而全部液化，再用高压泵 2 将液体甲烷增压到外输要求后，送入气化装置。在此流程中，LNG 的冷量主要用于轻烃分离及分离出来的甲烷气体的再液化。另外，从闪蒸塔和脱

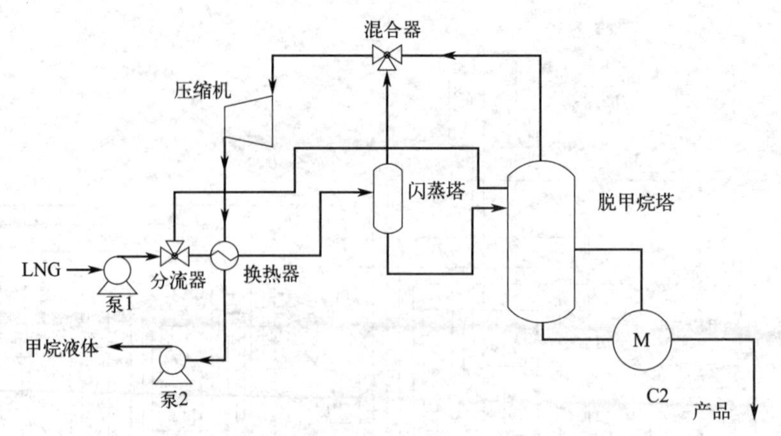

图 4-68　美国专利 US6941771B2 的轻烃分离流程图

甲烷塔顶分离出来的甲烷气体，其压力和经泵 1 增压后的 LNG 压力基本相当，由于 LNG 的显冷不足以将全部的甲烷气体液化，故甲烷液化需要利用一部分 LNG 的潜冷。为了能够利用 LNG 的潜冷，必须提高甲烷气体的压力，使其液化温度高于换热过程 LNG 部分气化的温度。都是通过采用压缩机做功来提高甲烷气体的压力，所以能耗较高。

近年来，我国对于 LNG 冷量利用于轻烃分离也已经开展了一些研究工作。华南理工大学华辛等提出了多种改进流程。发现了一种低温换热网络与轻烃分离过程相集成的 LNG 轻烃分离流程，即通过优化换热网络及热集成，使分离流程的能耗大为降低，但该流程分离获得的 C_2^+ 轻烃压力仍然较高。其对换热网络进行优化改进，设计了一种完全不用压缩机的 LNG 轻烃分离工艺，同时利用 LNG 的冷量使分离获得的轻烃产品过冷，使其在低压下仍保持为液相，方便产品的储运和销售；但该流程未将 C_2^+ 进一步分离成乙烷和 C_3^+，不利于产品的直接利用。此外，这些流程通过复杂的换热网络实现能量的最大化利用，虽然大大降低了能耗，但结构复杂，设计也更具有针对性，适应性较差。

针对轻烃分离流程普遍存在的压缩机能耗过大、轻烃压力过高或未能完全分离这两大缺陷，华南理工大学熊永强等在液化天然气轻烃分离工艺的优化设计流程中及上海交通大学高婷等在利用 LNG 冷能的轻烃分离高压流程中提出了两种改进流程。

（2）制取液化二氧化碳和干冰

液态二氧化碳是二氧化碳气体经压缩、提纯，最终液化得到的。传统的液化工艺将二氧化碳压缩至 2.5～3.0MPa，再利用制冷设备冷却和液化。而利用 LNG 的冷量，则很容易获得冷却和液化二氧化碳所需要的低温，从而将液化装置的工作压力降至 0.9MPa 左右。与传统的液化工艺相比，制冷设备的负荷大为减少，电耗也降低为原来的 30%～40%。

表 4-28 列出了一套利用 LNG 冷量液化二氧化碳和生产干冰的设备，其流程如图 4-69 所示。

表 4-28　液态二氧化碳和干冰生产设备

产量/(t/天)	液态二氧化碳	162(其中高纯度液态二氧化碳 85)
	干冰	72
主要应用	液态二氧化碳	食品冷藏 焊接和铸造 苏打汽水
	干冰	食品的冷藏运输 其他工业应用

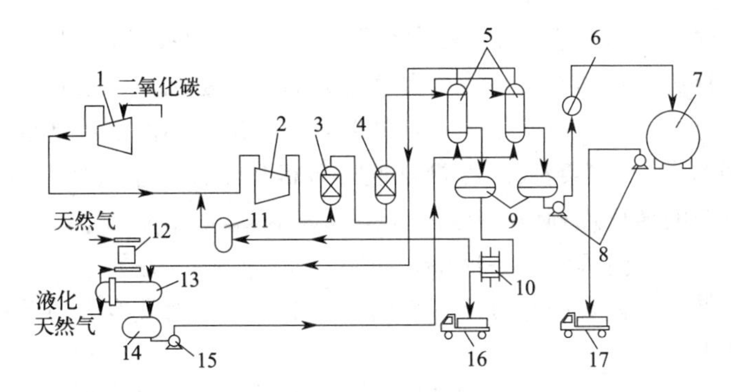

1、2—压缩机；3—除臭容器；4—干燥器；5—液化设备；6—液态二氧化碳加热器；7—液态二氧化碳储槽；8—液态二氧化碳泵；9—储槽；10—干冰机；11—收集器；12—天然气回热器；13—LNG氟利昂换热器；14—氟利昂储罐；15—氟利昂泵；16—干冰储运车；17—液态二氧化碳储运车

图4-69 液态二氧化碳和干冰生产设备的系统图

(3) 冷库

食品的腐坏主要是由于产品发生了生物化学反应，而低温环境可以延缓生物化学反应，使食品能够保存较长时间。目前，低温冷藏食品的工艺已在世界范围内被广泛采用。例如为防止腐坏变质，深海捕捞的金枪鱼必须储存在−50～−55℃的冷库里。

传统的冷库采用多级压缩机和螺杆式制冷装置维持冷库的低温，电耗很大。如果采用LNG的冷量作为冷库的冷源，将载冷剂氟利昂冷却到−65℃，然后通过氟利昂制冷循环冷却冷库，可以很容易地将冷库温度维持在−50～−55℃，电耗降低65%。

利用LNG冷量的冷库流程，按冷媒运行时是否有相变分为两种：冷媒无相变运行的流程；冷媒发生相变的流程。前者指整个运行过程中，冷媒保持液态不气化，冷量靠的是冷媒的显热来提供的；后者指的是冷媒在冷库的冷风机内蒸发，主要靠汽化潜热来提供冷量。

1）冷媒无相变的流程

由于整个运行过程中冷媒没有发生相变，其流程的控制相对较容易，对于不同温度要求的冷库，可以考虑按照温度从低到高来进行串联，使得冷媒逐次通过它们来释放冷量，实现冷媒的串联化运行，使冷媒、管路系统化，充分利用了LNG的冷量，也是实现了冷媒冷量(㶲)的梯级利用，现以金枪鱼冷藏库（−55℃）、鱼虾冻结库（−28℃）和鱼虾冷藏库（−18℃）为例进行说明，其串联无相变的冷库流程如图4-70所示。无相变冷库的冷媒 p-h 图如图4-71所示，图中1至5为冷媒循环的各状态点。

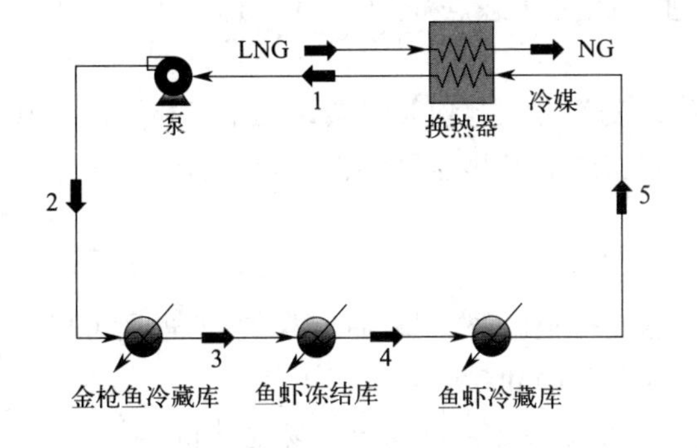

图4-70 无相变的冷库流程

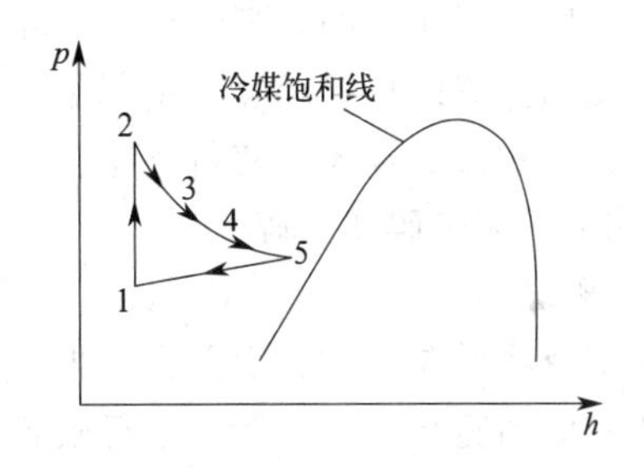

图4-71 无相变冷库的冷媒 p-h 图

具体过程是冷媒在 LNG-冷媒换热器中获得冷量后，经泵加压，进入温度最低的金枪鱼冷藏库的换热器去释放一定的冷量，冷媒温度也升高了一定幅度；接着进入温度较低的鱼虾冻结库的换热器，释放冷量后也产生了一定的温升；再进入到温度较高鱼虾冷藏室的换热器内吸热升温。各冷库中，冷媒释放的冷量是通过风机传给周围空气的，冷媒最后进入 LNG 冷媒换热器完成整个的循环过程。

无相变方案的特点是流程、设备简单，控制方便，但冷媒是靠显热来携带冷量，相对于潜热来说还是小很多。使得在冷库负荷不变的情况下，要靠增大冷媒的质量流量来弥补，流程中的冷媒流量较大。

2）冷媒有相变的流程

冷媒在各冷库的换热器中是发生相变的，主要通过蒸发潜热来提供冷量。对同时运行几个温度要求不同的冷库时，其冷媒的蒸发温度不同，则对应的蒸发压力也不相等，如果采用串联流程，就会带来各冷库换热器中压力控制不均衡的问题，即不能保证各换热器中实际的运行压力正好是蒸发压力，还有可能造成某些换热器中冷媒是全液态或气态的情况。为此，考虑采用并联的流程，即把不同温度要求冷库的换热器并行在一起，通过节流阀来控制各自的蒸发压力的需求。在这里还是以金枪鱼冷藏库、鱼虾冻结库和鱼虾冷藏库为例进行说明，其并联有相变的冷库流程如图 4-72 所示，有相变冷库的冷媒 p-h 图如图 4-73 所示。

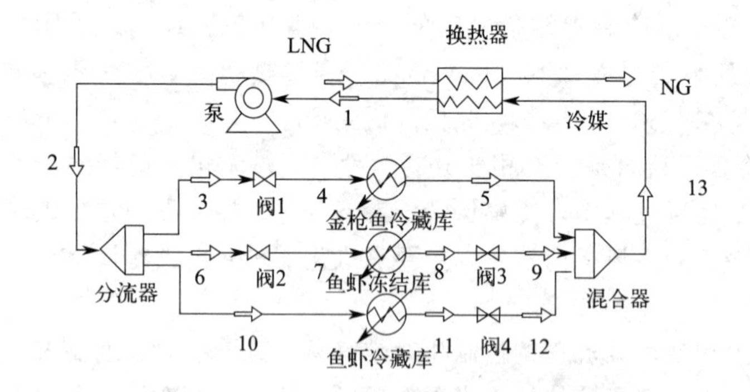

图 4-72　并联有相变的冷库流程

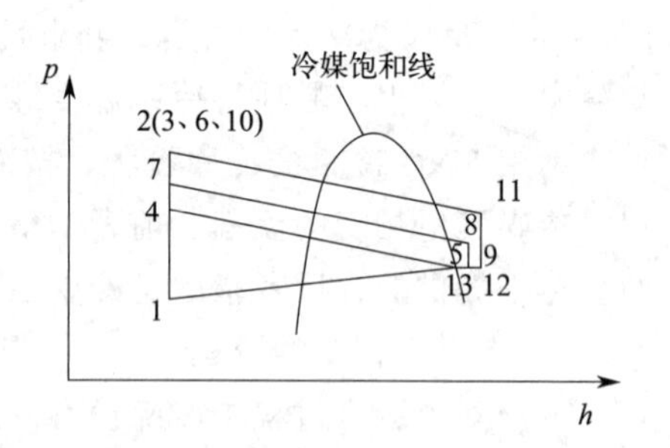

图 4-73　有相变冷库的冷媒 p-h 图

在冷库的三个并联换热器中，鱼虾冷藏库换热器的蒸发温度最高，对应的蒸发压力也最高，可以考虑作为并联起始端的压力；鱼虾冻结库的蒸发压力较低，则用节流阀降压到所需的蒸发压力；金枪鱼冷藏库的蒸发温度最低，对应蒸发压力也最低，可考虑作为并联末端的压力，其余不满足压力要求的也用节流阀来处理，此时状态点 5、9、12、13 的压力相同，但是其温度是不相等的，则焓值也不相同。

有相变方案的特点冷媒质量流量小，但流程、设备与控制均较复杂，发生了相变后，其气相部分体积流量较大，使得气态管路直径较大和相应的换热器尺寸也会较大。

（4）低温破碎和粉碎

1）概况

大多数物质在一定温度下会失去延展性，突然变得很脆弱。目前低温工艺的进展可以利用物质的低温脆性，采用液氮进行破碎和粉碎。低温破碎和粉碎具有以下特点。

① 室温下具有延展性和弹性的物质，在低温下变得很脆，可以很容易地被粉碎。

② 低温粉碎后的微粒有极佳的尺寸分布和流动特性。

③ 食品和调料的味道和香味没有损失。

根据以上特点，已对低温破碎轮胎等废料的资源回收系统和食品、塑料的低温粉碎系统进行了深入研究。目前，低温粉碎系统已投入使用。图 4-74 和图 4-75 分别示出低温破碎装置和低温粉碎装置的示意图。

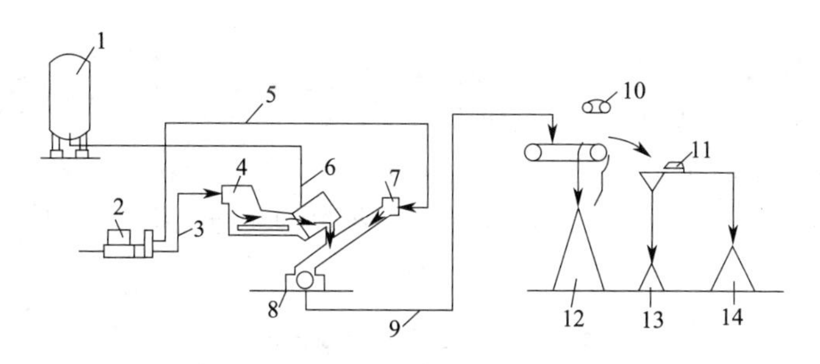

1—液氮罐；2—废物装置；3—低温破碎管路；4—预冷器；5—常温破碎管路；6—液氮管；7—冷却器；8—破碎器；9—输出管路；10—磁分离器；11—屏；12—铁屑；13—釉尘埃；14—铜和铜合金碎片

图 4-74 低温破碎装置的系统图

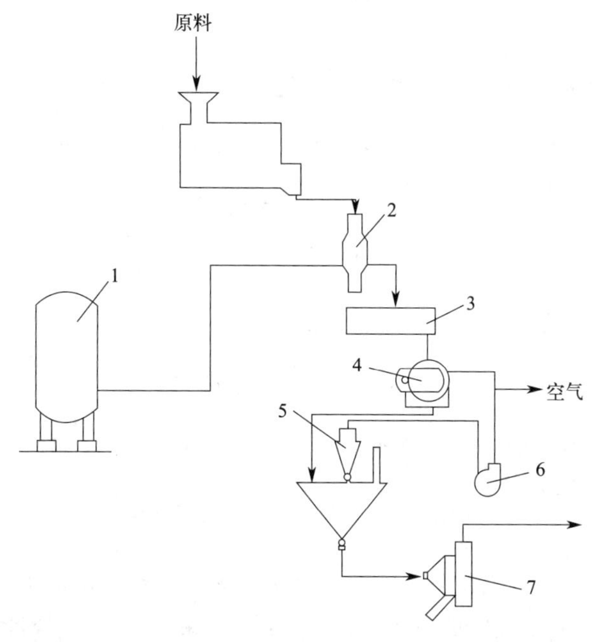

1—液氮罐；2—磁体；3—冷却器；4—粉磨机；5—分离器；6—循环风机；7—过滤器

图 4-75 低温粉碎装置的系统图

2）应用实例

2010 年底，福建 LNG 冷量低温橡胶粉碎项目开工。这是继冷量空分项目后又一个 LNG 冷量低温利用项目。该项目总投资 5 亿元，每年处理废旧轮胎 1×10^5t。项目一期总投资 1 亿元，年处理废旧轮胎 2×10^4t。该项目已于 2013 年底投入试生产。

福建 LNG 冷量低温橡胶粉碎项目生产线以废旧轮胎为原料，依托液氮冷量（液氮来源于利用 LNG 冷量的空分装置），生产精细胶粉。与国内现有的常温粉碎生产线相比，具有产品质量好、颗粒细、附加值高、节能环保等优点，且生产出来的 120～200 目（0.075～

0.125mm）微细胶粉将填补国内微细胶粉领域的空白。精细胶粉主要应用于轮胎胎面胶添加、热塑性弹性体、建筑涂料等领域，具有良好的经济效益和社会效益，市场开发前景良好。该项目一期投产后，年处理废旧轮胎 2×10^4t，年产精细胶粉 1.3×10^4t、副产钢丝 5000t、纤维 2000t。

本工程采用“常温＋低温”相结合的废旧轮胎处理工艺，其工艺流程图如图 4-76 所示。其中常温段包括常温预处理工段和常温初级粉碎工段，常温预处理工段两条生产线及常温初级粉碎四条生产线选用浙江菱正机械有限公司常温法废旧轮胎粉碎工艺，低温段采用吉林省松叶粉末橡胶制品有限公司 LYQ13000 型低温精细胶粉生产工艺。表 4-29 列出了该生产线的产品和产量。

表 4-29　主要产品产量汇总表

序号	类别	名称	规格	产量
1	主产品	精细胶粉	80～120 目	26%
2			120～200 目	26%
3			200 目以上	13%
4	辅助产品	钢丝	—	25%
5		纤维	—	10%

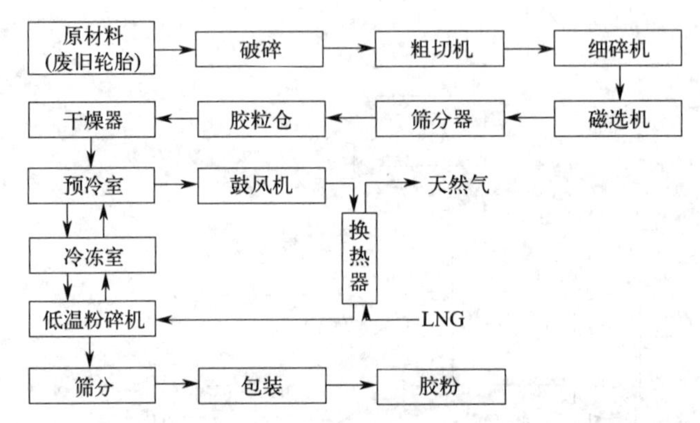

图 4-76　利用 LNG 冷量冷冻粉碎废旧轮胎的工艺流程

（5）海水淡化

1）概述

LNG 冷量利用于海水淡化是属于冷冻法海水淡化的一种。其原理是：海水部分冻结时，海水中的盐分富集浓缩于未冻结的海水中，而冻结形成的冰中的含盐量大幅度减少；将冰晶洗涤、分离、融化后即可得到淡水。

冷冻法海水淡化存在一些不足之处，例如：从冷冻过程中除去热量要比加热困难；含有冰结晶的悬浮体输送、分离、洗涤困难，在输送过程中冰晶有可能长大堵塞管道；最终得到的冰晶仍然含有部分盐分，需要消耗部分产品淡水去洗涤冰晶表面的盐分。在 LNG 冷量利用于海水淡化的系统中，就不存在冷量提供的问题，且由于少了传统的制冷设备，有些方式中还减少了部分换热设备，使得整个装置得到简化。

由于 LNG 温度较低，在常压下为－162℃，结合考虑冷冻法海水淡化中的几种形式，归结出有一定实践意义的方法如下：引入二次冷媒，使其与 LNG 换热，换热过程中 LNG 温度升高，二次冷媒温度降低，从而实现了 LNG 冷量的转移；之后，低温的二次冷媒与海水进行换热，使海水冻结形成冰，通过搜集、洗涤、融化等一系列过程，最终得到淡水。根据二次冷媒与海水接触形式的不同，可以分为间接法和直接法两种形式。

2）间接法

间接冷冻法海水淡化方式是利用低温二次冷媒与海水进行间接热交换，使海水冷冻结冰。间接冷冻法海水淡化流程如图 4-77 所示。原料海水首先经过换热器 2 预冷；之后进入结晶器，与二次冷媒进行间接换热，逐渐形成冰；形成的冰脱落进入储冰槽，在储冰槽经洗涤、融化后进入储水槽，其中一部分淡水作为洗涤用水而送往储冰槽，其余部分则作为产品，经换热器 2 后排出；而二次冷媒则在换热器 1 中与 LNG 换热。

结晶器是整个流程的关键元件，其工作过程类似于立式管壳式蒸发器，即二次冷媒在管外流动吸热，原料海水在管内流动放热结冰。这样一种结晶器可以参考目前市场上较为成熟的制冰机设备。根据制得的冰的形状不同，有管冰机、片冰机、板冰机等多种形式。根据不同情况可以选择不同制冰机种类。

间接法有以下优点：

①从能耗的角度看，它与其他冷冻法海水淡化方法一样，具有低能耗、低腐蚀、轻结垢的特性；

② 从装置发展的角度看，在冷表面上的结冰所需的装置比较简单，且目前都有成熟产品可以应用；

③ 从分离的角度看，从冷表面上剥离冰，比从冷溶液中分离颗粒冰要容易。

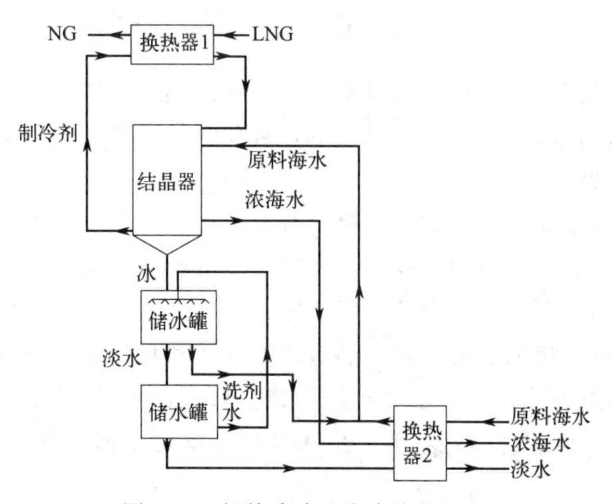

图 4-77　间接冷冻法海水淡化流程

间接法也存在一定的缺点：

① 由于是间接换热，换热效率不高，因而所需的换热面积大；

② 冷表面上开始生成冰后，会使得换热系数急剧下降，从而影响换热速度；

③ 从表面上取下冰，易损伤冷表面。

在整个系统中，二次冷媒的选择也很重要。这里最主要还是考虑二次冷媒在与 LNG 换热时不会凝固。因此要选择凝固点比较低的制冷剂。

3）直接法

直接法就是不溶于水的二次冷媒与海水直接接触而使海水结冰。由于接触时比表面积大，因此传热效率很高，并且能在较低的温度下就进行热交换，减少了金属换热设备的需求。其流程如图 4-78 所示。二次冷媒与 LNG 换热后温度降低，直接喷入结晶器中的海水中，二次冷媒温度升高，蒸发气化，从而吸收海水中大量的热量，致使在喷出的液滴周围形成许多小冰晶。冰晶与部分海水以冰浆的形式被输送到洗涤罐中，洗涤过后的冰晶再进入融化器融化为淡水，其中一部分淡水就是作为洗涤用水。需要指出的是：融化器中可以采用原料海水作为热流体，这样一方面使得冰晶融化，另一方面能使原料海水进入结晶器的温度降低，若与洗涤罐中出来的低温浓海水进一步换热，原料海水的温度就降低很多，这样有利于结晶器中的结晶过程。另外，气化后的二次冷媒通过干燥器，除掉夹带的水蒸气后再次进入换热器与 LNG 进行换热。

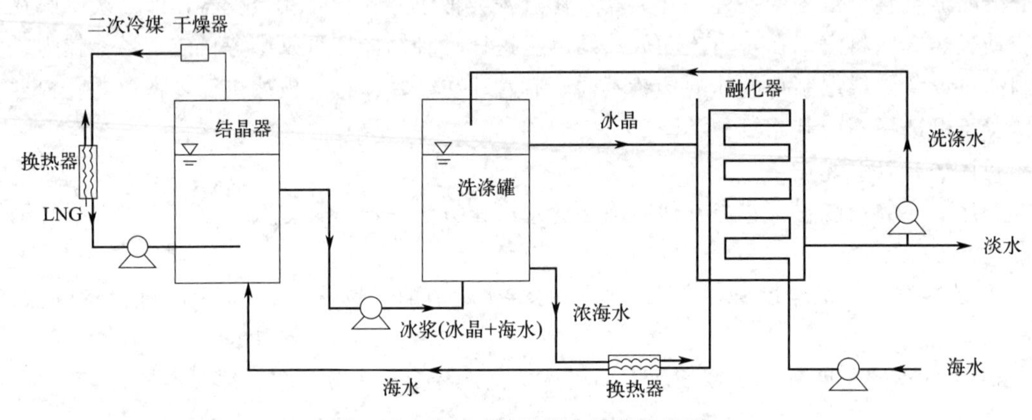

图 4-78　直接冷冻法海水淡化流程图

直接法有以下的优点：二次冷媒与海水直接接触换热，增加了金属换热面积，提高了换热效率。其缺点就是二次冷媒与海水直接接触，会在产品淡水中残留少量冷媒。这样对于二次冷媒的选择就要比间接法更为严格，要求二次冷媒无毒、无味、与水不互溶，沸点接近于水的冰点。在海水淡化中使用较多的二次冷媒有异丁烷、正丁烷。需要指出的是，在这种直接接触冷冻法海水淡化方式中，除了保证二次冷媒不溶于水，还要保证二次冷媒在水中不会形成气化水合物，这是由于装置本身的构成决定的。虽然气化水合物也可以作为海水淡化的一种形式，但是其流程、提取、后处理产品淡水的方式都与上述方法不同。根据目前研究证实：正丁烷不能形成水合物；异丁烷可以形成水合物；当异丁烷和正丁烷混合时，若其中异丁烷的含量小于 72%，该混合物就不会形成水合物。这对于该方法中二次冷媒的选择有一定的指导意义。

（6）蓄冷装置

LNG 主要用于发电和城市燃气，LNG 的气化负荷将随时间和季节发生波动。对天然气的需求是白昼和冬季多，所以 LNG 气化所提供的冷量多；而在夜晚和夏季对天然气的需求减少，可以利用的 LNG 冷量亦随之减少。LNG 冷量的波动，将会对冷量利用设备的运行产生不良影响，必须予以重视。

日本大阪煤气公司正在研究 LNG 蓄冷装置，利用相变物质的潜热存储 LNG 冷量。原理如下：白天 LNG 冷量充裕时，相变物质吸收冷量而凝固；夜间 LNG 冷量供应不足时，相变物质溶解，释放冷量供给冷量利用设备。相变物质的选择是 LNG 蓄冷装置研究的关键，要充分考虑相变物质的熔点、沸点及安全性问题，目前正处于实验研究阶段。

4.9　天然气外输计量系统

（1）气体计量

气体由气化器到达外输工艺设备后，经过滤分离器，然后进行天然气外输计量系统（图4-79）。

站场加热炉、应急发电机等的用气计量通过位于燃料气调压撬上的涡轮流量计实现。为保证减压后提供给城市用户的天然气温度，所有给城市用户供气的分输站设置气体加热器，以在减压前提高天然气温度。在天然气调压撬座后设置温度传感器，根据减压后的天然气温度调节气体加热器负荷大小，温度低时增加负荷，温度高时减少负荷。

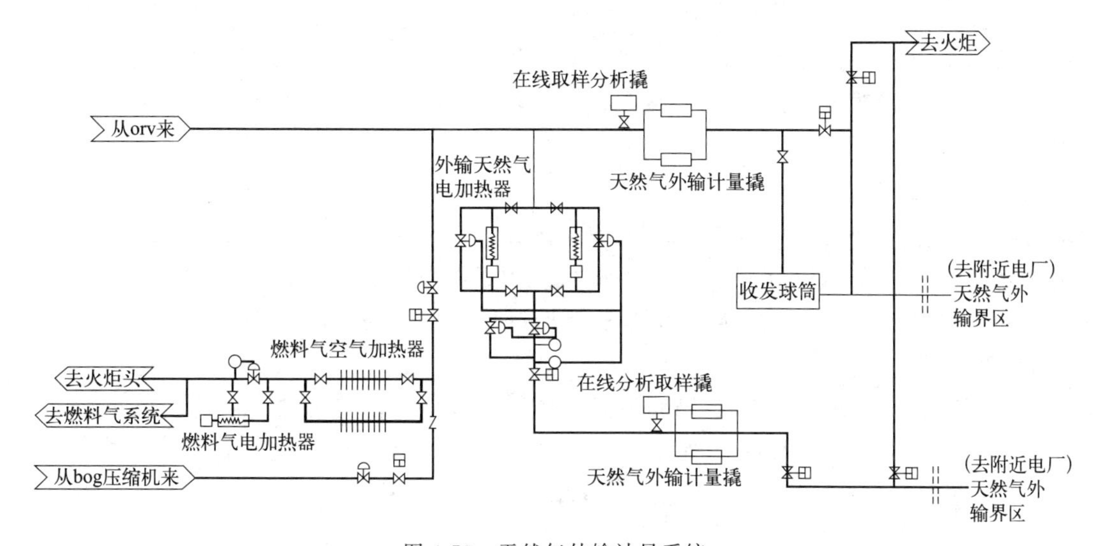

图4-79　天然气外输计量系统

（2）压力调节

压力调节撬用来调节来自主干线的天然气压力，以满足城市用户需求。同时，通过引入流量监控信号，保证对下游用户的供气流量不超过合同规定的最大值。站场设置两个压力调节撬，一用一备。每个压力调节撬由一个安全截断阀、一个监控气动调节阀和一个气动调节阀串联组成。气动调节阀的控制信号来自压力调节撬后三个压力变送器的两个信号。当调节撬后压力低时，报警通知操作人员，并自动启用备用回路；当调节撬后压力持续升高达到4.10MPa，报警同时主压力调节撬上监控气动压力控制阀启动，以保证对下游用户的供气安全。若此时调节撬后压力仍然升高超过4.2MPa，说明主调节回路这两个气动阀调节失效，应关闭主气动调节回路进口阀，切换到备用调节回路。只有当调节撬后气体压力超过4.3MPa时，安全截断阀才关闭，确保对下游供气的安全，安全截断阀关闭后需要在现场人工复位。当下游供气压力在正常范围内，提供给下游用户的天然气流量可能超过合同限定的最大值，将无法保证对其他用户的正常供气。此时，由流量控制器而不是压力控制器控制调节阀开度，限制对下游用户的供气量。

4.10 防火间距

具体防火间距可参阅石油天然气工程设计防火规范最新标准。

4.11 工程实例

4.11.1 工程概述

北方某 LNG 一期工程于 2014 年获得国家核准并开工建设，核准接转能力 3×10^6t / a，2019 年 2 月国家发改委确定此 LNG 接收站最大能力为 6×10^6t /a，2019 年 11 月 30 日气化外输扩能工程投产。

（1）一期工程

一期工程由码头及陆域形成工程、接收站工程两部分构成，项目投资 80 亿元，其中接收站工程 62 亿元，码头及陆域形成工程 18 亿元。建设规模 6×10^6t/a，年供气能力（在标准状态下）4×10^9 m^3/a。2018 年 2 月 6 日接卸首船，3 月 12 日实现气化外输。

1）码头工程

① 一座 2.66×10^5 m^3 LNG 运输船码头，兼顾 3×10^4 m^3 LNG 船装船功能，长度 402m；

② 一座工作船码头，长度 115m；

③ LNG 码头上部安装 4 套 16 寸卸料臂和 1 套 16 寸气相平衡臂。

2）接收站工程

① 4 座 1.6×10^5 m^3 LNG 储罐；

② 工艺处理、海水取排、天然气外输、汽车装车等配套工艺设施；

③ 气化外输能力 4×10^9 m^3/ a，汽车外运能力 1×10^6t/ a。

（2）二期工程

二期工程由接收站工程、码头工程两部分组成，2020 年 7 月份开工建设，建成后，此 LNG 接收站总体规模达到 1.08×10^7t/ a，基础设计批复总投资 47.1 亿元。

1）码头工程

① 一座 2.66×10^5 m^3 LNG 运输船码头，兼顾 3×10^4 m^3 LNG 船装船功能，长度 402m；

② LNG 码头上部安装 4 套 16 寸卸料臂和 1 套 16 寸气相平衡臂，其中 1 台国产臂。

2）接收站工程：

① 5 座 2.2×10^5 m^3 LNG 储罐（含 15 台 560m^3/h 罐内泵）；

② 新建一座封闭式地面火炬（60t/h）；

③ 新增一套 BOG 再冷凝回收装置（处理量 14t/h）。

2 号码头 2021 年 12 月投产，接卸能力提升至 1.165×10^7t/ a；5、6 号罐及工艺配套设施 2022 年 11 月完成投产后，接收站周转能力提升至 1.08×10^7t/ a。

4.11.2 生产运行情况

(1) 工艺简介

此 LNG 接收站工艺流程（图 4-80）与常规 LNG 接收站工艺流程类似，进行 LNG 接卸、存储、外输，主要特点为高低压两套气化外输系统，BOG 再冷凝系统为国产化冷凝、分液分离式再冷凝器，码头设置装船功能。

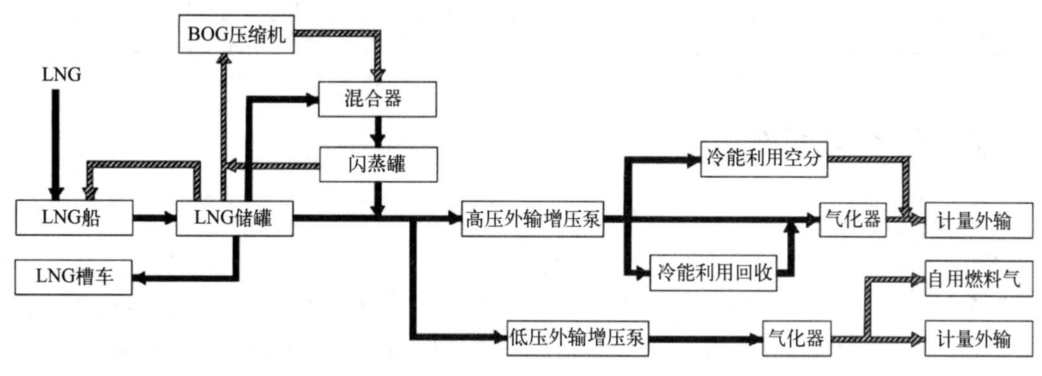

图 4-80 接收站工艺流程

(2) 接收站设备

码头接卸能力：1.165×10^7 t/ a；

储罐周转能力：2.2×10^7 t/ a；

外输设施能力：1.552×10^7 t/ a，5.8×10^7 m^3/ 天。

此接收站主要设备见表 4-30。

表 4-30 此接收站主要设备

设备设施名称	数量	设计能力
LNG 船码头	2 座	3×10^4～2.66×10^5 m^3
LNG 卸料臂	10 条	3500m^3/h
LNG 储罐(1.6×10^5 m^3)	4 座	1.6×10^5 m^3
LNG 储罐(2.2×10^5 m^3)	2 座	2.2×10^5 m^3
罐内泵(356m^3/h)	10 台	356m^3/h
罐内泵(国产 560m^3/h)	2 台	560m^3/h
罐内泵(进口 560m^3/h)	6 台	560m^3/h
高压外输泵	10 台	443m^3/h
高压 IFV	8 台	172t/h
高压 SCV	10 台	175t/h
高压计量撬	7 路	8000m^3/h
低压外输泵	2 台	403m^3/h
低压 IFV	1 台	157t/h
低压 SCV	2 台	159t/h
低压计量撬	2 路	9000m^3/h
BOG 压缩机	2 台	10t/h
LNG 装车臂	20 台	80m^3/h

（3）运行情况

此接收站运行情况见表 4-31。

表 4-31　此接收站运行情况

年度	船舶数量/航次	接卸量/($\times10^4$t)	气化外输量/($\times10^8$m^3)	槽车装运/($\times10^4$t)
2018	43	289.03	29.66	66.66
2019	98	650.89	72.4	153.14
2020	115	757.67	80.88	192.08
2021	98	645.75	73.23	123.8
2022	89	635.16	85.998	4.8
2023	37	255.51	35.06	4.72

4.11.3　智能装车系统

（1）项目概况

传统 LNG 槽车充装作业中存在线下管理工作量大、人工介入多、各系统相互独立、纸质单据多、未建立排队叫号系统的问题，LNG 智能装车管理系统重点解决 LNG 槽车在接收站 B 区、C 区的调度管理问题，基于身份证、车牌号识别技术实现站内“一卡通”，该系统将管理业务与控制过程有机结合，实现装车业务中资质备案、计划申报审核、车辆调度、安检、制卡、充装、称重等全流程智能化管理。

系统于 2021 年 10 月完成硬件安装及软件开发，并于 2021 年 12 月 10 日正式上线，截至目前系统运行稳定，各模块功能均可实现，提质增效效果显著。智能装车系统流程图见图 4-81。

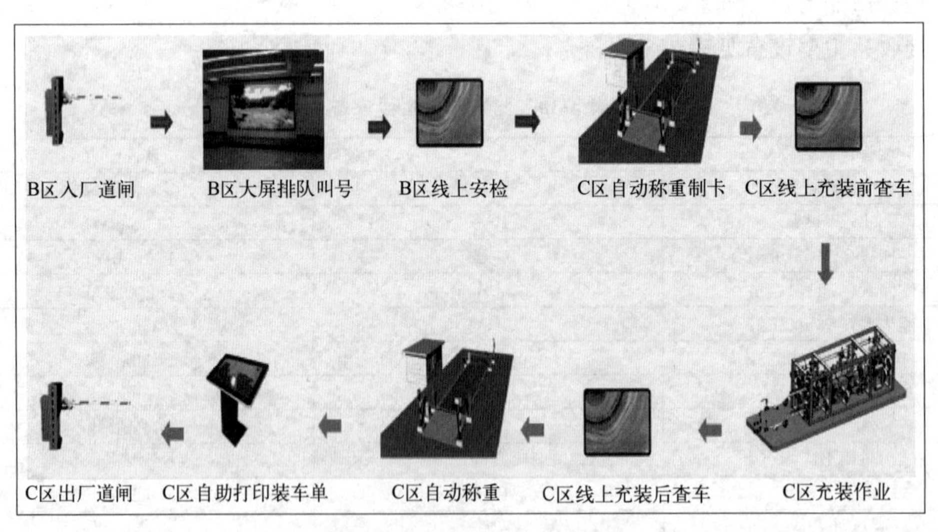

图 4-81　智能装车系统流程图

（2）模块划分

智能装车管理系统功能由 7 个模块组成（图 4-82），具体为智能备案、智能申报、智能安检、智能调度、智能叫号、智能制卡、智能报表，其中智能备案、智能申报、智能调度由天然气分公司 LNG 物流管理系统实现。

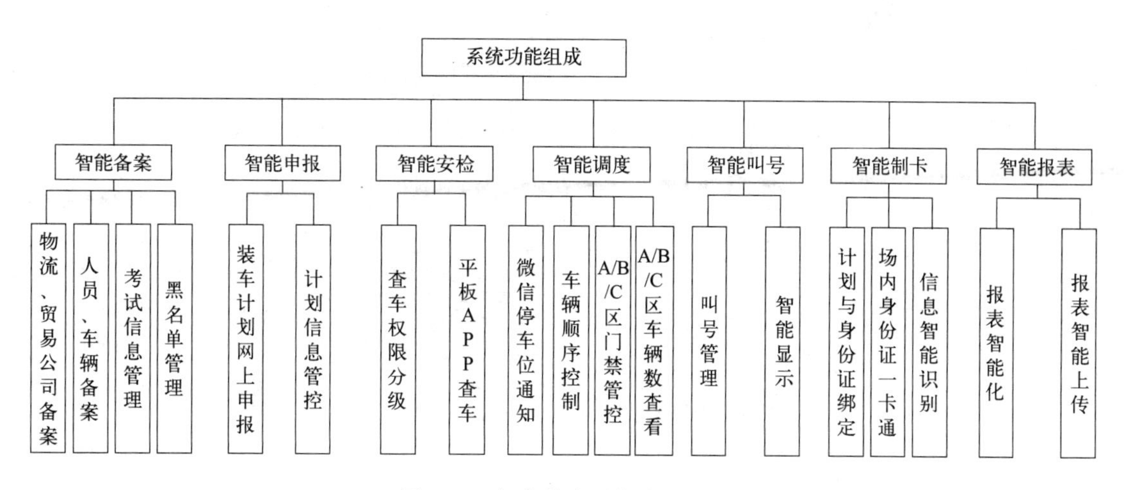

图 4-82　智能装车系统功能组成

（3）模块功能

1）智能安检

采取线上安检，通过平板 APP 方式进行安检，实现安检记录可视化、智能化、可追溯化，自动存储安检信息，便捷查询车辆安检历史数据，免去纸质安检的归档和查找工作，提升安检工作管理水平。

实现 A 区、B 区、C 区检查结果互传，平板 APP 含有账号权限管理，B/C 区操作员平板查车账号权限高于 A 区，B/C 区操作员可对 A 区安检记录进行覆盖，同时与 A 区检查不一致情况自动反馈至 A 区检查人员，提醒 A 区操作人员加强核查。智能安检流程见图 4-83。

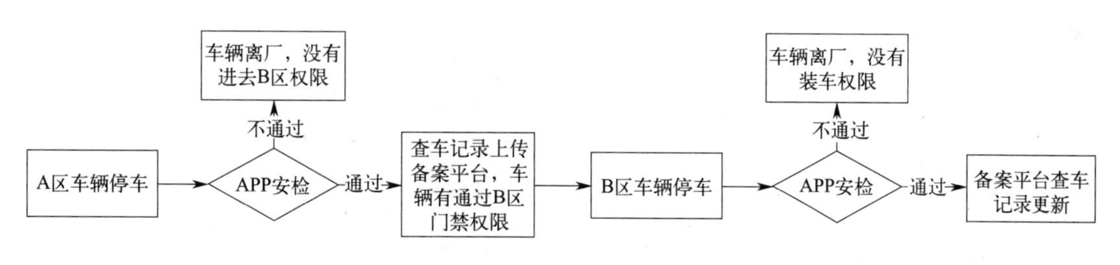

图 4-83　智能安检流程

2）智能叫号

具体功能如下。

在 B 区设置多功能智能大屏，实现自动安检排序并自动叫号提醒、实现进入 C 区自动叫号提醒、实现打单自动叫号提醒。

3）智能制卡

实现自动制卡，装车前制卡系统通过身份证识别直接调用数据库信息生成制卡信息，审核确认后完成智能制卡。

实现自动打印磅单，装车完成后，智能制卡系统通过身份证识别车辆信息后自动打印磅单。

智能制卡流程见图 4-84。

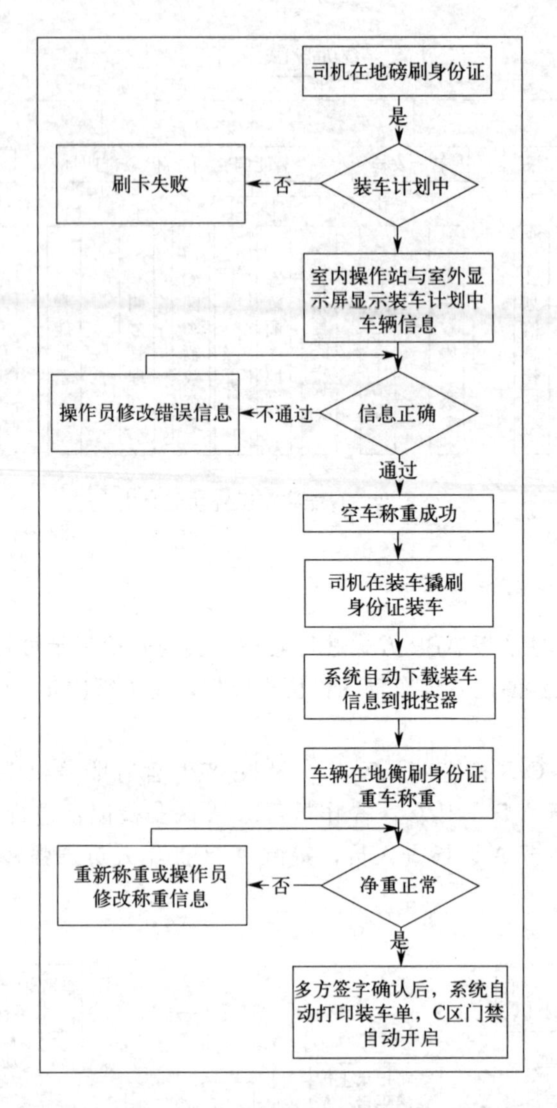

图 4-84　智能制卡流程

4）智能报表

自动生产日报、月报、年报等生产报表。

思考题

1. 简述 LNG 接收站装置的主要功能。

2. LNG 接收站站址选择要求主要参考哪些方面？

3. 当岩石、砂土及较硬黏性土地基多采用重力式结构，上部地基软弱，而在地基的适当深度处存在较坚硬的持力土层时，主要采用哪种码头结构？并阐述该码头的优缺点。

4. 影响码头结构选型的因素有哪些？

5. 简述国内外工程主要采用的钢管桩防腐措施。

6. LNG 接收站的工艺方法是根据 BOG 处理方法不同来进行区分的，请画出 BOG 再冷凝工艺示意图。

7. 简述 LNG 储罐分层和涡旋的原因。

8. 海水取水系统主要由哪些设备构成？

9. LNG 冷量应用在哪些领域，具体有哪些应用？

第5章

LNG 汽车加注站

天然气是公认的洁净燃料，以天然气代替汽油和柴油作为汽车燃料可大幅度降低汽车尾气污染物的排放量。天然气汽车（natural gas vehicles，NGV）因节能减排效果显著，被称为绿色环保汽车，其环境效益、社会效益非常显著。近年来，随着节能减排和能源结构调整的需要，国内外天然气汽车发展迅速。

天然气汽车一般分为压缩天然气（CNG）汽车和液化天然气（LNG）汽车。

相比 CNG 汽车，LNG 用作汽车燃料因更加安全、环保、适用、方便等优势，近几年异军突起，其明显的优越性正成为我国燃气汽车发展的重要方向。与燃油汽车相比，LNG 汽车尾气总排放物可降低 82%以上。LNG 汽车可基本实现无颗粒、无铅、无硫排放，其不可替代的优越性已得到越来越广泛的认可，且被认为是目前最具有推广价值的低污染绿色环保汽车。

自 20 世纪 80 年代我国在四川建立了国内第一个 CNG 加气站开始推广使用 CNG 汽车以来，至 2011 年国内已超过 200 多个城市推广使用天然气汽车，拥有天然气汽车 60 余万辆，天然气加气站 2000 余座。其中在天然气输送干管沿线的成都、重庆、西安、乌鲁木齐等地起步早、推广普及率高。但随着近几年车用 CNG 供应的日趋紧张和天然气价格政策的调整，国内主要 CNG 发展城市已放慢 CNG 汽车的发展步伐，并有很多城市转向发展 LNG 汽车。以重庆为例，由于 2008 年以前重庆车用 CNG 零售价只有 1.98 元/m^3，价格优势极为明显，所以重庆 CNG 汽车发展非常快速，重庆市天然气汽车保有量近 5 万辆。随着近两年供气紧张，重庆已开始限制 CNG 汽车的发展，特别是严格限制私家 CNG 车辆的发展。与此同时，重庆也在不到两年的时间内将车用 CNG 零售价从原来的 1.98 元/m^3 提高到目前的 4.6 元/m^3，其竞争力有所减弱。近来，重庆和四川等地已着手规划 LNG 汽车的发展工作，且有近十家小型天然气液化厂已经投产或正在建设中，这为重庆和四川等地发展 LNG 汽车提供了良好的资源条件。国内其他城市和地区也面临着类似的情况，如海南省已出台政策限制 CNG 车辆的改装，并明确海南省新增加公交车辆主要以 LNG 汽车为主。

由于LNG作为车用燃料具有特别的性能优势，尤其是随着LNG产业化的大力发展和应用，有力地促进了LNG汽车产业的推广和发展，LNG已经逐步规模化应用于我国汽车燃料。近两三年，我国LNG汽车产业已呈爆炸式发展态势。目前国内已有广东、福建、新疆、贵州、海南、浙江、山东、深圳、内蒙古、北京等众多省市大力发展了LNG公交车辆和重型运输车辆，并已经取得良好的社会效益和环保效果，同时也取得了明显的经济效益。

5.1 站址选择

5.1.1 布局规划的一般原则

不同的设施在进行布局规划时，会根据自身的特点和约束条件，在细节方面有所不同，但是在系统的层面上他们却有着一致的原则。

（1）可行性

无论什么设施，在进行布局规划时，一定会考虑其可行性。也就是通过对实际现状的调查和需求的分析，在现有的资源、技术、资本等条件约束下，确定布局规划的必要性和现实依据，同时也会综合考虑所在地区的经济发展状况和城市发展规划。

（2）准确性

准确性是在宏观上论证布局规划方案的可行性之后的又一必然要求。布局规划的准确性包含多个方面，比如在确定设施的数量时，就必须有准确的数据做支撑，确保供需平衡；在确定设施的选址时，也必须根据实际的需求利用科学合理的方法，确保选址的准确性。

（3）经济性

布局规划的经济性主要体现在两个方面：一是设计建造成本的经济性；二是建成投入运营后的经济性。虽然有些设施是社会公共福利，属于公益性质，但也应该保证其布局规划的整体经济性。

（4）规范性

在进行设施的布局规划时，应该以国家颁布的该领域的法律法规为准绳，严格参照执行，确保设施建成后的安全有序运行。

5.1.2 LNG加注站布局规划的原则

LNG加注站是伴随着LNG燃料车的出现而兴起的，它类似于加油站，属于基本的公共服务设施行列，但由于我国的LNG产业起步相对较晚，LNG车辆没有大面积普及，对LNG加注站的需求也就没有特别紧迫，只有我国天然气储量相对丰富和进口天然气较多的地区才建立了较多的LNG加注站，其他城市和地区则都是零零散散地分布一些。正是由于我国的 LNG 加注站建设没有形成规模，其本身对投资和安全性的要求也区别于目前大面积存在的加油站，所以至今仍没有一套较为合理的 LNG 加注站布局规划的理论和方法。那些已经建成或正在建的加注站虽然也参考了当地的规章制度和经济发展等各方面的条件，但其规模数量、布局选址还依旧停留在经验摸索和定性分析的基础上，没有从系统学的角度进行全方位、定量化的思考。而事实上，我国 LNG 加注站的需求有其特殊的背景环境，所以，对 LNG 加注站的布局规划就必须遵循一定的原则。

（1）统筹规划，建管并举

LNG 加注站的建设是一项系统的工程，和加油站一样基础投资大、资金回收期长，需要考虑的因素众多，建成投入运营后仍需要特殊的管理。LNG 加注站是随着 LNG 燃料车的出现而兴起的，所以其服务对象也就是各种以 LNG 为燃料的车辆，在现实生活中各种车辆又有其本身的行驶特点，比如公交车和环卫车行驶路线固定；出租车行驶路线和里程都不定；物流运输车辆每次需要加气量又相对较多，所以，LNG 加注站的布局规划就必须考虑各行各业的发展现状和发展规划，由决策部门统一制定和审批，防止出现盲目建设和恶性竞争造成的浪费。

（2）综合布点，适应发展

综合考虑 LNG 加注站所建地区的实际情况，进行均衡布点。一方面要满足现有用户的需求，另一方面也得充分考虑未来几年 LNG 车辆的发展对 LNG 加注站的需求变动，即对加注站的动态需求。保证所建的 LNG 加注站在获得一定经济效益的基础上又能很好地适应当地的发展。

（3）符合用地、安全、环保等相关规范

LNG 加注站的建设需充分考虑当地的城市规划，特别是加注站的建设用地，虽然加注站如同加油站属于公共服务设施，但也应该考虑经济成本和运行效益。同时加注站的建设也应该符合国家规定的关于环保、安全等方面的要求。

（4）保证交通顺畅，促进交通设施利用效率

加注站是为车辆提供燃料的场所，所以，出入这个场所的车流量必然较多，交通环境必然比较复杂，如果加注站的布局选址不合理，就会导致前来加气的车辆排队等候，甚至会引起交通的堵塞，影响到整个交通路网顺利运行，进而降低交通设施的利用效率，当然也会降低加注站的经营效率。相反，如果 LNG 加注站的布局规划合理，那样既能满足车辆加气的需求，实现交通的有效分流，大幅度提高加注站进出口通道的空间利用效率，同时又能保障交通顺畅，提高车辆的利用效率。

（5）方便用户加气

加注站的选址应该以方便服务范围内的用户加气为前提，所以加注站的选址应该设在交通的主干道上，一方面方便用户加气，另一方面也不会造成交通堵塞。

（6）安全性考虑

工程建设必须符合中华人民共和国现行颁布的有关规范要求，包括建筑、结构、防震、消防、环保、电力、电信、给水、排水的要求，以及当地规划管理有关规定。

通过上述措施，可以确保 LNG 汽车加注站的平面布置既满足功能需求，又符合安全环保标准，从而保障加注站的高效运营和安全使用。图 5-1 为 LNG 汽车加注站平面布置图。

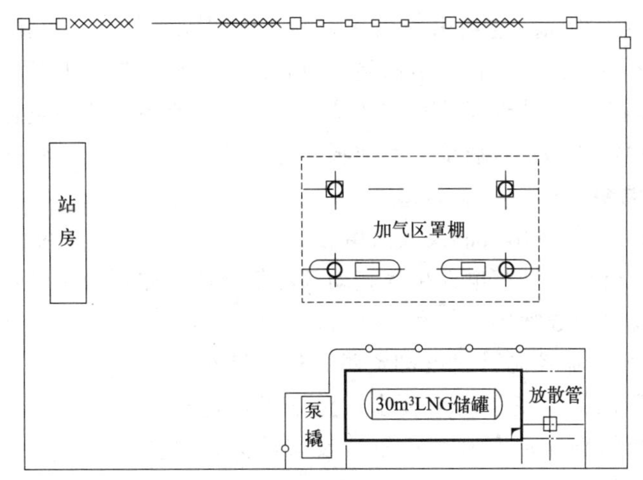

图 5-1　LNG 汽车加注站平面布置图

5.2 主要工艺设备

LNG 加注站是为 LNG 车辆充装 LNG 的专门场所，具备 LNG 卸车、加注、计量、故障安全监控和报警等功能。系统主要由 LNG 储罐、LNG 输送泵、LNG 加注系统、卸车（储罐）增压器、EAG 加热器、工艺管道系统、站控系统、安全监测系统、工业电视监视系统等组成。

LNG 加注站主要设备包括 LNG 储罐、LNG 低温泵、LNG 加注机和气化器等组成。

（1） LNG 储罐

LNG 储罐是加注站的关键设备。储罐结构型式为双层筒体结构，两筒体之间填充绝热材料并抽真空，达到绝热保冷的效果。LNG 加注站储罐可采用立式储罐或卧式储罐。LNG 储罐（卧式）结构示意如图 5-2 所示。

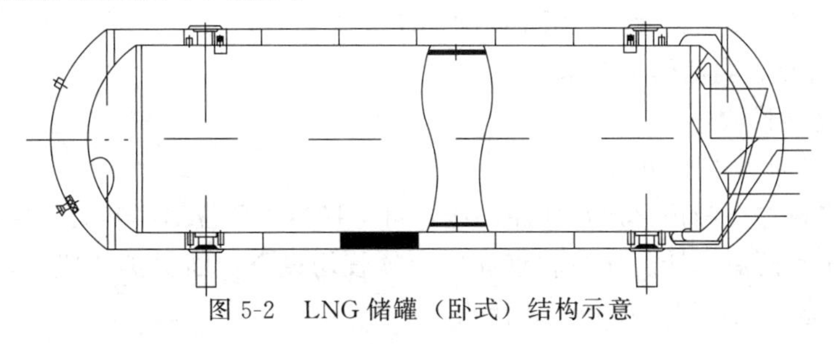

图 5-2　LNG 储罐（卧式）结构示意

LNG 储罐从 LNG 槽车接收 LNG，调压到使用状态，然后通过加注机给 LNG 车辆车载瓶加注 LNG。

LNG 加注站低温储罐一般容积较小（一般单罐容积小于 $100m^3$），绝热方式一般采用真空粉末绝热和高真空多层缠绕绝热等。

① 真空粉末绝热：绝热方式为夹层抽真空，填充粉末为珠光砂。真空粉末绝热储罐生产技术与液氧、液氮等储罐基本一样，因而目前国内生产厂家的制造技术已很成熟。

② 高真空多层缠绕绝热：利用专门的机器将专用绝热材料旋转缠绕在内容器壁上。多层绝热被是将反射材料和隔热材料先加工成一定尺寸和层数的棉被状半成品，然后根据内容器的需要裁剪成合适的尺寸固定包扎在容器外，同时对夹层抽真空。

高真空多层缠绕绝热同真空粉末绝热比较绝热效果明显提升。采用高真空多层缠绕绝热，可以避免因容器运输过程中振动引起绝热材料沉降致使绝热效果下降；真空夹层的厚度比真空粉末绝热小得多，在外形尺寸相同的情况下，可以有更大的装载容积；高真空多层缠绕绝热方式可使运输容器的空载质量大大减轻，运输效率提高，贮能密度增大。

（2） LNG 低温泵

LNG 加注站用泵一般选用潜液式低温离心泵。LNG 潜液泵包括泵体和泵池两部分，泵体为浸没式离心泵，叶轮、轴与电动机等转动部件集合成一体，整体浸入泵池中。泵体无密封件，所有运动部件由低温液体冷却和自润滑。

LNG 泵由一台变频器控制其速度和流量，适应卸车、调压和加注等模式下不同的排量和压力要求；正常工作过程始终处于冷态，确保能够随时启泵加注；泵池设有压力、温度检测装置，并能远传到控制柜，实现泵的出口压力现场显示。LNG 潜液泵结构简图如图 5-3 所示。

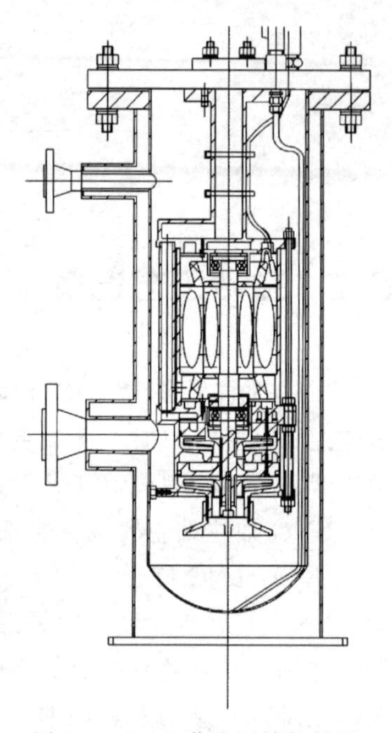

图 5-3 LNG 潜液泵结构简图

（3） LNG 加注机

1）结构概述

LNG 加注机是给 LNG 车辆车载气瓶加注和计量的设备，主要由流量计、加注枪、回气枪、压力传感器、拉断保护装置、控制器、连接管路和阀门及设备机架外壳等组成。

LNG 加注机的流量计是 LNG 计量设备，一般采用质量流量计或体积流量计等，具有温度补偿功能；加注枪是给车载 LNG 气瓶加注的快装接头。加注时，将加注枪连接到汽车加注口上，介质通过加注管路进入汽车车载气瓶，流量计将计量脉冲信号传输给微机控制器，微机控制器进行处理后，通过显示器显示总量和金额。回气枪是为了卸放车载气瓶中的高压气体。一般 LNG 加注机还设置吹扫管路，用于吹除加注枪和加注口上的霜雪或污物，保证密封和便于操作。

2）加注机功能模式

一般加注设备具备以下功能：

① 具有非定量加注和预置定量加注功能，可选择体积单位加注和质量单位加注。

② 具备安全和防爆设计。加注软管和气相软管均设有拉断保护装置，拉断现象出现时系统转入保护状态，无低温液体和气体流出。

③ 采用独立的计量控制系统，数据可传输至加注站控制系统，实现生产自动化管理。

④ 具有压力、温度和组分补偿功能。加注压力、温度和流速可远传至控制系统。

⑤ 非定量加注时以流速或压力参数控制自动停泵。加注机预置 ESD 控制按钮。

⑥ 有掉电时数据保护、数据延长显示及重复显示功能，停电也可交班。

⑦ 可设置 IC 卡加注方式，使用 IC 卡进行加注方便加注站管理。

（4）气化器

增压气化器是完成加注系统升压和升温的设备之一，一般选用空温式热交换器。增压借助于列管外的空气给热，使管内 LNG 升高温度来实现，空温式热交换器使用空气作为热源，节约能源，运行费用低。

5.3 LNG加注站的特点

目前液化天然气的LNG加注站主要有四种类型。

① 撬装式加气站。主要特点是建站灵活，所需土地面积小，同时具有安全环保、操作简单等特点，适合城市建站，应用较广泛。

② 标准式加气站。每天的供应能力大约在 $3\times10^4\sim5\times10^4m^3$，适合加气量大的LNG重卡，广泛应用在车辆较多的物流园区周边。

③ L-CNG加气站。综合性能比较强，既能充装LNG，又能充装CNG，在LNG价格比较优惠的地区及较大的城市能充分发挥其效能。

④ 移动式撬装加气站。加气装置设在移动汽车上，可以快速满足加气需求，但储量较小，一般应用在应急事件中。

移动式撬装加气站和L-CNG加气站对比见表5-1

表5-1 移动式撬装加气站与L-CNG加气站对比

项目	移动式撬装加气站	L-CNG加气站
气源	气源较可靠，调配灵活	气源较可靠，调配灵活
城市环境	占地面积1.5亩❶	占地面积2.5～4.5亩
	单站加气规模灵活，一般日加气能力 $1\times10^4\sim2\times10^4m^3$	单站加气规模较为灵活
	站址选择灵活	站址选择灵活
安全性	低温低压储存、输送	既有高压储存又有低温储存
环保性	低温泵噪声小	低温高压泵噪声较小
经济性	建站投资250万～400万元(包括建安工程)	建站投资1000余万元(包括建安工程)
	运行成本在标准状态下为0.40元/m^3	运行成本在标准状态下为0.45元/m^3
车辆适用性	适用于公交巴士、重型载货汽车、城际客车、环卫车辆等大型车辆	适用于出租车和大型车辆联合运营

5.4 设备布置

LNG加气站工艺流程示意图见图5-4。

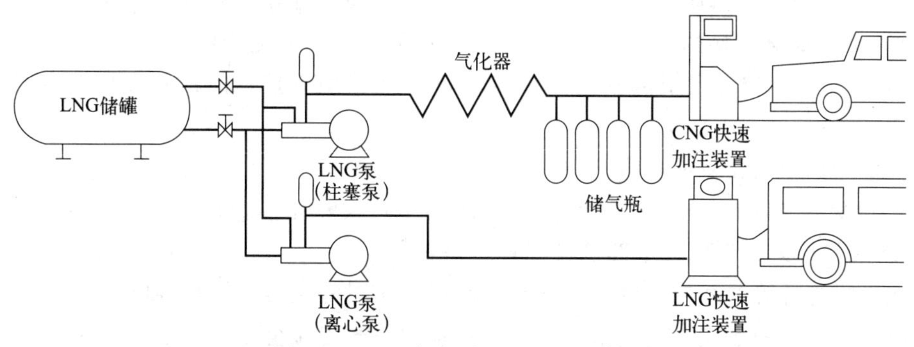

图5-4 LNG加气站工艺流程示意图

❶ 1亩=666.7平方米。

5.4.1 储罐标准

加气设备内的 LNG 储罐设计应符合国家标准《液化天然气（LNG）生产、储存和装运》（GB/T 20368—2021）和行业标准《低温液体罐式集装箱》（JB/T 4783—2019）的有关规定进行设计、制造、检验、验收。

LNG 罐式集装箱和罐车（罐体部分）可作为撬装式 LNG 加气设备的储罐。

设备的储罐可与管路、加气机等部分共同安装在同一个撬装底座上，也可设计成分体撬装的形式，分体撬装的储罐可为单罐和双罐（总容积≤$60m^3$）。

箱式 LNG 撬装设备设置，应符合下列规定。

① LNG 撬装设备的主箱体内侧应设拦蓄池，拦蓄池内的有效容量不应小于 LNG 储罐容量，且拦蓄池侧板的高度不应小于 1.2m，LNG 储罐外壁至拦蓄池侧板的净距不小于 0.3m。

② 拦蓄池的底板和侧板应采用耐低温不锈钢材料，并应保证拦蓄池有足够的强度和刚度。

③ LNG 撬装设备主箱体应包覆撬体上的设备。主箱体侧板高出拦蓄池侧板以上部位和箱顶设置百叶窗。百叶窗应能有效防止雨水淋入箱体内部。

④ LNG 撬装设备的主箱体应采取通风措施，并满足以下规定：

a. 采用强制通风时，通风设备的通风能力在工艺设备工作期间应按每小时换气 12 次计算；在工艺设备非工作期间时，应按每小时换气 3 次计算。通风设备应防爆，并应与可燃气体浓度报警器联锁。

b. 采用自然通风时，通风口的面积不应小于 $300cm^2/m^2$（地面），通风口不应少于 2 个，且应靠近可燃气体积聚的部位设置。

箱体材料应为金属材料，不得采用可燃材料。

LNG 储罐阀门的设置应符合以下规定：

① 储罐应设置全启封闭式安全阀，且不应少于 2 个。其中 1 个应为备用。安全阀的设置应符合现行的标准《固定式压力容器安全技术监察规程》（TSG 21—2016）中的有关规定。

② 安全阀与储罐之间应设切断阀，切断阀在正常操作时应处于铅封开启状态。

③ 与 LNG 储罐连接的 LNG 管道应设置可远程操作的紧急切断阀。

④ LNG 储罐液相管道根部阀门与储罐的连接应采用焊接，阀体材质应与管子材质相适应。

LNG 储罐的仪表设置应符合下列规定：

① LNG 储罐应设置定位计和高液位报警器。高液位报警器应与进液管道紧急切断阀连接。

② LNG 储罐最高液位以上部位应设置压力表。

③ 在内罐与外罐之间应设置检测环形空间绝对压力的仪器或检测接口。

④ 液位计、压力表应能就地指示，并应将检测信号传递至控制室集中显示。

LNG 储罐应设置液位上、下限报警装置和压力上限报警装置。报警器应集中设置在控制室或值班室。

撬装 LNG 设备的场所或箱内各隔间及储罐隔间设置可燃气体检测报警系统。可燃气体检测一级报警设定值应小于或等于可燃气体爆炸下限的25%。报警系统应配有不间断电源。可燃气体检测器和报警器的选用与安装，应符合现行国家标准《石油化工可燃和有毒气体检测报警设计标准》(GB 50493—2019) 中的有关规定。

5.4.2 LNG卸车装置

① LNG卸车应有固定卸车点，宜采用压差法或泵输法密闭方式卸车。

② LNG卸车管线的两端均应设置切断阀，卸车口应设置液相止回阀。

③ LNG的卸车接口与加气接口之间的距离应不小于1m。

④ LNG卸车软管应采用奥氏体不锈钢波纹软管，其公称压力不得小于装卸系统工作压力的2倍，最小爆破压力不应小于公称压力的4倍。

5.4.3 加气机

① 箱式撬装LNG汽车加气设备的安装必须符合以下规定：

a. 设备高度应高出加气车辆停车位地面15cm以上；

b. 加气机距罩棚支柱不应小于60cm；

c. 设备标高应高于周围地平15cm以上。

② 设备应具有充装计量功能和人工智能管理系统与远程信号传输功能，并应符合下列规定：

a. 应有安全限压装置（阀）和快速切断阀，安全拉断阀的脱离拉力应为400～600N；

b. 计量装置宜采用低温质量流量计，具有压力、温度补偿，具有体积和质量两种计量模式；

c. 计量准确度不应大于1.5%；

d. 具有与自控系统通信功能，接受自控系统的监控和人工智能管路系统功能，必须符合（GB 50156—2012）(2014版）中相关规定；

e. 加气系统的充装压力不应大于汽车车载瓶的最大工作压力；

f. 必须安装安全拉断阀，拉断装置在外力下分开后，两端应自动密封；

g. 在撬装LNG汽车加气设备上，应设置氮气或压缩空气管吹扫接头，其最小爆破压力不应小于公称压力的4倍；

h. 应有紧急事故关闭系统，有用于关闭LNG泵和加气机内的控制阀。

③ 用于加气的软管长度不应超过6m，软管应采用奥氏体不锈钢波纹软管，其公称压力不得小于加气工作压力的2倍，其最小爆破压力不应小于公称压力的4倍。

④ 设备周围应设置防撞护（柱）栏，防撞护（柱）栏高度不应小于50cm。

5.4.4 LNG泵

① 泵的安装位置应满足维修时，能够将各泵分别隔离，泵的出液管上应设置止回阀和

全启封闭式安全阀。

② LNG 泵应设超温、超压自动停泵保护装置。

③ LNG 泵应设有一个放空口安全阀和快速切断阀，并应能确保在所有工况下泵不会出现超压现象。

④ LNG 泵的进出管线上应设置压力检测仪表、压力和温度等传感器，具有远传功能。压力检测仪表应能就地指示，将信号传递至控制室集中显示。

⑤ 安装 LNG 泵的液池上的安全阀口和放空阀口应经 EAG 加热器加热后集中放散管。

5.4.5 LNG 气化器规定

① 气化器的选用应符合当地冬季气温条件下的使用要求。

② 气化器的设计压力不应小于最大工作压力的 1.2 倍。

③ 高压气化器出口气体温度不应低于 5℃。

④ 高压气化器应设置温度和压力检测仪表，并应与柱塞泵连锁。温度和压力检测仪表应能就地指示，并应将检测信号传送至控制室集中显示。

5.4.6 LNG 管道系统

① LNG 管道和低温气相管道设计，必须符合以下规定：

a. 管道系统设计压力不应小于最大工作压力的 1.2 倍，且不应小于所连接设备（容器）的设计压力与静压头之和。

b. 管道的设计温度不应高于－196℃。

c. 管道和管件材质应采用低温不锈钢。管道应符合现行国家标准《流体输送用不锈钢无缝钢管》（GB/T 14976—2012）中的有关规定，管件应符合现行国家标准《钢制对焊无缝管件》（GB/T 12459—2017）中的有关规定。

② 阀门的选用应符合现行国家标准《低温阀门　技术条件》（GB/T 24925—2019）中的有关规定。紧急切断阀的选用应符合现行国家标准《低温介质用紧急切断阀》（GB/T 24918—2010）中的有关规定。

③ 远程控制的阀门均应具有手动操作功能。

④ 低温管道所采用的绝热保冷材料应为防潮性能良好的不燃材料或外层为不燃材料、里层为难燃材料的复合绝热保冷材料。低温管道绝热工程应符合现行国家标准《工业设备及管道绝热工程设计规范》（GB 50264—2013）中的有关规定。

⑤ LNG 管道的两个切断阀之间应设置安全阀或其他泄压装置，泄压排放的气体应接入放散管。

⑥ LNG 设备和管道的天然气放散应符合以下规定：

a. LNG 储罐的放散管应接入集中放散管，其他设备和管道的放散管也接入集中放散管。

b. 低温天然气系统的放散管应经加热器加热后放散，放散天然气的温度不宜低于−107℃。

c. 放散管管口应高出LNG储罐及以管口为中心半径12m范围内建（构）筑物2m以上，且距地面不应小于5m。放散管管口不宜设雨罩等影响放气流垂直向上的装置。放散管底部应有排污措施。

5.5 LNG加气站消防与安全设计

5.5.1 防火

① 加气设备周围场地坪和道路路面不得采用沥青路面，宜采用可行驶重载汽车的水泥路面或不发火花的路面，其技术要求应符合《建筑地面工程施工质量验收规范》（GB 50209—2010）的有关规定。

② 电气设备的选型和接地应符合《爆炸危险环境电力装置设计规范》（GB 50058—2014）的有关规定。

5.5.2 灭火设施

① 加气设备内灭火设施的设置应符合《石油天然气工程设计防火规范》（GB 50183—2015）的有关规定。

② 灭火器材配置应符合下列规定：

a. 每台加气机应设置不少于1具8kg手提式干粉灭火器或2具4kg手提式干粉灭火器，且同一配置地点应至少配置工具和同一规格型号的灭火器；

b. 应设35kg推车式干粉灭火器2台；

c. 配置灭火毯5块和2m^3砂子；

d. 设备内其余建（构）筑物的灭火器材配置应符合《建筑灭火器配置设计规范》（GB 50140—2005）的规定。

5.5.3 警告标志

所有LNG充气设施应在显著位置设置以下警告标志，标志上的字体高度不应低于15cm，颜色应为白底红字。

①“严禁烟火”或“25m内禁止吸烟”。

②“加气时关闭发动机”。

③“禁止明火”。

④“低温液体”。

⑤“可燃性气体”。

思考题

1. LNG用作汽车燃料的优点有哪些？
2. LNG加注站站址选择应遵循什么原则？
3. LNG加注站主要设备包括哪几部分？
4. 请简要画出加气站工作流程图。
5. 简述LNG撬装站与LNG加气站的区别。
6. 加注设备应该具有哪些功能？
7. LNG汽车有什么特点？
8. 什么是低温泵？它在正常工作过程中属于什么状态？
9. LNG加注站最关键的设备是什么？它具有怎样的结构？

第6章

能量系统的㶲分析

6.1 能量和㶲

能量有各种形式，如机械能、电能、热能、化学能等，除此之外，功量和热量也是能量，功量是以做功方式传递的能量，属机械能；热量是以传热方式传递的能量，属热能。热力学第一定律反映了不同形式的能量在传递与转换过程中守恒；热力学第二定律指出了能量传递与转换过程的方向性与不可逆性，指出了并非任意形式的能量都能全部无条件地转换成任一其他形式的能量，即数量相同而形式不同的能量之间的转换能力可能是不同的。

卡诺定理指出，热机的最大热效率只和其高温热源和低温热源的温度有关，依卡诺定理可得到卡诺热机的最大热效率 η（也称作卡诺效率）为

$$\eta_c = 1 - T_l / T_h \tag{6-1}$$

式中　T_l——低温热源温度；

　　T_h——高温热源温度。

由式(6-1) 可知，卡诺效率随低温热源温度的降低而提高（或从热源吸取一定热量所做的功随低温热源温度降低而增加），但这是有限度的，在周围自然环境条件下，低温热源温度的最低值为环境大气、河水、海水或地壳的温度，简称环境温度，用 T_0 表示。当以温度为 T_0 的周围环境为低温热源时，卡诺热机的热效率为

$$\eta_c = 1 - T_0 / T_h \tag{6-2}$$

因此，从热源吸取一定热量所做的功随高温热源温度的提高而增加。

从理论和实践可知，机械功不仅能够全部转变为热量，而且能够全部转变为其他任意形式的能量。就这一点而论，可以将能量的转换能力，即转换为任意其他形式的能力理解为能量转换为功的能力或做功能力。

因此，以获得动力对外做功为目的，电能和机械能可以完全转变为机械功，它们的做功

能力大；热能则不然，根据卡诺定理，从热源吸取的热量不能全部连续地转变为功，因此热能只有部分可以转换为机械功。相对于电能和机械能而言，热量和热能的做功能力相对较小，就不同温度的热量和热能而言，温度越高转换能力也相应越大。

综上所述可以推知，各种不同形式的能量的转换能力是不同的。有的能量能够全部转变为功，或转变为其他形式的能量，例如机械能和电能；有的能量只能够部分地转变为功，例如热能和以热量形式转移的能量；还有的能量则全部都不可能转变为功，例如周围自然环境大气、海水等的热力学能（内能）和以热量形式输入或输出环境的能量。因此，我们把在周围环境条件下任一形式的能量中理论上能够转变为有用功的那部分能量称为该能量的㶲或有效能。

6.2 物理㶲

实际的自然环境十分复杂，其压力、温度都不是恒定不变的，其化学组成及成分也因地而异。在后面的研究中，把周围自然环境抽象成一个具有不变压力、不变温度 T_0 和不变化学组成的系统，当它与任何系统发生能量和物质交换时，其压力、温度和化学组成仍保持不变，实际工程中的任何热力过程都不会影响它的状态参数。通常用 p_0 表示环境压力，T_0 表示环境温度。

任何一个系统与环境处于热力学平衡的状态称为环境状态。热力学平衡包括热平衡、力平衡和化学平衡。当研究的系统不涉及化学反应或扩散等过程时，系统与环境处于力平衡和热平衡，就可以认为与环境达到了热力学平衡，称之为不完全热力学平衡。当研究涉及化学反应系统，如后面的化学㶲时，此时系统与环境的平衡状态不但涉及力平衡和热平衡，而且还涉及化学平衡，称之为完全热力学平衡。因此，系统的环境状态根据研究目的和对象也有所不同，可以是完全平衡的环境状态，也可以是不完全平衡的环境状态。

依据热力学第二定律，环境所具有的能量（内热能）中㶲为零，即环境是㶲的自然零点，通常将环境状态作为㶲的基准状态。当系统不处于环境状态时，即系统与环境处于热力学不平衡，都可能含有㶲，而且系统所具有的㶲也会因为基准状态选取的不同而有不同的值。当研究的系统不涉及化学反应和扩散的简单可压缩系统时，常选取不完全平衡环境状态作为基准状态，此时系统能量所具有的㶲称为物理㶲$E_{x,ph}$；当研究的系统涉及化学反应和扩散时，常选取完全平衡环境状态作为基准状态，此时系统所具有的㶲是物理㶲和化学㶲之和，能量的化学㶲$E_{x,ch}$ 是系统在 p_0、T_0 条件下对于完全平衡状态因化学不平衡所具有的㶲。

6.2.1 机械㶲

6.2.1.1 机械能㶲

一个系统若处于运动状态且相对某参考坐标系具有一高度，则该系统所具有的宏观动能和位能都是机械能。理论上它们能够全部转变为有用功，故全为㶲，即

$$E_{x,M}=\frac{1}{2}mc^2+mgz \tag{6-3a}$$

式中 c——系统的运动速度；

z——相对于参考坐标系的高度。

对于单位质量的工质，有

$$e_{x,M}=\frac{1}{2}c^2+gz \tag{6-3b}$$

6.2.1.2 机械功㶲

机械功指通过系统边界以功的形式转移的能量，并非所有的机械功都是㶲，只有在环境条件下的有用功才是㶲。

对于闭口系统，体积变化功 W 中，一部分是反抗环境压力 p_0 所做的功，因此系统通过边界所做的功 W 的㶲为

$$E_{x,W}=W-p_0(V_2-V_1) \tag{6-4a}$$

对于单位质量的工质，有

$$e_{x,W}=w-p_0(v_2-v_1) \tag{6-4b}$$

如果系统进行的过程是可逆过程，则

$$E_{x,W}=\int_1^2 p\,\mathrm{d}V-p_0(V_2-V_1)=\int_1^2(p-p_0)\,\mathrm{d}V \tag{6-5a}$$

$$e_{x,W}=\int_1^2(p-p_0)\,\mathrm{d}v \tag{6-5b}$$

对于稳定流动系统，系统与外界交换的轴功 W_{sh} 为有用功，因此全部为㶲，即

$$E_{x,W}=W_{sh} \tag{6-6a}$$

$$e_{x,W}=w_{sh} \tag{6-6b}$$

同样地，对于任何循环，输出或输入的净功 W_0 均为有用功，即

$$E_{x,W}=W_0 \tag{6-7a}$$

$$e_{x,W}=w_0 \tag{6-7b}$$

6.2.2 热量㶲与冷量㶲

从热力学第二定律可知，温度为 T 的系统吸收热量 δQ，环境温度为 T_0 条件下，系统（从状态1到状态2）吸收的热量的热㶲为

$$E_{x,Q}=\int_1^2\delta Q(1-T_0/T)=\int_1^2\eta_c\,\delta Q \tag{6-8a}$$

对于单位质量的工质吸收热量 q，则有

$$e_{x,q}=\int_1^2\delta q(1-T_0/T)=\int_1^2\eta_c\,\delta q \tag{6-8b}$$

由式(6-8a) 可知，热量㶲在热量确定的条件下，其值与热源温度和环境温度有关，即与卡诺系数有关。热量㶲和卡诺系数随 T_0 的降低而升高，随 T 的升高而增大。

习惯上，将 $T>T_0$ 系统传递的热量称为热量，而将 $T<T_0$ 系统传递的热量称为冷

量，即冷量是系统在低于环境温度下通过边界所传递的热量，因而冷量㶲也就是低于环境温度的热量㶲。

为了计算冷量㶲，可以设想将冷量 δQ 加给一个工作在 T_0 和 T 之间的可逆机，如图 6-1 所示。

设可逆机向环境放出热量 δQ_0，则可逆机做出的有用功 δW_0 是该冷量的㶲，冷量㶲为

$$E_{x,Q}=W_{0,\max}=\int_1^2\delta Q(1-T_0/T)=\int_1^2\eta_c\delta Q \tag{6-9a}$$

对于单位质量的工质吸收热量 q，则有

$$e_{x,q}=\int_1^2\delta q(1-T_0/T)=\int_1^2\eta_c\delta q \tag{6-9b}$$

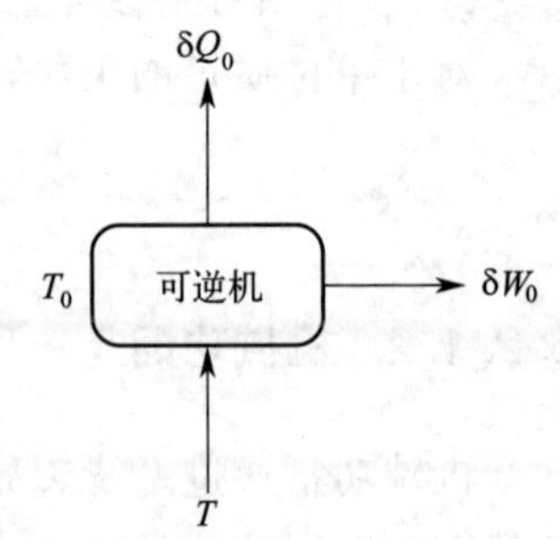

图 6-1　利用可逆热机计算冷量㶲

由式(6-9a) 可知，冷量㶲与热量㶲的计算式完全一样，但由于 $T<T_0$，可逆机加给一个系统的冷量㶲为一个负值，即可逆机要消耗功。冷量㶲为一负值，意味着系统从冷物体或冷库吸收冷量时放出了㶲，而放出冷量时却得到了㶲。所以，与热量㶲不同，冷量㶲流的方向和冷量流的方向是相反的。吸取冷量时的温度越低，环境温度越高，卡诺系数或冷量㶲的绝对值就越大。

6.2.3 稳定流动系统工质的㶲

实际工程中，大量的设备和装置都属于稳定流动的开口系统。当稳定工质流入或者流出开口系统时，系统增加或者减少的能量为 $mh+\frac{1}{2}mc^2+mgz$。该能量也可以理解为稳定物流在流入或流出系统时具有的或转移的能量，其中的焓是只与热力学参数有关的能量。

6.2.3.1 稳定流动系统㶲计算式

如图 6-2 所示，设一稳定流动系统的进口参数为 p、T、S、H，流速为 c。相对某参考系高度为 z；在环境为唯一热源的条件下，设流出稳定流动系统时的状态为环境状态 p_0、T_0、S_0、H_0，且 $c_0=0$、$z_0=0$；在微元状态变化过程中从环境吸热 δQ_0，对外做有用功 δW_A。

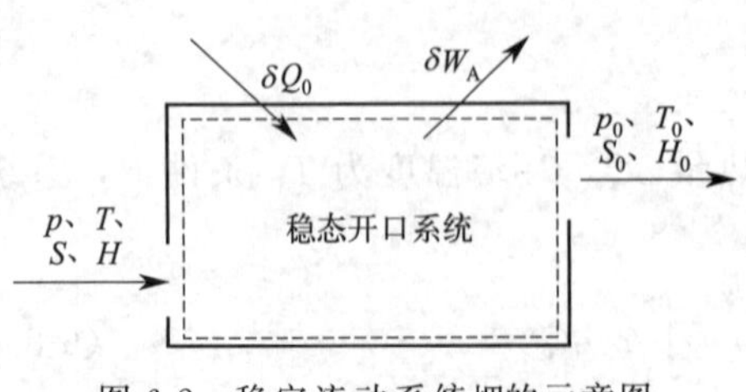

图 6-2　稳定流动系统㶲的示意图

根据热力学第一定律，对于稳定流动系统有

$$\delta Q=\mathrm{d}H+\frac{1}{2}m\,\mathrm{d}c^2+mg\,\mathrm{d}z+\delta W_A \tag{6-10}$$

对于上述系统，仅有单一热源-环境，根据热力学第二定律，可逆时有

$$\delta Q=-\delta Q_0=T_0\mathrm{d}S \tag{6-11}$$

$$T_0\mathrm{d}S=\mathrm{d}H+\frac{1}{2}m\,\mathrm{d}c^2+mg\,\mathrm{d}z+\delta W_{A,\max} \tag{6-12}$$

从而有

$$\delta W_{A,\max}=T_0\mathrm{d}S-\mathrm{d}H-\frac{1}{2}m\,\mathrm{d}c^2-mg\,\mathrm{d}z \tag{6-13}$$

已知环境状态下 $c_0=0$、$z_0=0$，从给定进口状态积分到出口环境状态，得到稳定物流的㶲为

$$E_{x,H}=W_{A,\max}=(H-H_0)-T_0(S-S_0)+\frac{1}{2}mc^2+mgz \tag{6-14a}$$

单位质量稳定物流的比㶲为

$$e_{x,H}=(h-h_0)-T_0(s-s_0)+\frac{1}{2}c^2+gz \tag{6-14b}$$

当忽略稳定流动工质的宏观动能与位能时，或把工质的宏观位能和动能作为机械能㶲处理时，稳定物流的㶲就仅考虑焓一种形式的能量的㶲，从而有

$$E_{x,H}=(H-H_0)-T_0(S-S_0) \tag{6-15a}$$

$$e_{x,H}=(h-h_0)-T_0(s-s_0) \tag{6-15b}$$

6.2.3.2 稳定流动工质所做的最大有用功

在除环境外没有与其他热源交换热量的条件下，稳定物流从状态 1 以可逆方式变化到状态 2 所能做的最大有用功，可由式(6-13) 积分求得

$$(W_{A,12})_{\max}=(H_1-H_2)-T_0(S_1-S_2)+\frac{1}{2}m(c_1^2-c_2^2)+mg(z_1-z_2)=E_{x,H_1}-E_{x,H_2} \tag{6-16a}$$

对于单位质量工质，则为

$$(w_{A,12})_{\max}=(h_1-h_2)-T_0(s_1-s_2)+\frac{1}{2}(c_1^2-c_2^2)+g(z_1-z_2)=e_{x,H_1}-e_{x,H_2} \tag{6-16b}$$

当不计或忽略进出口动能差、位能差时，有

$$(W_{A,12})_{\max}=(H_1-H_2)-T_0(S_1-S_2)=E_{x,H_1}-E_{x,H_2} \tag{6-17a}$$

$$(w_{A,12})_{\max}=(h_1-h_2)-T_0(s_1-s_2)=e_{x,H_1}-e_{x,H_2} \tag{6-17b}$$

上式说明，在除环境外没有任何其他热源的条件下，稳定物流从初态可逆转变到终态所能做的最大有用功只与初、终态有关，且等于初、终态稳定物流㶲之差。

6.2.4 理想气体的㶲

对于理想气体，焓仅为温度的函数

$$h-h_0=\int_{T_0}^{T}c_p\,\mathrm{d}T \tag{6-18}$$

而

$$s-s_0=\int_{T_0}^{T}c_p\frac{\mathrm{d}T}{T}-R_g\ln\frac{p}{p_0} \tag{6-19}$$

带入式(6-15b)

$$e_{x,H}=\int_{T_0}^{T}c_p\,\mathrm{d}T-T_0\int_{T_0}^{T}c_p\frac{\mathrm{d}T}{T}+T_0R_g\ln\frac{p}{p_0} \tag{6-20}$$

分析式 (6-20) 不难看出，理想气体的㶲中前两项仅与温度有关，后一项与压力有关，

于是可将理想气体的㶲分为两部分——温度㶲$e_{x,H}(T)$和压力㶲$e_{x,H}(p)$，即

$$e_{x,H}=e_{x,H}(T)+e_{x,H}(p)$$

$$e_{x,H}(T)=\int_{T_0}^{T}c_p\mathrm{d}T-T_0\int_{T_0}^{T}c_p\frac{\mathrm{d}T}{T}=\int_{T_0}^{T}(1-T_0/T)c_p\mathrm{d}T \tag{6-21}$$

$$e_{x,H}(p)=T_0R_g\ln\frac{p}{p_0}$$

对于理想气体的温度㶲而言，当$T>T_0$时，$1-T_0/T>0$，$\mathrm{d}T>0$，$e_{x,H}(T)>0$；当$T<T_0$时，$1-T_0/T<0$，$\mathrm{d}T<0$，$e_{x,H}(T)>0$。因此，无论理想气体温度是否大于环境温度，其温度㶲恒大于0。

对于压力㶲，当$p>p_0$时，$e_{x,H}(p)>0$；当$p<p_0$时，$e_{x,H}(p)<0$；当$p=p_0$时，$e_{x,H}(p)=0$。显然，对于理想气体，压力㶲可正、可负或为0。

6.3 化学㶲

前面所说的物理㶲$E_{x,ph}$是相对于不完全平衡环境状态的机械㶲、热量㶲、热力学能㶲等，是在不涉及系统的组分与成分而仅涉及系统与环境的压差($p\neq p_0$)和温差($T\neq T_0$)时所具有的做功能力。当考虑系统与环境的组分与成分不平衡而具有的做功能力时，即相对于完全平衡环境状态时，系统在p_0和T_0下所具有的㶲称为化学㶲，用$E_{x,ch}$表示。因此，相对于完全平衡态，系统所具有的㶲是物理㶲与化学㶲之和，即表达式

$$E_x=E_{x,ph}+E_{x,ch} \tag{6-22}$$

对于化学㶲而言，在p_0、T_0下，系统与环境的化学不平衡包括组分和成分（或浓度）的不平衡。组分的不平衡必须通过化学反应过程才能达到与环境的完全热力学平衡，通常将p_0、T_0下系统与环境仅由于组分不平衡所具有的化学㶲称为系统的反应㶲，用$E_{x,R}$表示；而成分或浓度的不平衡，只有通过扩散过程才能达到与环境的完全热力学平衡，通常将p_0、T_0下系统与环境由于成分（或浓度）所具有的化学㶲称为系统的扩散㶲，用$E_{x,D}$表示，即

$$E_{x,ch}=E_{x,R}+E_{x,D} \tag{6-23}$$

以完全平衡的环境状态作为㶲的基准点，除要规定p_0和T_0外，还要规定平衡环境的化学组成和浓度，也就是要规定达到与环境化学平衡的基准，这个基准包括规定基准物的种类以及基准物的组成乃至浓度。一般基准物有如下特点与要求：

① 每种元素都有相应的基准物，基准物体系包括研究物质中所有元素的基准物。

② 基准物的㶲值为0。

③ 各种基准物均是环境（大气，海洋，地表等）中可能存在的物质，且在不耗功条件下，由环境不断供应。

④ 不能从基准物的任何结合中获得自由功，即各种基准物之间不会自发进行化学反应并做有用功。

⑤ 当有两种以上的物质可取作基准物时，应优先选取自然界中相对丰富和经济的物质，即以价廉易得者为宜。

只要满足上述特点和要求的基准物，就可以构成基准物体系，从而构成完全平衡态环

境，因而基准物体系具有一定的任意性。

6.3.1 化学反应的最大有用功

当要确定物质的化学㶲时，首先要确定化学反应系统的最大有用功。对于化学反应系统，热力学能除内热能外，还包括化学热力学能，总的热力学能仍用 Q 表示。化学反应系统与外界的有用功交换，除机械功外，还可以是电功、磁功等。当稳定流动系统进行化学反应过程时，前已述及，其能量方程仍为

$$Q=\Delta H+W_A \tag{6-24}$$

式中　Q——化学反应系统与外界的热交换，称为反应热；

ΔH——化学反应系统的焓变化，简称反应焓。

反应焓的变化为

$$\Delta H=H_2-H_1 \tag{6-25}$$

式中　H_1——化学反应前物质的总焓，各反应物焓之和；

H_2——生成物的总焓，生成物焓之和。

如果化学反应过程在定温条件下进行，则根据热力学第二定律的熵方程

$$\Delta S=\frac{Q}{T}+\Delta S_g=\frac{Q}{T}+\Delta S_{iso}$$

$$Q=T\Delta S-T\Delta S_{iso} \tag{6-26}$$

将式(6-26) 带入式(6-24) 中，得

$$W_A=-(\Delta H-T\Delta S)-T\Delta S_{iso} \tag{6-27}$$

当化学反应在可逆条件下进行时，$\Delta S_{iso}=0$，系统所做有用功最大值

$$W_{A,\max}=-(\Delta H-T\Delta S) \tag{6-28}$$

$$\Delta S=S_2-S_1$$

式中　ΔS——化学反应系统的熵变化，简称反应熵；

S_1——各反应物绝对熵之和；

S_2——生成物绝对熵之和。

定温过程，故式(6-28) 可以写成

$$W_{A,\max}=-[\Delta H-\Delta(TS)]=-[(H_2-TS_2)-(H_1-TS_1)]=-(G_2-G_1)=-\Delta G \tag{6-29}$$

式中　ΔG——化学反应系统吉布斯函数的变化，简称反应吉布斯函数。

由式(6-29) 可知，在可逆定温过程中，稳定流动系统所做的最大反应有用功等于系统吉布斯函数的减小。

式(6-24)～式(6-29) 适用于稳定流动的物理过程，也适用于稳定流动的化学反应过程，同时适用于定温定压的反应过程。

6.3.2 气体的扩散㶲

在 p_0、T_0 下稳定气流的物理㶲为0，但相对于完全平衡态下的环境气体具有扩散㶲，

它仅仅是由于其成分或压力大于环境空气中该组分的成分或分压力而具有的。因此，把 p_0、T_0 下的气体可逆定温地转变到其在环境空气中的分压力 p_i^0 时所做的最大有用功称为该气体的扩散㶲。

理想气体的扩散㶲可由式(6-29) 导出

$$E_{x,D}=W_{A,\max}=-\Delta G=-(\Delta H-T_0\Delta S) \tag{6-30}$$

根据定义保持温度不变，则

$$\Delta H=mc_p\Delta T=0 \tag{6-31}$$

故

$$E_{x,D}=T_0\Delta S=mR_gT_0\ln(p_i^0/p_0) \tag{6-32a}$$

对于单位质量气体

$$e_{x,D}=-R_gT_0\ln(p_i^0/p_0)=-R_gT_0\ln x_i^0 \tag{6-32b}$$

气体的摩尔扩散㶲

$$E_{xm,D}=-RT_0\ln(p_i^0/p_0)=-RT_0\ln x_i^0 \tag{6-32c}$$

式中　x_i^0——环境空气中组分 i 的摩尔分数或浓度。

由式(6-32b) 知 $x_i^0<1$，故扩散总为正值。此扩散即是在 p_0、T_0 下环境空气中纯气体可逆扩散到环境空气中的分压力 p_i^0 时能够做的最大有用功（相当于从 p_0 可逆定温膨胀到 p_i^0 所做的功），又是将环境空气可逆分离成 p_0、T_0 下的各种纯气体时，必须消耗的最小有用功，即最小分离功，此功转变为各纯组分的㶲。

式(6-32b) 也适用于稀溶液或理想溶液。如果是真实溶液，只要用逸度系数代替式中的摩尔分数即可。

6.3.3 化学反应㶲的计算模型

前文已经说过，化学㶲包括扩散㶲和反应㶲。反应㶲是 p_0、T_0 下系统与环境仅由于组分不平衡所具有的化学㶲。组分不平衡必须通过化学反应过程才能达到与环境的完全热力学平衡。因此，根据㶲的普适定义，化学反应㶲必须通过 p_0、T_0 下的可逆化学反应才能得到，从而可以建立如图 6-3 所示的热力学模型。$E_{xm,ch}$ 是所求的物质的摩尔化学㶲，$\sum_R n_jE_{xm,j}$ 是参加反应系统的所有反应物的㶲值的总和，$\sum_P n_jE_{xm,j}$ 是系统所有生成物的㶲值的总和。

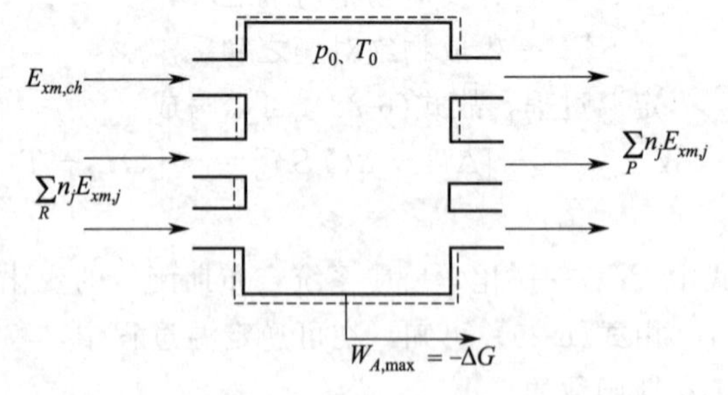

图 6-3　计算化学反应㶲的热力学模型

建立的热力学模型是可逆反应系统，进出口的㶲值是守恒的，即

$$E_{xm,ch}+\sum_R n_jE_{xm,j}=\sum_P n_jE_{xm,j}+W_{A,\max} \tag{6-33}$$

可以求出化学㶲

$$E_{xm,ch}=\sum_{P} n_j E_{xm,j}+W_{A,\max}-\sum_{R} n_j E_{xm,j} \tag{6-34}$$

由 $W_{A,\max}=-\Delta G$ 得

$$E_{xm,ch}=\sum_{P} n_j E_{xm,j}-\Delta G-\sum_{R} n_j E_{xm,j} \tag{6-35}$$

如果能知道反应物和生成物的㶲值，以及反应前、后吉布斯函数的变化，就可以求得化学㶲$E_{xm,ch}$。

6.4 㶲损失和㶲平衡方程

根据热力学第二定律对可逆与不可逆过程的分析，从㶲的概念出发不难得出这样的结论：在任何可逆过程中，㶲的总量不变；在任何不可逆过程中，㶲的总量减少，这部分减少的㶲，称之为不可逆过程的㶲损失，简称㶲损失。

6.4.1 稳定流动系统的㶲平衡方程和㶲损失

建立如图 6-4 所示的热力学模型，系统除与环境交换热量外，还与温度为 T_H 的热源交换热量 Q，对外输出有用功 W_A。稳定流动内各点参数不随时间变化，根据㶲平衡方程有

$$\left(E_{x,Q}+E_{x,H_1}+\frac{1}{2}mc_1^2+mgz_1\right)-\left(E_{x,H_2}+\frac{1}{2}mc_2^2+mgz_2+W_A\right)-E_{x,L}=0 \tag{6-36a}$$

即

$$W_A=E_{x,Q}-\Delta E_{x,H}-\frac{1}{2}m\Delta c^2-mg\Delta z-E_{x,L} \tag{6-36b}$$

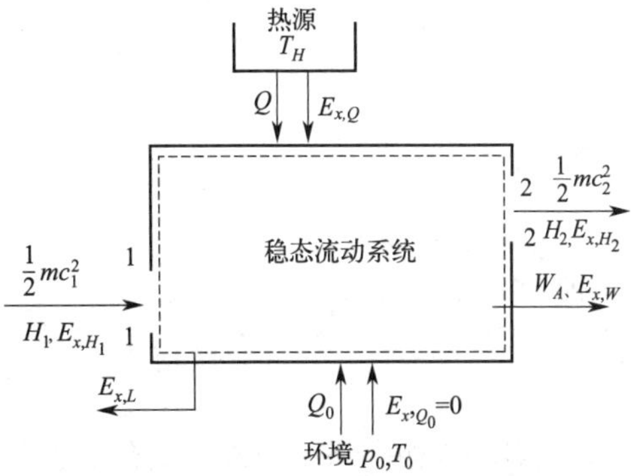

图 6-4　稳定流动系统的㶲平衡

式中　$E_{x,Q}$——从热源吸收的热量㶲。

$$E_{x,Q}=\int_1^2 \delta Q\left(1-\frac{T_0}{T_H}\right) \tag{6-37}$$

$$\Delta E_{x,H}=E_{x,H_2}-E_{x,H_1}=(H_2-H_1)-T_0(S_2-S_1)=\Delta H-T_0\Delta S \tag{6-38}$$

式中　$E_{x,H}$——工质进出口的㶲差。

将式(6-37) 和式(6-38) 带入式(6-36b) 中得

$$W_A=\int_1^2 \delta Q\left(1-\frac{T_0}{T_H}\right)-(\Delta H-T_0\Delta S)-\frac{1}{2}m\Delta c^2-mg\Delta z-E_{x,L} \tag{6-39}$$

当稳定流动系统进行可逆过程时，㶲损失 $E_{x,L}=0$，有用功取得最大值 $W_{A,\max}$

$$W_{A,\max}=\int_1^2 \delta Q\left(1-\frac{T_0}{T_H}\right)-(\Delta H-T_0\Delta S)-\frac{1}{2}m\Delta c^2-mg\Delta z \tag{6-40}$$

亦即

$$W_A = W_{A,\max} - E_{x,L} \tag{6-41}$$

对于不可逆过程，$E_{x,L}>0$，故

$$W_A < W_{A,\max}$$

式(6-41) 也可以写成

$$E_{x,L} = W_{A,\max} - W_A \tag{6-42}$$

㶲损失表现为由于过程不可逆引起的能够做的最大有用功的减少。

将式(6-40) 和能量方程

$$W_A = (Q+Q_0) - \Delta H - \frac{1}{2}m\Delta c^2 - mg\Delta z \tag{6-43}$$

代入到式(6-42) 中

$$E_{x,L} = T_0(S_2 - S_1) - T_0\int_1^2 \frac{\delta Q}{T_H} - Q_0 \tag{6-44}$$

6.4.2 循环系统的㶲平衡方程和㶲损失

要连续实现热能和机械能之间的能量转换，必须通过热力循环才能达到，如燃气动力循环、蒸汽动力循环、制冷循环等。对于循环而言，不仅可以对每个设备或过程建立㶲平衡方程和计算其㶲损失，而且可以对整个装置或循环建立㶲平衡方程和计算其㶲损失。

对整个装置的循环系统，由于工质完成循环而作为状态参数的㶲没有变化，根据㶲平衡方程的一般关系式，则有

$$E_{x,Q} - (\Delta E_{x,W} + E_{x,L}) = 0 \tag{6-45}$$

$$E_{x,Q} = \oint\left(1 - \frac{T_0}{T}\right)\delta Q$$

$$\Delta E_{x,W} = \oint \delta W_A$$

即

$$\oint\left(1 - \frac{T_0}{T}\right)\delta Q = \oint \delta W_A + E_{x,L} \tag{6-46}$$

式中 δQ——循环系统与外界的热交换量；

δW_A——输入或输出的有用功。

对于工程中常见的动力与制冷循环，分别可以导出㶲平衡的具体表达式。

(1) 动力循环

如图 6-5 所示的动力循环，工质从 T_H 高温热源吸热δQ_H，向温度 T_L 的低温热源放热 δQ_L，净输出功 W_0 为有用功 W_A，则㶲平衡方程

$$\int_H \delta Q_H\left(1 - \frac{T_0}{T_H}\right) - \int_L \delta Q_L\left(1 - \frac{T_0}{T_L}\right) - W_A = E_{x,L} \tag{6-47}$$

对于可逆循环，㶲损失 $E_{x,L}=0$，循环净功率有用功为最大有用功，为

$$W_{A,\max} = \int_H \delta Q_H\left(1 - \frac{T_0}{T_H}\right) - \int_L \delta Q_L\left(1 - \frac{T_0}{T_L}\right) \tag{6-48}$$

显然

$$W_A = W_{A,\max} - E_{x,L} \tag{6-49}$$

当低温热源为环境时，$T_L = T_0$，则式(6-47) 和式(6-48) 可简化为

$$W_A = \int_H \delta Q_H \left(1 - \frac{T_0}{T_H}\right) - E_{x,L} \tag{6-50}$$

$$W_{A,\max} = \int_H \delta Q_H \left(1 - \frac{T_0}{T_H}\right) \tag{6-51}$$

对于动力循环有

$$Q_H = W_A + Q_L = W_A + Q_0 \tag{6-52}$$

代入式(6-50) 得

$$E_{x,L} = Q_0 - T_0 \int \frac{\delta Q_H}{T_H} \tag{6-53}$$

（2）制冷循环

对于制冷循环，如果高温热源和低温热源都低于环境温度，则其㶲流和能流如图 6-6 所示。

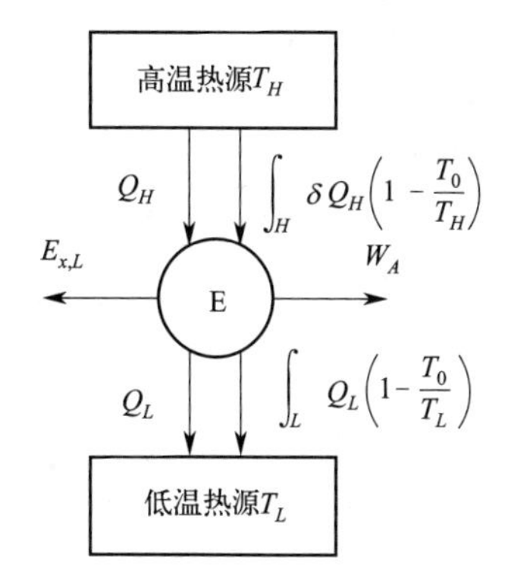

图 6-5　动力循环

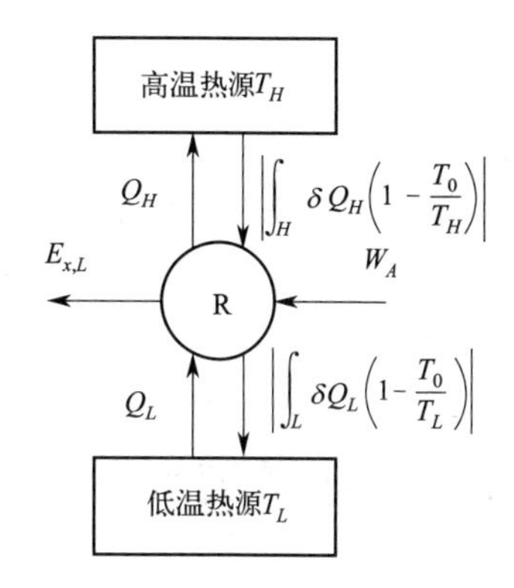

图 6-6　制冷循环

㶲平衡方程

$$\left|\int_H \delta Q_H \left(1 - \frac{T_0}{T_H}\right)\right| - \left|\int_L \delta Q_L \left(1 - \frac{T_0}{T_L}\right)\right| + W_A = E_{x,L} \tag{6-54}$$

对于可逆循环，㶲损失 $E_{x,L} = 0$，循环所消耗的功为最小有用功

$$W_{A,\min} = \left|\int_L \delta Q_L \left(1 - \frac{T_0}{T_L}\right)\right| - \left|\int_H \delta Q_H \left(1 - \frac{T_0}{T_H}\right)\right| \tag{6-55}$$

显然

$$W_A = W_{A,\min} + E_{x,L} \tag{6-56}$$

上式说明，实际不可逆循环耗功总要小于可逆时的最小有用功。在上面诸式推导中为了方便分析与推导，冷量㶲取绝对值，正负号按实际得失取。

在制冷循环中，通常高温热源温度 T_H 为环境温度 T_0，此时式(6-56) 变为

$$W_A = -\int_L \delta Q_L \left(1 - \frac{T_0}{T_L}\right) + E_{x,L} \tag{6-57}$$

对于制冷循环能量方程

$$Q_H = Q_0 = W_A + Q_L \tag{6-58}$$

代入式(6-57) 得

$$E_{x,L}=Q_0-T_0\int\frac{\delta Q_L}{T_L} \tag{6-59}$$

6.4.3 换热器的㶲损失

如图 6-7 所示的逆流换热器，质量为 m_H 的热流体从状态 1 放热至状态 2，质量为 m_L 的冷流体从状态 3 吸热至状态 4。以整个换热器为系统，假设换热器与环境大气无热量交换，不计冷热流体动能和位能变化，根据㶲平衡关系式有

$$(E_{x,1}+E_{x,3})-(E_{x,2}+E_{x,4})=E_{x,L} \tag{6-60}$$

㶲损失

$$E_{x,L}=(H_1-H_2)-T_0(S_1-S_2)+(H_3-H_4)-T_0(S_3-S_4) \tag{6-61}$$

由热力学第一定律有

$$H_1-H_2=-(H_3-H_4)$$

带入式(6-61) 得

$$E_{x,L}=T_0[(S_2-S_1)+(S_4-S_3)] \tag{6-62}$$

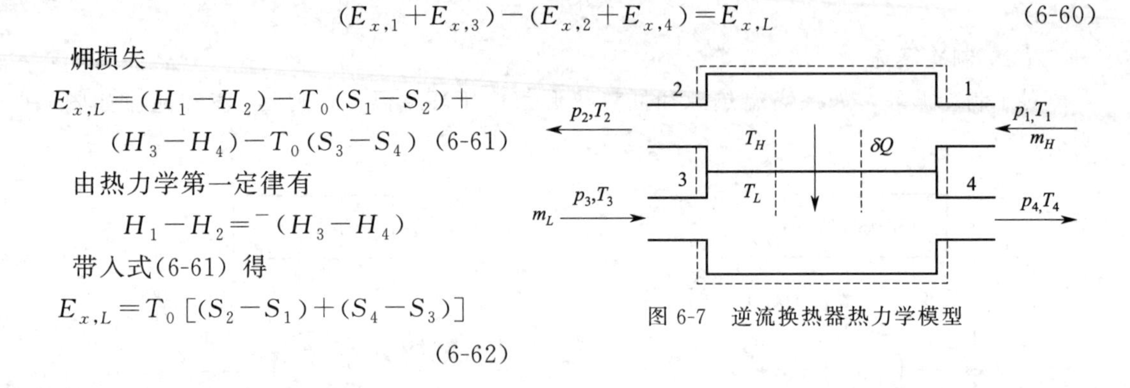

图 6-7 逆流换热器热力学模型

6.5 能量系统的㶲效率

人类生活和生产所进行的各种过程，例如热能转换、加热、制冷、产品的制造和加工等，必须耗费足够的㶲才能实现。在可逆过程中，没有㶲损失，但可逆过程只是一理想的抽象，实际过程都是不可逆的，㶲损失是必然存在的，我们进行研究的目的是合理地利用能量，尽量减少损失，因此可以说，能量的合理利用实际上是㶲的合理利用。

对于给定条件下的热力学过程，㶲损失的大小能够衡量该过程的热力学完善程度。㶲损失愈大，说明过程的不可逆性愈大。但是㶲损失仅可以比较相同条件下的热工设备与装置，如：同样是 100MW 的多台汽轮机，㶲损失大的那台的热力学完善程度就差。但是，对于不同条件的热工设备与装置，用㶲损失作为判据就不合理，如两台汽轮机，一台是 100MW，另一台是 200MW，一般而言，后者的㶲损失值大，但就整个㶲的利用程度，即热力学完善程度而言，其相对损失未必大。为此，引入㶲效率的概念，表示热力系统或热工设备中㶲的利用程度。

在系统或设备的能量传递和转换过程中，将被利用或收益的㶲$E_{x,gain}$ 与支付或耗费的㶲$E_{x,pay}$ 的比值定义为系统或设备的㶲效率，用 η_{e_x} 表示

$$\eta_{e_x}=\frac{E_{x,gain}}{E_{x,pay}} \tag{6-63}$$

根据热力学第二定律，任何不可逆过程都要引起㶲损失，因而耗费㶲与收益㶲之差即为

系统或设备中进行的不可逆过程引起的㶲损失

$$E_{x,L}=E_{x,pay}-E_{x,gain} \tag{6-64}$$

从而有

$$\eta_{e_x}=\frac{E_{x,pay}-E_{x,L}}{E_{x,pay}}=1-\frac{E_{x,L}}{E_{x,pay}}=1-\xi \tag{6-65}$$

式中　ξ——㶲损失系数。

根据㶲效率和㶲损失系数定义可知

$$\eta_{e_x}\leqslant 100\%$$

$$\xi\geqslant 0$$

上两式中等号在可逆时成立，不等号在不可逆时成立。

㶲效率反映了㶲的利用程度，它是从能量的品质来评价设备或热力学过程的完善程度，所以它是评价各种实际热力学完善度的统一和重要标准，从而在工程实际得到了广泛应用。

6.6　能量系统的㶲分析模型

能量系统㶲分析的目的在于计算、分析系统内部与外部的不可逆㶲损失，揭示用能过程的薄弱环节，以进行改进，或以㶲效率等为目标函数进行最优化分析计算，对于系统总能量达到全面节能，它包括许多单元设备，如锅炉、汽轮机、冷凝器和泵等，这些单元设备可以称之为子系统。对整个能量系统进行的能量分析和㶲分析，只有在各个子系统的分析完成之后才能进行。

对子系统进行㶲分析的目的在于：

① 依据子系统的㶲分析，对子系统的用能水平作出合理评价；

② 依据子系统内的㶲损分析，判别用能过程中的薄弱环节；

③ 根据㶲分析结果，提出改进意见；

④ 在子系统㶲分析的基础上，对总能系统进行㶲分析和改进，或建立总能系统的优化目标函数，以进行总能系统的优化。

按照㶲分析的不同要求，可以建立不同的㶲分析模型，这些模型不仅使子系统内部，而且使子系统与外界间的各种能量传递、转换过程一目了然，为建立平衡方程、进行㶲分析带来了极大方便。

6.6.1　黑箱模型分析

黑箱模型分析（又称黑箱分析）是借助于输入、输出子系统的能流信息来研究子系统内部用能过程宏观特性的一种方法。在黑箱分析中可以计算出子系统的效率和过程的㶲损系数，但不能计算子系统内各过程的㶲损系数。因此，黑箱分析只能用来对子系统的用能状况作出粗略分析。

所谓子系统的黑箱模型，是把子系统看作是由不“透明”的边界所包围的体系，并以实线表示边界，以带箭头的㶲流线表示输入、输出的㶲流，以虚线箭头表示子系统内所有不可逆过程集合的总㶲损，并在各㶲流线上标出㶲流符号，这样就构成了一个“黑箱模型”，如图 6-8 所示。

黑箱模型中的实线箭头表示的㶲流值，可以通过仪表直接测出的数据计算出来，而虚线箭头表示的㶲损值，则是依据上述的㶲流值计算间接得来的。若各股输入㶲流值之和为 $E_{x,in}$，各股输出㶲流值之和为 $E_{x,out}$，则子系统中的总㶲损失值为

$$E_{x,L}=E_{x,in}-E_{x,out} \tag{6-66}$$

式(6-66) 表明，只需借助于输入、输出子系统的流信息，而不必剖析子系统内部过程，即可获得反映子系统用能过程的宏观特性，这是黑箱模型的一个突出优点。显然，黑箱模型是一种既简易而又能获得重要结果的分析方法，这是黑箱分析获得广泛应用的主要原因。

在实际子系统中，输入、输出子系统的㶲流通常是多股的，且各股流的性质、效用不一。故建立如图 6-9 所示的子系统的通用黑箱模型，可以写出㶲平衡方程

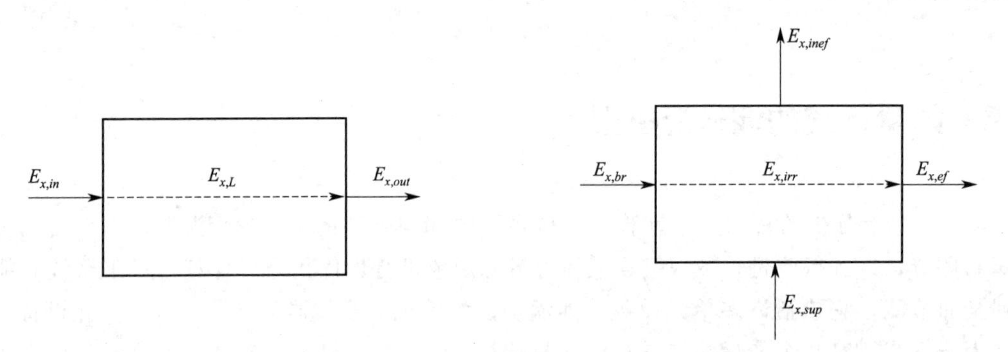

图 6-8　子系统黑箱模型　　　　图 6-9　子系统的通用黑箱模型

$$E_{x,sup}+E_{x,br}=E_{x,ef}+E_{x,inef}+E_{x,irr} \tag{6-67}$$

式中　$E_{x,sup}$——供给㶲，由㶲源或具有㶲源作用的物质供给体系的㶲，通常有燃料㶲、蒸汽㶲、电㶲等；

$E_{x,br}$——带入㶲，除㶲源以外的物质带入体系的㶲，如送入炉内助燃的空气㶲、生产子系统的原料㶲等；

$E_{x,ef}$——有效㶲，被子系统有效利用或由子系统输出可有效利用的㶲，对于动力装置即为输出的机械能，对于工艺子系统即为达到工艺要求的产品离开体系所具有的㶲，如锅炉生产的蒸汽㶲，原油加热炉输出的原油㶲，水泵出口水的压力㶲、动能㶲等；

$E_{x,inef}$——无效㶲，体系输出的总㶲中除有效㶲以外的部分，通常无效㶲即是体系的外部㶲损；

$E_{x,irr}$——耗散㶲，由体系内的不可逆性所引起的能量耗散，即内部㶲损。

对于某些子系统，带入㶲很小以致可以忽略，或无带入㶲时，有

$$E_{x,br}=0$$

子系统㶲效率的通用表达式和㶲损失系数为

$$\eta_{e_x}=\frac{E_{x,ef}}{E_{x,sup}}=1-\frac{\sum E_{x,L}}{E_{x,sup}}=1-\frac{E_{x,irr}+E_{x,inef}}{E_{x,sup}} \tag{6-68}$$

$$\xi_{in}=\frac{E_{x,irr}+E_{x,inef}}{E_{x,sup}} \tag{6-69}$$

6.6.2 白箱模型分析

白箱模型是为了克服黑箱模型的缺陷提出来的。这种模型将分析对象看作是由“透明”的边界所包围的系统，从而可以对系统内的各个用能过程逐个进行解剖，计算出各过程的耗散㶲。这样，白箱模型分析（又称白箱分析）不仅可以计算出子系统的㶲效率和热力学完善度，而且还能计算出体系内各过程的㶲损系数，揭示系统中用能不合理的“薄弱环节”，因此，白箱分析是一种精细的㶲分析。

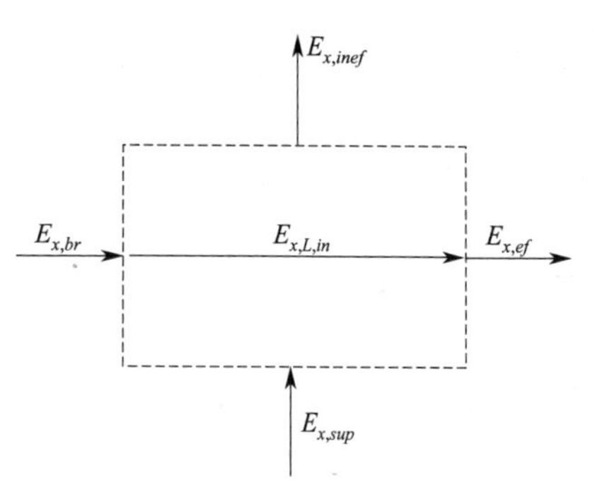

图 6-10 设备通用的白箱模型

图 6-10 为设备通用的白箱模型，图中进入子系统的供给㶲 $E_{x,sup}=\sum\limits_i E_{x,sup,i}$，带入㶲$E_{x,br}=\sum\limits_i E_{x,br,i}$，外部㶲损$E_{x,L,out}=\sum\limits_i E_{x,inef,i}$，内部㶲损$E_{x,L,in}=\sum\limits_i E_{x,irr,i}$。可以写出白箱模型㶲平衡方程

$$\sum_i E_{x,sup,i}+\sum_i E_{x,br,i}=E_{x,ef}+\sum_i E_{x,inef,i}+\sum_i E_{x,irr,i} \tag{6-70}$$

子系统㶲效率的通用表达式为

$$\eta_{e_x}=1-\frac{\sum\limits_i E_{x,inef,i}+\sum\limits_i E_{x,irr,i}}{\sum\limits_i E_{x,sup,i}} \tag{6-71}$$

6.6.3 灰箱模型分析

系统灰箱分析模型（又称灰箱模型）主要用于对系统整体用能状况的评价及对系统中薄弱环节（设备）的判别。

灰箱模型是将系统中所有设备均视为黑箱，黑箱与黑箱之间以主㶲流线连接起来形成网络。因此，灰箱模型实际上是一种黑箱网络模型。

6.7 㶲分析的实际应用

以蒸汽压缩制冷循环为例，介绍㶲分析实际应用。

图 6-11 为蒸气压缩制冷装置的系统图。具有较高压力的制冷剂经节流阀膨胀减压，温度下降到等于（可逆传热情况下）或低于（不可逆传热情况下）蒸发器温度 T_L。制冷剂进入蒸发器，从蒸发器中吸取冷量 Q_L。呈气态的制冷剂进入压缩机，压缩升温到等于或高于

冷凝器的温度 T_H，将热量 Q_H 传给冷凝器的冷却水而变为液态，完成一个循环。图 6-12 为装置的灰箱模型。

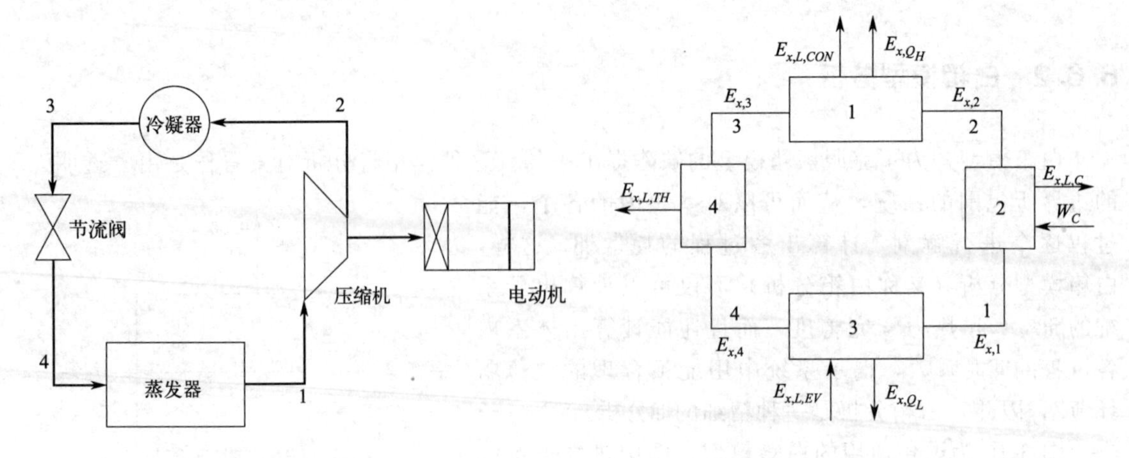

图 6-11　蒸气压缩制冷装置的系统图　　　图 6-12　装置的灰箱模型

（1）循环系统㶲效率的计算

系统的供给㶲为压缩机的耗功，有效㶲为系统向蒸发器输出的冷量㶲E_{x,Q_L}。由此得系统的㶲效率为

$$\eta_{e_x}=\frac{E_{x,Q_L}}{W_C}=\frac{E_{x,Q_L}}{Q_L}\cdot\frac{Q_L}{W_C}=\frac{E_{x,Q_L}}{Q_L}\varepsilon$$

式中　ε——制冷系数。

冷量㶲为

$$E_{x,Q_L}=Q_L\left(1-\frac{T_0}{T_L}\right)$$

E_{x,Q_L} 为负值，表示系统输出冷量㶲。计算㶲效率时取绝对值，再代入上式

$$\eta_{e_x}=\left(1-\frac{T_0}{T_L}\right)\varepsilon$$

（2）各单元设备的㶲效率和㶲损失系数

1）蒸发器

㶲效率计算式为

$$\eta_{e_x,EV}=\frac{E_{x,Q_L}}{E_{x,4}-E_{x,1}}=1-\frac{E_{x,L,EV}}{E_{x,4}-E_{x,1}}$$

㶲损失为

$$E_{x,L,EV}=E_{x,4}-E_{x,Q_L}-E_{x,1}$$

㶲损系数为

$$\xi_{EV}=\frac{E_{x,L,EV}}{W_C}$$

2）压缩机

㶲效率计算式为

$$\eta_{e_x,C}=\frac{E_{x,2}-E_{x,1}}{W_C}=1-\frac{E_{x,L,C}}{W_C}$$

㶲损失为

$$E_{x,L,C}=W_C+E_{x,1}-E_{x,2}$$

㶲损系数为

$$\xi_C=\frac{E_{x,L,C}}{W_C}=1+\frac{E_{x,1}-E_{x,2}}{W_C}$$

3）冷凝器

E_{x,Q_H} 是制冷剂再冷凝过程中放出的热量㶲。

$$E_{x,Q_H}=Q_H\left(1-\frac{T_0}{T_L}\right)=(H_2-H_3)\left(1-\frac{T_0}{T_L}\right)$$

这部分㶲既是被冷却水带走且散失到环境中的外部㶲损，又是用来评价冷凝器冷凝效果的个量，显然 E_{x,Q_H} 越大，冷凝效果越好。当 $E_{x,Q_H}=E_{x,2}-E_{x,3}$ 时，冷凝效果最好，而当 $E_{x,Q_H}=0$，即 $H_2=H_3$ 时，就没有冷凝效果。因此，可以定义冷凝器的㶲效率为

$$\eta_{e_x,CON}=\frac{E_{x,Q_H}}{E_{x,2}-E_{x,3}}$$

事实上，在忽略制冷剂流动阻力的条件下，制冷剂在冷凝器中放出的热量㶲等于其进出冷凝器的㶲差，即 $E_{x,Q_H}=E_{x,2}-E_{x,3}$。此时，一般不讨论冷凝器的㶲效率，仅计算其㶲损失和㶲损失占整个㶲代价（压缩机耗功）的比例——广义㶲损失系数。

冷凝器的㶲损为

$$E_{x,L,CON}=E_{x,2}-E_{x,3}=(H_2-H_3)-T_0(S_2-S_3)=Q_H-T_0(S_2-S_3)$$

冷凝器的㶲损系数

$$\xi_{CON}=\frac{E_{x,L,CON}}{W_C}=\frac{Q_H-T_0(S_2-S_3)}{W_C}$$

4）节流阀

制冷剂在节流阀中进行的是节流过程，节流前、后焓值相等，即 $H_4=H_3$。节流阀的㶲损为

$$E_{x,L,TH}=E_{x,3}-E_{x,4}=(H_3-H_4)-T_0(S_3-S_4)=T_0(S_3-S_4)$$

㶲损系数

$$\xi_{TH}=\frac{E_{x,L,TH}}{W_C}=\frac{T_0(S_3-S_4)}{W_C}$$

计算出各设备的㶲损系数后，装置的系统㶲效率为

$$\eta_{e_x}=1-(\xi_{EV}+\xi_C+\xi_{CON}+\xi_{TH})$$

6.8 基于 LNG 气化分段模型的低温动力循环㶲分析

6.8.1 LNG 气化分段模型

当环境温度为 T_0 时，LNG 以初始温度 T_{in} 进入循环，此时 LNG 拥有的冷量㶲为

$e_{x,T\text{-}in}$，以温度 T_{out} 离开循环，此时 LNG 拥有的冷量㶲为 $e_{x,T\text{-}out}$，这个过程中单位质量 LNG 释放的冷量㶲$e_{x,c}$ 表示为

$$e_{x,c}=e_{x,T\text{-}out}-e_{x,T\text{-}in}=T_0(s_{out}-s_{in})-(h_{out}-h_{in})$$

以环境温度 $T_0=20℃$ 为参考，T_{in} 取 LNG 储罐出口温度－162℃（气化输气压力不同，温度将随之变化）。以某典型 LNG（组成为 CH_4 摩尔分数为 90.38%，C_2H_6 摩尔分数为 5.37%，C_3H_8 摩尔分数为 4.04%，N_2 摩尔分数为 0.21%）冷量㶲为例，其临界温度为－57.54℃，临界压力为 6.602MPa。不同压力下的 LNG 气化 T-S 曲线如图 6-13 为所示。由图 6-13 可知，当压力为 7MPa 时 LNG 冷能释放过程为超临界蒸发过程，冷㶲随温度的变化较为平缓；而对于亚临界冷能释放过程，由于存在较大的潜热，LNG 冷量㶲的释放存在突变。而在相同温度下，气化输气压力越高，释放出的冷量㶲越少。

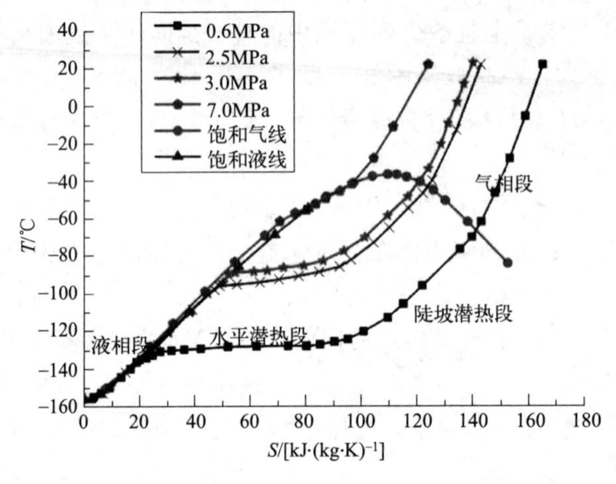

图 6-13　不同压力下的 LNG 气化曲线图

从图 6-13 可以看出，LNG 的亚临界气化经历了液相段、两相潜热段和气相段 3 部分，而潜热区又明显呈现水平潜热段和陡坡潜热段 2 种不同的特性。不同的区段 LNG 呈现不同的气化特征。因此对其冷能进行回收时应按区段分别进行。

以 3MPa 下 LNG 气化过程为例，LNG 冷量㶲释放情况如表 6-1 所示。由表 6-1 可知，LNG 液相区和两相潜热区的冷量㶲占了 LNG 总冷量㶲的大部分份额，采用海水源构建低温朗肯循环发电系统，只利用 LNG 液相区和两相潜热区的冷量用于发电即可，并进行重点分析。

表 6-1　LNG 气化过程各区段冷量㶲释放情况表

过程段	液相段	水平潜热段	陡坡潜热段	气相段	整个气化过程
T_{in}/℃	−160.70	−92.20	−82.30	−43.52	−160.70
T_{out}/℃	−92.20	−82.30	−43.52	20.00	20.00
$e_{x,c}$/kW	229.85	143.15	83.01	19.71	475.72
所占份额	48.32%	30.09%	17.45%	4.14%	100%

6.8.2　构建低温朗肯循环发电系统

基于 LNG 分段模型构建的梯级朗肯循环发电系统流程如图 6-14 所示，系统包括三级相

对独立的循环：一方面，以 LNG 为冷源，经泵加压到一定压力后依次经过 H-4、H-5、H-6 三个加热器，LNG 三段冷能依次进入循环系统；另一方面，以海水为热源，循环工质被加热气化后进入汽轮机做功，而热量依次通过工质被传递至下一循环，通过工质的循环吸热和放热，完成 LNG 冷能的梯级利用。

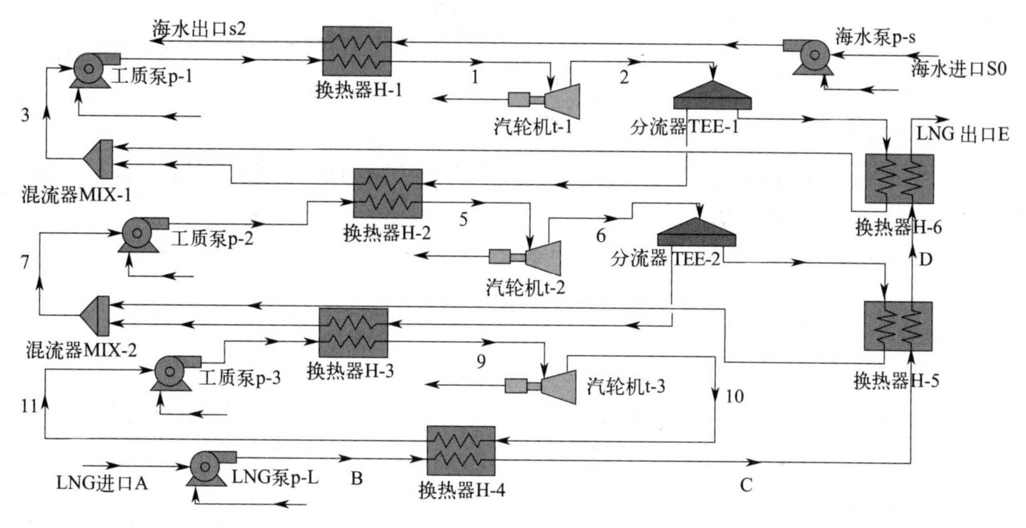

图 6-14　梯级低温朗肯循环发电系统流程图

图 6-15 为 LNG 冷能梯级流程 T-S 图。图中一、二、三分别表示第一级、第二级、第三级循环，B、C、D、E 和 1、2、3 数字分别对应图 6-14 中流程的各个状态点。第一级循环以海水为热源，工质气化做功，从汽轮机抽出的乏汽分成两股，一股作为下一级循环的热源，另一股进入换热器 H-6 吸收 LNG 陡坡潜热段冷量。第二级循环以第一级循环工质放热为热源，同样经过汽轮机做功后分成两股，一股作为下一级循环的热源，另一股进入换热器 H-5 吸收 LNG 水平潜热段冷量。第三级循环吸收中间循环工质冷凝过程放出的热量，做功后冷凝放热在 H-4 换热器中被 LNG 液相热吸收。梯级循环系统过程中上一级冷凝放热为下一级循环工质吸热提供了热量，使得每一级循环换热器内的平均吸放热温差减小，减少了系统㶲损失。

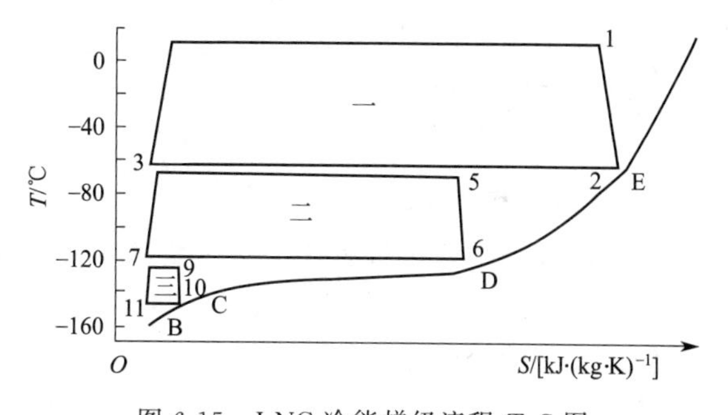

图 6-15　LNG 冷能梯级流程 T-S 图

与传统研究的动力循环不同，低温动力主要回收冷源侧（LNG）的冷量推动系统做功，故计算以 LNG 侧为基准，以回收单位质量流量 LNG 冷量㶲$e_{x,c}$ 为例，则低温朗肯循环㶲效率表示为

$$\eta_{e_x}=\frac{\sum(W_t)_i-\sum(W_p)_i}{\sum(e_{x,c})_i}$$

式中　$(W_t)_i$——第 i 级循环中汽轮机输出功；

$(W_p)_i$——表示循环工质泵耗功；

$(e_{x,c})_i$——表示 LNG 输入冷㶲。

㶲损失为

$$E_{x,L}=E_{x,in}-E_{x,out}$$

式中 $E_{x,in}$——耗费的冷㶲；

$E_{x,out}$——收益的冷㶲。

而对于系统中㶲损失的关键部位，则需要对系统中每一装置进行㶲损失分析，各装置 j 的㶲损失情况利用㶲损失系数 ξ_{ex} 表示为

$$(\xi_{ex})_j=\frac{(E_{x,L})_j}{\sum(e_{x,c})_i}$$

因此对于整个循环系统，有

$$\sum[(\xi_{ex})_j]_i+\eta_{e_x}=1$$

其中，下角标 j 可表示为 c、e、p、t，分别代表循环中的冷凝器、加热器、工质泵和汽轮机；下角标 i 代表第 i 级循环。

6.8.3 循环㶲分析

循环系统主要包括冷凝器、加热器等换热设备和工质泵、汽轮机等动力机械，以回收单位质量流量 LNG 的冷量㶲为例，对各设备的㶲效率与㶲损失计算如下。

（1）换热器循环㶲分析

LNG 流经冷凝器，向循环工质放出冷量，工质被冷凝为液体，过程中工质获得的冷㶲为

$$\Delta E_{x,c\text{-}w}=m_w(e_{x,in}-e_{x,out})_w$$

其中，下角标 w 代表循环工质。

冷凝器中的㶲损失包括传热不可逆损失等，它应为输入冷凝器获得的冷㶲与工质获得的冷㶲之差，即

$$(E_{x,c,L})_i=(e_{x,c}-\Delta E_{x,c\text{-}w})_i$$

则㶲损失系数为

$$(\xi_{ex\text{-}c})_i=(E_{x,c,L}/e_{x,c})_i$$

而第一级热源为海水，循环以海水为热源，若不考虑海水的热利用价值，则循环输入的热量即系统所减少的冷量并未被利用，全部构成加热器 H-1 的㶲损失，即：

$$(E_{x,e,L})_i=(e_{x,c}-\Delta E_{x,e\text{-}w})_i$$

㶲损失系数为

$$(\xi_{ex\text{-}e})_i=(E_{x,e,L})_i/(e_{x,c})_i$$

（2）动力机械循环㶲分析

工质在泵中被增压可看作绝热压缩过程，工质经过工质泵后增加的㶲为

$$(\Delta E_{x,p})_i=m_w(e_{x,out}-e_{x,in})_w$$

所以，泵的冷㶲损失为

$$(E_{x,p,L})_i=(W_p-\Delta E_{x,p\text{-}w})_i$$

则工质泵的㶲损失系数为

$$(\xi_{ex\text{-}p})_i=(E_{x,p,L})_i/(e_{x,c})_i$$

对于汽轮机，汽轮机的进出口㶲差为

$$(\Delta E_{x,t})_i=m_w(e_{x,out}-e_{x,in})_w$$

汽轮机中的㶲损失为

$$E_{x,t,L}=\Delta E_{x,t}-W_t$$

汽轮机总的㶲损失系数为

$$(\xi_{ex\text{-}t})_i=(E_{x,t,L})_i/(e_{x,c})_i$$

对于整个朗肯循环装置而言，总的㶲损失为

$$\sum(E_{x,L})_i=\sum(E_{x,c,L})_i+\sum(E_{x,p,L})_i+\sum(E_{x,t,L})_i+E_{x,e,L}$$

朗肯循环总的㶲损失系数为

$$\xi=\sum\xi_i=\sum(E_{x,L})_i/\sum(e_{x,c})_i$$

6.8.4 结果分析

根据前面的计算公式，计算回收质量流量为 1kg/s 的 LNG 冷量㶲平衡。

㶲平衡计算表如表 6-2 所示。为利用海水为热源，取海水平均温度为 20℃，LNG 蒸发输送压力为 3000kPa，取工质泵的效率为 0.75，汽轮机的内效率为 0.80；选择 R1270（C3H6）为循环工质，最小传热温差取 5℃，工况：蒸发压力 p_1 为 802.6kPa，p_5 为 1307kPa，p_9 为 334.1kPa；蒸发温度 t_1 为 11℃，t_5 为 −43.5℃，t_9 为 −82.3℃；冷凝温度 t_2 为 −38.5℃，t_6 为 −77.3℃，t_{10} 为 −87.2℃。

表 6-2 㶲平衡计算表

项目	循环各设备计算结果/kW				ξ_{ex}
	一级	二级	三级	合计	
冷凝器㶲损 $(E_{x,c,L})_i$	32.66	21.49	104.17	158.32	34.72%
加热器㶲损 $(E_{x,e,L})_i$	39.00	24.40	9.90	73.31	16.08%
汽轮机㶲损 $(E_{x,t,L})_i$	32.54	21.69	1.51	55.74	12.22%
工质泵㶲损 $(E_{x,p,L})_i$	1.01	1.24	0.02	2.27	0.50%
循环总㶲损 $\sum(E_{x,L})_i$	105.21	68.82	115.6	289.63	63.51%
汽轮机输出功 $(W_t)_i$	65.00	19.71	23.55	108.26	—
工质泵耗功 $(W_p)_i$	1.58	0.67	0.30	2.55	—
循环净功 $(W_{cy})_i$	104.22	56.77	5.39	166.38	36.49%
LNG 输入㶲 $(e_{x,c})_i$	229.85	143.15	83.01	456.01	100.00%

由表 6-2 可知，㶲损失主要集中在冷凝器当中，约占到总损失的 54.67%。与 LNG 冷能不进行分段构建单级循环系统相比，冷㶲利用效率提高了 16.2%。

分析其原因，对于单级循环 LNG 进口温度 −160.7℃，出口温度 −43.52℃，冷凝器中冷热流体匹配较差，㶲损失较大；采用了多级循环，降低了换热器平均换热温度，由冷凝器导致的㶲损失明显减小。

三级循环中，冷热流体在冷凝器的初始点的换热温差依然很大，超过 70℃。但与单级系统 37.03℃对数平均换热温差相比，H-4 的对数平均换热温差最大为 23.03℃，H-6 次之为 19.01℃，H-5 最小为 10.73℃。工质与 LNG 曲线匹配度的改善减小了传热不可逆损失，提高了循环冷㶲效率。

而对于整个发电系统而言，除包括工质循环系统有功的输出和输入外，还包括热源海水泵耗功 W_{ps} 和 LNG 泵耗功 W_{pL}，计算得 W_{ps} 和 W_{ps} 分别为 5.14kW 和 8.27kW。这样根据

$$W_{net}=W_t-W_p-W_{ps}-W_{ps}$$

可计算出整个发电系统净输出功为152. 97kW，即使考虑5%的发电机机械损失，系统净发电量仍能达到145kW·h/t（LNG），与某直接膨胀联合循环的实际冷能发电工程45kW·h/t（LNG）的发电量相比，该系统净发电量有大幅提高。

整个低温动力系统的冷㶲回收率表示为

$$\eta_{e_x\text{-}net}=W_{net}/\sum(e_{x,c})_i$$

计算发现以LNG为冷源构建低温朗肯循环发电系统，整个系统的冷㶲回收率为33.55%。为了提高LNG冷能利用发电效率，有必要针对系统㶲损失的关键部位展开分析，通过系统优化，降低换热器尤其是冷凝器㶲损失，以提高系统的㶲效率。

思考题

1. 什么是㶲？简述一下物理㶲和化学㶲的类型。

2. 什么是㶲损失？请写出稳定流动系统的㶲平衡方程。

3. 能量系统的㶲分析模型有哪些？

4. 在研究化学㶲时，我们所说的环境化学平衡的基准，这一准则有哪些特点与要求？

5. 如何计算能量系统中的㶲效率？它如何帮助我们评估能量系统的性能？

6. 请你结合本章的学习，简述一下优化能量系统的设计和运行以提高能量利用效率的方法。

第7章

LNG安全管理

7.1 LNG加气站安全管理规定

（1）安全教育

充装站的工作人员上岗前必须经过安全教育。

1）一级安全教育

是本单位生产设施范围内的教育，由技术负责人执行。安全教育的主要内容如下：

① 以《安全生产法》《危险化学品安全管理条例》《特种设备安全监察条例》等法律法规为重点内容，进行生产、安全管理制度等方面的教育。

② 通过事故案例进行安全生产正、反两方面的经验教训教育。

③ 进行消防、防泄漏、防火、防爆等应急事故处理程序基本知识的教育。

④ 其他有关安全教育。

2）二级安全教育

是指各岗位针对本专业系统的特点进行有关规章制度等方面的教育，由充装站安全员负责执行。

3）三级安全教育

是班组内部的安全教育。当新工人上岗前，由班长对其进行岗位各种规章制度、操作规程、工艺等知识的学习和培训。

4）其他

对新工人和外来人员的安全教育充装站技术负责人和安全员应进行如下内容的安全教育：

① 本单位的各项安全规定。

② 各类应急事故报警信号的识别。

③ 消防设施的分布、实用知识和安全注意事项，应急事故部署及相关要求。

（2）安全生产

① 车用气瓶充装站的设备与管线，必须严格按照操作规程进行操作，不允许超温、超

压、超装、超负荷运行。

② 厂区内不得堆放易燃、易爆物品，要经常清理罐区内的杂草，杂物。

③ 厂区严禁烟火，任何人不得带火种、穿带钉的鞋进入罐区。运行人员应穿防静电服（或棉纺工作服）导电鞋，不准穿化纤服装。

④ 储气瓶组、储气井及工艺管线应定期排污，冬季每班至少一次，防止管线冻堵。

⑤ 要搞好压缩天然气设备管线的密封工作，一旦发现泄漏，必须立即采取措施。在不能制止泄漏的情况下，必须紧急切断电源，禁止车辆在危险区域通行，以防事故的发生与蔓延。

⑥ 压缩天然气设备管线的安全附件要配置齐全，如安全阀、液位计、压力表、温度计、液位报警器、降温设施等，并要按期检验，保证安全、准确、可靠。

⑦ 要认真做好工作人员的安全教育和技术培训工作，提高工作人员的技术素质。对各岗位要进行应急措施教育和定期模拟事故演习工作。凡从事液化石油气工作的专业人员，应持证上岗。

⑧ 要建立考核档案，考核不合格者不准上岗。

(3) 安全检查

通过安全检查发现问题，查处隐患，采取有效的措施，堵住漏洞。

1）安全检查依据

① 贯彻、落实国家法律法规及地方政府部门的条例和安全工作指示精神。

② 充装站安全检查相关制度。

2）安全检查形式

① 接受地方政府和职能部门的安全督导。

② 充装站自行组织的安全检查。

3）安全检查计划

① 为落实国家法律法规，地方政府和有关职能部门的安全工作指示进行的安全检查工作，根据落实工作的需要进行安全检查。

② 充装站安全工作自检自查次数每月一次。

③ 安全员监督日常产品活动及服务、环境保护、安全的符合性。

4）安全检查人员组成

① 重要安全检查，由地方政府职能部门有关专业技术人员参加。

② 专项安全检查，由本单位负责人参加，组成安全检查小组。

③ 一般安全检查，员工日常的安全巡视检查。

5）安全检查内容

由技术负责人组织安全员及班长参加的安全检查例会，其检查内容如下：

① 查思想。检查操作者“安全第一”“预防为主”的思想树立得牢不牢，对安全生产的认识是否正确；工作责任心是否强。

② 查制度。查各项安全生产制度是否健全落实，查各项制度的执行情况，查各种设备的操作者是否按操作规定进行操作，查各级有没有违章指挥，查有没有违纪现象。

③ 查设备。查各种设备是否处于良好状态、有没有事故隐患，查设备的运转及工作记录是否填写清楚、齐全，查保养周期是否按要求执行。

④ 查操作行为。查操作者是否文明生产，查操作设备是否用科学的态度进行操作，

查有没有不科学的蛮干现象，查在操作设备或保养检修过程中使用的工具是否符合安全要求。

⑤ 查安全消防设备的管理。检查消防泵是否处于良好状态、查喷淋系统、气体报警系统是否良好，查各种灭火机的使用保养情况，查消防水龙带、消防枪是否齐全。

⑥ 卫生检查：查工业卫生、各静/动设备、操作场地是否整洁，且无油污、无棉纱等杂物。

6）问题分析和整改

① 安全检查结束后，检查小组对被检部位进行讲评，对安全隐患风险进行评估，提出整改建议。

② 在限定时间内整改，对一时无法解决的问题，应及时地向上级主管部门写出书面汇报，并做好记录备查。

③ 隐患整改内容，作为下次安全检查工作重点，进行再次安全检查。

④ 安全员做好上级部门、地方职能部门对本单位的安全检查内容及结果的记录。

⑤ 对查出问题要限期整改，对安全工作抓得好的班组和个人给予奖励，对做得差的要按考核办法酌情处理。

（4）用户信息反馈制度

① 为收集广大客户对本单位产品、服务的信息，提高客户满意率，提升产品、服务质量，特制定本制度。

② 本单位由专人负责收集、分析客户反馈的信息，提出产品、服务过程中需要完善和整改的意见。

③ 客户信息的收集可通过面谈、信函、电话、传真等形式。

④ 对于客户提出的合理意见或建议，由相关负责人进行解答、记录、收集。对暂时无法解答的问题，要详细记录并尽快与有关人员进行研究后给客户予以答复。

⑤ 相关人员要定期对客户的意见进行回访。

⑥ 客户信息收集负责人要对每年的客户意见进行总结，提出下阶段整改措施，持续改进产品和服务质量。

（5）压力容器（含液化气体罐车，下同）、压力管道等特种设备的使用管理以及定期检验制度

① 技术负责人负责压力容器、压力管道的安全管理工作。

② 各部门应当严格执行《特种设备安全监察条例》和有关安全生产的法律、行政法规的规定，保证特种设备的安全使用。

③ 本单位购买压力容器或进行压力容器工程招标时，选择具有相应资质的压力容器、压力管道设计、制造（或组焊）单位。

④ 特种设备在投入使用前按规定到特种设备安全监督管理部门登记。登记标志应当置于或者附着于该特种设备的显著位置。

⑤ 特种设备投入使用后，应按照相关部门规定的定期检验周期进行定期检验，定期检验的时间应在检验周期到期前三个月内进行，严禁使用未及时进行定期检验的设备。

⑥ 应当建立特种设备安全技术档案。安全技术档案应当包括以下内容：

a. 特种设备的设计文件、制造单位基本情况、产品质量合格证明、使用维护说明等文件以及安装技术文件和资料；

b. 特种设备的定期检验和定期自行检查的记录；

c. 特种设备的日常使用状况记录；

d. 特种设备及其安全附件、安全保护装置、测量调控装置及有关附属仪器仪表的日常维护保养记录；

e. 特种设备运行故障和事故记录。

⑦ 在用特种设备应当进行经常性日常维护保养，每月进行一次自行检查，并作出记录。进行自行检查和日常维护保养时发现异常情况的，应当及时处理。

⑧ 特种设备使用部门应当对在用特种设备的安全附件、安全保护装置、测量调控装置及有关附属仪器仪表进行定期校验、检修，并作出记录。未经定期检验或者检验不合格的特种设备，不得继续使用。

⑨ 特种设备作业人员在作业中应当严格执行特种设备的操作规程和有关的安全规章制度。

⑩ 每天必须对各种安全装置进行一次巡回检查（包括安全阀、压力表、液面计、温度计、接管头、液泵、人孔、管道等），看其性能是否正常或有无泄漏和损伤等，发现问题及时作妥善处理。

⑪ 各种管道应根据情况做好防锈工作，颜色必须符合规定。管道支架应稳定可靠，不应超重，不应架设电缆、电线，不应兼作其他用途。

⑫ 应根据容器的技术性能制定容器安全操作规程，并要严格执行。受压容器发生下列异常现象之一时，应立即停止使用并及时报告上级部门。

a. 容器工作压力、介质温度超过许可值，采取措施后仍不下降。

b. 容器的主要受压元件发生裂缝、鼓包、变形、泄漏等缺陷危及安全。

c. 安全附件失效，接管端断裂，紧固体损坏难以保证安全运行。

⑬ 液化气体罐车的使用管理以及定期检验应符合《液化气体汽车罐车安全监察规程》的规定。

（6）计量器具与仪器仪表校验制度

1）安全阀定期校验制度

① 安全阀应每年校验一次。

② 安全阀经过校验后，应加铅封，并做好记录存入档案。

③ 安全阀的校验应在有相关资质的校验机构进行。

④ 为使安全阀动作灵活可靠和密封性良好，应加强对安全阀的日常维护和检查。

2）压力表定期检定制度

① 压力表每半年至少检定一次，检定后的压力表应有检定标签和检定报告。检定资料应存入技术档案。

② 未经检定的压力表不允许安装使用。

③ 压力表表盘应保持清洁，表盘上的玻璃要明亮，表内指针指示压力要清楚易见并在压力表的表盘上以红线的形式标识出设备的最高工作压力。

3）计量仪器检定制度

① 严格执行国家计量法规和加气站有关规定，准确计量，严禁弄虚作假。

② 严格按衡器的使用要求精心操作，专用衡器未经允许不得挪做它用。

③ 新购置衡器，必须有产品合格证等证件，投入使用前用标准砝码进行校验。证件不

全或检定不准不得使用。

④ 为保证计量准确，衡器须每半年送计量部门检定一次，对计量部门所打铅封应注意保护，未经同意，不得私自启封，检验资料存档。

⑤ 在使用过程中如发生计量失准，经调整仍不可靠时，应停止使用，并报技术负责人及时送计量部门检修。

（7）资料保管制度

① 压缩天然气站设备档案由安全员负责整理和保管。

② 设备档案和资料仅供有关人员查阅，不得外借。

③ 设备档案的基本内容：

a. 设备开箱验收的装箱单及开箱验收清单、出厂合格证、开箱验收证明书及其随机文件。

b. 设备安装、试车、验收记录及合格证。基础图、电器接线图、地下管道和有关隐蔽工程图。

c. 设备投产时移交使用部门的设备附件的清单，设备维修保养和操作技术规程，设备润滑卡片等。

d. 设备历次检验保养、修理记录，在修理记录及完工验收记录。

e. 设备故障及事故记录。

f. 设备封存、启用、更新改造及报废的申请及审批文件等。

④ 气瓶档案。气瓶档案内容至少包括：气瓶合格证、监检证书、定期检验报告等。

⑤ 特种设备档案内容：

a. 特种设备的设计文件、制造单位、产品质量合格证明、使用维护说明等文件以及安装技术文件和资料。

b. 特种设备的定期检验和定期自行检查的记录。

c. 特种设备的日常使用记录。

d. 特种设备及其安全附件、安全保护装置、测量调控及有关附属仪器仪表的日常维护保养记录。

e. 特种设备运行故障和事故记录等。

⑥ 充装资料保管内容：

a. 充装前、后检查和充装记录；

b. 收发瓶记录；

c. 新瓶和检验后首次投入使用气瓶的抽真空置换记录；

d. 不合格气瓶隔离处理记录；

e. 质量信息反馈记录；

f. 设备运行、检修和安全检查等记录；

g. 安全培训记录。

（8）不合格气瓶处理制度

1）不合格气瓶的种类和判定标准

不合格气瓶的种类很多，常见的有以下几种：

① 爆炸过的气瓶，即爆炸残片。

② 破裂了的气瓶。

③ 挤扁、变形、有凹陷的气瓶。

④ 表面出现了明显裂纹的气瓶。

⑤ 内部出现了严重腐蚀或腐蚀穿孔的气瓶。

⑥ 漏气或几乎没有剩余压力的气瓶。

⑦ 超过使用寿命或者标准期限的气瓶。

2）不合格气瓶的处理方法

不合格气瓶必须经过处理，下面介绍几种常见的处理方式：

① 爆破处理法。对于已经爆炸或者破裂严重的气瓶，采用爆破处理的方法。爆炸残片应该全部收集并送到规定地点处理，不能任意扔弃。

② 切割法。对于表面出现明显损伤的气瓶，应该采用切割法进行处理。切割后的瓶体必须完全报废。

③ 浸泡处理法。对于出现腐蚀或者腐蚀穿孔的气瓶，应该采用浸泡处理法。将气瓶浸泡在盐酸或其他化学处理液中，使其内部和外表面的腐蚀物质完全溶解，再进行处理。

④ 再利用法。在不影响安全的前提下，可以重新利用质量合格的气瓶。但在再利用之前，必须进行彻底的检验和鉴定，并得到官方机构的授权。

3）不合格气瓶的处理流程

不合格气瓶的处理流程应该如下：

① 发现不合格气瓶后，应该及时通知相关负责人进行处理。这个过程中需要考虑安全因素，尽量避免不必要的损失。

② 根据不合格气瓶的类型和状态，决定采用何种处理方法。对于处理过程中产生的残留物质，要根据国家和地方的规定进行处理和处置。

③ 处理完毕后，要对处理过程进行记录，并对处理结果进行质量评估和安全评估。评估结果要经过相关部门审核和批准。

④ 处理结束后，要及时报告有关部门并进行后续的监测和维护如果重新利用，应该做好相关记录和标识，方便查找和管理。

（9）人员培训考核制度

① 特种作业人员（气瓶充装人员、压力容器操作人员）必须按规定接受专业性安全技术教育和培训，考试合格取得特种设备作业人员证后，方可从事作业。

② 新工艺、新设备投用前，由技术负责人写出新的安全操作规程，对岗位有关人员进行专门教育，并经考试合格后，方可独立操作。

③ 加强教育，提高思想觉悟，使全站人员高度重视压缩天然气站工作岗位的重要性。

④ 凡新职工必须经安全教育，并考试合格，方可进入生产岗位工作和学习。安全教育考核情况要填写在安全教育卡片上，建立安全教育档案。

⑤ 对脱离操作岗位（如产假、病假、学习、外借等）6 个月以上重返岗位的操作者，应进行岗位复工教育。

⑥ 临时工进岗位前必须经过安全和技术培训，经考试合格后方可上岗。

（10）用户宣传教育及服务制度

①对用户、气瓶使用者进行液化石油气安全使用宣传教育，提供服务，是气瓶充装站的义务。

② 通过不同形式向用户宣传正确使用压缩天然气常识。

③ 对新开户车辆发放压缩天然气用户使用注意事项。

④ 加气时做到热情服务，微笑服务，使用文明用语。

（11）事故上报制度

① 充装过程中发生事故，应当按照事故应急救援预案，迅速采取有效措施，组织抢救，防止事故扩大，减少人员伤亡和财产损失，并按照国家有关规定，及时、如实地向负有安全生产监督管理职责的部门和特种设备安全监督管理部门等有关部门报告。不得隐瞒不报、谎报或者拖延不报。

② 事故报告的内容。

事故报告的内容一般包括：事故发生的时间、地点、单位及企业性质；事故简要经过，伤亡人数、直接经济损失的初步估算；事故原因的初步判断；事故发生后采取的措施事故控制情况；事故报告单位及报告人。

③ 事故报告办法。

a. 轻伤事故：当发生轻伤事故后，应由负伤者或事故现场有关人员，将事故发生的时间、地点、经过、原因等，立即报告处理，由经理在当日（或当班）下班前报告当地安全生产管理部门。

b. 重伤事故：当发生重伤事故后，负伤者或事故现场有关人员应当立即或逐级报告公司负责人。负责人接到事故报告后，应当立即用快速办法（最迟不超过24小时）报告当地安全主管部门及有关部门。

c. 死亡和重大死亡事故：当发生死亡事故和重大死亡事故后，负伤者或事故现场有关人员应当立即或逐级报告公司负责人。负责人接到报告后，应当立即报告所在地的安全监督、质量监督等有关部门。

④ 事故发生后，必须做到“三不放过”，即事故原因查找和分析不清不放过；事故责任者与群众未受教育不放过；没有制定出具体纠正措施不放过，认真总结，吸取教训并作好记录。

（12）站内动火管理制度

① 对动火部位的隔绝和消除。

a. 首先要详细检查动火位置周围的各阀门、法兰等密封点是否泄漏，并采取措施消除动火点周围环境的易燃物质。

b. 对机电传动设备应采取隔绝措施。电源拉下电闸并挂牌禁止启动或专人监守。

c. 动火现场易燃物质应清除，对阴沟、凹坑处应仔细检查并予以隔绝。

d. 提出动火申请，经有关部门批准方可进行动火操作。

②动火人员必须严格执行动火的各项防范措施，做到“三不动火”，即未制定动火方案不动火；动火申请未批准不动火；防火措施未逐项落实不动火。

（13）防雷电、静电管理制度

为了有效预防和控制静电的产生对生产和人员的危害，防止因静电发生事故，特制定如下措施：

① 每年要由防雷、防静电专业检测部门对本单位的防雷、防静电设施进行检测，检测合格后方可投入使用。

② 进入储罐及防火区域的所有工作人员，必须穿戴防静电工作服和工作鞋。

③ 进入罐区前先手握人体消除静电装置消除静电。

④ 在储罐区进行维修及其他作业时，严禁使用铁制工具敲打，必须使用防爆工具。

⑤ 对设备及管线的跨接线、接地电阻，由充装站相关人员定期检查。

⑥ 进入充装站进行装卸操作的车辆在工作前应连接防静电导线。

⑦ 在开启阀门时应做到缓慢开启。

⑧ 禁止使用汽油等可燃介质清洗设备、工具和清洗衣服。

⑨ 液化石油气充装间和库房应采用不发火花地面。

（14）事故应急救援预案演练制度

1）目的

提高应急反应人员以及所有相关人员的技术水平与反应队伍的整体能力，以便在事故应急、逃生及救援行动中，达到快速、有序、有效的效果。

2）宣传与培训

① 应急培训可通过图书、报刊、音像制品、电子出版物、网络等形式广泛宣传各种危机管理预案、应急法律法规和预防、避险、自救互救等常识，增强忧患意识、社会责任意识和自救互救能力。

② 培训必须标明“做什么”“怎么做”“谁来做”，并在培训方案中指明应急预案和相关法律法规所列出的事故危险和应急责任，保证提供每个应急角色所需的培训。

③ 培训方案的制定要指派经验丰富的人员执行，并有专人负责管理培训方案，开发新培训内容，评价培训的充分性。

④ 全体员工都应接受应急培训，并做好相关记录。

3）应急培训的内容

应急培训分为基本应急培训和特殊应急培训。

① 基本应急培训：参与应急行动的所有人员进行的最低程度的应急培训。包括：如何识别危险、如何采取必要的应急措施、如何启动紧急报警装置、如何逃生及如何安全疏散人员等。

② 特殊应急培训：包括针对接触化学品、病原体感染、油气泄漏等事故危害的应急培训。

4）应急演练

① 应急演练频次应根据本单位的实际情况确定，但每年不应少于2次。

② 能够实地模拟应急处理过程的演练，按照相应的应急处理程序，以接近实战形式模拟进行；对无法接近实战模拟进行的应急演练，可以通过“桌面方式”按照应急程序进行演练，并记录好相应过程。

③ 应急演练的要求：

a. 年度应急演练计划，如无特殊情况，应按照计划组织实施。

b. 演习时，组织者应考虑周全，制定合理的应急演习实施方案，经认真评估后再组织实施，确保演习过程人员和财产安全。

c. 演习之前可通知或不通知有关人员，相关人员都应以实战的精神参加演习。

d. 演习过程中，组织者应安排人员对演习过程的有关情况进行记录。

e. 演习结束后，要注重总结，积累应急救助的经验，找出演习过程中存在的具体问题，及时予以纠正，从而提高处理应急事故的水平。

f. 在演习过程中如发现制定的应急处理程序存在缺乏可操作性和实用性等问题，应及时组织修订完善。

（15）接受安全监察的管理制度

① 充装站应严格执行《中华人民共和国国家安全法》《特种设备安全监察条例》《气瓶充装许可规则》《车用气瓶安全技术监察规程》等的要求，积极配合安全部门、特种设备安全监督管理部门实施的安全监察工作。

② 充装站接受质量技术监督部门监督检查、年检时，应根据相关部门检查记录上记明的问题、隐患认真制定整改措施，及时进行整改，并将整改结果上报相关检查部门。

③ 安全员应按照有关规定要求定期向特种设备安全监督管理部门上报特种设备的数量、检验检测情况等数据。

④ 发生事故后，除了迅速采取有效措施，组织抢救，防止事故扩大，减少人员伤亡和财产损失，并按照国家有关规定，及时、如实地向有关部门进行报告。

（16）设备管理制度

1）设备使用管理

① 贯彻执行国家和本单位有关设备管理方针、政策及相关规定，结合本站实际，为确保生产正常进行，防止人身、设备事故的发生，延长设备的使用寿命和大修周期，降低备件消耗，减少维修费用，特制定本规定。

② 设备使用规程应根据设备的性能参数和生产工艺的要求，制定正确使用方法。操作者必须严格贯彻执行。

③ 设备的操作者必须经相关部门培训。新上岗的操作人员，必须经培训和考核后，方可操作。不合格者，不得单独操作设备。

④ 设备启动前，必须按使用规程的规定进行检查。发现有不正常的现象应立即报告现场管理人员或值班领导，严禁带问题操作。

⑤ 设备在启动或运转过程中，应注意检查（闻、听、看、感触）是否有不正常的现象，如发现异常情况时，为保证人员和设备安全，必须立即停车。

⑥ 使用过程中的设备与人身安全的注意事项：

a. 任何人未经批准不得随意取消或改变安全装置；

b. 任何人未经批准不得改变设备结构；

c. 设备在运行中如发现故障，应立即组织处理，处理完成后应详细检查，一切正常后，方可开车；

d. 应保持设备和区域内的整洁；

e. 其他不安全因素也要注意防范。

⑦ 如发生下列情况应及时将设备使用规程修改和完善：

a. 生产工艺发生改变时；

b. 操作人员如发现规程有误或不完善之处；

c. 出现其他影响操作使用的因素。

⑧ 运行班长必须组织本班人员学习贯彻执行设备使用规程。安全员负责监督检查设备使用规程的执行情况。

⑨ 设备操作人员应及时记录设备的负荷、温度等因素，掌握设备运行规律，以便对该设备及时进行维护检修，避免设备事故的发生。

⑩ 设备在运行中出现不正常现象，必须随时记录，记录的数据要准确、清楚、完整。

⑪ 每月由站领导组织对设备进行一次综合性自检自查，发现问题落实到人，及时处理。

2）设备维护管理

① 设备维护工作应贯彻预防为主的原则，把设备故障消灭在萌芽状态，防止设备事故的发生，延长设备使用寿命和检修周期，保证设备的安全运行，为生产提供最佳状态的生产设备。

② 设备维护工作重点，体现在提高维修工作质量，减少故障停机时间，提高设备作业率。

③ 设备的维护要实行严格的岗位责任制，坚持定人、定机、定岗位的“三定”原则。

④ 操作人员在设备日常维护工作中要达到“四懂三会”（即：懂性能、懂原理、懂结构、懂用途和会操作、会保养、会排除故障），必须做到“十字作业”（即紧固、清洁、润滑、调整、防腐）。

⑤ 维护保养责任者有下列职责：

a. 严格按设备使用规程的规定，正确使用好操作的设备，不超负荷使用；

b. 定期检查设备，连接螺栓松动，要及时紧固，检查按规定须维护检查的必检部位，然后空负荷试车，检查各控制开关是否失灵，发现问题和异常现象，要停车检查，自己能处理的马上处理，不能处理的，及时报告处理；

c. 定期添加润滑油或润滑脂，定期换油；确保设备和工作场地的清洁卫生，无油垢、无脏物。

⑥ 设备维护保养工作应按设备使用说明书分类、分级进行。设备维护规程应根据生产发展工艺改进及设备装置水平的不断提高，进行修订和完善。

⑦ 操作、维修人员必须深入贯彻维护规程，维护期间要相互提醒、相互监督，并严格按维护规程执行。

3）电气设备管理

① 贯彻执行国家有关安全用电的法律法规，加大对电气设备管理力度，确保电气设备安全运行，保障安全生产。

② 建立和完善电气设施的防雷保护措施，由相关单位定期对防雷设施进行检测，以保持其性能良好。

③ 电气设备操作人员必须持证上岗，严禁无证人员进行电气设备操作。

④ 电气设备的操作人员应按规定使用安全用具进行操作，并保持安全距离，操作时必须执行监护制度。

⑤ 断电施工时必须在断电线路悬挂安全警示标志。

⑥ 如遇紧急情况，严重威胁设备或人身安全来不及向上级报告时，操作人员可先拉开有关设备的电源开关，但事后必须立即向上级报告。

⑦ 设备在维修检修期间，必须断电后方可进行其他操作。

（17）安全宣传制度

1）安全宣传目的

安全宣传是提高安全生产水平的重要手段，通过安全宣传不仅可以增强全体员工的安全意识，提升全员的安全素质；而且可以提高整个社会的安全意识，以减少安全事故的发生。

2）安全宣传方式

每年初制订年度安全宣传计划，而后分步实施。首先，对全体员工集中进行安全宣传教育，可采取专题讲座、典型案例讨论、班前班后会、安全宣传材料等方式，把安全融入每名员工的一言一行和实际工作中，营造出良好的安全生产氛围。其次，采取发放安全宣传材料、典型事故案例展览、现场安全宣传解疑释惑等方式进行广泛的社会安全宣传。

3）安全宣传教育内容

按照全站年度安全教育计划，组织实施新职工入职安全教育。

① 全站安全宣传的主要内容：

a. 全站的生产形势和安全生产情况，有关法律法规及安全生产的重要意义；

b. 安全生产特点，危害因素及特殊危险区域分布情况；

c. 安全禁令及安全规章制定等；

d. 相关安全生产事故案例；

e. 天然气安全知识；

f. 安全卫生技术常识和事故发生的主要原因及预防方法。

教育的重点是各种安全规章制度、特点、安全运营的基本要求、防火、防爆、防尘、防毒知识及急救常识、安全生产正反两方面的经验教训等；教育时间每人不少于8学时；受教人员经考试合格后持证上岗。

② 安全员安全宣传教育的主要内容：

a. 了解本站的安全生产情况，职能范围、业务流程及对生产经营的安全管理作用；

b. 应重点学习相关的安全生产法律法规、操作规程、生产工艺流程及工艺操作；

c. 学习本站的安全生产三项制度，总结安全生产方面的经验教训，并在站长的领导下具体组织好突发事故应急演练。

教育重点是本站预防事故的措施及安全生产三项制度，常用劳动保护用品、消防器材的使用方法。教育时间每人每年不少于16学时，经考试合格后持证上岗；不及格者应补考，补考不及格者一律转岗。

③ 班组安全教育的主要内容：

a. 了解本岗位的任务和作用、生产特点、生产设备和安全措施；

b. 了解本岗位的安全生产规章制度和安全操作规程；

c. 掌握本岗位保护器材及消防设施的具体使用方法；

d. 了解本岗位发生过的事故和教训；

e. 了解处理危险情况应采取的紧急措施。

教育重点是本岗位的安全生产制度、岗位生产特点、岗位操作方法、安全措施、工具、器具及个人防护用品的使用方法，本岗位曾发生过的事故及其教训、劳动纪律等。教育时间每人每年不少于16学时，经考试合格后，在指定师傅的带领下参加操作，未经许可，不得擅自独立操作。受教育率必须达到100%，因故未受教育者必须补课。

④ 特种作业安全宣传教育的主要内容：对接触危险性较大的特种作业人员，应进行安全技术知识教育。特种作业人员必须通过脱产、半脱产培训，并经严格考核合格，取得职能管理部门颁发的操作证后，方准上岗操作，培训每年最少一次。特种作业人员包括：电工、焊工（包括气割）；计量检定员；压力容器、压力管道操作工；驾驶员等。对特种作业人员的培训考核，应按国家有关部门规定执行，取得国家认可的资格证书和公司上岗证后，方可

上岗。

⑤ 日常的安全宣传教育在日常生产过程中，应进行经常性的安全教育，包括班前布置、班中检查、班后总结，使安全教育格式化。重点设备或装置大修，应在停车前、检修前和开车前进行专门安全教育。对重大的危险性作业，作业前施工部门和专职安全员必须按预定的安全措施和要求对施工人员进行安全教育，否则不能作业。

4）安全宣传教育考核

为保证安全宣传教育质量，安全教育纳入统一计划考核管理。按年、季计划进行考核或评估，并及时进行总结，考核考评结果记入档案。

5）“三不放过”

按事故原因不清不放过，事故责任者和群众没有受到教育不放过，没有防范措施不放过的原则予以处理。

6）事故处理后原则

视情况，尽快做出恢复生产方案，把损失减少到最小。

7.2 LNG 接收站安全管理规定

7.2.1 安全管理规定

（1）基本要求

① 本规定所称 LNG 接收站是指采用全容式预应力混凝土储罐进行 LNG 储存的接收站，范围包括 LNG 码头和 LNG 接收站。采用其他罐型的 LNG 接收站可参照执行。

② LNG 接收站新建、改建、扩建工程应符合《液化天然气（LNG）生产、储存和装运》（GB/T 20368—2021）、《液化天然气设备与安装 陆上装置设计》（GB/T 22724—2022）、《液化天然气设备与安装 船岸界面》（GB/T 24963—2019）、《液化天然气接收站技术规范》（SY/T 6711—2014）和《液化天然气码头设计规范》（JTS 165—5—2021）等国家和行业有关标准。

（2）组织与职责

① 液化天然气有限责任公司应成立安全生产管理委员会和安全管理机构，配备专职安全生产管理人员，设置兼职班组安全员，并按公司《安全生产责任制》要求履行安全职责。

② LNG 接收站应建立健全并严格落实全员安全生产责任制，严格执行领导带班值班制度。

（3）安全管理

1）基本要求

① LNG 接收站应按危险化学品企业安全生产监督管理要求和中国石化安全管理制度要求，建立健全安全生产管理制度。

② LNG 接收站应实施过程安全管理。

③ LNG 接收站应按照一级重大危险源安全监管要求，进行重大危险源的辨识、安全评估和分级、登记建档和备案工作。

2）过程安全管理

① 建立安全生产信息管理制度。全面收集生产过程中的化学品、工艺和设备等方面的安全生产信息，并将其文件化。

② 建立风险管理制度。按照《危险化学品企业事故隐患排查治理实施导则》要求排查治理隐患。定期开展危险与可操作性（HAZOP）分析和定量风险评价。

③ 建立危险作业许可制度。规范动火、进入受限空间、高处、吊装、临时用电、动土、检维修、盲板抽堵等特殊作业安全条件和审批程序。

④ 建立变更管理制度。对接收站内工艺技术、设备设施和管理的变更进行管理，包括风险评估、资料更新和培训等。

⑤ 建立操作规程管理制度和程序。主要包括：

a. 开车、正常操作、临时操作、应急操作、正常停车和紧急停车的操作步骤与安全操作程序。

b. 交接班程序和接收站设备设施巡检程序。

c. LNG 船舶安全靠离泊和卸船程序。

d. 各工艺设备冷却安全操作程序和吹扫置换安全操作程序。

e. 锁定阀门管理程序。对锁定阀门进行锁定、挂牌、登记和定期检查。对需要临时改变位置的，应进行管理和控制。

3）岗位取证管理

① LNG 接收站应建立岗位取证管理制度，包括取证培训、证书保存、证书更新等。

② LNG 接收站主管领导和安全管理人员应取得安全资格证书。LNG 码头管理人员应按相关要求取得港口设施保安证。

③ 操作人员应取得油气消防证、压力容器操作证、压力管道操作证、危险货物运输岸上作业人员上岗证，并宜取得初级救护证。LNG 槽车充装人员还应取得移动式压力容器充装人员证。其他特殊工种应取得相应证书。

4）防火防爆管理

① LNG 接收站应严格执行《防火、防爆十大禁令》。

② 码头区、储罐区、工艺处理区、装车区、消防泵房、变配发电间、锅炉房等重点部位应按规定设置安全标志和警示牌。

③ 码头区、储罐区、工艺处理区、装车区等作业场所应按规范设置可燃气体报警器和（或）低温探头，并定期检测标定。

④ 进入生产区的电瓶车应为防爆型，其他车辆应佩戴有效的防火罩。未经批准的机动车辆严禁进入生产区域。

⑤ LNG 槽车应按接收站规定路线行驶，不准在站内随意停放和修理。严禁 LNG 槽车在接收站内进行压力排放。

⑥ LNG 码头执行入口控制，并有明确标示。未经许可的人员禁止进入码头区；经许可的非码头工作人员进入、离开码头时，应由码头工作人员陪同。

5）安全设施管理

① LNG 接收站应按照《安全设施管理规定》的要求和安全设施分类，建立安全设施档案、台账，定期对安全设施的使用、维修、保养和校验情况进行专业性检查。

② LNG 接收站应建立安全设施禁用审批制度，执行安全设施更新、校验、检修、停用

(或临时停用)、拆除、报废申报程序。未经批准，严禁擅自拆除、停用安全设施。

③ LNG 接收站应建立安全联锁管理制度，严禁擅自摘除安全联锁系统进行生产。确需摘除，应经接收站管理单位主管领导审查和批准，同时制定相应的保护措施并派专人负责。

（4）设备安全运行管理

1）基本要求

① LNG 接收站设备应根据“谁使用、谁维护”的原则，实行“定人员、定设备、定责任、定目标”管理。

② 建立设备技术档案，其主要内容包括建造竣工资料、检测报告、技术参数、维修记录等；建立设备安全技术操作规程、巡检记录，制订检维修计划等。

③ LNG 管道和设备在正常运行阶段应处于保冷状态。

2）码头卸料系统

① 在确定 LNG 船舶前，应确认船岸兼容。船岸兼容的调查问题参见《液化天然气码头操作规程》（SY/T 6929—2012）。

② 船岸间应采用绝缘法兰等设施进行绝缘，不得采用船岸跨接。每年应对绝缘设施的绝缘性能进行测试。

③ LNG 船舶应当在白天进行靠离泊作业。需要夜间靠离泊作业时应进行安全评估，紧急情况下应得到相关部门的批准。

④ LNG 船舶安全作业条件应按《LNG 船舶作业条件标准》执行。当风速或波高超过规定的系泊标准限值时，LNG 船舶应紧急离泊。

⑤ LNG 船舶抵达前，应按《接船前岸上检查表》进行安全检查，确保码头设施完好。靠泊前，应停止码头的所有维修作业。

⑥ LNG 船舶靠泊后，由船舶代理陪同海关、边防检查、海事及检验检疫等政府相关口岸部门上船依法进行联检。检查合格后，相关方人员方可登船作业。

⑦ 船岸双方代表应根据《船岸安全检查表》进行联合安全检查。船岸双方应交换《船岸安全检查表》，并且经双方确认后，方可进行接卸作业。

⑧ 卸船作业安全管理。

a. 卸船前应具备以下安全条件：

一是完成卸料前会议，落实船岸安全检查结果。

二是完成卸料臂气密性试验和氮气吹扫，含氧量测试合格。

三是进行多点相互通信检查，并完成卸料系统热态和冷态紧急关断测试，相关关断阀门在规定的时间内可全部关闭。

四是船岸间的所有连接以及安全装置完成检查测试。

五是卸料臂旋转接头内有氮气流动，防止其冻结。

六是整个卸船系统（包括卸料臂）已按要求完成预冷。

b. 卸船作业期间应具备以下安全条件：

一是其他通行船舶与 LNG 船舶的净距不应小于 200m。LNG 船舶装卸作业时应有 1 艘警戒船在附近水面值守，并且应有 1 艘消防船或消拖两用船在旁监护。

二是码头禁止车辆通行，禁止向 LNG 船舶补给生活用品。

三是禁止船舶热工作业，包括主副机吊缸作业、锅炉检修作业、焊接等明火作业及敲铲油漆等。

四是预冷和卸船期间集管平台区域和卸料臂区域“禁止通行”；经许可进入的人员必须佩戴个体防护装备。

五是卸料流量在受控范围内。

六是靠泊辅助系统、缆绳张力监测系统和环境条件监测系统监控正常。LNG 运输船与岸上所用的天气预报时距不超过 12h。

⑨ 卸料臂、护舷、快速脱缆钩、辅助靠泊系统、水文气象系统、登船梯等码头设施应按操作维修手册进行检查及维护。

⑩ 每年对 LNG 码头、防浪堤、护岸以及海水取水口、工作船码头进行变形监测，监测数量根据相关要求确定。

3）储罐和低压输出系统

① LNG 储罐应设置液位、压力、温度、密度、结构监测、低压泵运转等监测项目和压力控制系统，并运行良好。

② 每台储罐应能通过中控室的紧急按钮或安全联锁触发，实现储罐紧急关断，低压泵和蒸发气（BOG）压缩机停机。

③ 储罐基础应保证不均匀沉降低于储罐承台的允许值。

④ 严格执行 LNG 储罐防翻滚程序。每座储罐应能通过液位-温度-密度（LTD）系统监测温度差和密度差。

⑤ 低压泵电气仪表线路套管应采用氮气密封保压。低压泵运行时氮气压力应能实现连续监控、报警并联锁停泵。

⑥ 在接收站没有卸料和零输出时，应启动一台低压泵进行保冷循环，并严格控制循环 LNG 温升。该泵应设置应急电源。

⑦ 建立 LNG 储罐基础沉降监测制度。前三年应对储罐桩基每半年监测 1 次，三年以后可根据实际情况调整监测周期。

⑧ 储罐压力保护系统检测应按国家的压力容器标准，由有资质的检测单位进行检测和维护。

4）蒸发气（BOG）回收及火炬处理系统

① BOG 压缩机开启数量和各自负荷应由接收站的运行模式和 LNG 处理状况决定，应避免在正常运行中放火炬。

② 再冷凝器应定期检查、检测和维护。应对再冷凝器液位、压力、出口饱和蒸气压等参数进行监控，确保再冷凝器安全平稳运行。

③ 火炬系统应维持微正压，吹扫气体量应保证火炬出口流速大于安全流速（速度型密封器吹扫气体流速为 0.012m/s），吹扫气体供给量应使用限流控板控制流量。

④ 不同火炬系统之间若需切换作业的，应保证管线等级满足安全要求，阀门处于正确的开关状态。火炬之间切换连通管线上应设置双切断阀，中间加盲板并配备必要的放空吹扫设施。

⑤ 对火炬分液罐液位、温度实施重点监测，应对加热器进行定期测试与检查，发生故障及时处理，防止分液罐液位过高。

⑥ 火炬系统长明灯应保持长燃，定期清洗长明灯喷嘴，定期对长明灯点火系统进行试验。

5）高压输出系统

① 高压泵电缆线路套管需要用氮气密封保压。氮气压力应能实现连续监控、报警并联

锁停泵。

② 气化系统应设置独立的自动关断系统，并对气化后天然气温度进行密切监控，防止进入外输系统的物料温度低于外输系统的设计温度。

③ 外输系统的高压保护系统或高压保护联锁应符合安全完整性等级要求。

④ 气化器海水取水口应连续加氯。海水泵吸水井应定期进行间歇冲击式加氯。海水管线应每年至少开盖检查 1 次海生物的滋生情况。

6）工艺管道系统

① 低温工艺管道投用前应按规定进行预冷。预冷过程必须控制冷却速率，管道变形和位移在设计范围之内。冷却后的工艺管线应保证一定的循环量保持冷态。严禁出现低温液体在未装设安全阀的管道中被阀门封闭的状况。

② 应定期检查管道保冷设施完好，管道保冷材料和阀门保冷材料无损坏、浸水。管道附件如固定、导向、限位支架和刚性吊架等无变形松动，弹簧吊架弹簧无失效，管托、支座合适，无变形损坏。

7）LNG 槽车装车系统

① 槽车装车区应与接收站相对独立，并设门禁系统。

② 槽车装车应采用装卸臂装车，装卸臂的低温旋转接头应通过低温测试，并采用氮气密封。

③ 槽车装车站台应设置静电接地控制器，装车时监测接地电阻，当槽车接地不良时，系统应能够报警并切断灌装作业。

④ 装车作业管理。

a. LNG 接收站在与 LNG 买方签订合同时，应明确 LNG 接收站、托运人和承运人的安全责任和安全管理职责。

b. LNG 槽车应办理槽车进站证，槽车司机及押运员应经接收站培训取证。

c. 应建立进站 LNG 槽车、司机、押运员备案制度。对驾驶证、押运员证、槽车使用证、准运证、危险品运输证、槽车定期检验报告及车牌照备案，建立台账并及时更新。

d. 应建立进站 LNG 槽车安全检查制度和装车安全检查表。经检查人员与押运员检查合格并签字后方可进站充装。

e. 槽车装车作业时应满足以下安全要求：

一是司机和操作人员应始终在现场值守；

二是液相臂和气相臂连接后应按规定进行氮气吹扫和连接法兰的泄漏测试；

三是严格按规定控制灌装量，做好灌装量复核、记录，严禁超温、超压；

四是装车后应经吹扫并关闭相关阀门后方可拆卸装车臂；

五是装卸现场不允许有点火源、手机及非防爆电气设备；装卸过程中，距装车台边缘 8m 内严禁其他类型的车辆行驶。

8）仪表自动化控制和安全联锁保护系统

① 制定仪表自动化控制系统的安全管理规程和仪表自动化控制系统失效应急响应方案。定期对仪表自动化控制和安全联锁系统进行检查维护和系统功能测试。

② 强检类仪器和仪表应按照国家要求，定期进行检定。生产过程检测仪表应定期进行检验，校验周期一般不超过 2 年。

③ 制定报警安全联锁装置和火气设备的测试、维护规程。报警安全联锁装置应每年进行1次功能测试，火气设备校验周期不超过1年。

④ 至少每年对控制阀和开关阀门进行测试、维护和校验，并做好记录。对于不能退出运行进行全关断测试的关键阀门，应设置局部关断测试功能，并定期进行阀门的局部关断测试。用于安全关断的开关阀门，在进行维护、配件更换时，应使用具有相应安全完整性等级（SIL）认证的配件。

（5）消防系统管理

1）基本要求

① LNG接收站应认真执行《消防安全管理规定》，设置专人负责消防管理工作，并确定防火责任人。

② LNG接收站按规定设置或配置消防站，人员持证上岗。

消防站内人员定岗定员、通信系统、消防车和个人基本防护装置可参考《消防安全管理规定》执行。

③ LNG接收站和码头消防设施的配备和布置应符合《石油天然气工程设计防火规范》（GB 50183—2015）、《液化天然气码头设计规范》（JTS 165—5—2021）、《液化天然气设备与安装 船岸界面》（GB/T 24963—2019）等标准的规定。

④ 码头泊位处应设置码头消防设备或设施的平面布置图，标明所有设备的位置和类型以及必要的使用方法和注意事项。

2）消防给水系统

① 海水消防泵应符合消防设计要求。海水消防泵应能根据消防水管压力自动启动。

② 站内淡水保压消防系统应全天候运行，因维修、保养、检测等原因停止运行时，应经LNG接收站负责人审批。

③ 海水消防泵及其他的金属构件应采用有效的防腐措施。海水系统的材质应能适应流体特性及地理环境。

④ 淡水保压泵应定期切换测试。消防泵每周试泵1次（不少于15min），定期润滑并做好记录。测试海水消防泵前，应改变出口流程，防止海水进入管网。一旦海水进入消防水管网，消防结束后应进行淡水置换。

⑤ 每半年应对最不利点消火栓水压进行1次实测，与设计不符合时应整改。

⑥ 消防给水泵房应明示流程图和操作程序说明，系统管路上有水流向标识。消防给水泵房操作人员应持证上岗。

3）泡沫和干粉灭火系统

① 高倍数泡沫站应明示流程图、操作程序说明，有泡沫液类型、泡沫液储量、有效期、责任人明示牌，系统管路上有泡沫流向标识；每日不少于1次巡查，并有记录。

② 定期检查罐区和码头区远控干粉灭火装置的氮气压力，确保满足使用要求。

③ 码头前沿消防水幕、码头工艺区和LNG储罐顶部设置的水喷雾系统每年定期检查和试用。喷淋阀宜每月测试1次。

④ 固定及半固定式灭火系统阀门、消防炮、消火栓应每季度检查保养1次，做到阀门完好，启闭灵活，消防炮转动灵活，无锈蚀，消火栓开启方便。

⑤ 定期巡查LNG泄漏收集渠道，确保收集渠道畅通，集液池无大量积水。集液泵和高

倍数泡沫系统工作正常。

4）灭火药剂及灭火器材

① 建立健全灭火药剂档案，其主要内容包括灭火药剂种类、数量及消防车添加和更换记录等。

② 泡沫灭火剂应储存在标准的储罐或仓库内，在保质期内不变质。干粉灭火剂的储存必须保证干燥，不结块；气体灭火剂的储存必须保证密闭性及其所要求的温度和压力。每年抽检 1 次泡沫和干粉质量。

③ 灭火器材的管理执行《消防安全管理规定》，应定人管理，定时检查、定点摆放、定人养护和定期换药，保证完好有效。

（6）电气安全管理

1）电气设备防爆管理

① 设置在爆炸危险区域内的电气设备、元器件及线路应满足该区域的防爆等级要求，其选型、安装、使用、维护和检查应符合《爆炸危险环境电力装置设计规范》（GB 50058—2014）、《危险场所电气防爆安全规范》（AQ 3009—2007）等标准要求。

② 防爆电气设备应进行竣工交接验收初始检查和运行期间连续监督及定期检查。初始检查和定期检查应委托具有防爆专业资质的安全生产检测检验机构进行。定期检查的时间间隔、检查内容和程序执行《危险场所电气防爆安全规范》（AQ 3009—2007）。

③ 电力设备应参照《电力设备预防性试验规程》（DL/T 596—2021）和预防性试验的项目、周期和要求，进行预防性试验。

2）防雷防静电管理

① LNG 接收站防雷、防静电的设施、装置应符合设计规范要求。管理单位应绘制防雷、防静电平面布置图，建立台账。

② 防雷接地系统应根据《建筑物雷电防护装置检测技术规范》（GB/T 21431—2023）进行检测。易燃易爆场所防雷防静电接地装置应每半年进行 1 次检测，并做好测试记录。

（7）职业健康管理

1）防低温伤害

① 有可能接触 LNG 的操作人员应配备防冻手套、防冻服装等劳动防护用品。应穿长袖工装，穿长裤及高筒鞋并把裤脚放在靴子外面。

② LNG 接收站应配备救护设备、救护品和急救员。

③ 低温环境作业时，作业人员应穿戴防冻服和防冻手套，必要时应佩戴面罩或头罩以及防寒耳罩。当防护服被 LNG 液体或蒸气附着后，穿用者在进入受限空间或点火源附近前应对其做通风处理。

④ 当皮肤接触到 LNG 时，应迅速浸入大量温水中（水温为 40～42℃），禁止使用热水。在皮肤温度恢复之前和之后都绝不可搓揉冻伤的部位。如果大面积冻伤，应脱去衣物用温水冲洗，并立即就医。

⑤ 当眼睛接触到 LNG 时，应立即用缓和的水流冲洗眼睛至少 15min，严禁使用热水。如仍感不适，立即就医治疗。

2）其他

进入蒸发气压缩机、海水泵、气化器、空压机等高噪声区域的人员应佩戴耳塞或耳罩，并应对上述高噪声区域的噪声程度进行定期检测。

（8）检维修安全管理

1）基本要求

① 严格执行《承包商HSB管理规定》。

② 检维修和施工前应编制安全计划，进行危害识别及风险评价，制定落实安全防范措施。

2）检维修安全管理

① 大型吊装作业应编制专门的吊装作业方案，并经过批准。吊装作业人员具有相应资格，作业时应将吊装区域隔离。

② 高处或临边作业应严格遵守《高处作业安全管理规定》，采取可靠的防坠落保护措施。

③ LNG储罐检维修和施工作业应编制专项施工方案。

④ 低压泵、高压泵、气化器、压缩机等设备和工艺管线维修前应按相关程序关停相关设备，进行物料及能源隔离、泄压、排放、吹扫。维修后投运需试压、测漏、吹扫、冷却、解隔离。对于高压管道，应采用带排放的双阀隔离或盲板隔离方法。

⑤ 对LNG接收站设备或管道采用气体试压时必须有施工单位技术总负责人批准的安全措施。

⑥ 管道维修后的压力气密试验、置换和干燥应按照《天然气管道运行规范》（SY/T 5922—2012）的规定执行。管道冷却应严格执行LNG管道预冷程序。

（9）应急管理和港口保安管理

1）应急管理

① LNG接收站应急预案管理、演练、培训和宣传教育以及应急队伍、物质、装备、信息和技术保障等应按《应急管理规定》要求执行。应急预案要与周边企业和地方政府的预案相互衔接，并按照规定报当地政府备案。

② LNG接收站应急预案包括LNG或天然气泄漏、火灾爆炸、恶劣天气（台风、地震、海啸、雷暴等）、群体性事件和恐怖袭击等。LNG码头应急预案应符合《液化天然气码头操作规程》（SY/T 6929—2012）的要求。

③ 应编制与生产有关的专项应急预案，包括停电、外输中断、停仪表风、仪表自动化控制系统故障、通信故障、设备故障等，制定生产应急处理方案，并定期演练。

④ 应配有应急广播呼叫系统用于紧急状态下的广播呼叫与警报，该系统应与其他控制系统完全独立。

⑤ LNG接收站和码头应设立逃生线路指示、风向标。

⑥ LNG接收站应配置一定数量的连体式超低温防护服、自给式空气呼吸器、便携式可燃气检测仪和应急抢修设备。

2）港口保安管理

① LNG码头应按照《中华人民共和国港口设施保安规则》（交通部令2007年第10号）开展港口设施保安评估，制订和实施保安计划，取得《港口设施保安符合证书》。按照港口设施保安计划，定期开展培训、训练和演习。

② LNG码头应设置防止外来船舶和人员误入的预警设备、设施及标识。

7.2.2 安全管理相关表格

LNG 船舶作业条件标准如表 7-1 所示。

表 7-1 LNG 船舶作业条件标准

序号	作业阶段	风速/(m/s)	波高/m		能见度/m	流速/(m/s)	
			横浪 $H_{4\%}$	顺浪 $H_{4\%}$		横流	顺流
1	进出港航行	≤20	≤2.0	≤3.0	≥2000	<1.5	≤2.5
2	靠泊操作	≤15	≤1.2	≤1.5	≥1000	<0.5	<1.0
3	装卸作业	≤15	≤1.2	≤1.5	—	<1.0	<2.0
4	系泊	≤20	≤1.5	<2.0	—	≤1.0	<2.0

注：①表中横浪指与船舶的夹角≥15°的波浪，<15°的为顺浪；横流指与船舶的夹角≥15°的水流，<15°的为顺流。

②波浪的允许平均周期为 7s，对于 7s 以上大周期波浪需作专门论证。

③$H_{4\%}$ 为波列累积频率 4%的波高。

④本表数据引自《液化天然气码头设计规范》(JTS 165—5—2021)。

⑤LNG 船舶卸船作业除满足上表的作业条件外，在暴风雨天气条件下也不得进行卸船作业。

接船前岸上检查表如表 7-2 所示。

表 7-2 接船前岸上检查表

接船检查表—接收站

序号	检查项目	检查状况		维修情况	备注
		是	否		
1	码头控制室存放接收站运营/应急程序手册				
2	接收站码头区域充分照明				
3	码头控制室闭路监控电视(CCTV)正常使用				
4	通信系统：固定电话、对讲机、热线电话及中控和码头的海事高频对讲机正常				
5	检查火焰感应器及其他危险探测系统包括报警器正常运作				
6	检查可操作的远程干粉控制系统				
7	检查正常干粉氮气罐压力满足要求				
8	检查中控室(CCR)灭火系统处于正常工作状态				
9	检查泡沫系统处于正常工作状态 最后泡沫分析日期：				
10	检查消防水系统处于可操作状态 最后检测日期：				
11	检查控制区域火焰监测器、软管、消防泵出口阀等设备处于可操作状态				
12	检查柴油消防泵处于可操作状态 最后测试日期：				
13	检查紧急发电机处于可操作状态 最后测试日期：				
14	检查人行通道				
15	检查救生设备				
16	检查码头急救用品				
17	检查相关的警示牌				
18	码头控制室至少配备 1 台便携式气体探测仪				
19	码头区域不得存放具有危害性的维修材料				
20	检查气象观测系统				

续表

接船检查表—接收站					
序号	检查项目	检查状况		维修情况	备注
		是	否		
21	检查碰垫外观是否正常(包括链条、插销、橡胶等)				
22	激光探测仪外观是否正常				
23	大型显示屏幕外观是否正常,底座箱内是否有积水				
24	从码头控制室启动激光测距仪,并使用泡沫板模拟靠船、检查仪器能否正常启动				
25	检查快速脱缆钩及带缆绳绞缆机				
26	检查缆绳张力监测系统				
27	系缆墩台是否有油污				
28	测试光纤系统				
29	测试电缆系统				
30	测试气动连接系统				
31	检查卸料臂的液压单元、控制系统、卸料臂本体和就地控制是否处于正常操作状态				
32	检查卸料骨限位开关、测试卸料臂超过可操作半径而停止工作时,报警器是否正常响起 最后测试日期:				
33	检查登船梯的液压系统、控制系统和限位开关是否正常				
34	检查ESD系统,卸料臂双球阀开关测试 最后日期:				
35	检查液相线及气相线ESD阀以及紧接解脱系统PERC				
36	检查LNG储罐液位、压力、温度是否处于正常卸船状态				
37	检查样品采集分析设备是否正常可用				
38	系统机柜上是否有任何报警或故障指示				
39	通知接船准备检查工作已经完成				
签字:		日期:			

船岸安全检查表如表7-3所示。

表7-3　船岸安全检查表

船名		企业	
泊位		港口	
抵港日期		抵港时间	

说明：安全操作要求所有的陈述都得到肯定的回答，并在相应的框里打钩。如果不能给出肯定的回答，应给出原因和在船岸双方采取了预防措施后所达成的一致协议。如果认为有的项目不适用，则应在备注栏中注明。

项目代码如表7-4所示。

表7-4　项目代码

代码	含义	
A	协议	表示一个协议或者程序需要在检查表的备注栏里确认或者在其他可以互相接受的表格里确认
P	许可	作否定回答时未经相关主管的书面许可,不得执行此项作业
R	复查	双方应在约定的期间间隔内需要复查的项目

7.2.3 LNG接收站生产安全异常事件管理办法

（1）总则

1）目的

为规范生产安全异常事件（以下简称“异常”）的管理，明确异常的报告、处置、经验分享和统计分析管理程序，及时有效处置各类异常情况，制定本办法。

2）适用范围

本办法适用于公司各部门、各基层单位、各生产运行承包商。

3）内容界定

生产安全异常事件是指正在发生的，如不能及时有效处置，将会恶化或可能酿成事故的波动、报警、故障等现象。

4）业务管理原则

① 树立“管安全就要管风险，管风险就要关注异常”的理念，按照“关注异常、应报尽报、追根溯源、经验共享”，各生产部门及单位均应第一时间如实报告异常。针对接收站内发生的异常事件，生产运行部将根据异常事件分类，开展分析会或专题会进行分析或分享学习。

② 异常处置坚持“管业务必须管安全”“谁主管谁负责”的原则。

③ 减少各类异常是筑牢生产安全保障的有效手段，通过收集、分析异常，建立异常管理数据库，举一反三吸取教训，落实技术、管理措施，提升本质安全水平。

（2）管理职责

1）生产运行部职责

① 贯彻国家法律、法规及公司相关制度。

② 是公司异常管理的业务归口部门，负责制定、修订公司异常相关制度。

③ 负责公司异常信息的收集、统计；负责监督指导各生产单位及时正确处置各类异常，并按要求上报。

④ 组织对各生产单位异常管理工作进行监督、检查和考核。

⑤ 根据异常事件等级及处理进度组织召开异常事件分析会，将有借鉴意义的异常处置经验进行分享，减少同类型异常发生。

2）安全环保部职责

① 负责督促、指导各单位对异常进行追根溯源分析，查找漏洞，制定举一反三预防措施，提出改进建议。

② 负责在安全管理信息系统中录入异常信息。

3）各基层单位职责

① 贯彻执行国家法律、法规及公司相关制度。

② 负责利用“五个回归”进行异常溯源分析并编制分析报告。

③ 负责建立内部异常管理信息台账，并向公司业务归口部门定期上报。

④ 负责配合业务归口部门召开异常事件专题会或分析会，并编制生产异常分析报告至业务归口部门。

（3）管理内容

1）异常事件的分类

按照性质分类，可将异常分为工艺异常、设备设施异常以及其他异常情况。

2）异常分类

① 工艺异常主要包括但不限于以下情况：

a. 工艺控制参数超限，主要包括压力、差压、液位、温度、流量等出现超出设计规定范围、操作规程要求范围或设备说明书及规程中要求参数范围。

b. 生产区域中物料的突发性泄漏。

c. 火灾报警、烟感报警、安全阀起跳、火炬系统异常排放等。

d. 非事故状态下的SIS联锁异常触发（含全场联锁、区域联锁和关键设备联锁停机等）。

e. 站内主工艺管线阀门故障。

② 设备设施异常主要包括但不限于以下情况：

a. 接收站在用罐内泵、高压泵、气化器等关键设备故障。

b. 接收站接卸设备故障导致无法正常接船。

c. 在用贸易流量计故障。

d. UPS供电系统或发电机等备用电源无法正常工作。

③ 其他异常。

直接作业环节中发生的尚未构成事故的各类险兆等。

3）异常的监测预警

① 各生产单位应充分利用自动化控制系统（DCS）、安全监控系统（FCS、GDS等）、安全管理信息系统等，严格执行异常情况监测与预警机制。

② 加强对易发生异常的场所、设备、岗位等巡检及巡查，设置必要的监测监控和防范处置设施，发现异常征兆立即发布预警信息。

③ 对上下游单位或相邻单位发生的可能造成公司异常情况发生的信息，要及时采取应对措施。

4）异常的报告

① 发生异常情况后，属地单位应及时研判风险，并及时上报公司调度，由公司调度按照应急处置程序启动相应级别的应急预案进行处置和上报。

② 异常处置结束后，发生异常的属地单位应利用“五个回归”进行溯源分析，于5天内将分析报告报送至公司业务归口部门审核。

5）异常的处置

① 发生异常情况后，现场人员要立即按照规程（预案）进行处置，对于没有规程（预案）的异常，现场人员应采取有效的处置措施，并立即报告请示公司调度及相关专业技术人员。

② 公司调度及相关专业技术人员接到汇报后，要立即组织对异常进行分析研判，找出原因，评估风险，制定处置措施，防止异常情况进一步持续或扩大。

③ 异常处置过程中，要根据风险评估结果，为现场处置人员配备相应的个人防护用品，持续进行周围有毒有害和可燃气体监测，在确保人身安全的前提下，进行异常情况处置。

④ 异常处置过程中，要进行动态风险研判，预判可能出现的新的异常情况，完善处置方案。

⑤ 异常处置结束后，各单位要详细记录异常情况，保存有关数据、图表、趋势，逐项分析异常原因，评估处置措施，提出改进方法，形成分析报告，对异常情况实行闭环管理。

6）异常的分析

根据附件异常情况分类及常见异常情况，异常事件分析分为部门级与公司级。

① 部门级异常事件分析由各基层生产单位自行开展分析，原则上分析会应在事件处置完成 3 日内开展，并在完成分析会的 5 日内将分析报告报至生产运行部。

② 公司级异常事件或事件处置完成 5 日内无法分析原因的异常事件，由生产运行部组织专题会进行异常事件分析，初步分析报告应由相关专业部门在专题会召开前 1 日报至生产运行部。

（4）监督与考核

① 生产运行部对负责接收站总体异常事件管理，并对各生产单位内部异常管理工作开展情况进行检查和监督。

② 针对重复发生的异常事件，所属基层单位当月绩效考核扣分。

（5）异常事件检查考核点

① 事件信息上报及时性。

② 事件初步原因分析报告编制及时性以及编制质量。

③ 四不放过执行情况（要有人员记录等）。

7.2.4 LNG 接收站设备设施管理规定

（1）总则

1）目的依据

为规范公司设备管理，明确管理权限，落实管理职责，保障设备安全、环保、可靠、经济运行，依据《设备管理办法》《天然气分公司设备设施管理办法》，特制定本办法。

2）适用范围

适用于接收站内所有设备使用及维护部门。

3）管理范围

① 指用于天然气储运、维护、维修及其他生产经营活动的机械、工艺、动力、维修、存储、运输、电气仪表、安全消防设备等（含特种设备）有形固定资产，不包括办公用房等。

② 本规定所称设备设施管理，是指设备从设计、选型、购置、制造、安装、使用、维护保养、检验检测、修理、改造、闲置直至报废、更新等环节的管理（以下简称设备全生命周期管理）。

③ 出租或租用设备设施，按照法律、法规规定或者当事人合同约定进行管理。

4）管理原则

① 坚持以人为本、安全第一、预防为主、综合治理的原则。

② 坚持精益管理理念，注重质量和效益。坚持全生命周期管理，坚持全流程管理，坚持动、静、电、仪等全专业管理。

③ 坚持设计、制造与使用相结合，坚持维护与检修相结合，坚持修理、改造与更新相结合，坚持专业管理与全员管理相结合，坚持技术管理与经济管理相结合。

④ 坚持依靠技术进步、科技创新，走安全健康、节能环保、绿色低碳、可持续高质量发展道路。

5） 业务管理体系和管控方式

① 设备管理实行天然气分公司、公司、各基层单位三级管控。公司是设备设施管理主体，天然气分公司对公司的管理工作进行指导和监督。

② 公司应成立设备设施管理委员会，根据工作需要，配备动静设备、电气、仪表等专业管理岗位，配备齐全的专业管理及技术人员。

（2）术语和定义

1） 前期管理

前期管理是指设备设施设计、选型、购置、制造、安装、投运阶段的管理工作。

2） 设备更新

指采用新设备替代技术性能、可靠性及安全、环保状况不满足要求和经济效益差的原有设备。

3） 设备改造

指运用适宜技术对原有设备进行技术改造，以改善或提高设备性能、效率，减少消耗及污染。

4） 设备处置

指对设备设施进行盘盈、盘亏、毁损、报废、调拨、转让、清产拍卖、重组、捐赠及出租等处置行为。

5） 现场闲置设备

指已安装验收和投产使用，在生产过程中连续停用一年以上或已办理停用手续尚未明确后续处置要求的设备；执行设备设施变更后不继续使用但仍有使用价值的设备（除备用设备，国家有关部门规定淘汰的耗能大、严重污染环境和危害职工人身安全的设备，不允许转让和扩散的设备）。

6） 特种设备

指《特种设备目录》中的锅炉、压力容器、压力管道、电梯、起重机械，场（厂）内专用机动车辆和安全附件、附属仪表等。

7） 动设备

指由驱动机带动的转动设备（即有能源消耗的设备），如泵、压缩机、风机等，其能源可以是电动力、气动力、蒸汽动力等。

8） 大型机组

指机组功率大于或等于500kW，有独立的润滑系统的机组；在生产工艺中起重要作用，结构复杂，技术密集的机组；机组停机后会对生产造成影响。

9） 常压储罐

指设计压力为常压和接近常压（浮顶罐设计压力为常压，固定顶罐设计压力表压为－6.9～18kPa），建造在地面上，储存石油、石化产品或化工液体介质的立式圆筒形钢制焊接储罐。不包括埋地、储存毒性程度为极度和高度危害介质、人工制冷液体储罐。

10） 常压储罐定期检验

指按一定的检验周期对常压储罐进行的全面检验，常压储罐检验类型包含开罐检验和在线检验，也可以采用基于风险的检验（RBI）。

11）高危泵

指高温泵（输送介质操作温度≥自燃点或260℃）、液化烃泵（输送介质为C1～C4的烃类）和毒性危害程度为极度介质泵［参考《压力容器中化学介质毒性危害和爆炸危险程度分类标准》（HG/T 20660—2017）］。

12）静设备

指没有驱动机带动的非转动或移动的设备，主要是指炉类、塔类、反应设备类、储罐类、换热设备类等。

13）电气设备

指公司电力系统内变压器、电力线路、高低压开关设备、不间断电源、变频调速装置、直流电源、应急电源、继电保护及安全自动装置、照明设备、电气安全用具、接地与接零装置、防雷防静电等设备、设施和装置。

14）三三二五制

“三票”指工作票、操作票、临时用电票；

“三图”指一次系统图、二次回路图、电缆走向图；

“三定”指定期检修、定期试验、定期清扫；

“五规程”指检修规程、试验规程、运行规程、安全规程、事故处理规程；

“五记录”指检修记录、试验记录、运行记录、事故记录、设备缺陷记录。

15）五防

指防止误分、误合断路器，防止带负荷拉、合隔离开关，防止带电挂（合）接地线（接地刀闸），防止带接地线（接地刀闸）合断路器（隔离开关），防止误入带电间隔。

16）仪表

指在生产运营过程中所使用的各类检测仪表、控制监视仪表、控制阀、执行器、报警仪表、在线分析仪表、化验室分析仪器、可燃/有毒气体检测报警仪及辅助单元、工业控制系统等。工业控制系统包括分散控制系统（DCS）、数据采集与监视控制系统（SCADA）、可编程控制系统（PLC）、机组控制系统（CCS）、安全仪表系统（含SIS、ESD）、可燃/有毒气体检测报警系统（GDS）等。

17）工艺管理

指天然气集输、处理、储运、注入等系统的生产全过程管理。包括基础管理和专业管理。

18）油水

指设备在运行过程中所使用的润滑油、润滑脂和冷却液，包括油水的选用、购置、储存、加注、检测、回收和处置等全过程管理。

19）六精

指精心选油、精确滤油、精细换油、精准用油、精密监测、精专回收。

20）六定

指定点、定质、定期、定量、定人、定法。

21）泄漏

指设备设施在运行及检维修过程中发生的泄漏，不含动设备在允许漏失量范围内发生的漏失和井下泄漏。

22）外漏

指介质由设备内部向外部环境泄漏，包括逸散性和突发性泄漏。

23）内漏

指设备内部隔离失效造成介质互窜。

24）起重运输设备

指用于将人或货物垂直升降并水平移动的电梯和起重机械，以及将人或货物在不同地点之间进行转移的各种搬运机械和运输车辆等。

（3）组织管理与职责分工

1）公司设备管理委员会

① 负责指导、监督公司HSE管理手册在设备全生命周期管理中得到有效落实。

② 负责天然气分公司HSE体系审核中设备专业审核细则的分解落实，会同公司相关业务部门研究解决设备管理存在的问题。

③ 严格执行国家法律、法规和公司有关设备设施管理规定，承担设备设施管理的主体责任。

④ 负责设备设施全生命周期过程管理，建立健全管理体系，明确管理职责，设立管理组织机构。

⑤ 负责建立健全专业梯队、专家团队，分专业和业务设置管理岗位；负责设备设施人才队伍培养。

2）生产运行部

① 是公司设备管理的主管部门。

② 负责组织公司设备设施管理制度、规范规定、业务流程的制定及修订；负责组织开展LNG接收站设备设施的运行、使用、日常维护等管理。

③ 按照天然气分公司要求，开展设备设施完整性管理；持续开展设备设施管理要素检测、报告、分析和改进工作。

④ 负责组织公司及上级机关的设备专项检查工作。

⑤ 负责修理费用控制工作。

⑥ 负责组织设备事故调查工作。

⑦ 负责审核检维修计划与物资需求计划。

⑧ 负责组织重要设备检修方案审查工作。

⑨ 负责公司其他重大设备管理事项。

3）安全环保部

负责组织各类安全仪表、消防设备设施定期安全状况检查，检验、检测，专项维保管理。

4）工程物资部

① 负责组织在工程建设制度制定、修订中贯彻执行设备设施相关法律、法规和标准，并监督落实。

② 负责组织新、改、扩建项目设备设施安装、调试、中交、验收过程中质量监督管理。

③ 参与设备设施及其备品配件设计选型，负责组织设备设施及其备品配件的购置、监造、验收、安装过程中质量监督管理。

④ 负责组织对公司生产建设所需大宗、通用、重要物资实施集中采购、储备。

⑤ 负责组织公司重大设备设施国产化管理。

⑥ 负责组织设备设施及其备品配件处置、报废管理。

5）综合管理部

负责通用车辆的管理。

6）财务资产部

① 根据各部门、单位提交的设备规划计划建议方案，组织编制公司设备发展规划计划。

② 负责设备资产管理工作。

③ 负责审核下达年度设备修理费预算。

7）检维修中心

① 负责机械、电气、仪表、零星设备等的维护检修工作。

② 负责组织检维修规程的制订。

③ 负责机械、电气、仪表技术管理工作。

④ 负责组织制定检维修计划及方案。

⑤ 负责提报备品备件计划和物资材料计划。

⑥ 负责按批准的检维修计划实施，并负责实施过程中的安全管理。

⑦ 负责按设备管理规定要求的频次与标准进行专业巡检。

⑧ 负责组织关键设备运行状况评估。

⑨ 负责机械、电气、仪表设备的定期检验。

⑩ 负责设备的润滑管理及实施。

⑪ 参与生产事故调查和处理。

⑫ 参与重大技术方案的制定实施。

⑬ 完成公司交办的其他事项。

8）接收站运行处

① 负责公用工程类设备设施的维护检修工作。

② 配备专职或兼职设备管理人员。

③ 负责组织当班员工对现场设备的运行状况进行巡检。

④ 负责编制本单位设备更新改造需求计划。

⑤ 负责组织设备检修前的切换与条件确认，以及检修后的验收。

⑥ 负责设备检修时的监护。

⑦ 参加重点设备特护包机。

⑧ 负责设备现场卫生。

9）槽车充装站

① 负责槽车区类设备设施的维护检修工作。

② 配备专职或兼职设备管理人员。

③ 负责组织当班员工对现场设备的运行状况进行巡检。

④ 负责编制本单位设备更新改造需求计划。

⑤ 负责组织设备检修前的切换与条件确认，以及检修后的验收。

⑥ 负责设备检修时的监护。

⑦ 参加重点设备特护包机。

⑧ 负责设备现场卫生。

10）计量化验中心

① 全面负责计量化验设备的管理工作。

② 制定计量化验设备的管理制度并组织实施。

③ 定期对计量化验设备的运行状况进行检查，确保完好可用。

④ 负责制订计量化验设备的设备更新计划与备品备件、材料需求计划。

⑤ 负责制订计量设备的定期校验与标定计划，并组织实施。

（4）业务管理方法和规则

1）综合管理

① 管理制度。管理制度中应包括但不限于以下内容：

a. 设备管理机构和职责。

b. 设备台账、技术档案管理要求。

c. 设备分级管理要求。

d. 设备设计、采购、安装、改造、试运要求。

e. 设备运行环境管理要求。

f. 设备日常维护保养、检查和有关记录要求。

g. 设备检修和预防性维修要求。

h. 设备专业管理要求。

i. 设备润滑管理要求。

j. 设备防腐管理要求。

k. 设备异常、缺陷、隐患管理要求。

l. 设备泄漏管理要求。

m. 备用设备管理要求。

n. 现场管理要求。

o. 设备、设施寿命管理要求。

p. 设备报废和更新管理要求。

q. 设备修理费、更新费管理要求。

r. 设备节能、环保管理要求。

s. 设备管理信息系统建设要求。

t. 设备管理人员与作业人员培训要求。

u. 关键绩效指标（KPI）。

② 应根据所辖设备设施特点、运行环境等，制定“三规程一图表一措施”（操作规程、巡回检查规程、维护保养规程、润滑图表、应急处置措施）并定期更新。

③ 应当建立关键设备、主要设备专业技术档案，技术档案应包括但不限于以下内容：

a. 设备设施设计、制造技术资料和文件，包括设计文件、产品质量合格证明、安装及使用维护保养说明等。

b. 设备设施安装、改造和修理方案、图样、材料质量证明书和施工质量证明文件，安装、改造、修理验收报告等技术资料。

c. 设备设施检查记录和检测、检验报告。

d. 设备设施及其附属仪器仪表维护保养记录。

e. 设备设施更换零部件记录。

f. 设备设施运行故障、事故记录及事故处理报告。特种设备安全技术档案管理执行本公司特种设备安全管理规定。

④ 设备设施实行分级管理。参照《天然气分公司设备设施分类分级管理办法》要求，根据其在生产过程中的重要程度和风险评估等结果，划分为关键设备（A 类）、主要设备（B 类）、一般设备（C 类），明确设备分级管理权限，落实管理职责，分类分级建立台账，台账格式严格按照公司统一模板，每半年更新一次。

⑤ 设备设施标识管理。每台设备设施应有唯一设备位号或编号，设备位号或编号应清晰标识在显著位置。

⑥ 设备设施变更管理执行本公司变更安全管理规定。

⑦ 推进设备域一体化信息平台和“工业互联网＋设备管理”建设，做好设备管理数据挖掘利用，加强与工程域、物资域等业务领域数据共享和分析应用，强化关键信息基础设施安全保护，提高信息化管理水平。

2）前期管理

① 公司应建立前期管理责任制，各层级设备管理业务部门应深度参与前期质量管理工作。相关业务部门应对其在前期管理各环节所承担的工作负责。

② 设计、选型应符合标准、规范和长周期运行要求，遵循标准化、系列化、通用化的原则，充分考虑适用性、先进性、可靠性、可维修性、安全节能环保和经济性，禁止选用国家明令淘汰的设备。在设计阶段对关键设备开展腐蚀风险控制工作。

③ 设备购置坚持“本质安全、绿色采购、全生命周期总成本最低”的原则，按照天然气分公司有关设备设施采购管理规定组织采购。加强国内外重要设备的监造，严格落实到货质量验收。购置的设备应有必备的随机配件。

④ 设备设施安装、改造应选择具有相应资质的施工单位，严禁转包、违法违规分包；施工作业人员应取得相应资质；施工、试运、调试及验收执行相关标准规范和规章制度。

⑤ 设备设施投产前，应组织技术人员和操作人员全面掌握设备设施的性能和使用、维护方法，制定试运行方案和 HSE 措施，并对操作人员进行专门的 HSE 教育和设备操作、维护培训，考核合格后方可上岗。

3）使用维护

① 岗位操作人员是设备设施运行的责任者，应遵守操作、维护制度和规程，严格控制操作指标，严禁超设计值运行。

② 维护人员是设备设施维护保养的责任者，应严格按照维护保养规程、检修规程和点检标准对所管辖的设备设施进行维护保养。

③ 委托承包商进行设备设施维护或保运的，应选择具有相应资格的专业承包商，与承包商签订合同，明确维护或保运职责范围和考核标准。

④ 设备设施操作和维护人员上岗前应经过相应的理论和实践培训，培训合格后方可上岗。设备管理职能部门要监督检查关键设备、重点岗位操作人员的培训情况。

⑤ 特种设备管理人员、特种设备作业人员，按照国家特种设备法律、法规要求，取得《特种设备安全管理和作业人员证》《特种作业操作证》等资格证书，经培训合格后方可上岗。

⑥ 建立设备设施异常、缺陷和隐患发现、分析、报告、处理的闭环管理机制。

⑦ 加强设备设施风险管理，采取必要的风险管控措施，使风险降到可接受的程度。

⑧ 做好设备设施防腐蚀工作，严格执行工艺防腐、技术防腐和设备设施防腐管理要求，利用数字化、信息化技术提升腐蚀管理水平。

⑨ 配备润滑专业管理人员和必要的润滑油（脂）质量检测设备，定期开展润滑油（脂）检测、分析工作。

⑩ 加强设备设施状态监测管理，建立高风险、关键设备在线状态监测系统，配备状态监测管理力量和所需的仪器，开展设备状态监测和故障诊断，发现问题及时反馈和处理。

4）检修管理

① 设备设施检修以预防性修理为主，坚持日常维护与计划检修相结合、定期检测和状态监测相结合，推行基于风险的检验和以可靠性为中心的维修策略，科学安排修理时间，合理控制修理成本。

② 对进入其内部市场的检修单位进行资质认证及年度审验。设备设施的承修单位应有相应资质，修理内容应与资质相符。委托承包商进行设备维护或保运的，在具备大检修能力的前提下，按照“谁维保、谁检修”的原则选择检修单位。

③ 根据设备实际运行状况，结合生产安排，编制设备年度检维修计划（含预防性维修计划）、年度调整计划。

④ 加强设备设施检维修全过程管理，做好前期准备、过程监控和事后验收工作。

⑤ 加强检维修质量管理，建立健全质保体系。严格执行检维修计划、检维修规程和相关技术标准，根据实际情况开展过程质量检查，确保检维修质量。

⑥ 大修结束后，开展项目统计工作、编写大修技术总结、做好相关技术资料归档。对重大检修项目，要进行技术经济分析。

⑦ 工程物资部应结合设备管理职能部门需求，配备足量备品配件。

5）检、维修费管理

① 检、维修费管理坚持应修必修、修必修好的原则，确保设备设施安全、环保、可靠、经济运行。

② 生产运行部是检、维修费使用的统一归口管理部门，应按年度检、维修费预算，统一平衡，合理使用，严格执行审批程序，并对费用使用情况进行分析。

③ 检、维修费用严格执行内控制度，费用预算应与检、维修计划同时上报主管部门，其中重点大检修项目实行专项管理，经油田事业部审批后，随年度预算下达；其他检、维修项目列入公司年度预算下达。

6）更新改造

① 设备设施更新改造应当紧密围绕公司生产经营和技术发展规划，有计划、有重点地进行。

② 设备设施更新改造应进行技术经济论证，充分考虑必要性、技术的先进性和可行性，科学决策，选择最优方案，确保获得良好的投资效益。

③ 设备设施更新应着重采用技术更新的方式，改善和提高公司技术装备水平，达到高效低耗、安全环保的综合效果。

④ 符合下列条件之一的设备设施可申请更新：

a. 国家明令淘汰的设备设施。

b. 经检测、检验、评估，设备设施使用性能和可靠性下降，继续使用不能满足安全、环保、节能和经济性要求的。

c. 因生产条件改变，设备设施不再具有使用价值的。

d. 因事故或自然灾害，设备设施遭受严重损坏无修复价值的。

e. 通过改造或大修，技术性能仍不能满足要求的，或虽然能满足要求，但更新更经济合理的。

f. 缺乏配件或需高价专门定制配件的。

g. 缺乏技术支持的。

⑤ 应按计划实施更新改造，为正常生产和可持续发展创造条件。设备管理部门负责更新改造计划的编制上报，公司发展计划部会同设备管理相关职能部门统筹安排，并组织实施。

7）处置管理

① 设备设施处置管理执行本公司设备设施报废拆除管理规定。

② 设备设施处置应遵循国家和公司对资产处置的有关规定，根据资产产权和处置对象、资产额度、处置条件、处置时间、技术鉴定结果，按规定的审批权限和程序办理，确保处置行为的合法性和规范性。

③ 各部门应定期开展设备设施资产及实物清查，对清查过程中发现的盘盈、盘亏设备设施，应当分析原因，提出处理意见，并按规定权限审批后，由财务资产部门及时进行账务处理，确保账实相符。

④ 设备管理职能部门负责组织对拟处置设备设施进行技术鉴定，根据生产需要，提出具体处置意见。公司物资装备中心按内控权限进行审批。

⑤ 为提高设备设施的利用效率，公司工程物资部应加强闲置设备的调剂利用工作，最大限度地在公司内部调剂使用闲置设备。

⑥ 应对停用设备设施进行维护、保养，对长期停用的设备设施予以封存。

⑦ 重新使用闲置设备，应经过全面技术评估，符合质量、安全、环保等技术性能要求，并经上级设备设施管理职能部门同意后方可使用。

⑧ 设备报废管理执行本公司设备设施报废拆除管理规定。

⑨ 加强对因报废、修理、改造所形成的废旧物资的管理，按照规范程序处置废旧物资。

8）事故管理

事故管理按照《生产安全事故事件管理规定》执行。

（5）重点业务的管控

1）特种设备

特种设备管理执行《中华人民共和国特种设备安全法》《中华人民共和国石油天然气管道保护法》《特种设备安全监察条例》《特种设备使用管理规则》（TSG 08—2017）等法规和《天然气分公司特种设备管理办法》等制度要求，对特种设备的生产（包括设计、制造、安装、改造、修理）、经营、使用、检验、检测和报废进行全过程管理。

2）动设备

① 按照“六精”润滑管理要求（精心选油、精确滤油、精细换油、精准用油、精密监测、精专回收），做好设备润滑全过程管理工作。当采用强制润滑时，润滑系统设备、管道和管件的材质原则上宜为奥氏体不锈钢，润滑油管道连接宜采用法兰连接。润滑油泵若采用双电泵设置，应采用互为自启动的设计。

② 机泵管理。

a. 机泵选型和安装设计应符合工艺要求。

b. 对备用机泵应进行定期维护保养，定期盘车和切换，使其处于完好备用状态。对有辅助系统的机泵，应定期进行启动试验，确保辅助系统完好。

c. 积极采用预防性监测技术，开展机泵状态监测和故障诊断工作。在线状态监测数据应远传至控制室，设置报警并纳入工艺操作管理。

d. 加强机泵仪表预防性检维修和试验工作，建立预防性更换制度，提升设备安全平稳运行水平。

e. 应制定大型机组（定义）管理制度，开展特级维护管理，定期组织运行技术分析。按照“五懂五会五能”要求，操作人员应具备大型机组操作能力。

③ 高危泵管理。

a. 高危离心泵设计、选型、选材、制造、检验按照《石油化工重载荷离心泵工程技术规范》（SH/T 3139—2019）要求执行。机械密封应采用符合《石油化工离心泵和转子泵用轴封系统工程技术规范》（SH/T 3156—2019）要求的串级、双端面机械密封或泵用干气密封。液化烃泵、有毒有害介质泵选型也可按《石油化工无密封离心泵工程技术规范》（SH/T 3148—2016）要求，选用无密封泵。

b. 做好高危泵及辅助设施平稳运行，确保在规定工况范围运行。泵流量、密封系统隔离液罐压力、液位保持平稳。

3）静设备

① 塔器主要分为板式塔、填料塔，其设计、制造、安装、维修、检验执行《石油化工钢制压力容器材料选用通则》（SH/T 3075—2009）《塔式容器》（NB/T 47041—2014）、《压力容器》（GB/T 150—2011）、《塔类设备维护检修规程》（SHSO 1007—2004）、《固定式压力容器安全技术监察规程》（TSG 21—2016）等技术规范、标准。

② 换热器主要包括管壳式换热器、板式换热器、空冷器，其设计、制造、安装、维修、检验执行《热交换器》（GB/T 151—2014）、《板式热交换器》（NB/T 47004.1—2017）、《压力容器》（GB/T 150—2011）、《管壳式换热器维护检修规程》（SHSO 1009—2004）、《空气冷却器维护检修规程》（SHS 01010—2004）、《固定式压力容器安全技术监察规程》（TSG 21—2016）等技术规范、标准。

③ 炉类设备包括锅炉、加热炉等，其设计、制造、安装、维修、检验执行相关规范要求。

④ 管道。

a. 管道应依照《油气田矿场管道定期检验规程》（Q/SH 10250916）等制度标准，开展定期检验。

b. 及时消除管道腐蚀、标志桩损毁、跨越管道变形、管道附属设施毁坏等安全隐患。

c. 管道停止运行、封存、报废的，应做好安全处置工作，及时报地方政府备案。

⑤ 常压储罐。

a. 常压储罐设计、建造、施工、试验、检验、使用、维护、检修、改造等执行《立式圆筒形钢制焊接油罐设计规范》（GB 50341—2014）、《立式圆筒形钢制焊接储罐施工规范》（GB 50128—2014）、《立式圆筒形钢制焊接储罐安全技术规程》（AQ 3053—2015）、《立式圆筒形钢制焊接油罐操作维护修理规范》（SY/T 5921—2017）、《常压立式圆筒形钢制焊接储罐维护检修规程》（SHS 01012—2004）等。

b. 常压储罐检查。常压储罐的检查包括月度检查和年度检查。

一是月度检查每月进行一次，检查内容包括是否存在渗漏、罐壁变形、沉降迹象，以及罐体的保温、安全附件、相关重要部件等的运行状况。

二是年度检查是为了保证储罐在定期检验周期内的安全而进行的在线检查，每年至少1次。年度检查可以由设备管理人员组织进行检查，也可以委托检验检测机构进行检查。检查内容包括但不限于安全管理情况检查、外部宏观检查、壁板、顶板的厚度测定（连续3年测厚无变化的可适当减少测厚频次）和月度检查内容等。年度检查完成后，由检查人员出具检查报告，报告至少应经检查、审批二级签字。对检查出缺陷和存在问题应采取措施，必要时，进行全面评价。

c. 定期检验。

一是根据常压储罐的使用情况、失效模式，选择检验方法。定期检验一般为开罐检验，如果结构、尺寸或其他方面允许检验员从外部接近罐底，有效检测罐底缺陷和厚度的情况下，可以采用在线检验代替开罐检验。

二是定期检验宜委托具有相应资质的检验单位进行。检验前，检验单位应根据储罐的使用情况制定检验方案，明确检验内容，并得到使用单位的批准。

三是定期检验的内容包括但不限于宏观检查、罐体腐蚀检测、基础沉降检测、厚度测定(罐壁板、顶板和底板)、焊缝无损检测、试漏检测、安全附件检查和储罐安全管理检查。

四是定期检验报告应由有资质的检验人员编写，并经检验、审核、审批三级签字，审批人为检验单位的技术负责人或授权人，定期检验报告应加盖检验单位检验专用章或公章。

五是定期检验周期确定原则。

(a) 定期检验的周期应根据实测的腐蚀速率和罐体的最小允许厚度来确定，实际检验周期应以确保下次检验时罐体厚度不小于标准所要求的最小厚度这一原则来确定。储罐初始定期检验时间间隔符合设计文件和规范的要求，原则上为3～6年［3～6年，出自《常压储罐完整性管理》(GB/T 37327—2019)］。

(b) 当腐蚀速率未知时，可根据类似工况条件下储罐运行经验预测的腐蚀速率来确定；当没有类似储罐的运行经验或数据时，定期检验的周期不得超过6年，大型储罐（公称直径≥30m或公称容积≥10000m^3）不得超过4年。

(c) 对于腐蚀较严重以及频繁操作的储罐，使用单位应根据实际情况合理缩短定期检验周期。

(d) 使用单位可以采用基于风险检验（RBI）确定储罐检验周期。

六是确定定期检验周期应考虑以下因素：

(a) 所储存介质性质；

(b) 检修、检查的结果；

(c) 腐蚀裕量和腐蚀速率；

(d) 腐蚀防护系统；

(e) 以往检验情况；

(f) 建造和维修的方法及材料；

(g) 储罐位置，考虑高风险区、潜在空气污染或者水污染风险；

(h) 泄漏检测系统；

(i) 运行模式的改变（如储罐循环频次、浮顶支柱的频繁接地）；

(j) 工况变化；

(k) 存在双层罐底或防漏装置。

⑥ 加热炉。

a. 严格遵守操作规程及加热炉工艺指标，保证加热炉在设计允许的范围内运行，严禁超温、超压、超负荷运行，避免过低负荷运行（过低负荷一般指低于设计负荷的60%）。

b. 加热炉的安全附件（包括安全泄放装置、安全连锁装置、紧急切断装置、导静电装置、液面指示装置、压力测试装置、测温仪表等）应进行日常维护保养和定期校验、检修，确保设备运行安全。

c. 正常运行周期内的平均热效率应达到设计值，定期进行热效率测试。在提高热效率的同时，合理控制物料进料温度，避免烟气露点腐蚀。

d. 运行过程中确保排烟温度一般应不大于170℃，烟气中的氧含量控制在2%～4%。烟气中的污染物排放应达到国家标准和当地环保部门规定的指标。

⑦ 静设备类中列为特种设备的应执行本办法中特种设备部分。

4）电气设备

① 电气设备运行维护和检修作业应严格执行《电力安全工作规程　电力线路部分》（GB 26859—2011）、《电力安全工作规程　发电厂和变电站电气部分》（GB 26860—2011）、《石油化工设备维护检修规程》和“三三二五”制。

② 应制定“三票”填写执行规定，并根据需要及时修订。“三图”应是完整的竣工图纸，应与现场实际相吻合，并绘制电子版。生产运行周期与“三定”工作发生矛盾时，公司应积极创造条件安排实施。应编制《电气运行规程》《电气事故处理规程》，并根据设备变化状况及时修订。

③ 变电站控制室、继电保护装置室、重要装置的高或低压变配电室的运行环境应满足设计及电气设备对运行环境的要求。

④ 继电保护及安全自动装置的运行定值，应由生产单位负责确定，工程单位提供的定值只用于系统调试，不得用于继电保护及安全自动装置的运行。继电保护定值实行闭环管理，应定期开展继电保护及安全自动装置动作分析评价工作。

⑤ 开展电力电缆、变压器、大型电机、高压开关柜等关键电气设备在线绝缘检测、监测与诊断工作，并做好运行维护。

⑥ 加强电气安全管理。电气安全管理主要内容包括：电气安全用具、接地与接零装置、电气消防、防爆电气设备、防过电压和污闪、变配电室防小动物、高压电气设备“五防”等方面的管理。对可能引起误操作的高压电气设备，应装设防误装置。

a. 易产生静电的工业管道、储罐等设施应有可靠的防静电接地装置，按照《中华人民共和国防雷减灾管理办法》《爆炸和火灾危险场所防雷装置检测技术规范》（GB/T32937—2016）进行定期检测。

b. 防爆电气设备的选型、安装、运行维护、检修，应满足国家防爆电气设备标准、规范、规程要求。

c. 应采取措施进行外部雷电过电压和内部过电压防护，有效保护设备。

⑦ 优化电力系统主网结构和运行方式，重要电源联络线应配置光纤纵差保护并配快切装置，改善架空线路及其走廊。完善内部电网结构，提升电力系统的安全性、可靠性、稳定性和经济性。

⑧ 合理配置UPS及蓄电池在线监测系统，开展UPS及蓄电池的预防性维护、检修工作。

5）仪表及工业控制系统

① 仪表。

a. 应按照《石油化工自动化仪表选型设计规范》（SH/T 3005—2016）、《石油化工分散控制系统设计规范》（SH/T 3092—2013）、《油气田及管道工程仪表控制系统设计规范》（GB/T 50892—2013）、《自动化仪表工程施工及质量验收规范》（GB 50093—2013）、《石油化工设备维护检修规程》等进行设计、施工、验收、维护和修理。企业应制定仪表事故应急预案，定期进行演练。

b. 仪器、仪表应按国家计量法规要求进行检定，仪器、仪表检定或校准人员应取得有效的资质证书。

c. 在线运行的仪表设备，作业前应办理仪表作业工作票；仪表故障排除后应校准，并应进行回路试验和联校。

d. 落实机组特殊仪表（含检测、联锁、电液控制、防雷等仪表）预防性检维修和试验工作。

e. 可燃/有毒气体检测报警器的配置、选型、安装应符合《石油化工可燃气体和有毒气体检测报警设计标准》（GB/T 50493—2019）；报警仪应有对应检测器位号牌及分布图。

f. 需要进行数据通信时，仪表的通信接口、通信协议、通信速率应满足要求。

② 工业控制系统管理。

a. 工业控制系统管理执行《中国石化工业控制系统管理办法》《中国石化工业仪表控制系统安全防护实施规定》。

b. 工业控制系统机房的环境、安保、防静电措施应符合设计和技术规范的要求。

c. 工业控制系统控制器负荷、通信负荷、软硬件故障报警等状态监测满足设计规范要求，工业控制系统电源设计满足可靠性供电要求。

d. 联锁回路变更（含摘除、临时摘除、恢复、增加或取消），应办理审批手续，作业应办理联锁作业票；联锁保护系统检修后应进行联校，有条件时宜对联锁保护系统进行联校；联锁保护系统的变更应做到图纸、资料齐全；定期开展仪表自控率和联锁投用率评估，提升自控率和联锁投用率管理水平。

e. 应按照国家、行业技术标准和中国石化管理制度要求，对已经采用联锁保护系统的工艺过程进行危险及可操作性（HAZOP）分析，同时对联锁保护系统进行安全完整性等级（SIL）评估；新建、改建、扩建等项目中的联锁保护系统在实施前应进行 HAZOP 分析和 SIL 评估。

6）工艺管理

① 基础管理。

a. 基础管理包括技术文件（包括技术规程、岗位操作法、工艺卡片等）、开（停）工方案、生产记录、巡回检查、交接班、操作指令、报警和联锁、盲板管理、应急处置、技术例会、技术月报（年报）管理等。

b. 技术文件原则上每 3 年修订一次，工艺流程、原材料、产品方案等发生重大变化或技术改造后要及时修订补充。

c. 新建和重大技术改造，应组织编制开（停）工方案。

d. 应建立联锁及报警管理制度，职能部门根据生产过程危险与风险分析、安全要求及产品质量等因素，确定需要设置的联锁及报警参数，并建立健全联锁报警台账和相应的变更台账。

② 专业管理。

a. 专业管理包括达标、标定、节能降耗、生产运行优化、防腐、工艺变更、非计划停工等。

b. 应明确达标管理部门，负责制订达标工作计划，下达年度达标指标，定期监控各项指标运行情况。

c. 新装置建成投产，重要技术改造、生产方案发生较大变化应进行技术标定，正常运行期间原则上每 4 年标定 1 次。

d. 定期开展生产优化工作，及时发现和解决生产瓶颈，提高系统运行效率，降低能源消耗。

e. 制定工艺变更管理流程，统一规范变更申请、风险评估、审批、实施、关闭的管理。

f. 对生产装置非计划停工实施分级管理。按照非计划停工相应级别逐级上报，上报内容包括停工装置、停工时间、原因分析、预防整改措施及停工损失等内容。

7）油水润滑管理

① 坚持按质换油的原则，组织编制设备润滑管理制度、润滑图表和主要设备润滑技术规范，建立润滑油（脂）和冷却液质量管理机制，落实“六精”管理要求。

② 根据设备性能、运行工况和运行环境，开展合理化选油工作，制订润滑油购置计划，加强新购润滑油（脂）和冷却液的质量检验管理。积极开展进口油品国产化替代、种类合并、升级换代等工作，确保用油质量可控、成本最优、设备长周期运行。

③ 润滑油品储存、发放及加注应执行“三级过滤”和“六定”的要求。

④ 根据实际需要设立润滑站点，合理配备维护保养人员、检测人员、工装机具和仪器设备。做到润滑油（脂）专储专输、密闭输送。润滑器具专油专用、标识清晰、清洁完好。

⑤ 完善润滑油加注模式，提高加注效率和质量。应建立润滑油加注台账，按照润滑图表，认真核对油品信息，确保对号使用。

⑥ 对关键润滑点位开展油品跟踪监测，制定监测周期，积极推行按质换油。同时，应做好设备季节性润滑管理工作。

⑦ 加强防冻液管理，根据需求合理选用，规范存储、发放，不同品牌和型号严禁混用。冬季做好防冻保温及冰点检测，达不到要求的及时更换。

⑧ 规范废旧润滑油（防冻液）管理，建立废油（液）管理台账，委托具备资质的单位回收处置，监督处置过程，防止环境污染。

8）腐蚀管理

① 设备腐蚀管理主要包括防腐蚀设计、施工与质量验收、使用与维护，腐蚀检查与监测等。

② 应执行《承压设备损伤模式识别》（GB 30579—2022）、《工业设备及管道防腐蚀工程施工规范》（GB 50726—2011）、《工业设备及管道防腐蚀工程施工质量验收规范》（GB 50727—2011）、《石油、石化和天然气工业　油气生产系统的材料选择和腐蚀控制》（SY/T 7457—2019）等。

③ 制定腐蚀防护管理制度，编制防腐蚀工作规划，确定腐蚀防护部位和技术措施，建立健全防腐蚀技术档案、台账；配备并定期更新测试仪器；配备专业技术人员，负责防腐蚀日常管理工作，对腐蚀事故、重点腐蚀监控部位、防腐措施等进行记录和管理。

④ 防腐蚀设计。

a. 防腐蚀设计必须符合国家、公司有关规范、规程和标准；综合考虑各种防腐蚀技术措施（如工艺防腐蚀、添加防腐蚀药剂、电化学保护、防腐蚀涂料、耐蚀材料、防腐蚀衬里等）；对所选择的方案进行技术经济评价，达到经济、合理、有效、可行的目的。

b. 设备选材时，应充分考虑工艺介质的腐蚀特性、流动状态、温度、压力及设备的应力状况、冲击载荷等因素。在设计设备结构时，应充分考虑结构对腐蚀的影响，选择合理的结构，避免设计不合理造成设备腐蚀。

c. 当采用防腐蚀新技术、新工艺、新设备、新材料时，应进行技术经济论证。

⑤ 施工与质量验收。

a. 防腐蚀工程的施工、质量验收，必须符合国家、公司有关规范、规程和标准；应选择具有相应防腐蚀施工资质、技术力量和装备能力强、有良好业绩的施工队伍。

b. 应组织好防腐蚀工程施工管理工作，严格执行相应的技术规范和施工工艺，确保施工质量和安全。重要防腐蚀工程的施工，应委托具备相应资质的第三方进行质量监理。

⑥ 使用与维护。

a. 建立设备档案时，应包括真实完整的腐蚀数据记录和腐蚀失效记录等设备防腐蚀台账。

b. 在工艺操作过程中，应严格控制工艺技术指标，特别是物料中腐蚀性介质的含量，不得超过规定值，防止由于生产工艺波动造成设备腐蚀加剧。

c. 在设备设施停工时，应严格按照工艺技术规程，对含腐蚀性介质的设备进行必要的清洗、中和、钝化等处理，以防止设备腐蚀；在设备设施检修及开停工过程中，应对已有的设备防腐蚀措施（如衬里、涂料等）采取妥善的保护措施，防止造成损坏。

d. 对长期停用的装置和设备，应制定停工保护方案，根据其特点采取相应的防腐蚀措施进行保护。

⑦ 腐蚀检查与监测。

a. 应根据腐蚀介质沿工艺流程分布规律，建立腐蚀监测网络，加强设备腐蚀检查和监测，为设备的检维修、正常运行提供依据。

b. 在设备设施停工检修时，应由专业人员组成腐蚀检查小组，根据腐蚀检查方案，对设备的腐蚀状况进行详细检查和评价，并编制腐蚀检查技术报告。

c. 对易发生腐蚀、可能会对安全生产带来严重影响的设备设施，应建立定期监测制度，设置固定监测点，由专门人员定期监测。监测可采用化学分析、挂片、探针、测厚等方法。

⑧ 针对设备设施腐蚀问题，公司应组织相关业务部门、使用单位和科研单位进行研究、攻关。推广应用新技术、新工艺、新设备、新材料，不断提高设备防腐蚀技术水平。

⑨ 每月应对设备设施腐蚀监（检）测、设备设施防腐蚀设施的完好情况、有关工艺防腐蚀的技术指标控制情况、防腐蚀药剂的使用情况等进行检查、考核。

9）泄漏管理

① 泄漏主要包括外漏和内漏两种形式。

② 密封点根据介质毒性危害、爆炸危险性及工作压力，实行分级管理。

A级：涉硫化氢介质或工作压力≥10MPa的爆炸危险介质；

B级：中度危害性介质或工作压力>1.6MPa且<10MPa的爆炸危险介质；

C级：低危害介质或工作压力<1.6MPa的爆炸危险介质，仪表风、冷凝水等无毒害介质。

③ 应建立泄漏管理台账和密封点台账，完善泄漏历史数据和密封失效数据库，对泄漏进行统计分析，指导预防泄漏管理工作。相关要求参见《天然气分公司危险化学品泄漏安全管理办法》。

④ 应加强泄漏预防性管理，应当选用先进的工艺路线，优化设备设施选型，减少密封点数量。同时宜采用定力矩紧固等技术保证施工质量，减少泄漏。

⑤ 应加强泄漏风险识别，制定预警预防措施，实施分级管控。对泄漏风险较高的部位应制定应急处置方案，定期开展演练。

⑥ 应加强检测管理，鼓励采用泄漏检测与修复（LDAR）、无人机、红外成像、在线微泄漏检测等技术措施，开展日常排查，早发现、早处理，防止泄漏扩大。

⑦ 应加强内漏管理，按照“五定”原则及时处置。不影响安全生产且暂不具备整改条件的应制定管控措施，择机处置。

⑧ 危险化学品泄漏管理按照《天然气分公司危险化学品泄漏安全管理办法》执行。

10）起重运输设备管理

① 起重设备应执行本办法。

② 车辆应执行国家、行业规范和标准。

③ 车辆选型应进行综合评价和论证，优先选用电动化、自动化、新能源等车辆；车辆应配备可靠的安全技术防护装置和规范接地装置。

④ 应制定车辆“三规程一图表”，落实岗位责任制，根据技术进步及时修订。

⑤ 应严格执行油水润滑管理相关规定。

⑥ 建立车辆回场检查制度，严格落实“十字”作业法和设备“三检制”（出车前、行车中、回场后）原则，及时发现并排除设备运行安全隐患。

⑦ 应定期开展车辆检验、维修工作。

⑧ 危化品运输车辆管理应符合交通运输部《道路危险货物运输管理规定》要求。相关单位应制定完善危化品运输车辆管理制度、标准与危化品泄漏应急预案。相关要求参见《道路危险货物运输管理规定》（交通运输部令2016年第36号）。

11）LNG接收站专有设备

① 主要包含用于接收、存储、气化、外输天然气的储罐、码头设施（LNG卸料臂、辅助靠泊系统、船岸连接系统等）、低温泵、气化器、蒸发气（BOG）压缩机以及装车撬等。

② LNG接收站专有设备应执行《液化天然气（LNG）生产、储存和装运》（GB/T 20368—2021）、《压力容器》（GB/T 150—2011）、《压力管道规范 工业管道》（GB/T 20801.1—2020）、《工业金属管道设计规范》（GB 50316—2000）、《工业设备及管道绝热工程设计规范》（GB 50264—2013）等规范。

③ 公司应制订合理的检修规划，结合实际，采取有效的检测和评估手段，确保装置本质安全。

④ LNG储罐重点关注：防雷防静电设施、基础沉降、罐表系统（ATG）和联锁控制系统应定期检测。实时监控内外罐中间保冷层的泄漏情况。

⑤ 码头设施管理重点关注：卸料臂（旋转接头、紧急脱离装置、液压快速连接装置）、登船梯、辅助靠泊系统、船岸连接系统等部件的工作状态，实行定期检测。

⑥ 装车撬管理重点关注：装车臂（拉断阀、旋转接头）、静电接地装置、装车系统等工

作状态，实行定期检测。

（6）检查、监督与考核

① 根据设备分级管理要求，各设备管理部门应定期开展设备自查工作，公司定期组织设备专项检查，并对自查结果进行监督检查。

② 设备管理综合检查和日常检查执行集团公司炼化企业《设备检查实施细则》《设备设施管理要素专项审查细则》。

③ 定期开展绩效考核管理工作，制定设备管理考核标准，将设备管理经济技术指标纳入单位经营考核，对表现较差的单位和反面典型，予以通报批评。

7.3 LNG接收站安全运营存在的问题与解决措施

7.3.1 LNG接收站安全防控现存不足

（1）安全生产规范内容不全面

全面贯彻安全生产规范内容，是保证安全生产质量的关键依据，且具有长期指导、贴合战略、迎合生产根本需求等特点，有助于增强全员的安全防护认知。然而，当前，案例接收站内出具的安全生产制度尚未完善，制度内容并未涉及各个生产任务，在特殊作业、设备细节等方面给出的安全要求，具有粗浅性，亟须加以完善。

（2）安全培训不深入

接收站的各类安全培训，能够顺应法律政策、相关单位的安全指导要求。然而，接收站内进行的安全培训工作，在增强员工安全认识、强化员工生产规范能力等方面，尚存诸多不足。一线人员每周固定参加培训课程后，并未自主学习其他课程，整体安全学习内容不完整。培训教材存在较大变动，且培训人员专业性具有一定差异性，致使员工接受的安全培训质量表现出较大差距，无法保证安全指导的深入性。

（3）安全预防不到位

案例接收站在“风险分析”“风险防控”方面的工作尚存空白。自2019年，接收站着手建立风控体系，创建多组风险分析模型，给出各类优化措施，形成了一定的技术基础。然而，风险防控体系并未正式建成，主要是接收站完成了JHA分析法，用于各项关键生产，以期找出其中的风险因素。借助指标法，排查LNG设备内在的风险问题。针对接收站内的普通生产任务、其他类型设备，并未制定有效的风控体系，风控管理尚需细化。

（4）安全考核不完整

2021年，国内关于安全生产给出了相关的法律内容，其中明确指出：生产经营组织，需建立全员安全认识，使其明确自身的安全生产任务，从人员、防控范围、工作考核三个方面，逐一落实安全考核工作。

当前，案例接收站采取3个月1次、每年4次、整年综评的考核方法，要求各部门人员自主报告安全责任的履行情况。安全考核中，采取评估结果、安全奖金相互关联的形式，促使全员形成安全认识。案例接收站的考核方法，仅能够从各部门方面，反馈安全管理情况，未能从各位员工层面加以考核，考核工作较为简单。

（5）应急演练需强化

接收站内建立了完整的应急方案，能够自主安排应急演练。然而，在应急演练中、存在演练不到位、演练项目不全面等问题。比如，部分人员提前知晓演练方案，明确风险点位置，提前做出了人员分配处理，削弱了演练过程的应变训练功能，无法考察应急人员的安全防护能力，降低了应急演练的有效性。

（6）智能技术融合不深

案例接收站在进行安全管控工作时，多数借助内部专业资源，比如设备、人才、工艺等，以此获取较高的管理效率，减少资金投入量。然而，接收站内的智能技术应用并不深入，难以进行全方位的信息管理。

比如，设备运维、风险排查、风险消除等各项工作，尚需人工处理、手动提取重要数据，过多依赖纸质文件，极易降低数据准确性，且存在数据丢失、风险信息记录不完整等问题。

（7）风险因素较多

在现场安全生产期间，各岗位人员作为极具主导作用的资源，在设备操作、生产、管理等各个环节中，不规范的行为、不标准的操作、失误的处理等问题，均有可能会引发安全生产事故。参照案例接收站的实际运行情况，各项作业中人员失误带来的风险问题较多。

（8）特殊作业需制定针对性管理方案

案例接收站运行期间，可能存在“动火”“高空”等特殊作业。如果在特殊作业中，并未结合全面的安全管理方案，将会增加风险控制不全面，极易发生严重的事故问题。

7.3.2 LNG接收站安全防控的可行对策

（1）健全安全生产规范内容

① 参照往期的生产实况，积极细化安全生产规范，从部门规范细化至“班组”“岗位”等层次，加强岗位标准的生产管理，全面落实标准式生产工作，切实保证全面防控、深入排查风险，建立零盲区的安全生产管控体系。针对案例接收站的安全生产规范内容，给出相应的调整、细化、增补等处理，持续更新生产规范内容。参照具体的工作情况，进行安全评价，周期性汇总生产经验，建立PDCA生产循环机制。

② 以实际生产为指导，建立全面的安全生产规范体系，采取安全标兵评选形式。借助评选活动客观讲述员工的安全生产表现，以短视频、现场示范等形式，宣传安全操作的优秀做法，以此形成安全生产模范作用。

③ 利用规范手册，合理划分生产事务，加强运行管理的全面性，细致划分设备类别，增强生产体系的优化性，切实强化接收站的整体安全管控能力。

（2）深入贯彻安全培训

① 深入探究，持续更新安全生产培训的内容。从“执业资格”“安全技能”“技能增强”“综合能力”等方面，以岗位、职级为方向，建立全面的、岗位适用的安全培训框架。结合各岗位安全培训需求，选择相应的学习内容，建立完整的课程体系。

② 选择优秀的培训人员，统一培训内容，甄选优质教材，精心设计课件，确保安全培训的深入性。借助线上平台，合理分配培训时间，加强培训成本控制，促使各岗位人员自主利用闲暇时间，巩固安全培训的内容，强化自身安全防范素养。

③ 针对安全培训成果，进行多样性的安全考核，形成督促作用，引导各岗位人员自觉参加安全培训。

（3）全方位部署安全预防工作

① 针对案例接收站的实际情况，探究可行的风险管控策略，以设备风险为重点，找出风控效率高、操作易学的方法，全面落实风控预防工作。

② 设定年度目标，建立完整的风险预防计划，切实增强生产活动、设备管理的全面性，有效优化风险分析体系，促使全员参与风险管控工作。

③ 引导接收站人员，相互分享、自主交流风险的形成、风控的效率，从实践中提炼风控规范，制定更细致的应急措施，增强设备运维的有效性。参照各位员工的分享内容，建立必要的激励方案，引导全员参与排除隐患的工作项目，建立多层级的风控体系，班组侧重检查部门内的风险，个人检查工作区的风险，促使案例接收站建立多级联动的风控模式。

④ 以风险溯源为指导，积极排查风险来源，给出有效的控制方案，防止风险重复发生。如图 7-1 所示，是案例单位给出的风险分级防控流程图。

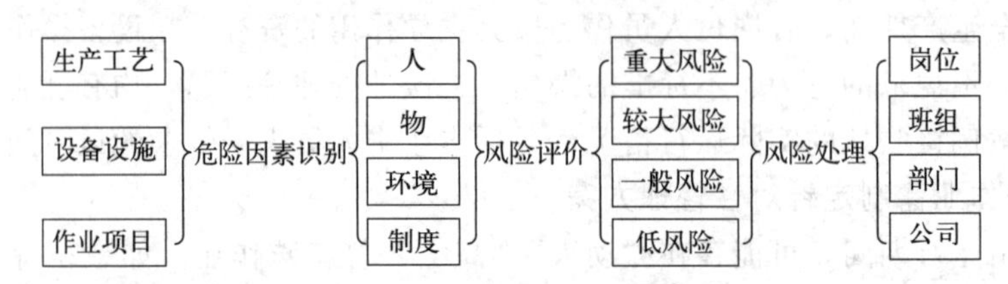

图 7-1　风险分级防控流程图

图 7-1 中的“危害因素识别”，主要是使用“JHA（危害分析）”“SCL（设备安检）”两种方法。以 JHA 方法为例，分析动火作业的潜在风险。

在 JHA 方法风险分析中，接收站部署动火作业时，管理方面作业票缺失，会引发安全事故，需及时落实安全检查，详细填写作业票。人员方面，安全培训不完整，存在违章操作现象，有一定潜在作业风险，需及时进行人员资质检查，落实安全生产工作。设备方面，生产器具、天然气设备存在故障，比如，电焊机设备并未安装漏电保护装置，极易引发“触电”“火灾”等不利事件。此类风险较大，需要事前排查设备故障，保证作业处于安全状态。环境方面，案例接收站进行动火作业时，并未全面检查作业环境，10m 半径区域内，需排除危险品，防止出现“火灾”“爆炸”等事件。

（4）完整建立安全考核体系

① 细化分配 LNG 接收站的各项安全防控任务，形成各岗安全责任，建立完整、准确的安全责任名目，便于各岗人员掌握。

② 针对具体的岗位安全责任，进行量化考核，建立考核方案。案例接收站采取每月考核一次的形式，每月总结各岗位安全责任人的履职情况。

③ 加强绩效使用，合理分配安全奖金。针对做法较好的安全防控措施，进行示范与推广，树立模范，指导其他员工。

（5）细化应急演练流程

案例接收站可采取多组比赛、情景演练等形式，增加应急演练难度，全面更新应急演练的内容。不可提前进行“应急演练彩排”，采取“双盲”演练形式，切实强化应急人员的临场发挥能力。在情景演练中，适当增加事故条件，改变环境情况，增加突发事件，以此考验应急人员的处理能力。在紧急抢险模式中，参照风险处理的紧急程度，要求各组抢险队伍，合理分配抢险任务，快速制定除险方案，及时消除高危风险。事后，参照风险演练过程、风险消除效果，持续完善应急方案。

（6）全面融合智能技术

案例接收站需全面融合智能技术，加强设备安全分析的深入性，切实强化接收站整体的运行能力。开展技术交流会议，研究接收站设备关联ERP系统的方法，建立感应性、数据反馈的设备管理平台，动态跟进故障设备，增加设备风险排查的智慧性；创建风控平台。建立风险清单，数据展示风险详情，客观提示风险情况，指导人员辨识风险问题，制定有效的风控措施；建立风险排查平台。借助图文、视频、音频等各类格式的文件，有效导入风险因素，动态跟进风险处理的成效。客观判断风险类型、危害程度等情况，建立风控机制，及时排除风险；引入智能消防技术。借助智能设备，建立无人抢险体系，发挥智能技术的风控抢险优势；案例接收站建立了一个“安全仪表监测平台”，成功整合了多种技术，能够实时监测站内各类设备的运行情况。在设备运行有异常时，安全仪表会及时给出反馈信号，同时联锁保护站内设备，防止险情蔓延。此平台能够自主监测火情，排查天然气泄漏问题，联合消防平台，及时智能除险。案例接收站对此系统进行技术更新，引入“雷达液位计”“工业耦合剂”，以此更换原有的“超声波流量计”“耦合剂”，此消除仪表故障。

智能技术更新后，安全仪表的运行更为平稳，能够每分钟更新一次站内数据，高效监测各类风险。

（7）有效落实风险管控

首先，案例接收站可采取心理强化措施，积极消除人们情绪风险。比如，选择心理测试的方式，考察员工应对风险的情绪管理能力。如果测试分数较低，说明员工不适宜从事特殊作业，保证风险生产人员的心理健康性。其次，全面检查各岗位人员的身体健康状态，侧重考察各位员工的过敏特征，防止员工出现身体上的不良反应，以此降低不利因素的形成。最后，加强风险作业的现场管理，针对违规情况，作出严格处罚。

（8）积极应对特殊业务

建立完整的特殊生产安全体系。参照化学品生产的相关规范内容，结合案例接收站的生产任务，完善生产制度。案例单位建立的安全监管制度中，在动火作业期间，设备内含氧量P值应控制在20%以内。GB 30871规范中P值小于等于23.5%，案例接收站适当调整了安全生产要求，以此增强风控效果；在特殊作业之前，依照作业类型、级别等因素，分析可能存在的风险，制定相应的风控对策。在动火作业期间，以动火点为中心，半径30m范围内，不可放置具有可燃性的气体，半径15m范围内需排除可燃性液体等。依照此规范，逐一排查可燃性物体，保证动火作业的安全性；特殊作业期间，依照风控方案，全面落实现场风控工作。借助监控、感应设备，动态获取现场情况，实时排查可能存在的风险，进行智能感知风控。

思考题

1. LNG加气站的基本安全管理规定有哪些？
2. 如何有效预防和控制静电的产生对生产和人员的危害？

3. 如何进行 LNG 加气站的安全检查？有哪些检查项目和检查周期？
4. LNG 接收站的基本安全管理规定有哪些？
5. 在 LNG 接收站中有哪些防火和防爆措施？
6. 简述一下 LNG 接收站生产安全异常事件管理办法的内容。
7. 什么是三三二五制？五防是哪五防？
8. LNG 接收站专有设备有哪些？
9. LNG 接收站安全运营存在着哪些问题，解决措施是什么？

参考文献

[1] Foss M M, Delano F, Gulen G, Makaryan R. LNG Safety and Security [M] . Houston: University of Houston' Law Center, 2003.

[2] Ransbarger W. A fresh look at LNG process efficiency [J] . LNG industry, 2007.

[3] Kidnay A J, Parrish W. Fundamentals of Natural Gas Processing [M] . Boca Raton: CRC Press, 2006.

[4] Finn A J, Johnson G L, Tomlinson T R. Developments in natural gas liquefaction [J] . Hydrocarbon processing, 1999, 78 (4), 47-59.

[5] Jamieson D, Johnson P, Redding P. Targeting and Achieving Lower Cost Liquefaction Plants [D] . Trinidad: Atlantic LNG Company of Trinidad and Tobago, 1998.

[6] Langmuir I. The adsorption of gases on plane surfaces of glass, mica and platinum [J] . Journal of the American Chemical society, 1918, 40 (9), 1361-1403.

[7] 张炜，何亚银，王凯，等．齿顶及齿间间隙对双螺杆压缩机转子结构特性的影响 [J] . 机床与液压，2023，51 (3)：167-172.

[8] 贾亚楠．单螺杆压缩机螺旋啮合副制造技术研究 [D] . 沈阳：沈阳工业大学，2012.

[9] 饶静．某型号双螺杆压缩机结构及性能研究 [D] . 西安：陕西理工大学，2020.

[10] 狄九旺，文嘉杰，滕媛媛，等．基于遗传算法的超低温截止阀密封结构优化 [J] . 船舶工程，2023，45 (S1)：245-251.

[11] 金凤禄，王传彪，刘智威．顶装分体式超低温四偏心金属密封蝶阀 [J] . 自动化应用，2023，64 (17)：99-101.

[12] 陈锦标，张清双，王楠楠，等．LNG 接收站用超低温轴流式止回阀密封问题探讨 [J] . 阀门，2023 (4)：484-490.

[13] 宋鹏飞，陈峰，侯建国，等．LNG 接收站储罐罐容及数量的设计计算 [J] . 油气储运，2015，34 (3)：316-318，339.

[14] 顾安忠，白改玲．液化天然气技术 [M] . 2 版．北京：机械工业出版社，2017.

[15] Saeidmokhatab. 液化天然气手册 [M] . 中海石油气电集团有限责任公司技术研发中心，译．北京：石油工业出版社，2016.

[16] 郭揆常．液化天然气 (LNG) 工艺与工程 [M] . 北京：中国石化出版社，2014.

[17] 傅秦生．能量系统的热力学分析方法 [M] . 西安：西安交通大学出版社，2005.

[18] 杨红昌，鹿院卫，刘广林，等．基于 LNG 气化分段模型的低温动力循环㶲分析 [J] . 天然气工业，2010，30 (7)：98-102，138-139.

[19] 液化天然气接收站工程设计编委会，液化天然气接收站工程设计 [M] . 北京：石油工业出版社，2018.

附　录

附录 A　天然气成分性质

组分	分子量	沸点/℃，1atm[d]（绝）	临界性质			液体密度（1atm[d]，15℃）			冰点（1atm[d]）/℃	汽化潜热（1atm[d]，沸点）/（kJ/kg）	40℃蒸气压/kPa（绝）	偏心因子 ω	燃烧极限 e/%（体积）		热值（1atm[d]，15℃）/（MJ/m^3）	
			压力/MPa（绝）	温度/K	比体积/（m^3/kg）	相对密度	kg/m^3	m^3/kmol					下限	上限	低值	高值
CH_4	16.042	−161.5	4.599	190.56	0.00615	(0.3)[a]	(300)[a]	(0.05)[a]	−182.5[b]	511.3	35000[a]	0.0115	5	15	33.9	37.7
C_2H_6	30.069	−88.6	4.872	305.33	0.00484	0.3583[b]	358.00[b]	0.08405[b]	−182.8[b]	489.2	6000[a]	0.0994	2.9	13	60.1	66
C_3H_8	44.096	−42.07	4.244	368.77	0.00455	0.5081[b]	507.67[b]	0.08686[b]	−187.6[b]	425.5	1369.9	0.1529	2	9.5	86.4	93.9
iC_4H_{10}	58.122	−11.62	3.64	407.82	0.00446	0.5636[b]	563.07[b]	0.10322[b]	−159.6	365.6	530.1	0.1865	1.8	8.5	112.6	121.4
nC_4H_{10}	58.122	−0.51	3.798	425.12	0.00439	0.5847[b]	584.14[b]	0.09950[b]	−138.4	386	379.4	0.2003	1.5	9	112.4	121.6
iC_5H_{12}	72.149	27.84	3.381	460.4	0.00427	0.6251	624.54	0.11552	−159.9	343.7	151.4	0.2284	1.3	8	138.1	149.4
nC_5H_{12}	72.149	36.1	3.37	469.7	0.00422	0.6316	631.05	0.11433	−129.7	359.2	115.6	0.2515	1.4	8.3	138.4	149.7
C_6H_{14}	86.175	68.7	3.01	507.5	0.00429	0.6645	663.89	0.1298	−95.3	335.1	37.3	0.2993	1.1	7.7	164.4	177.6
C_7H_{16}	100.202	98.4	2.74	540.3	0.00425	0.6886	687.98	0.14565	−90.6	318.1	12.34	0.3483	1	7	190.4	205.4
C_8H_{18}	114.229	125.7	2.49	568.8	0.0042	0.7074	706.73	0.16163	−56.8	302.4	4.14	0.3977	0.8	6.5	216.4	233.3
C_9H_{20}	128.255	150.78	2.28	594.7	0.00433	0.7222	721.59	0.17774	−53.49	290.1	1.349	0.4421	0.7	5.4	242.4	261.2
$C_{10}H_{22}$	142.282	174.1	2.1	617.7	0.00439	0.7344	733.76	0.19391	−29.6	278.2	0.488	0.4875	0.7	5.4	268.4	289.1
N_2	28.0135	−195.8	3.4	106.2	0.00319	0.8068[c]	806.09[c]	0.03475[c]	−210.0[b]	199.2	—	0.0372	—	—	0	0
O_2	31.999	−182.9	5.04	154.58	0.00229	1.1422[c]	1141.2[c]	0.02804[c]	−218.8[b]	213.1	—	0.0222	—	—	0	0
CO_2	44.01	−78.4b	7.28	204.13	0.00214	0.8171	816.33	0.05391	−56.6[b]	573.3	—	0.224	—	—	0	0
H_2S	34.082	−60.3	9.008	373.6	0.00288	0.8001	799.42	0.04263	−85.5[b]	545.3	2867	0.101	4.3	45.5	21.9	23.8
H_2O	18.0153	99.97	22.06	547.1	0.00311	1	999.1	0.01803	0	2256.5	7.3849	0.3443	—	—	—	—
空气	28.9586	−194.25	3.805	132.61	0.00286	0.8759	875.16	0.03309	—	445.5	—	—	—	—	0	0

注：a. 温度高于临界温度，是估算值；b. 饱和压力下；c. 常压沸点下；d. 1atm=101.325kPa；e. 在空气混合物中的浓度。

附录 B　LNG 运输船主要技术参数

船容/m³	87600	89880	125000	130000	145000	145000	154200	185000	202000	25000	264000
船型	Spherical 球型	SPB	Spherical 球型	Membrane 膜式	Membrane 膜式	Spherical 球型	Membrane 膜式	Spherical 球型	Membrane 膜式	Membrane 膜式	Membraen 膜式
船厂	Norman lady	Arctic sun	Wakaba Maru	Tenaga Empat	New Build	MHIArctic Lady	Imabari	Hyundai	DSMEE ××on	Design Basis	Samsung
船总长度/m	249.5	239	283	280.7	283	288	289.9	315	315	344	345
船首尾垂直线之间距离/m	237	226	270	266	270	274	276	300	303	332	332
船底宽/m	40.0	40.0	44.6	41.6	43.4	49.0	44.7	50.0	50.0	54.0	53.8
船舷到船底高度/m	23	26.8	25	27.6	26	27	26	29	27	27	27
船满载吃水深度/m	10.64	11	10.8	11	12	11.5	11.37	12	12	12	12
船空载吃水深度/m	9.5	10	9.35	10.1	9.6	9.2	9.35	10.2	10.15	10.1	9.6
船满载总重量/t	74380	72524	99800	97600	102600	110000	112200	131014	141532	187500	174800
卸料口距离船中心线距离/m	−12.14	3.00	24.00	−2.60	6.85	11.80	3.00	−14.50	5.00	2.50	5.64
船空载时平面靠船面前方到卸料口距离/m	58.00	40.00	30.00	63.30	85.00	50.00	57.00	50.30	56.00	94.10	66.30
船空载时平面靠船面后方到卸料口距离/m	34.00	54.00	86.00	61.00	65.00	76.00	79.00	78.60	90.00	114.30	110.40
船驾驶台正面受风面积/m²	1157	1310	1220	1385	1283	1982	1340	1829	1580	1650	1741
船驾驶台侧面受风面积/m²	5290	4990	7570	4996	6639	8220	6280	10065	7750	8050	9552
系泊缆数量/个	15	15	18	15	18	18	19	20	20	18	20
系泊缆直径/mm	40	38	38	44	44	44	42	44	44	44	44
系泊钢缆最小断裂荷载/t	114	94	115	126	115	115	126	139	139	139	139
系泊钢缆安全工作荷载/t	68.4	56.4	69.0	75.6	69.0	69.0	75.6	83.4	83.4	83.4	83.4
尼龙绳尾直径/mm	88.9	80.9	80.9	72.8	80.9	80.9	88.9	88.9	88.9	88.9	88.9
尼龙绳尾长度/m	7.5	15	5	10	11	11	11	11	11	11	11
尼龙绳尾最小断裂荷载/t	167	138	138	109	138	138	167	167	167	167	167
尼龙绳尾安全工作荷载/t	84	69	69	55	69	69	84	84	84	84	84

附录 C　常用管材的线膨胀系数（从 20℃至下列温度）

单位：10^{-6}/℃

钢号		Q235	Q345	10	20,20G	15CrMoG	12Cr1MoVG	06Cr19Ni10
标准号		GB/T 3091—2015	GB 8163—2018	GB 3087—2022	GB 3087—2022 GB 5310—2023	GB 5310—2023	GB 5310—2023	GB 14976—2012
设计温度/℃	20	—	—	—	—	—	—	—
	50	—	—	—	—	—	—	16.54
	100	12.2	8.31	11.9	11.16	11.9	13.6	16.84
	150	—	—	—	—	—	—	17.06
	200	13	10.99	12.6	12.12	12.6	13.7	17.25
	250	13.23	11.6	12.7	12.45	12.9	13.85	17.42
	260	13.27	11.78	12.72	12.52	12.96	13.88	—
	280	13.36	12.05	12.76	12.65	13.08	13.94	—
	300	13.45	12.31	12.8	12.78	13.2	14	17.61
	320	—	12.49	12.84	12.99	13.3	14.04	—
	340	—	12.68	12.88	13.2	13.4	14.04	—
	350	—	12.77	12.9	13.31	13.45	14.1	17.79
	360	—	12.86	12.92	13.41	13.5	14.12	—
	380	—	13.04	12.96	13.62	13.6	14.16	—
	400	—	13.22	13	13.83	13.7	14.2	17.99
	410	—	—	13.1	13.84	13.73	14.23	—
	420	—	—	13.2	13.85	13.76	14.26	—
	430	—	—	13.3	13.86	13.79	14.29	—
	440	—	—	13.4	13.87	13.82	14.32	—
	450	—	—	13.5	13.88	13.85	14.35	18.19
	460	—	—	—	13.89	13.88	14.38	—
	470	—	—	—	13.9	13.91	14.41	—
	480	—	—	—	13.91	13.94	14.44	—
	490	—	—	—	13.97	14.47	14.47	—
	500	—	—	—	14	14.5	14.5	18.34

附录 D　常用国产管材的许用应力

产品形式及标准号	牌号或级别	室温拉伸强度/MPa		在下列温度(℃)下的许用应力$[\sigma]^t$/MPa												
		R_m^{20}	R_{eL}^{20} 或 $R_{p0.2}^{20}$	20	200	250	260	270	280	290	300	310	320	330	340	350
无缝钢管																
GB/T 8163—2018	Q345	470	325	157	—	149	146	143	140	137	135	132	131	130	130	129
	10	335	195	111	—	104	101	98	96	93	91	89	87	85	83	80
	20	410	225	137	—	125	123	120	118	115	113	111	109	106	102	100
GB/T 5130—2017	20G	410	245	137	135	125	123	120	118	115	113	111	109	106	102	100
	15MoG	450	270	150	150	137	133	130	126	123	120	118	117	115	114	113
GB/T 14976—2012	06Cr19Ni10	520	205	137	—	90	89	88	87	86	85	84	83	83	82	82
焊接钢管																
GB/T 3091—2015	Q235	370	225	123	—	113	111	108	105	103	101	97	93	90	88	85
	Q345	470	325	157	—	149	146	143	140	137	135	132	131	130	130	129

产品形式及标准号	牌号或级别	室温拉伸强度/MPa		在下列温度(℃)下的许用应力$[\sigma]^t$/MPa												
		R_m^{20}	R_{eL}^{20} 或 $R_{p0.2}^{20}$	360	370	380	390	400	410	420	430	440	450	460	470	480
无缝钢管																
GB/T8163—2018	Q345	470	325	127	124	122	—	—	—	—	—	—	—	—	—	—
	10	335	195	78	76	75	73	70	68	66	61	55	49	—	—	—
	20	410	225	97	95	92	89	87	83	78	72	63	55	—	—	—
GB/T 5130—2017	20G	410	245	97	95	92	89	87	83	78	72	63	55	—	—	—
	15MoG	450	270	111	110	109	108	107	106	105	104	103	103	102	101	95
GB/T 14976—2012	06Cr19Ni10	520	205	81	80	80	79	79	78	78	77	76	76	75	75	74
焊接钢管																
GB/T 3091—2015	Q235	370	225	—	—	—	—	—	—	—	—	—	—	—	—	—
	Q345	470	325	127	124	122	—	—	—	—	—	—	—	—	—	—

续表

产品形式及标准号	牌号或级别	室温拉伸强度/MPa		在下列温度(℃)下的许用应力$[\sigma]^t$/MPa								
		R_m^{20}	R_{eL}^{20} 或 $R_{p0.2}^{20}$	490	500	510	520	530	540	550	560	570
无缝钢管												
GB/T 8163—2018	Q345	470	325	—	—	—	—	—	—	—	—	—
	10	335	195	—	—	—	—	—	—	—	—	—
	20	410	225	—	—	—	—	—	—	—	—	—
GB/T5130—2017	20G	410	245	—	—	—	—	—	—	—	—	—
	15MoG	450	270	78	62	49	39	—	—	—	—	—
GB/T 14976—2012	06Cr19Ni10	520	205	74	74	73	73	72	71	71	69	67
焊接钢管												
GB/T 3091—2015	Q235	370	225	—	—	—	—	—	—	—	—	—
	Q345	470	325	—	—	—	—	—	—	—	—	—

注 1. 本表数据摘自《火力发电厂汽水管道设计规范》。

2. R_m^{20} 为钢材在 20℃时的抗拉强度最小值（MPa）。

3. R_{eL}^{20} 为钢材在 20℃下的下屈服强度最小值（MPa）。

4. $R_{p0.2}^{20}$ 为钢材在 20℃下 0.2%规定非比例延伸屈服强度最小值（MPa）。

5. 相邻金属温度数值之间的许用应力可用算数内插法确定，但需舍弃小数点后的数字。

6. 焊接钢管的许用应力未考虑焊缝质量系数。

附录 E　常用钢管许用应力

钢号	标准号	使用状态	厚度/mm	常温强度指标		在下列温度(℃)下的许用应力/MPa									
				R_m/MPa	R_{eL}/MPa	≤20	100	150	200	250	300	350	400	425	450
碳素钢钢管(焊接管)															
Q235-A Q235-B	GB/T 13793		≤12	375	235	113	113	113	105	94	86	77	—	—	—
20	GB/T 13793		≤12.7	390	−235	130	130	125	116	104	95	86	—	—	—

续表

钢号	标准号	使用状态	厚度/mm	常温强度指标		在下列温度(℃)下的许用应力/MPa									
				R_m/MPa	R_{eL}/MPa	≤20	100	150	200	250	300	350	400	425	450
碳素钢钢管(无缝管)															
10	GB 9948	热轧、正火	≤16	330	205	110	110	106	101	92	83	77	71	69	61
10	GB 6479 GB/T 8163	热轧、正火	≤15	335	205	112	112	108	101	92	83	77	71	69	61
			16～40	335	195	112	110	104	98	89	79	74	68	66	61
10	GB 3087	热轧、正火	≤26	333	196	111	110	104	98	89	79	74	68	66	61
20	GB/T 8163	热轧、正火	≤15	390	245	130	130	130	123	110	101	92	86	83	61
			16～40	390	235	130	130	125	116	104	95	86	79	78	61
20	GB 3087	热轧、正火	≤15	392	245	131	130	130	123	110	101	92	86	83	61
			16～26	392	226	131	130	124	113	101	93	84	77	75	61
20	GB 9948	热轧、正火	≤16	410	245	137	137	132	123	110	101	92	86	83	61
20G	GB 6479 GB 5310	正火	≤16	410	245	137	137	132	123	110	101	92	86	83	61
			17～40	410	235	137	132	126	116	104	95	86	79	78	61
低合金钢钢管(无缝管)															
Q345	GB 6479 GB/T 8163	正火	≤15	490	320	163	163	163	159	147	135	126	119	93	66
			16～40	490	310	163	163	163	153	141	129	119	116	93	66
09MnD	—	正火	≤16	400	240	133	133	128	119	106	97	88	—	—	—
12CrMo 12CrMoG	GB 6479 GB 5310	正火加回火	≤16	410	205	128	113	108	101	95	89	83	77	75	74
			17～40	410	195	122	110	104	98	92	86	79	74	72	71
12CrMo	GB 9948	正火加回火	≤16	410	205	128	113	108	101	95	89	83	77	75	74
15CrMo	GB 9948	正火加回火	≤16	440	235	147	132	123	116	110	101	95	89	87	86
15CrMo 15CrMoG	GB 6479 GB 5310	正火加回火	≤16	440	235	147	132	123	116	110	101	95	89	87	86
			17～40	440	225	141	126	116	110	104	95	89	86	84	83
12Cr1MoVG	GB 5310	正火加回火	≤16	470	255	147	144	135	126	119	110	104	98	96	95
12Cr2Mo 12Cr2MoG	GB 6479 GB 5310	正火加回火	≤16	450	280	150	150	150	147	114	141	138	134	131	128
			17～40	450	270	150	150	147	141	138	134	131	128	126	123
15Cr5Mo	GB 6479 GB 9948	退火	≤16	390	195	122	110	104	101	98	95	92	89	87	86
	GB 6479		17～40	390	185	116	104	98	95	92	89	86	83	81	79
10MoW VNb	GB 6479	正火加回火	≤16	470	295	157	157	157	156	153	147	141	135	130	126
			17～40	470	285	157	157	156	150	147	141	135	129	121	119

续表

钢号	标准号	使用状态	厚度/mm	在下列温度(℃)下的许用应力/MPa											
				≤20	100	150	200	250	300	350	400	425	450	475	500
高合金钢钢管															
06Cr13	GB/T 14976	退火	≤18	137	126	123	120	119	117	112	109	105	100	89	72
06Cr18Ni10	GB/T 12771	固溶	≤14	137	137	137	130	122	114	111	107	105	103	101	100
	GB/T 14976		≤18	137	114	103	96	90	85	82	79	78	76	75	74
06Cr17 Ni11Ti	GB/T 12771	固溶或稳定化	≤14	137	137	137	130	122	114	111	108	106	105	104	103
	GB/T 14976		≤18	137	114	103	96	90	85	82	80	79	78	77	76
06Cr17 Ni12Mo2	GB/T 12771	固溶	≤14	137	137	137	134	125	118	113	111	110	109	108	107
	GB/T 14976		≤18	137	117	107	99	93	87	84	82	81	81	80	79
06Cr18 Ni12Mo2Ti	GB/T 14976	固溶	≤18	137	137	137	134	125	118	113	111	110	109	108	107
				137	117	107	99	93	87	84	82	81	81	80	79
06Cr19 Ni13Mo3	GB/T 14976	固溶	≤18	137	137	137	134	125	118	113	111	110	109	108	107
				137	117	107	99	93	87	84	82	81	81	80	79
022Cr19 Ni11	GB/T 12771	固溶	≤14	118	118	118	110	103	98	94	91	89	—	—	—
	GB/T 14976		≤18	118	97	87	81	76	73	69	67	66	—	—	—
022Cr17 Ni14Mo2	GB/T 12771	固溶	≤14	118	118	117	108	100	95	90	86	85	84	—	—
	GB/T 14976		≤18	118	97	87	80	74	70	67	64	63	62	—	—
022Cr19 Ni13Mo3	GB/T 14976	固溶	≤18	118	118	118	118	118	118	113	111	110	109	—	—
				118	117	107	99	93	87	84	82	81	81	—	—

钢号	标准号	使用状态	厚度/mm	常温强度指标								使用温度下限/℃	备注
				R_m/MPa	R_{eL}/MPa	475	500	525	550	575	600		
碳素钢钢管(焊接管)													
Q235-A Q235-B	GB/T 13793		≤12	375	235	—	—	—	—	—	—	−10	①
20	GB/T 13793		≤12.7	390	−235	—	—	—	—	—	—	−20	④①
碳素钢钢管(无缝管)													
10	GB 9948	热轧、正火	≤16	330	205	—	—	—	—	—	—	−29 正火状态	
10	GB 6479 GB/T 8163	热轧、正火	≤15	335	205	—	—	—	—	—	—		
			16~40	335	195	—	—	—	—	—	—		
10	GB 3087	热轧、正火	≤26	333	196	—	—	—	—	—	—		

续表

钢号	标准号	使用状态	厚度/mm	常温强度指标								使用温度下限/℃	备注
				R_m/MPa	R_{eL}/MPa	475	500	525	550	575	600		
碳素钢钢管(无缝管)													
20	GB/T 8163	热轧、正火	≤15	390	245	—	—	—	—	—	—	−20	④
			16～40	390	235	—	—	—	—	—	—		
20	GB 3087	热轧、正火	≤15	392	245	—	—	—	—	—	—		
			16～26	392	226	—	—	—	—	—	—		
20	GB 9948	热轧、正火	≤16	410	245	—	—	—	—	—	—		
20G	GB 6479 GB 5310	正火	≤16	410	245	—	—	—	—	—	—		
			17～40	410	235	—	—	—	—	—	—		
低合金钢钢管(无缝管)													
Q345	GB 6479 GB/T 8163	正火	≤15	490	320	43	—	—	—	—	—	−40	
			16～40	490	310	43	—	—	—	—	—		
09MnD	—	正火	≤16	400	240	—	—	—	—	—	—	−50	③
12CrMo 12CrMoG	GB 6479 GB 5310	正火加回火	≤16	410	205	72	71	50	—	—	—	−20	④
			17～40	410	195	69	68	50	—	—	—		
12CrMo	GB 9948	正火加回火	≤16	410	205	72	71	50	—	—	—		
15CrMo	GB 9948	正火加回火	≤16	440	235	84	83	58	37	—	—		
15CrMo 15CrMoG	GB 6479 GB 5310	正火加回火	≤16	440	235	84	83	58	37	—	—		
			17～40	440	225	81	79	58	37	—	—		
12Cr1MoVG	GB 5310	正火加回火	≤16	470	255	92	89	82	57	35	—		
12Cr2Mo 12Cr2MoG	GB 6479 GB 5310	正火加回火	≤16	450	280	119	89	61	46	37	—		
			17～40	450	270	119	89	61	46	37	—		
15Cr5Mo	GB 6479 GB 9948	退火	≤16	390	195	83	62	46	35	26	18		
	GB 6479		17～40	390	185	78	62	46	35	26	18		
10MoWVNb	GB 6479	正火加回火	≤16	470	295	121	97	—	—	—	—		
			17～40	470	285	111	97	—	—	—	—		

续表

钢号	标准号	使用状态	厚度/mm	在下列温度(℃)下的许用应力/MPa										使用温度下限/℃	备注
				≤20	100	525	550	575	600	625	650	675	700		
高合金钢钢管															
06Cr13	GB/T 14976	退火	≤18	137	126	53	38	26	16	—	—	—	—	−20	④
06Cr18Ni10	GB/T 12771	固溶	≤14	137	137	98	91	79	64	52	42	32	27	−196	②①
	GB/T 14976		≤18	137	114	73	71	67	62	52	42	32	27		
06Cr17Ni11Ti	GB/T 12771	固溶或稳定化	≤14	137	137	101	83	58	44	33	25	18	13		②①
	GB/T 14976		≤18	137	114	75	74	58	44	33	25	18	13		
06Cr17Ni12Mo2	GB/T 12771	固溶	≤14	137	137	106	105	96	81	65	50	38	30		②①
	GB/T 14976		≤18	137	117	78	78	76	73	65	50	38	30		
06Cr18Ni12Mo2Ti	GB/T 14976	固溶	≤18	137	137	—	—	—	—	—	—	—	—		②
				137	117	—	—	—	—	—	—	—	—		
06Cr19Ni13Mo3	GB/T 14976	固溶	≤18	137	137	—	—	—	—	—	—	—	—		②
				137	117	78	78	76	73	65	50	38	30		
022Cr19Ni11	GB/T 12771	固溶	≤14	118	118	—	—	—	—	—	—	—	—		②①
	GB/T 14976		≤18	118	97	—	—	—	—	—	—	—	—		
022Cr17Ni14Mo2	GB/T 12771	固溶	≤14	118	118	—	—	—	—	—	—	—	—		②①
	GB/T 14976		≤18	118	97	—	—	—	—	—	—	—	—		
022Cr19Ni13Mo3	GB/T 14976	固溶	≤18	118	118	—	—	—	—	—	—	—	—		②
				118	117	—	—	—	—	—	—	—	—		

注：中间温度的许用应力，可按本表的数值用内插法求得。

① GB 12771、GB 13793 焊接钢管的许用应力未计入焊接接头系数，见 GB 50316—2000 第 3.2.3 条规定。

② 该行许用应力，仅适用于允许产生微量永久变形之元件。

③ 钢管的技术要求应符合 GB 150.2—2011《压力容器 第 2 部分：材料》的规定。

④ 使用温度下限为−20℃的材料，根据 GB 50316—2000 第 4.3.1 条的规定，宜在大于−20℃的条件下使用，不需做低温韧性试验。